全国高等院校计算机基础课程“十三五”规划教材

Access 2010 数据库实用教程

崔彦君　黎　红　主　编
赵　文　杨国清　副主编
廖金祥　主　审

中国铁道出版社
CHINA RAILWAY PUBLISHING HOUSE

内容简介

本书针对高等院校文科类计算机课程教学的基本要求以及非计算机专业学生的特点，从数据库的基本概念开始，由浅入深、循序渐进地介绍 Access 2010 各种对象的功能及创建方法。全书共分 9 章，内容包括 Access 2010 简介、数据库基础知识、表的建立和使用、数据查询、窗体设计、报表设计、宏和系统集成、模块和 VBA 编程、数据库的管理与安全等内容。

本书的突出特点是将一个完整的“教学管理系统”案例分解到各个章节，相应例题及知识点的展开都是围绕大项目中的若干子项目展开，使学生和读者在了解 Access 2010 基本功能和技巧的同时，掌握项目开发的全过程。

本书适合作为高等院校文科专业“Access 数据库应用”课程的教学用书，也可作为“全国计算机等级考试二级 Access 数据库设计”的辅导用书，还可作为各类培训班以及自学爱好者的参考用书。

图书在版编目（CIP）数据

Access2010 数据库实用教程/崔彦君，黎红主编. —北京：中国铁道出版社，2017.12（2018.11重印）
全国高等院校计算机基础课程“十三五”规划教材
ISBN 978-7-113-24066-0

Ⅰ.①A… Ⅱ.①崔… ②黎… Ⅲ.①关系数据库系统－高等学校－教材 Ⅳ.①TP311.138

中国版本图书馆 CIP 数据核字(2017)第 294704 号

书　　名： Access 2010 数据库实用教程
作　　者： 崔彦君　黎　红　主编

策　　划： 唐　旭　　　　**读者热线：**（010）63550836
责任编辑： 唐　旭　冯彩茹
封面设计： 刘　颖
责任校对： 张玉华
责任印制： 郭向伟

出版发行： 中国铁道出版社（100054，北京市西城区右安门西街 8 号）
网　　址： http://www.tdpress.com/51eds/
印　　刷： 三河市兴达印务有限公司
版　　次： 2017 年 12 月第 1 版　2018 年 11 月第 2 次印刷
开　　本： 787 mm×1 092 mm　1/16　**印张：** 17.25　**字数：** 422 千
书　　号： ISBN 978-7-113-24066-0
定　　价： 45.00 元

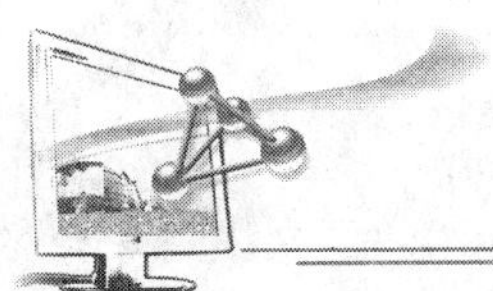

前言

PREFACE

随着计算机技术的飞速发展，计算机的应用已经深入到社会的每个角落。计算机在管理领域的应用和普及，大大提高了现代企业的管理效率。Access 是 Microsoft 公司 Office 办公自动化软件的一个重要组成部分，也是一款可视化操作的关系型数据库管理系统，具有简单易学、功能强大的特点。使用 Access 并不需要编写复杂的应用程序，通过全中文的界面即可轻松地创建和维护数据库。

本书针对高等院校文科类计算机课程教学的基本要求以及非计算机专业学生的特点，从数据库的基本概念开始，由浅入深、循序渐进地介绍 Access 2010 各种对象的功能及创建方法。全书共 9 章，包括 Access 2010 简介、数据库基础知识、表的建立和使用、数据查询、窗体设计、报表设计、宏和系统集成、模块和 VBA 编程、数据库的管理与安全等内容。

本书的突出点是通过一个完整的“教学管理系统”案例，分解案例到各个章节，相应例题及知识点的展开都是围绕大项目中的若干子项目展开，使学生和读者真正了解 Access 2010 基本功能和技巧的应用。

全书以应用为目的，以案例为学习过程，力求避免基础知识和基本术语的枯燥讲解和操作的简单堆砌，每个知识点都配有相应的实例和操作讲解，并留有充分的自主练习，方便学习者实践，通过实验和操作，快速掌握 Access 的基本功能和操作方法，并能学以致用地完成小型数据库项目系统的开发。

参加本书编写的都是广东培正学院多年从事一线教学的优秀教师，具有丰富的教学经验和深刻的教学理念。本书由崔彦君和黎红任主编，赵文和杨国清任副主编。具体编写分工如下：第 1～5 章由崔彦君编写，第 6～8 章由黎红编写，第 9 章由杨国清编写，附录由赵文编写，各章节的 PPT 由赵文制作。全书由崔彦君负责组稿和统稿，廖金祥主审。

本书的出版得到了广东培正学院自编教材立项资助和中国铁道出版社的大力支持，在此表示衷心的感谢。在编写过程中，阅读与参考了大量文献资料和互联网资料，在此向相关文献资料和互联网资料作者深表谢意。由于编者水平有限，书中难免存在疏漏和不足之处，恳请各位行家和读者不吝指正，赐教邮箱：272700828@qq.com。

编　者

2017 年 9 月

目录

CONTENTS

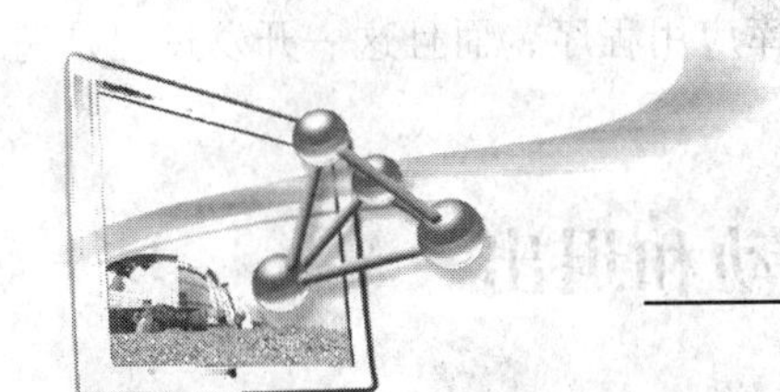

第 1 章 Access 2010 简介

本章导读

Access 2010 是由微软发布的桌面关系型数据库管理系统。它是 Microsoft Office 2010 办公自动化软件中的一个组件，利用它可以组织、存储并管理各种类型的数据信息。

通过对本章内容的学习，应该能够做到：

了解：Access 2010 的特点、Access 2010 的启动和退出方法。

理解：Access 数据库的各种对象。

应用：数据库的创建方法以及打开和关闭数据库的操作方法。

1.1 Access 2010 的特点

Access 是一种关系型的桌面数据库管理系统，是 Microsoft Office 套件产品之一。Access 主要适用于中小型应用系统，或作为客户机/服务器系统中的客户端数据库。Access 从 1991 年诞生至今经历过多次版本升级，每一个 Access 版本都得到了广泛的应用。本书以中文版 Access 2010 为操作平台来学习 Access 的使用。为了行文的简洁，在后文中如果不做特殊说明，所有 Access 2010 均简写为 Access。

Access 经过多次版本升级，功能越来越强大，操作越来越简单。Access 具有界面友好、易学易用、开发简单、接口灵活的特点，是典型的新一代桌面数据库管理系统。除此以外，Access 还具有以下主要特征：

① 存储方式简单。Access 管理的对象有表、查询、窗体、报表、宏和模块，这些对象都存放在扩展名为.accdb 的数据库文件中，便于用户的操作和管理。

② 界面友好、易于操作。Access 是一个可视化工具，其风格与 Windows 完全一样，用户想要生成对象并应用，使用鼠标进行拖放即可，非常方便直观。系统还提供了各种向导、设计器和图例等工具，能够快速地创建和设计各类对象。

③ 支持 ODBC。ODBC（Open DataBase Connectivity，开放数据库互连），利用 Access 强大

的 DDE（动态数据交换）和 OLE（对象的链接和嵌入）特性，可以在一个数据表中嵌入位图、声音、Excel 表格、Word 文档，方便地创建和编辑多媒体数据库。

④ 方便地生成各种数据对象。利用存储的数据建立窗体和报表，可视性好，操作简便快捷。同时支持 VBA 编程，提供了断点设置、单步执行等调试功能。

⑤ Access 数据与实时 Web 内容集成，能够构建 Internet/Intranet 应用。

Access 与其他数据库开发系统相比，另外一个显著的区别是：用户不用编写代码，就可以在很短的时间内开发出一个功能强大而且相当专业的数据库应用程序，而且这一开发过程是完全可视的。

1.2　Access 2010 的启动和退出

1.2.1　Access 2010 的启动

Access 是运行于 Windows 操作系统平台上的一种系统软件，其使用方法类似于大多数微软公司程序的使用。Access 2010 的启动有如下几种方法：

（1）利用“开始”菜单启动

单击 Windows 任务栏上的按钮，在弹出的菜单中单击“所有程序”|“Microsoft Office”|“Microsoft Access 2010”命令，即可启动 Access 2010。

（2）利用桌面上的快捷方式启动

如果桌面上有 Access 2010 的快捷方式，可双击快捷方式图标启动 Access 2010。

（3）利用已有的 Access 文档启动

在资源管理器（或“计算机”）窗口中双击扩展名为.accdb 或者.mdb（使用 Access 2003 创建的文档）的文件，即可启动 Access 2010，并在该环境下打开数据库文档。

Access 启动成功后，窗口如图 1-1 所示。

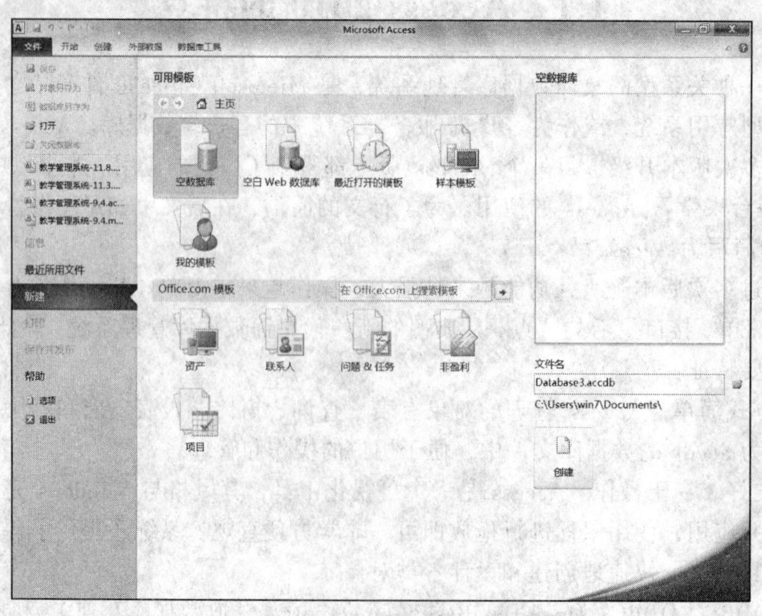

图 1-1　Access 启动后的窗口

1.2.2 Access 2010 的退出

退出 Access 2010 的方法有多种，以下是常用的退出方法：

① 单击标题栏右上角的“关闭”按钮 x 。

② 单击工作界面左上角的“文件”选项卡，选择“退出”命令。

③ 双击 Access 2010 标题栏左上角的控制菜单图标A。

④ 右击系统任务栏中的 Access 2010 缩略图，选择“关闭窗口”命令。

1.3 Access 数据库的对象组成

数据库是关于一个特定主题的信息集合，它通过各种数据库对象来组织管理数据。一个 Access 数据库可以包含如下对象：表、查询、窗体、报表、宏和模块。这些对象都存放在同一个数据库文件（扩展名为.accdb）中，而不是像某些数据库系统那样分别存放在不同的文件中，这样方便数据库对象的管理，下面介绍这些数据对象的类型及其特点。

1.3.1 表

表是最关键的数据库对象，是实际存储数据的地方，是数据库的基础。表可以看作一个关于特定主题的数据集合，即每个表只包含与一个中心思想有关的数据，例如，学生表中只包含与学生情况有关的数据，成绩表中只包含与成绩有关的数据等。每个主题只使用单个的表，意味着原始数据只需要存储一次，这样可以提高数据的重用率，降低数据的冗余，从而使数据库的使用更加有效率，同时减少数据输入错误。

一个表由若干行组成，每行称作一条记录，每条记录包含若干列，每列称为一个字段。图 1–2 所示是一张学生表。

学生表

学号	姓名	性别	出生日期	是否团	专业	系部	班级编号	毕业学校
2014020121018	卢伟锋	男	1996年9月2日		0211	管理系	020121	广州铁路第一中学
2014024125089	黄炜臻	男	1996年12月26日	✓	0209	管理系	024125	顺德区桂洲中学
2014024125280	覃懒蓝	男	1994年1月20日		0209	管理系	024125	深圳宝安区松岗中学
2014034131081	冯伟勤	男	1996年9月29日		0303	会计系	034131	龙岗区坪山中学
2014044173084	林志坚	男	1994年12月3日	✓	0402	计算机系	044173	盐田区沙头角中学
2014100151016	陈振安	男	1996年11月11日		1003	外语系	100151	广州市第八十中学
2014104151006	陈燊	男	1994年2月18日		1003	外语系	104151	深圳宝安区福永中学
2014104151009	徐晓晶	男	1996年7月19日	✓	1003	外语系	104151	饶平县第二中学
2014104151029	李海明	男	1996年8月24日	✓	1003	外语系	104151	广州市第三中学
2014104151052	陈少川	男	1996年6月17日		1003	外语系	104151	深圳实验中学
2014104151061	苏惠娴	女	1997年2月13日		1003	外语系	104151	中山纪念中学
2014104151076	王卓洪	男	1994年8月30日	✓	1003	外语系	104151	汕头市潮阳第一中学
2014104151082	彭桐	男	1997年1月23日		1003	外语系	104151	罗湖区翠园中学
2014104151083	黄宇民	男	1996年5月3日	✓	1003	外语系	104151	罗湖区桂园中学
2014104151106	吴乐琛	男	1995年2月23日	✓	1003	外语系	104151	佛山市第一中学
2014104151112	张子韬	男	1996年7月24日	✓	1003	外语系	104151	番禺区番禺中学
2014104151123	李安怡	女	1996年12月24日	✓	1003	外语系	104151	龙岗区布吉高级中学
2014104151125	莫展鹏	男	1996年11月26日		1003	外语系	104151	龙岗区坪地中学
2014104151127	陈宇	男	1997年2月11日		1003	外语系	104151	深圳宝安区观澜第二中学

记录：第 1 项(共 900 项) 无筛选器 搜索

图 1–2 学生表

1.3.2 查询

查询的作用是从表中提取符合要求的数据。利用查询可以从一个或多个表中筛选出需要的记录和字段。查询的结果是一个动态记录集。这些动态记录集显示在一个虚拟的表窗口中，用户可以浏览、查看、分析、打印，甚至修改这个动态数据集中的数据，Access 会自动将在查询中所做的任何修改反映到对应的原始表中。可以将查询作为窗体、报表的数据源。查询的结果还可进一步地加以分析和利用，即某个查询可以另一个查询为数据源。

查询的结果以二维表格的形式显示出来，从外观上看，查询的结果与表的显示外观一样，但查询不是基本表，它们只是表的投影。当运行查询时，其结果集显示的都是基本表中当前存储的实际数据，它反映的是查询执行的那个时刻数据表的存储情况。

查询有两种状态，即设计状态与结果状态。例如，查询“学生表”中男学生情况的设计与结果如图 1-3 所示。

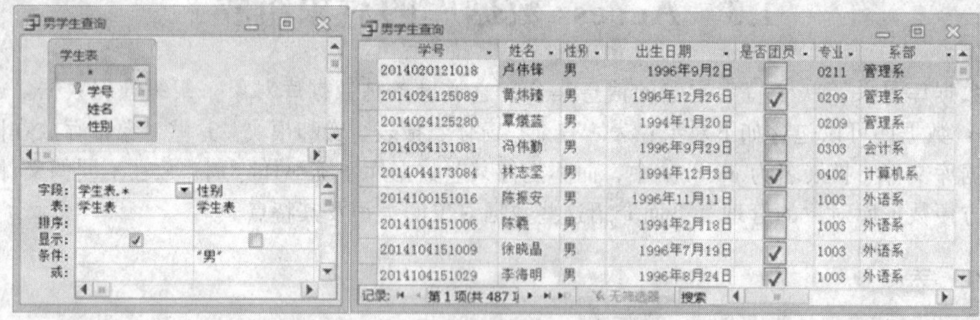

图 1-3　查询的设计与结果

1.3.3　窗体

窗体是一种以表或查询为数据源，主要用于数据输入/输出、界面提示、程序逻辑控制的数据库对象。

由于可在窗体上使用各种各样的控件，从而使窗体具有很强的交互性，利用窗体可以方便地输入、显示、编辑原始数据，还可以实现应用程序的逻辑控制功能。数据窗体用于将数据输入到表中或者显示表中的数据。界面窗体和具体的某个数据源没有关系，主要用于数据库系统的一些提示窗口或应用逻辑控制。通过控件及其相应的事件和宏，可为终端用户提供简单实用的操作数据的方式。很少将窗体用于数据的打印输出，数据的打印输出一般用报表来实现。数据窗体的外观如图 1-4 所示。

图 1-4　数据窗体外观

1.3.4　报表

报表是以表或查询为数据源，对数据进行打印格式设置的一种对象。在 Access 中，如果要打印输出数据，使用报表是最有效的方法。利用报表可以将数据库中需要的数据提取出来并加以分析、整理和计算，最终将数据以格式化的方式发送到打印机。用户可以在一个表或查询的基础上创建一个报表，也可以在多个表或查询的基础上创建报表。利用报表不仅可以创建计算字段，还可以对记录进行分组以便计算出数据的汇总结果等。在报表中，可以控制显示的字段、每个对象的大小和显示方式，并可以按照所需要的方式来显示相应的内容。图 1-5 所示的是一张教师基本情况报表。

教师表

教师基本情况报表

职称	教师编号	姓名	性别	政治面貌	学历	系别	联系电话
副教授							
	04018	欧阳兵	男	群众	硕士	计算机系	020-867××××
	05019	瞿海涛	男	群众	硕士	经济系	020-867××××
	08012	吴华讲	男	中共党员	硕士	市场系	020-867××××
	02016	陈琳霞	女	群众	硕士	管理系	020-867××××
	08010	毕文钊	男	群众	博士	市场系	020-867××××
	10047	乔嘉敏	女	群众	硕士	外语系	020-867××××
	05021	于玮	男	群众	本科	经济系	020-867××××
	10049	徐凯宁	男	群众	本科	外语系	020-867××××
	05006	张达鑫	男	群众	本科	经济系	020-867××××
	05017	付显威	男	中共党员	本科	经济系	020-867××××
	05009	刘心语	女	中共党员	本科	会计系	020-867××××
	02004	姜国才	男	群众	硕士	管理系	020-867××××

2016年11月11日　　共 18 页，第 1 页

页: 1　无筛选器

图 1-5　教师基本情况报表

1.3.5　宏

宏是一个或多个特定操作指令的集合，其中每个操作指令用来完成某个特定的任务。触发某个宏之后，可以自动完成一系列操作，例如打开某个窗体后马上打开一个报表等。利用宏可以简化数据库中的许多操作，使数据库的维护和管理更为轻松，利用宏还可以实现一些较简单的应用逻辑控制。图 1-6 所示的宏可以实现同时打开一个窗体、一个报表和一个查询的功能。

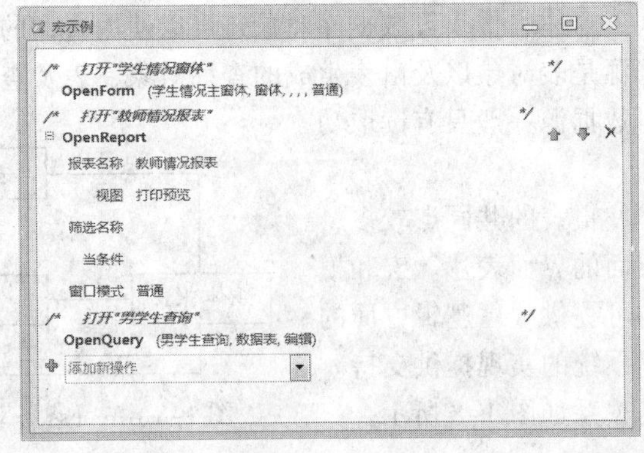

图 1-6　宏示例

1.3.6 模块

模块是指将 Visual Basic for Application（VBA）程序设计语言的声明、语句和过程作为一个命名单位来保存的集合，如图 1-7 所示。模块中的每一个过程都是一个函数过程或子程序。通过将模块与窗体报表等 Access 对象相联系，可以建立完整的数据库应用程序。原则上说，使用 Access 的用户不需要编程就可以创建功能强大的数据库应用程序,但通过在 Access 中编写 VBA 代码程序，用户可以编写出复杂的、运行效率更高的数据库应用程序。创建宏和模块的主要目的是进一步扩展数据库的功能，增加数据库管理的自动化程度，提高数据库管理的效率。模块比宏有着更强的编程能力，所有的宏都可以转化为模块来实现，但并不是所有的模块都能用宏来实现。

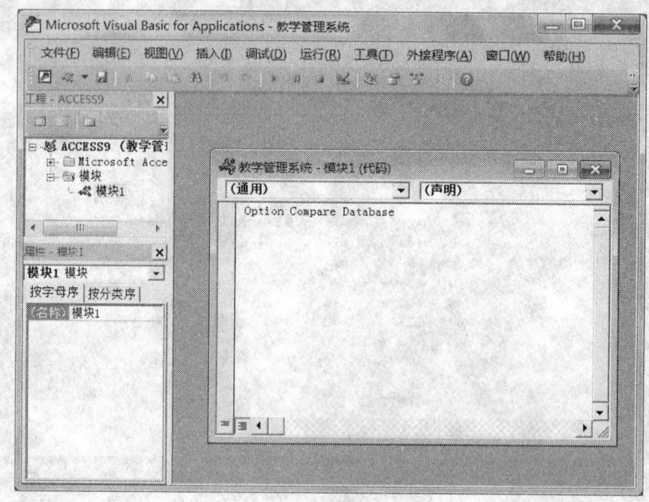

图 1-7 模块

1.3.7 数据库对象之间的关系

在 Access 数据库中，不同类型的数据库对象的作用不同，例如表用来存储数据，查询用来检索符合条件的数据，窗体用来浏览或更新表中的数据，报表用来分析和打印数据。在这些对象中，表是核心和基础，存放着数据库中的全部数据。查询、窗体、报表都是从表中获取数据信息并加以处理，以实现用户的某一特定需求，这些特定需求包括查找、计算、打印、编辑修改等。在某些时候，查询、窗体、报表等数据库对象还可以使用查询的结果作为数据的来源。总之，数据库中数据的来源是表对象以及由表生成的查询对象，表及查询一起构成了所有对象的基础数据来源。报表对数据源一般只有读取功能，没有修改编辑功能。

在 6 个对象中，窗体、报表的共同点较多，它们可以提供不同应用层面的界面表达。宏和模块相似点也较多，两者均可提供程序逻辑方面的控制功能，为数据库应用系统的实现提供支持。Access 的各个对象之间的关系如图 1-8 所示。

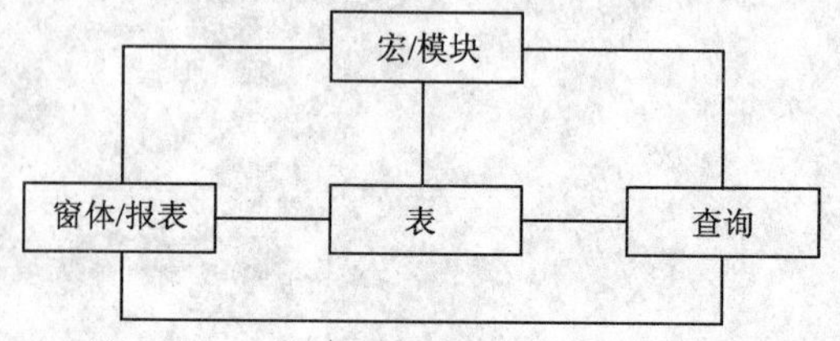

图 1-8 Access 各对象之间的关系示意图

1.4　创建数据库

Access 提供了两种创建数据库的方法：创建空数据库以及使用样本模板创建数据库。无论使用哪种方法，在数据库创建完成后，都可以随时根据需要修改或扩展数据库；而且在特定的文件夹下，会产生一个数据库文件，该文件的扩展名为“.accdb”。

1.4.1　创建空数据库

创建一个空数据库，然后向其中添加表、查询、窗体、报表以及其他对象。这种方法比较灵活，可以创建出用户所需要的各种数据库。创建空数据库是一种自定义数据库方法，工作量相对较大。

【例 1.1】创建一个名为教学管理的空数据库，操作步骤如下：

① 在打开的 Access 窗口中，单击“文件”|“新建”命令，打开图 1-9 所示的界面，在“可用模板”区选中“空数据库”选项。

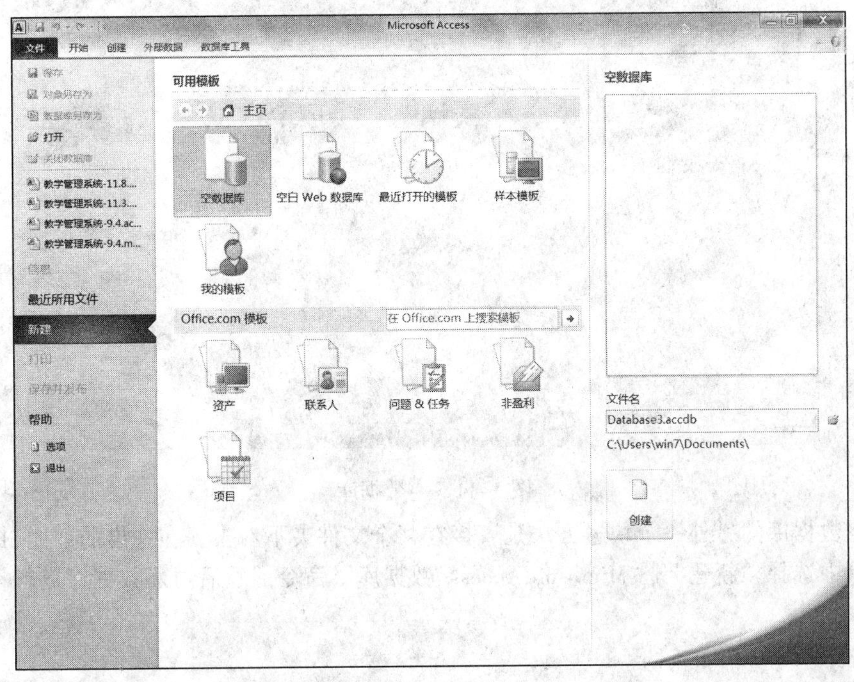

图 1-9　新建空数据库的 Access 界面

② 在“文件名”文本框中输入文件名，再单击其右侧的按钮，在弹出的图 1-10 所示的“文件新建数据库”对话框中选择保存位置，单击“确定”按钮。

③ 返回新建空数据库的 Access 窗口，单击右下方的“创建”按钮，则会在指定位置创建一个空数据库文件，文件名为“教学管理.accdb”，Access 会自动打开该数据库。新建的空数据库如图 1-11 所示。

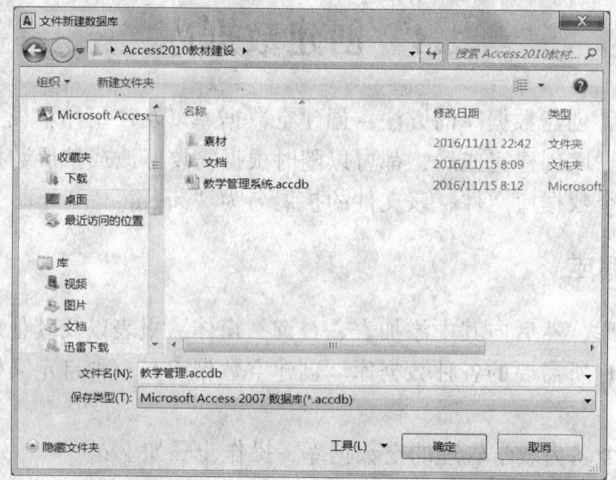

图 1-10 “文件新建数据库”对话框

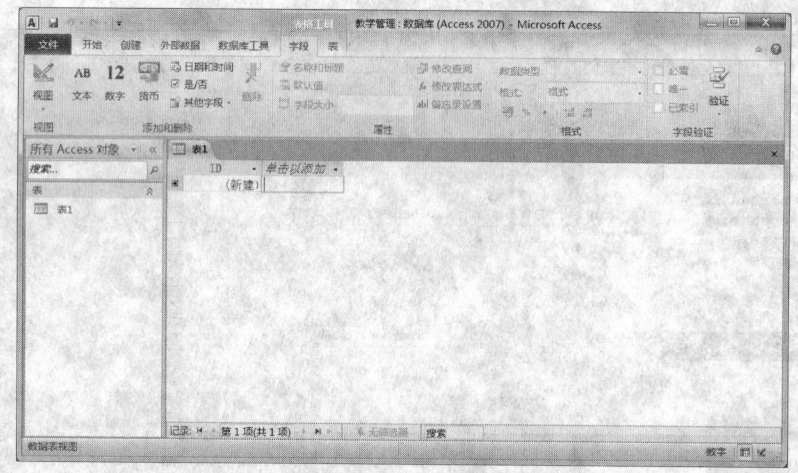

图 1-11 空数据库

创建空数据库的另外一个快速方法是直接在某个文件夹下右击，在弹出的如图 1-12 所示的快捷菜单中选择“新建”|“Microsoft Access 数据库”命令，然后对新数据库进行重命名。

图 1-12 创建空数据库的快捷菜单

1.4.2 使用样本模板创建数据库

Access 2010 提供了一些基本的数据库模板，如教职员模板、罗斯文模板等。利用这些模板可以方便、快捷地创建数据库。一般情况下，先要确定创建的数据库与哪一个模板比较接近。假设需要创建营销项目数据库，则可以利用“营销项目”模板。如果所选的数据模板不能满足要求，可根据模板建立数据库之后，再对它进行必要的修改和补充。

【例1.2】使用模板创建罗斯文数据库，操作步骤如下：

① 在图 1-9 所示的 Access 界面中选中“样本模板”选项，显示图 1-13 所示的样本模板列表，在列表中选中“罗斯文”选项。

图 1-13　样本模板列表

② 在“文件名”文本框中输入文件名，再单击其右侧的按钮，在弹出的“文件新建数据库”对话框中选择保存位置，单击“确定”按钮。

③ 返回样本模板列表的 Access 界面，单击右下方的“创建”按钮。

根据模板创建了数据库之后，会在指定位置生成一个数据库文件，且 Access 会自动打开该数据库。

1.5 数据库的打开与关闭

1.5.1 数据库的打开

可使用下列方法打开 Access 数据库文件：

① 启动 Access 后，在“开始工作”任务窗格中会显示最近使用过的数据库，单击要打开的数据库文件名。

② 定位到包含 Access 数据库文件的资源管理器窗口，双击要打开的数据库文件名，即可启动 Access，并且同时打开数据库文档。

③ 如果 Access 已经启动，单击“文件”|“打开”命令，弹出图 1-14 所示的“打开”对

话框。找到目标数据库文件后，再单击“打开”按钮，数据库文件将被打开。

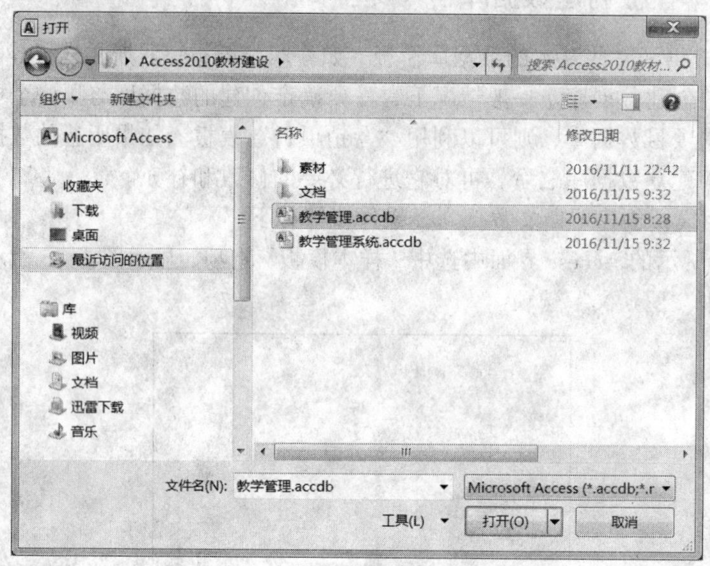

图 1-14 “打开”对话框

数据库被成功打开后，在左侧的“导航”窗格中可以选择不同的数据库对象进行操作。

1.5.2 数据库的关闭

为了保证数据的安全性，在完成数据库的操作后，需要将它关闭。在关闭数据库时，如果数据库对象发生了变化而且没有保存，系统将提示用户保存。

1. 直接关闭数据库，不退出 Access 应用程序

单击“文件”|“关闭数据库”命令，只关闭数据库窗口，并没有退出 Access 应用程序。

2. 退出 Access 时关闭数据库文件

关闭数据库文件的同时也退出 Access，可以使用以下操作方法：

① 单击“文件”|“退出”命令，退出 Access 时关闭数据库文件。

② 单击 Access 窗口标题栏右侧的“关闭”按钮。

③ 单击 Access 窗口标题栏左侧的控制菜单图标，在弹出菜单中单击“关闭”命令。

④ 双击 Access 窗口标题栏左侧的控制菜单图标。

习　题

一、填空题

1. Access 具有强大的数据库管理能力，而且可以将数据从 Access 中导出到________、________和________中。

2. 查询不仅是一个或多个表的________，还是其他数据库对象的数据来源。

3. 表是整个数据库系统的________。

4. 窗体是________窗口。

5. 报表可用于屏幕预览和________输出。

二、单选题

1. 以下叙述中，正确的是（　　）。
   A. Access 只能使用系统菜单创建数据库应用系统
   B. Access 不具备程序设计能力
   C. Access 只具备了模块化程序设计能力
   D. Access 具有面向对象的程序设计能力，并能创建复杂的数据库应用系统
2. Access 2010 数据库存储在扩展名为（　　）的文件中。
   A. .accdb　　B. .adp　　C. .txt　　D. .exe
3. 若不想修改数据库文件中的数据库对象，打开数据库文件时要选择（　　）。
   A. 以只读方式打开　　B. 以独占方式打开
   C. 以独占只读方式打开　　D. 打开
4. Access 数据库中包含（　　）对象。
   A. 表　　B. 查询　　C. 窗体　　D. 以上都包含
5. Access 中表和数据库的关系是（　　）。
   A. 一个数据库中包含多个表　　B. 一个表只能包含两个数据库
   C. 一个表可以包含多个数据库　　D. 一个数据库只能包含一个表
6. 数据库系统的核心是（　　）。
   A. 数据库　　B. 文件　　C. 数据库管理系统　D. 操作系统
7. 有关创建数据库的方法叙述不正确的是（　　）。
   A. 单击“文件”|“打开”命令，在弹出的对话框中选择 Access 文件。
   B. 单击“文件”|“新建”命令，选择【空数据库】选项，单击“创建”按钮。
   C. 在桌面上右击，选择“新建”|“Microsoft Access 数据库”命令。
   D. 利用模板创建数据库。
8. 下面（　　）方法不能关闭数据库。
   A. 单击 Microsoft Access 应用程序窗口右上角的“关闭”按钮。
   B. 双击 Microsoft Access 应用程序窗口左上角的控制菜单图标。
   C. 单击 Microsoft Access 应用程序窗口左上角的控制菜单图标，从弹出的菜单中选择“关闭”命令。
   D. 单击 Microsoft Access 应用程序窗口右上角的“最小化”按钮。
9. 一个 Access 数据库包含 3 个表、5 个查询、2 个窗体和 2 个宏，则该数据库一共需要（　　）个文件进行存储。
   A. 12　　B. 10　　C. 3　　D. 1
10. 下列关于 Access 数据库描述错误的是（　　）。
   A. 数据库扩展名为.accdb
   B. 数据库对象包括表、查询、窗体、报表、宏、模块
   C. 数据库对象放在不同的文件中
   D. 是关系数据库

三、简答题

Access 中有哪几类数据库对象？简述各个对象的功能。

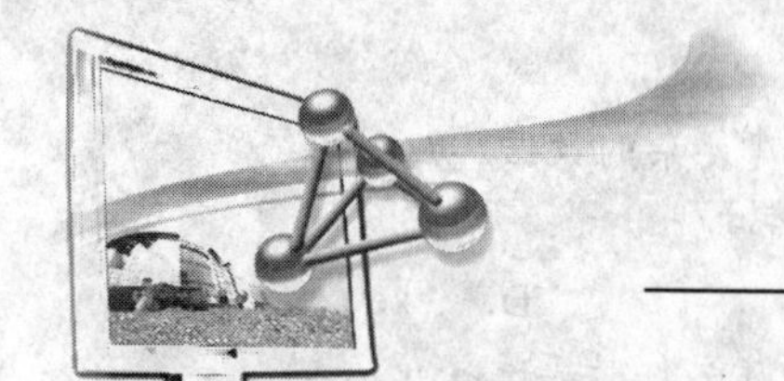

第 2 章 数据库基础知识

本章导读

数据库技术是当代计算机科学领域的一个非常重要的分支。计算机应用的三大领域是科学计算、数据处理和过程控制，而数据库技术在数据处理应用领域起关键作用。

通过对本章内容的学习，应该能够做到：

了解：数据模型的含义、关系模型的框架。

理解：数据库、数据库管理系统等几个关键概念。

应用：数据库设计过程的主要步骤与规范化处理技术。

2.1 数据处理技术简介

2.1.1 数据、信息和数据处理的基本概念

1．数据

数据（Data）是客观事物的一种抽象的、符号化的表示，即用一定的符号表示那些从观察或测量中所收集到的基本事实，采用什么符号完全是一种人为的规定，例如字符“吴小明”表示某人的姓名，数字 21 表示某人的年龄。

数据的概念在计算机领域中已经被大大拓宽。数据不仅包括数字、字符和其他特殊符号组成的文本形式的数据，而且还包括图形、图像、动画、声音、视频等多媒体数据。

数据有以下 4 个特征：

① 数据有“类型”和“值”两个基本属性。

② 数据受到数据类型和取值范围的约束。

③ 数据有定性和定量之分。

④ 数据应具有载体和多种表现形式。

2．信息

信息（Infomation）是指经过加工处理的数据。信息具有实效性、有用性、知识性。信息是客观世界的反映。数据只有经过提炼和抽象后才能成为信息。信息仍以数据的形式表示。信息

有 3 个特征：

① 信息能反映客观事实，能预测未发生的事物的状态并能用于指挥控制事物发展的决策。

② 信息能在时间和空间上被传递。

③ 信息需要一定的表现形式。

数据是载荷信息的物理符号（或称为载体）。数据用于描述事物，能够传递或表示信息。然而，并不是任何数据都能表示信息。例如，无法破译的密码不能传递或表示任何信息。即使同样的数据，不同的人也可能有不同的理解和解释，以致产生不同的决策。

信息是抽象的，是反映客观现实世界的知识，并不随着数据设备所决定的数据形式而改变。由于符号的多样性，记录数据的形式具有可选择性，但用不同的数据形式仍可表示同样的信息。例如，同样一条新闻在报纸中以文字的形式刊登，在电台中以声音的形式广播，在电视中以视频影像的形式放映，在计算机网络中以通信的形式传播。当然，由于信息载体的形式不同，所达到的传播效果也不同。因此，应使用适当的数据形式来传递或表示信息，以达到最好的效果。

3．数据处理

数据处理是指将数据加工并转换成信息的过程。数据处理也称为信息处理。通过处理数据可以获得信息，通过分析和筛选信息可以产生决策。在计算机中，通过存储器保存数据；通过软件来管理数据；通过应用程序来加工处理数据并且获取有用信息。

数据处理的核心是数据管理。计算机对数据的管理是指对各种数据进行分类、组织、编码、存储、检索和维护等操作。

2.1.2　数据处理技术的发展历程

计算机在数据管理领域的应用经历了由低级向高级的发展过程。数据管理技术随着计算机硬件技术、软件技术的发展和计算机应用范围的拓宽而发展。数据处理技术的发展经历了人工管理、文件系统管理、数据库系统管理 3 个阶段。

1．人工管理阶段

20 世纪 50 年代中期以前，计算机主要用于科学计算。当时的硬件条件较落后，外存只能用纸带、卡片、磁带，没有磁盘等可以随机访问和直接存取的介质；在软件方面，还没有操作系统和专门管理数据的软件，数据由计算或处理它的程序自行携带，一个程序中的数据无法被其他程序使用，因此程序与程序之间存在大量的重复数据，数据冗余较多。

2．文件系统管理阶段

20 世纪 50 年代后期到 60 年代中期，计算机的应用范围逐渐扩大，不仅用于科学计算，而且还大量进入管理领域。在这个时期还产生了可以直接存取的磁鼓、磁盘等外围存储设备，也出现了高级语言和操作系统，在操作系统中有了专门的数据管理软件，即文件系统。

在文件系统阶段，程序和数据有了一定的独立性，程序和数据分开存储，有了程序文件和数据文件的区别。数据文件可以长期保存在外存中多次利用。程序只需要通过文件名就可以访问数据文件，程序员可集中精力进行数据处理的算法研究，而不必关心记录在存储器上的地址和内外存交换数据的过程。

文件系统中的数据文件是为了满足特定业务或某部门的专门需要而设计的，其服务于某一特定应用程序，数据和程序相互依赖性较强。同一数据项可能重复出现在多个文件中，导致数据冗余度相对较大，这不仅浪费了存储空间，而且增加了系统开销，数据访问的效率不高。更严重的是，由于数据不能统一修改，容易造成数据的不一致。文件系统存在的问题阻碍了数据处理技术的发展，不能满足日益增长的信息需求，这是数据库数据管理技术产生的原动力，也是数据库系统产生的前景。

3．数据库系统管理阶段

20 世纪 60 年代后期以来，计算机用于管理的规模更加庞大，应用越来越广泛，需要计算机管理的数据量急剧增长，同时多种应用、多种语言互相覆盖地共享数据集合的要求越来越强烈。硬件有了大容量磁盘，硬件价格不断下降，软件价格上升，为编制和维护系统软件及应用程序所需的成本相对增加。在处理方式上，联机实时处理要求更多，并开始提出和考虑分布处理。在这种前景下，以文件系统作为数据管理手段已不能满足应用的需求，于是为解决多用户、多应用共享数据的需求，使数据为尽可能多的应用提供服务，出现了数据技术和统一管理数据的专门软件系统——数据库管理系统。

1968 年美国 IBM 公司研制成功的数据管理系统（Information Management System，IMS）标志着数据处理技术进入了数据库系统阶段。在数据库系统管理阶段，系统可以有效地管理和存取大量的数据资源，从而提高了数据的共享性，使多个用户能够同时访问数据库中的数据；减少了数据的冗余，保证数据的一致性和完整性。另外，还提供了数据与应用程序的独立性，减少了应用程序的开发和维护代价。

数据管理的 3 个发展阶段的比较如表 2-1 所示。

表 2-1　数据管理的 3 个阶段的比较

项　　目	人工阶段	文件系统阶段	数据库系统阶段
应用目的	科学计算	科学计算、数据管理	大规模数据管理
硬件	无直接存取设备	磁盘、磁鼓	大容量磁盘
软件	无操作系统	有文件系统	有 DBMS
处理方式	批处理	批处理、联机实时处理	批处理、联机实时处理、分布处理
管理者	人	文件系统	DBMS
面向对象	某个应用程序	某个应用程序	多个应用程序
共享程序	无共享、冗余大	共享差、冗余大	共享性大、冗余小
独立性	不独立，依赖于程序	独立性差	物理独立性高、逻辑独立性低
结构化	无结构	记录内有结构，整体无结构	用数据模型实现整体结构化
控制能力	由应用程序控制	由应用程序控制	由 DBMS 提供数据安全性、完整性、并发控制和恢复

20 世纪 80 年代中后期，计算机技术在社会各行各业得到广泛应用，数据存储不断膨胀，对数据库技术提出了更高的要求。关系型数据库已经不能完全满足需求，于是产生了新一代数据库技术。主要有以下特征：

① 支持数据管理、对象管理和知识管理。

② 保持和继承了第三代数据库系统的技术。

③ 对其他系统开放，支持数据库语言标准，支持标准网络协议，有良好的可移植性、可连接性、可扩展性和互操作性等。

新一代数据库支持多种数据模型（如关系模型和面向对象的模型），并和诸多新技术相结合（如分布处理技术、并行计算技术、人工智能技术、多媒体技术、模糊技术），广泛应用于

多个领域（如商业管理、GIS、计划统计等），由此也衍生出多种新的数据库技术。

2.1.3　数据处理新技术

1. 大数据

随着数据存储能力的不断提升，如今的信息量越来越大，形成了庞大的数据，也称大数据（Big Data）。对大数据的分析，通过数据挖掘技术提取所需要的信息，按照挖掘需求在大数据中进行数据采集、检索和整合，并对数据进行筛选，包括去噪、取样、过滤、合并、标准化等去除冗余和多余数据，建立待处理数据集。对数据集进行处理和分析，包括线性、非线性、因子、序列分析、线性回归、变量曲线、双变量统计等处理和分析，按照一定方式对数据进行分类，并分析数据间及类别间的关系等，然后对分类后的数据通过人工神经网络、决策树、遗传算法等方法揭示数据间的内在联系，发现深层次的模式、规则及知识。大数据主要有以下特征：

① 数据体量巨大。百度资料表明，其新首页导航每天需要提供的数据超过 1.5 PB（1 PB=1 024 TB），这些数据如果打印出来将超过 5 千亿张 A4 纸。有资料证实，截至目前，人类生产的所有印刷材料的数据量仅为 200 PB。

② 数据类型多样。现在的数据类型不仅是文本形式，更多的是图片、视频、音频、地理位置信息等多类型的数据，个性化数据占绝对多数。

③ 处理速度快。数据处理遵循“1 秒定律”，可从各种类型的数据中快速获得高价值的信息。

④ 价值密度低。以视频为例，1 h 的视频，在不间断的监控过程中，可能有用的数据仅仅只有一两秒。

2. 云计算

云计算（Cloud Computing）是基于互联网的相关服务的增加、使用和交付模式，通常涉及通过互联网提供动态易扩展且经常是虚拟化的资源。云是网络、互联网的一种比喻说法。过去在图中往往用云来表示电信网，后来也用来表示互联网和底层基础设施的抽象。狭义云计算指 IT 基础设施的交付和使用模式，指通过网络以按需、易扩展的方式获得所需资源；广义云计算指服务的交付和使用模式，指通过网络以按需、易扩展的方式获得所需服务。这种服务可以是 IT 和软件、互联网相关，也可是其他服务。它意味着计算能力也可作为一种商品通过互联网进行流通。云计算主要特点如下：

① 云计算系统提供的是服务，服务的实现机制对用户透明，用户无需了解云计算的具体机制，就可以获得需要的服务。

② 用冗余方式提供可靠性，云计算系统由大量商用计算机组成机群向用户提供数据处理服务。随着计算机数量的增加，系统出现错误的概率大大增加。在没有专用的硬件可靠性部件的支持下，采用软件的方式，即数据冗余和分布式存储来保证数据的可靠性。

③ 高可用性，通过集成海量存储和高性能的计算能力，云能提供一定满意度的服务质量。云计算系统可以自动检测失效结点，并将失效结点排除，不影响系统的正常运行。

④ 高层次的编程模型，云计算系统提供高级别的编程模型。用户通过简单学习，就可以编写自己的云计算程序，在“云”系统上执行，满足自己的需求。现在云计算系统主要采用 Map-Reduce 模型。

⑤ 经济性，组建一个采用大量的商业机组成的机群相对于同样性能的超级计算机花费的

资金要少很多。

3. 物联网

物联网是新一代信息技术的重要组成部分，其英文名称是 The Internet of things。顾名思义，物联网就是物物相连的互联网。这有两层意思：第一，物联网的核心和基础仍然是互联网，是在互联网基础上的延伸和扩展的网络；第二，其用户端延伸和扩展到了任何物品与物品之间，进行信息交换和通信。因此，物联网的定义是通过射频识别（RFID）、红外感应器、全球定位系统、激光扫描器等信息传感设备，按约定的协议，把任何物品与互联网相连接，进行信息交换和通信，以实现对物品的智能化识别、定位、跟踪、监控和管理的一种网络。

与传统的互联网相比，物联网有其鲜明的特征，物联网产业涉及的关键技术主要包括感知技术、网络和通信技术、信息智能处理技术及公共技术。

① 感知技术。通过多种传感器、RFID、二维码、定位、地理识别系统、多媒体信息等数据采集技术，实现外部世界信息的感知和识别。

物联网上部署了海量的多种类型传感器，每个传感器都是一个信息源，不同类别的传感器所捕获的信息内容和信息格式不同。传感器获得的数据具有实时性，按一定的频率周期性的采集环境信息，不断更新数据。

② 网络和通信技术。通过广泛的互联功能，实现感知信息高可靠性、高安全性进行传送，包括各种有线和无线传输技术、交换技术、组网技术、网关技术等。

物联网技术的重要基础和核心仍旧是互联网，通过各种有线和无线网络与互联网融合，将物体的信息实时准确地传递出去。在物联网上的传感器定时采集的信息需要通过网络传输，由于其数量极其庞大，形成了海量信息，在传输过程中，为了保障数据的正确性和及时性，必须适应各种异构网络和协议。

③ 信息智能处理技术。通过应用中间件提供跨行业、跨应用、跨系统的信息协同及共享和互通的功能，包括数据存储、并行计算、数据挖掘、平台服务、信息呈现、服务体系架构、软件和算法技术、云计算、数据中心等。

物联网不仅提供了传感器的连接，其本身也具有智能处理的能力，能够对物体实施智能控制。物联网将传感器和智能处理相结合，利用云计算、模式识别等各种智能技术，扩充其应用领域。从传感器获得的海量信息中分析、加工和处理出有意义的数据，以适应不同用户的不同需求，发现新的应用领域和应用模式。

④ 公共技术。主要是标识与解析、安全技术、网络管理、服务质量（QoS）管理等公共技术。

2.2 数据库系统的组成

1. 数据库系统

数据库系统（Database System，DBS）是合理组织和动态存储有联系的各种数据，并对其进行统一调度、控制和使用的计算机软件和硬件的总和。要在计算机中加工处理数据，仅仅有数据库这些“原始材料”是远远不够的，还必须有一些支持对象来完成对数据库的操作。数据库与这些支持对象一起构成了数据库系统。数据库系统由 6 个部分组成（DB）：数据库、硬件平台、软件平台、数据库管理系统（DBMS）、数据库应用系统（DBAS）、用户（包括数据库管

理员用户和终端用户），这 6 个部分的层次关系如图 2-1 所示。

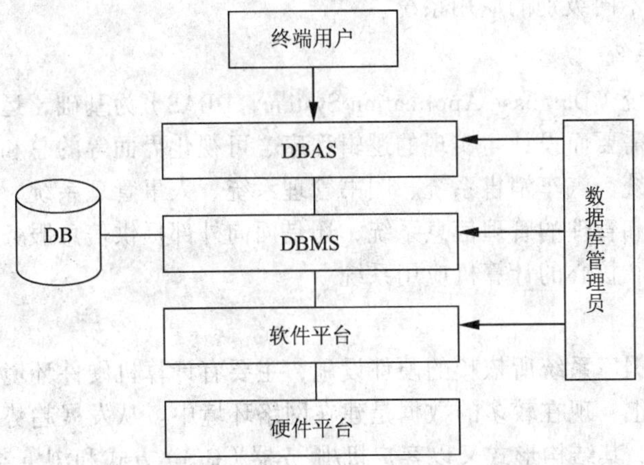

图 2-1　数据库系统的层次结构图

2．数据库

数据库（Database，DB）是按照一定的组织结构存储在存储介质上，并且相互关联的数据的集合。数据库中的数据不是简单地堆积在一起，它们具有统一的结构形式，相互之间有一定的关系，并且可被各个应用程序所共享。

数据库中的数据具有集成性和共享性，即数据库集中了各种应用数据，进行统一的构造与存储，使它们可以更加方便地访问和处理。

数据库是数据处理的基础，数据库技术中的其他相关构件均是围绕数据库而展开的。

3．数据库管理系统

数据库管理系统（Database Management System，DBMS）是专门用来创建、操纵、管理、维护和监控数据库的系统软件，它对数据库提供安全访问机制和操纵管理机制，它是数据库系统的核心或基石。DBMS 直接与操作系统打交道，负责对数据库进行统一管理与控制。用户或应用程序对数据库操作的各种命令都要通过数据库管理系统来解释与执行，数据库管理系统还承担着数据库的维护工作，并保证数据库中数据的安全性、可靠性、完整性、一致性及高度独立性。具体来说，数据库管理系统具备以下功能：

① 定义功能。DBMS 向用户提供数据定义语言（Data Definition Language，DDL），用于定义数据库的逻辑结构和数据库的存储结构、数据库中数据之间的联系，以及数据的完整性约束条件和保证完整性的触发机制等。

② 操纵功能。DBMS 还提供数据操纵语言（Data Manipulation Language，DML），用户通过 DML 可以完成对数据库中数据的操纵，可以添加、删除、修改数据，可以重新组织数据库的存储结构，可以完成数据库的备份和恢复等操作。

③ 查询功能。DML 还为用户提供各种灵活的查询功能，使用户可以方便地使用数据库中的数据。

④ 控制功能。DBMS 还承担对数据库的安全控制、完整性控制、多用户并发控制等各方面的控制。

⑤ 通信功能。在分布式环境下或网络数据库系统中，DBMS 为不同的数据库之间提供通信功能。

目前常见的数据库管理系统有 SQL Server、Oracle、DB2、Sybase、FoxPro、Access 等，它们各有特点，适合于不同级别的应用系统。

4. 数据库应用系统

以数据库管理系统（Database Application System，DBAS）为基础，运用数据库开发工具，针对某个特定的应用需要而设计与实现的逻辑程序、可视化界面等的总和，它属于应用软件的范畴，如教学管理系统、汽车销售系统、图书管理系统、人事管理系统、财务管理系统等等。无论是面向内部业务和管理的管理信息系统，还是面向外部提供信息服务的开放式信息系统，都是以数据库为基础和核心的计算机应用系统。

5. 硬件平台

硬件平台是指数据库系统所依赖的硬件设施，主要有计算机硬件环境和网络环境。过去的数据库一般建在单机上，现在较多的数据是建在网络环境中。从发展趋势来看，数据库系统今后将以网络应用为主，其结构形式又以客户机/服务器（C/S）方式和浏览器/服务器（B/S）方式为主。

6. 软件平台

软件平台包括操作系统、数据库系统开发工具、接口软件等。操作系统是所有应用软件的平台，目前常用的是 Windows、UNIX（Linux）等；数据库系统开发工具包括过程程序设计语言（C，C++）、可视化开发工具（VB、PB、Delphi）以及与 Internet 有关的 HTML 和 XML 等；在网络环境下的数据库系统中，数据库与应用程序、数据库与网络间存在多种接口，它们需要用接口软件进行连接，否则数据库系统整体就无法运作，这些接口软件包括 ODBC、JDBC、CORBA、COM、DCOM 等。

7. 用户

用户包括终端用户和数据库管理员用户。终端用户通过联机工作站与数据库系统交互，他们通过命令按钮及菜单等交互方式使用数据库中的数据，是数据库应用系统的使用者。数据库管理员需要根据应用的实际，制定数据库建设与维护的策略，并对这些策略的执行提供技术支持。数据库管理员负责技术层的全局控制。具体地来看，数据管理员有以下 3 方面的具体工作：

① 数据库设计。由于数据库的集成性和共享性，必须有专人对多个应用的数据需求做全面的规划、设计和集成，这是数据管理员的基本任务。

② 数据库维护。数据库管理员必须对数据库中的数据安全性、完整性、并发控制及系统恢复进行实施与维护。

③ 改善系统性能和提高系统效率。数据库管理员必须随时监视数据库的运行状态，不断调整内部结构，保持系统的最佳状态与最高效率。

作为 Access 的学习者，要求其扮演的角色应该是数据库管理员，而不是终端用户。

2.3 数据库系统的特点

数据库技术是在文件系统基础上产生发展的，两者都以数据文件的形式组织数据，但由于数据库系统在文件系统之上引入了 DBMS 对数据进行管理，从而使得数据库系统具有以下特点：

1. 数据的集成性

数据库系统的数据集成性主要表现在如下 3 个方面：

① 在数据库系统中采用统一的数据结构方式，如在关系数据库中采用二维表作为统一结构方式。

② 在数据库系统中按照多个应用的需要组织全局的统一的数据模式，数据模式不仅可以建立全局的数据结构，还可以建立数据间的语义联系从而构成一个内在紧密联系的数据整体。

③ 数据库系统中的数据模式是多个应用共同的、全局的数据结构，而每个应用的数据则是全局结构中的一部分，称为局部结构（即视图），这种全局和局部的结构模式构成了数据库系统数据集成性的主要特征。

2．数据的共享程度高，冗余少

由于数据的集成性使得数据可为多个应用所共享，特别是在今天网络异常发达的条件下，数据库与网络的结合扩大了系统的应用范围。数据共享自身又可极大地减少数据冗余性，不仅减少了不必要的存储空间，更为重要的是可以避免数据的不一致性。所谓数据的一致性，是指在系统中同一种数据项在不同位置出现时应保持相同的值。而数据的不一致性是指同一数据在系统的不同拷贝处有不同的值。因此，减少冗余是保证系统一致性的基础。

3．数据的独立性好

数据独立性是指数据与程序间的互不依赖性，即数据库中数据独立于应用程序而不依赖于应用程序。也就是说，数据的逻辑结构、存储结构与存取方式的改变不会影响应用程序。

数据独立性一般分为物理独立性与逻辑独立性两个层次：

① 物理独立性。数据的物理结构（包含存储结构、存取方式等）的改变，如存储设备的更换、物理存储的更换、存取方式改变等都不影响数据库的逻辑结构，从而不致引起应用程序的变化。

② 逻辑独立性。数据库总体逻辑结构的改变，如修改数据模式、增加新的数据类型、改变数据间的联系等，不需要相应地修改应用程序。

4．数据统一管理与控制

数据库系统不仅为数据提供高度集成环境，同时它还为数据提供统一管理的手段，这主要包含以下 5 个方面：

① 数据的完整性检查。检查数据库中数据的正确性以保证数据的正确。

② 数据的安全性保护。检查数据库访问者以防止非法访问。

③ 并发控制。控制多个应用的并发访问所产生的相互干扰以保证其正确性。

④ 数据库恢复。提供事务处理机制，实现了数据操作回滚功能。

⑤ 使用交互语言，提供与用户友好的接口。

2.4　数 据 模 型

为了反映事物本身及事物之间的各种联系，数据库中的数据必须有一定的结构，这种结构用数据模型来表示。

2.4.1　数据模型概述

1．概念

在计算机信息处理中常用数据模型这个工具来抽象、表示和处理现实世界中的数据和信

息。通俗地讲，数据模型就是对现实世界的模拟。对模型的最一般的理解就是对现实世界中复杂对象的抽象描述，获取模型的抽象过程就是建模过程。

数据库中的数据模型可以将复杂的现实世界要求反映到计算机数据库中的物理世界，这种反映是一个逐步转化的过程，它分为抽象与实现两个阶段：由客观现实世界开始，经历抽象的信息世界，最终到达计算机世界，如图 2-2 所示。

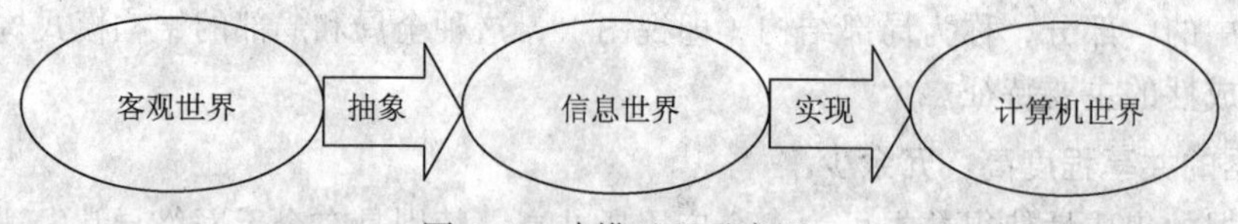

图 2-2　建模过程示意图

（1）客观现实世界

用户为了某个应用领域的特定需要，将现实世界中的需求用数据库来实现，我们所见到的是客观世界中一个划定边界的环境，称为客观现实世界。

（2）抽象信息世界

通过抽象对客观现实世界进行数据库级上的刻画所构成的逻辑模型称为抽象信息世界。抽象信息世界与数据库的具体模型有关，如层次、网状、关系模型等。

（3）计算机世界

在信息世界的基础上致力于其在计算机物理结构上的描述，从而形成的物理模型称为计算机世界。现实世界的需求只有在计算机世界中才能得到真正的物理实现，而这种实现是通过客观信息世界逐步转化而来的。

2. 数据模型的三要素

在数据库中，数据模型就是数据库系统中用于提供信息表示和操作手段的形式框架。数据模型通常是由数据结构、数据操作和数据的完整性约束 3 个要素组成的。

（1）数据结构

数据结构用于描述系统的静态特性，是所研究的对象类型的集合。这些对象是数据库的组成部分，它包括用于表示数据类型、内容、性质的对象和表示数据之间联系的对象。

（2）数据操作

数据操作用于描述系统的动态特性，是指在各种对象上的允许执行的操作集合及操作规则。数据库的操作主要包括检索与更新两种，其中更新操作包含插入、删除和修改。

（3）数据的完整性约束

数据的完整性约束是指为了保证数据的正确性、有效性和相容性，预先规定的一些规则条件，用以限定数据库状态以及状态的变化。例如，学生的性别只有男和女两种状态。

数据模型的三要素中，数据结构是刻画一个数据模型性质最重要的方面。因此在数据库系统中，人们通常按照其数据结构的类型来命名数据模型。例如，层次结构的数据库称为层次模型数据库，网状结构的数据库称为网状模型数据库，关系结构的数据库称为关系模型数据库。

2.4.2　数据模型的种类

数据模型按照不同的应用层次分成三种类型：概念模型、逻辑模型、物理模型。概念模型面向客观现实世界；逻辑模型面向抽象信息世界；物理模型也称为实现模型，它面向计算机世界。

1. 概念模型

概念模型是一种面向客观世界、面向用户的模型。它与具体的数据库管理系统和具体的计算机平台无关。概念模型着重于对客观世界复杂事物的描述以及对它们的内在联系的刻画。目前，最著名的概念模型有实体联系模型和面向对象模型，这里仅介绍实体联系模型。

实体联系模型（Entity–Relationship Model，E–R 模型）是广泛使用的概念模型。在通常的数据库设计工作中，首先要创建一个 E–R 模型，然后再把它转化成计算机能接受的逻辑模型与物理模型。E–R 模型采用了 3 个基本概念：实体、联系、属性。

（1）实体

现实世界中的事物可以抽象成为实体，实体是概念世界的基本单位，它们是客观存在的，并且不同实体间又有区别，如一个学生、一名教师、一门课程等。实体也可以是一个抽象的事件，如一场比赛、一次考试等。凡是有共性的实体可组成一个集合，称为实体集。

（2）属性

事物的特性可以用属性来描述，如学生的身高、体重、性别、年龄等用来描述学生的基本情况。一个实体可以具有若干个属性。属性由属性名和属性值两个要求构成。一个属性值的取值范围称为该属性的值域，如性别属性的值域为“男”或“女”。

（3）联系

现实世界中事物之间所固有的关联称为联系。在概念世界中联系反映了不同实体集之间的关联性，如学生和课程之间存在学生选修课程的联系。

现实世界是一个有机的互相关联的整体，为了能够更好地表示现实世界，在概念模型中，必须把实体、属性、联系三者结合起来。在现实世界中，联系是客观存在的，根据实体集之间的匹配关系，可将联系分为三类：

① 一对一联系。如果实体集 A 中的每一个实体只与实体集 B 中的一个实体有关联，反之亦然，则说这种联系是一对一联系。例如，一个学校只有一名校长，并且一名校长只能在一所学校任职，不可以在别的学校工作，则校长与学校的关系就是一对一的联系，如图 2–3（a）所示。

② 一对多联系。如果实体集 A 中的每一个实体，在实体集 B 中都有多个实体与之对应；反过来，实体集 B 中的每一个实体，在实体集 A 中只有一个实体与之对应，则称实体集 A 与实体集 B 是一对多的联系。例如，一个班级有多名学生，一名学生只能隶属于一个班级，则班级和学生是一对多的联系，如图 2–3（b）所示。

③ 多对多联系。如果实体集 A 中的每一个实体，在实体集 B 中都有多个实体与之对应；反过来，实体集 B 中的每一个实体，在实体集 A 中也有多个实体与之对应，则称实体集 A 与实体集 B 是多对多的联系。例如，一个学生可以选修多门课程，一门课程可以被多名学生选修。学生和课程的联系就是多对多的联系，如图 2–3（c）所示。

（4）E–R 图

确定客观现实世界中的所有实体、属性与联系后，可以用 E–R 图来描述概念模型。在 E–R 图中，用矩形表示实体集，用椭圆表示实体的属性，用菱形表示联系。例如，教学管理的建模中，可用图 2–4 所示的 E–R 图表达学生和课程之间的关系。为了进一步刻画实体间的对应关系，可在实体与联系之间的直线上标明联系的类型，如 1∶1、1∶n、n∶m，例如，学生与课程之间存在多对多联系，所以标上 n∶m 的联系类型。

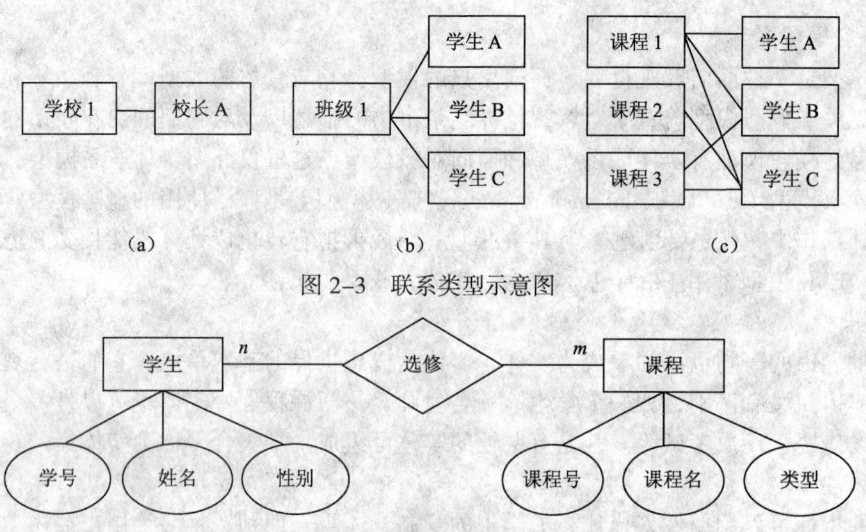

图 2-3　联系类型示意图

图 2-4　E-R 图

在概念上，E-R 模型中的实体、属性与联系是 3 个有明显区别的不同概念。但在分析客观世界的具体事物时，对某个具体数据对象，它是实体还是属性或联系，则是相对的，所做的分析与设计与实际应用的背景以及设计人员的理解有关。这是工程实践中构造 E-R 模型的难点之一。

2．逻辑模型

逻辑模型是面向数据库系统的模型，着重于在数据库系统级别的实现。常见的数据模型有层次模型、网状模型、关系模型、面向对象模型，数据模型的发展经历了非关系化模型（层次模型、网状模型）、关系模型，正在走向面向对象模型。成熟并大量使用的是关系模型，这里重点介绍关系模型。

（1）层次模型

层次模型是数据库系统中最早出现的逻辑模型，它用树形结构来表示各类实体及实体之间的联系。层次模型有两个主要特点：

① 有且只有一个根结点，该结点没有双亲。

② 除根结点外的其他结点都有且只有一个双亲。

层次模型从形象思维的角度来看，像一棵倒立的树。例如，学校的组织机构，就是一个层次结构的模型，如图 2-5 所示。

（2）网状模型

网状模型是层次模型的扩展，它去掉了层次模型的两个限制条件，允许结点没有双亲，也允许结点有多个双亲。从图论的观点看，网状模型是一个不加任何条件限制的无向图。例如，可以将教学管理活动中的实体描述成为网状模型，如图 2-6 所示。

网状模型在对数据概念的描述上明显优于层次模型，它对数据表示更加接近于现实，而且数据操纵效率更高，更为成熟。但是，网状模型数据库在使用时涉及系统内部的物理因素较多，用户操作使用并不方便，其数据模式与系统实现均不太理想。

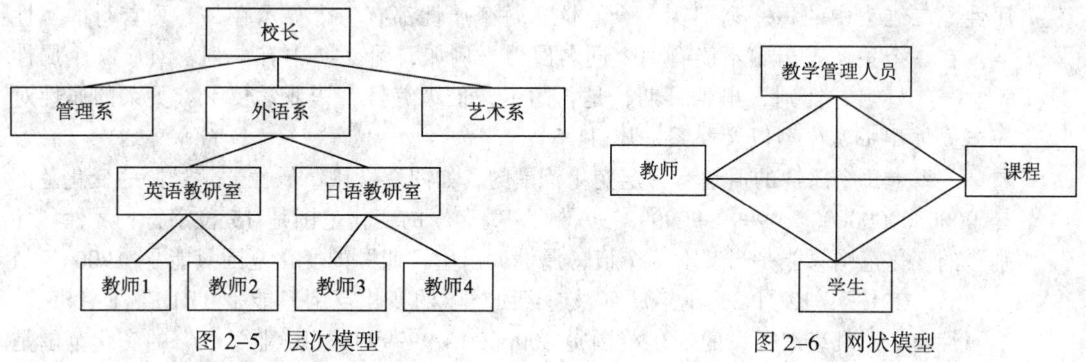

图 2-5　层次模型　　　　图 2-6　网状模型

（3）关系模型

关系模型是把概念模型中实体以及实体之间的各种联系均用关系来表示。从用户的观点来看，关系模型中数据的逻辑结构是一张二维表，它由行列构成。表 2-2 所示的是一个学生数据表。

表 2-2　学生表

学号	姓名	性别	出生日期	是否团员	班级编号	毕业学校
2014020121018	卢伟锋	男	1996-9-2	TRUE	101501	深大师范附中
2014024125089	黄炜臻	男	1996-12-26	TRUE	013122	徐闻县徐闻中学
2014024125280	覃爔蓝	女	1994-1-20	FALSE	013161	顺德区均安中学
2014034131081	冯伟勤	男	1996-9-29	TRUE	023161	罗湖区笋岗中学
2014044173084	林安安	女	1994-12-3	FALSE	043173	广东两阳中学
2014100151016	陈振安	男	1996-11-11	FALSE	043710	龙岗区布吉中学

① 关系模型中基本概念。

- 关系。每一个关系用一张二维表来表示，常称为表。每一个关系表都有个区别于其他关系表的名字，称为关系名。关系是概念模型中同一类实体以及实体之间联系集合的数据模型表示，如图 2-7 中的学生数据表。

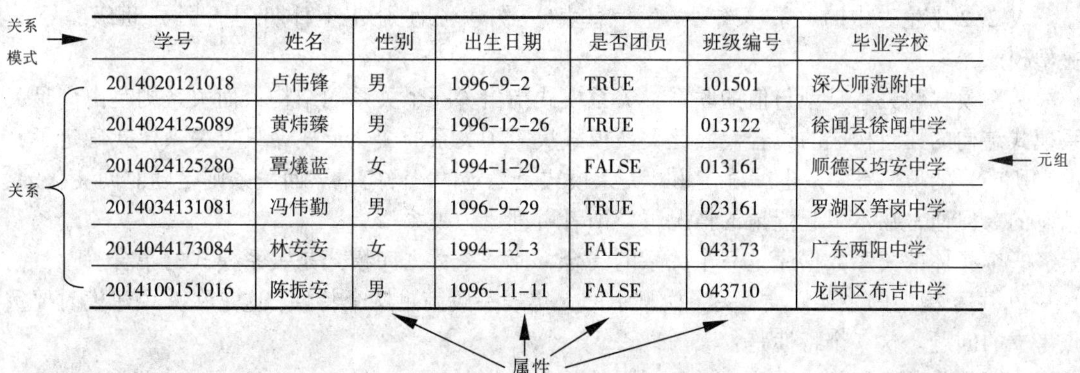

学号	姓名	性别	出生日期	是否团员	班级编号	毕业学校
2014020121018	卢伟锋	男	1996-9-2	TRUE	101501	深大师范附中
2014024125089	黄炜臻	男	1996-12-26	TRUE	013122	徐闻县徐闻中学
2014024125280	覃爔蓝	女	1994-1-20	FALSE	013161	顺德区均安中学
2014034131081	冯伟勤	男	1996-9-29	TRUE	023161	罗湖区笋岗中学
2014044173084	林安安	女	1994-12-3	FALSE	043173	广东两阳中学
2014100151016	陈振安	男	1996-11-11	FALSE	043710	龙岗区布吉中学

图 2-7　学生数据表

- 元组。二维表中的每一行数据总称为一个元组或记录。一个元组是对应概念模型中一个实体的所有属性值的总称。例如，图 2-7 中有 6 行数据，也就有 6 个元组。由若干个元组就可构成一个具体的关系，一个关系中不允许有两个完全相同的元组。

- 属性。二维表中的每一列即为一个属性，每个属性都有一个显示在每一列首行的属性名。在一个关系表当中不能有两个同名属性。例如，图 2–7 中有 7 列，对应 7 个属性（学号，姓名，性别，出生日期，是否团员，班级编号，毕业学校）。关系的属性对应概念模型中实体型以及联系的属性。
- 域。关系中每个属性的值是有一定变化范围的，如图 2–7 中，属性“学号”的变化范围是 000000000000 ~ 999999999999；属性“姓名”的变化范围是 15 位字符；属性“性别”的变化范围只能是男、女两个值；属性“出生日期”的变化范围只能是 1900 年 1 月 1 日—2013 年 12 月 31 日；属性“是否团员”的变化范围只能是 TRUE、FALSE 两个属性值；“班级编号”的变化范围是 0000000 ~ 999999；“毕业学校”的变化范围是所有可能的学校集合。每一个属性所对应的变化范围称为属性的变域或域，它是属性值的集合，关系中所有属性的实际取值必须来自于它对应的域。例如，属性“班级编号”的域是 6 位字符，因此“班级编号”中出现的所有取值的集合必须是该域上的一个子集。
- 候选键。也称候选码，二维表中能唯一标识元组的最小属性集。例如，表 2–2 中如果没有同姓名的情况，则学号和姓名均是候选键。在某些时候，候选键可由两个或两个以上的属性共同承担，表 2–2 中如果有同姓名的情况，候选键可由学号和姓名共同担任。
- 主键。也称主码，若二维表中有多个候选键，则选定其中一个作为主键供用户使用。例如，表 2–2 中学号和姓名均是候选键，可以选择学号作为该表的主键。
- 外键。也称外码，若表 A 中的某个属性是主键，该属性在表 B 中不是主键，则称该属性可称为表 B 的外键。例如，表 2–2 中学号是主键，而且学号属性在成绩表中也出现了，但是学号不是成绩表的主键，则学号可称为成绩表的外键。
- 分量。一个元组在一个属性域上的取值称为该元组在此属性上的分量。
- 关系模式。二维表的表头行称为关系模式。即一个关系的关系名及其全部属性名的集合。关系模式是概念模型中实体型以及实体型之间联系的数据模型表示。一般表示为关系名(属姓名 1,属性名 2,……,属性名 *n*)。

表 2–2 学生表中的关系模式为学生信息表(学号,姓名,性别,出生日期,是否团员,班级编号,毕业学校)。

关系模式和关系是型与值的联系。关系模式指出了一个关系的结构；而关系则是由满足关系模式结构的元组构成的集合。因此关系模式决定了关系的变化形式，只要关系模式确定了，由它所产生的值——关系也就确定了。关系模式是稳定的、静态的，而关系则是随时间变化的、动态的。但通常在不引起混淆的情况下，两者可都成为关系。

一个具体的关系数据库是一个关系的集合，而关系数据库模式是关系模式的集合。

② 关系模型的主要性质。关系模型中的二维表一般满足 7 个特性，这是在关系建模时要重点考虑的问题。这 7 个特性是：

- 元组个数有限性。二维表中元组个数是有限的。
- 元组的唯一性。二维表中任意两个元组不能完全相同。
- 元组的次序无关性。二维表中元组的次序，即行的次序可以任意交换，不影响数据的使用。

- 元组分量的原子性。二维表中元组的分量（即属性）是不可分割的基本单位。即每个属性的值不能包含两种含义的数据。例如，在电话号码属性中不能同时有移动手机号与固定电话号码。
- 属性名唯一性。二维表中不同的属性要有不同的属性名。
- 属性次序无关性。二维表中属性的次序可以任意交换。
- 属性分量值域的同一性。二维表中属性的分量具有与该属性相同的值域，即列是同质的。例如，所有元组的性别值均满足同一个值域“男”或“女”。

③ 关系模型的完整性约束。关系模型中有 3 种数据完整性约束，它们是实体完整性约束、参照完整性约束和用户自定义完整性约束，其中前两种完整性约束由关系数据库管理系统自动支持。对于用户自定义的完整性约束，则由关系数据库管理系统提供完整性约束语言，用户利用该语言写出约束条件，运行时由系统自动检查。

- 实体完整性约束。要求关系的主键不能为空值，这是数据库完整性的最基本要求，因为主键是唯一决定元组的，如果主键为空值则其唯一性就成为不可能。例如“学生表”中，如果某元组的“学号”属性值为空，则无法说明该元组描述的是哪一个学生实体的情况。
- 参照完整性约束。是表之间相关联的基本约束，它不允许表中引用不存在的元组，即表中的外键必须是关联表中实际存在的元组，如“学生表”与“成绩表”是相互关联的，“学号”是“学生表”的主键，是“成绩表”的外键，则每个“成绩表”元组的“学号”必须在“学生表”中找得到对应的元组，否则表明某个成绩无人认领，从而产生数据冗余，这是应该避免的。即一对多关系中，多表中关联字段的值在一表中必须存在，否则 Access 数据库认为是非法的，不接受在多表中录入的数据。
- 用户自定义完整性约束。是针对某个具体数据库，由用户自定义的约束条件。如“成绩表”中“总评成绩”的完整性约束可定义为“在 0~100 之间”。这类约束应该在数据库设计时进行定义，而不应在后期使用时才加以说明。

④ 关系的运算。关系数据模型给出了关系操作的能力，其操作的特点是集合操作方式，即操作的对象和结果都是集合。这种操作的方式称为一次一集合的方式。关系操作可以使用两种方法定义。一种方法是基于代数的定义，称为关系代数。另一种方法是基于逻辑的定义，称为关系演算。由于使用的变量不同，关系演算又分为元组关系演算和域关系演算。关系代数、元组关系演算和域关系演算在表达方法上是完全等价的。关系代数运算是通过对关系的运算来表达查询。它的运算对象是关系，运算结果也是关系。可分为两类，即集合运算（并、差、交和乘积）和关系运算（即专门针对关系数据库设计的运算：投影、选择、连接和除）。

关于代数运算符如表 2-3 所示。

表 2-3　关系代数运算符

运　算　符		含　义
集合运算符	∪	并
	−	差
	∩	交
	×	乘积

续表

运　算　符		含　义
专门的关系运算符	σ	选择
	Π	投影
	$\bowtie$	连接
专门的关系运算符	÷	除
比较运算符	>	大于
	≥	大于或等于
	<	小于
	≤	小于或等于
	≠	不等于
	=	等于
逻辑运算符	¬	非
	∧	与
	∨	或

在关系运算中，由于关系数据结构的特殊性，在关系代数中除了需要一般的集合运算外，还需要一些专门的关系运算，包括选择、投影、连接和除等。

- 选择。是在关系 R 中选择满足条件 F 的所有元组组成的一个关系。记作

$$\sigma_F(R)=\{t \mid t\in R\wedge F(t)=true\}$$

其中，F 表示选择条件，它是一个逻辑表达式，取值为“true”或“false”。逻辑表达式 F 的基本形式为 $X_1\theta Y_1[\varphi X_2\theta Y_2]\cdots$。θ 表示比较运算符，它可以是 >、≥、<、≤、= 和 ≠。X_1、Y_1 是属性名或简单函数。属性名也可以用它在关系中从左到右的序号来代替。ϕ 表示逻辑运算符，它可以是 ¬、∧、∨。[ ]表示任选项，即[ ]中的部分可以要也可以不要，…表示上述格式可以重复下去。选择运算是单目运算符，即运算的对象仅有一个关系。选择运算不会改变参与运算关系的关系模式，它只是根据给定的条件从所给的关系中找出符合条件的元组。实际上，选择是从行的角度进行的水平运算，是一种将大关系分割为较小关系的工具。

- 投影。是从一个关系中，选取某些属性（列），并对这些属性重新排列，最后从得出的结果中删除重复的行，从而得到一个新的关系。设 R 是 n 元关系，R 在其分量 $A_{i_1},A_{i_2},\cdots$，A_{i_m}（$m\leqslant n$；i_1，i_2，…，i_m 为 1 到 m 之间的整数，可不连续）上的投影操作定义为：

$$\pi_{i_1,i_2,\cdots,i_m}=\{t \mid t=<t_{i_1},t_{i_2},\cdots t_{i_m}>\wedge<t_1,\cdots,t_{i_1},t_{i_2}\cdots t_{i_m},\cdots,t_{i_n}>\in R\}$$

即取出所有元组在特定分量 $A_{i_1},A_{i_2},\cdots,A_{i_m}$ 上的值。投影操作也是单目运算，它是从列的角度进行的垂直分解运算，可以改变关系中列的顺序，与选择一样也是一种分割关系的工具。

- 连接。是从两个关系的广义笛卡儿积中选取属性间满足一定条件的元组。连接又称 θ 连接。记作：

$$R\underset{A\theta B}{\bowtie}S=\{t \mid t=<t_r,t_s>\wedge t_r\in R\wedge t_s\in S\wedge t_r[A]\theta t_s[B]\}=\sigma_{A\theta B}(R\times S)$$

其中，A 和 B 分别是 R 和 S 上个数相等且可比的属性组（名称可不相同）。$A\theta B$ 作为比较公式 F，F 的一般形式为 $F_1\wedge F_2\wedge\cdots\wedge F_n$，每个 F_i 是形为 $t_r[A_i]\theta t_s[B_j]$ 的公式。对于连接条件的重要

限制是条件表达式中所包含的对应属性必须来自同一个属性域，否则是非法的，即属性域必须相同。若 R 有 m 个元组，此运算就是用 R 的第 p 个元组的 A 属性集的各个值与 S 的 B 属性集从头至尾依次作 θ 比较。每当满足这一比较运算时，就把 S 中该属性值的元组接在 R 的第 p 个元组的右边，构成新关系的一个元组。反之，当不满足这一比较运算时就继续做 S 关系 B 属性集的下一次比较。这样，当 p 从 1 遍历到 m 时，就得到了新关系的全部元组。新关系的属性集取名方法同乘积运算一样。

- 除。给定关系 $R(X, Y)$ 和 $S(Y, Z)$，其中 X、Y、Z 为属性或属性集。R 中的 Y 和 S 中的 Y 可以有不同的属性名，但必须出自相同的域集。$R \div S$ 是满足下列条件的最大关系：其中每个元组 t 与 S 中的各个元组 s 组成的新元组 $<t,s>$ 必在 R 中。定义形式为：

$$R \div S = \pi_X(R) - \pi_X((\pi_X(R) \times S) - R) = \{t \mid t \in \pi_X(R), 且 \forall s \in S, <t,s> \in R\}$$

关于 R、S 及它们的运算关系如图 2-8 所示。

A	B	C
a1	b1	c1
a1	b2	c2
a2	b2	c1

（a）$\boldsymbol{R}$

B	C
b1	c1
b2	c2

（b）$\boldsymbol{S}$

A	B	C
a2	b2	c1

（c）$\sigma_{A='a2'}(R)$

A	R.B	R.C	S.B	S.C
a1	b1	c1	b2	c2
a1	b2	c2	b1	c1
a2	b2	c1	b1	c1

（e）$R \underset{R.B \neq S.B}{\bowtie} S$

A	B
a1	b1
a1	b2
a2	b2

（d）$\pi_{A,B}(R)$

A	B	C
a1	b1	c1
a1	b2	c2
a2	b2	c2

（f）$R \bowtie S$

A
a1

（g）$\boldsymbol{R \div S}$

图 2-8　关系 R、S 及它们的关系运算

- 关系运算实例。设有一学生数据库，里面包含有 3 个关系模式：学生关系 S(学号,姓名,性别,年龄,系别)；课程关系 K(课程号,课程名)；成绩关系 C(学号,课程号,成绩)，如图 2-9 所示。

学生关系 S

学号	姓名	性别	年龄	系别
0301	黄河	男	18	计算机
0302	海河	女	19	经济管理
0303	淮河	女	18	建筑
0304	长江	男	19	建筑
0305	珠江	男	20	计算机
0306	汾河	女	20	水利

课程关系 K

课程号	课程名
01	数据库
02	VB
03	VC
04	Java
05	多媒体
06	网络

成绩关系 C

学号	课程号	成绩
0301	02	92
0301	03	86
0303	03	92
0301	05	79
0303	05	82
0306	03	87

图 2-9　学生数据库的三张表

【例2.1】查询计算机系全体学生。

$$\sigma_{系别='计算机'}(S)$$

计算结果如图 2-10 所示。

学号	姓名	性别	年龄	系别
0301	黄河	男	18	计算机
0305	珠江	男	20	计算机

图 2-10 查询结果

学号	姓名	性别	年龄	系别
0303	淮河	女	18	建筑

图 2-11 查询结果

【例2.2】查询年龄小于 20 岁的所有女学生。

$$\sigma_{性别='女'\wedge 年龄<20}(S)$$

计算结果如图 2-11 所示。

【例2.3】查询学生关系中都有哪些系。

$$\pi_{系别}(S)$$

计算结果如图 2-12 所示。

【例2.4】查询选修 03 号课程的学生的学号。

$$\pi_{学号}(\sigma_{课程号='03'}(C))$$

计算结果如图 2-13 所示。

系别
计算机
经济管理
建筑
水利

图 2-12　查询结果

学号
0301
0303
0306

图 2-13　查询结果

（4）面向对象数据模型

面向对象模型是近几年迅速崛起并得到很大发展的一种数据模型，该模型吸取了层次、网状及关系模型的优点并借鉴面向对象的设计方法，可以表达上述几种模型难以处理的许多复杂

数据结构。例如，对于非传统的数据领域（CAD、多媒体等）中的嵌套递归等数据关系具有极强的表达能力。

面向对象数据模型是面向对象的概念与数据库技术相结合的产物，具有较强的灵活性、可扩充性和可重用性。应用该模型可以使数据库具有结构清晰、对象独立性好、便于维护、需求变更时程序与数据库重用率高、修改少等优点。它的动态特性描述、对象标识符、类的普化与特化、类的聚合与分解和消息功能等都比前面介绍的模型好。面向对象模型的缺点是建模过程相对较复杂。

① 面向对象数据模型基本概念。

- 对象（Object）与对象标识 OID（Object IDentifier）。现实世界的任一实体都被统一地模型化为一个对象，每个对象有一个唯一的标识，称为对象标识（OID）。

OID 与关系数据库中码（Key）的概念和某些关系系统中支持的记录标识（RID）、元组标识（TID）是有本质区别的。OID 是独立于值的、系统全局唯一的。

- 封装（Encapsulation）。每一个对象是其状态与行为的封装，其中状态是该对象一系列属性（Attribute）值的集合，而行为是在对象状态上操作的集合，操作也称为方法（Method）。
- 类（Class）。共享同样属性和方法集的所有对象构成了一个对象类（简称类），一个对象是某一类的一个实例（Instance）。例如，学生是一个类，李枫、张晨、杨敏等是学生类中的对象。在数据库系统中，要注意区分“型”和“值”的概念。在 OODB 中，类是“型”，对象是某一类的一个“值”。类属性的定义域可以是任何类，即可以是基本类，如整数、字符串、布尔型，也可以是包含属性和方法的一般类。特别地，一个类的某一属性的定义也可是这个类自身。
- 类层次（结构）。在一个面向对象数据库模式中，可以定义一个类（如 C1）的子类（如 C2），类 C1 称为类 C2 的超类（或父类）。子类（如 C2）还可以再定义子类（如 C3）。这样，面向对象数据库模式的一组类形成一个有限的层次结构，称为类层次。

一个子类可以有多个超类，有的是直接的，有的是间接的。例如，C2 是 C3 的直接超类，C1 是 C3 的间接超类。一个类可以继承类层次中其直接或间接超类的属性和方法。

- 消息（Message）。由于对象是封装的，对象与外部的通信一般只能通过消息传递，即消息从外部传送给对象，存取和调用对象中的属性和方法，在内部执行所要求的操作，操作的结果仍以消息的形式返回。

② 对象结构与标识。

- 对象结构。对象是由一组数据结构和在这组数据结构上的操作程序所封装起来的基本单位，对象之间的联系是通过一组消息来定义的，包括如下内容：
  - ➢ 属性集合。属性描述对象的状态、组成和特性，所有属性的集合构成对象数据的数据结构。对象可以嵌套以组成复杂的对象。
  - ➢ 方法集合。方法描述对象的行为特性，包括方法的接口（方法调用的说明）和方法的实现（对象操作的算法）。
  - ➢ 消息集合。对象之间操作请求的集合。
- 对象标识。在面向对象数据库中每个对象有唯一的、不变的标识，对象中的属性、方法会随时间变化，但对象的标识始终不变。对象标识主要有如下几种：
  - ➢ 值标识。用值表示的标识。例如，关系数据库中元组的码。

- ➢ 名标识。用名字表示的标识。例如，变量的名字。
- ➢ 内标识。在建立数据模型或程序设计语言中，无须用户给出，而常由系统给出，类似数据库中的 DBK。在面向对象数据库中，大多是内标识。

- 封装。每个对象是其状态与行为的封装。封装是对象外部界面与内部实现之间实行清晰隔离的一种抽象，外部与对象的通信只能通过消息来实现。

面向对象的数据库系统在逻辑上和物理上将面向元组的处理上升为面向对象、面向对象具有复杂结构的逻辑整体。允许使用自然的方法，并结合数据抽象的机制在结构和行为上对复杂的对象建立模型，从而提高管理效率，降低用户使用的复杂性，并且为版本管理、动态模式修改等功能的实现创造了条件。

③ 类结构与继承。在面向对象的数据库中，相似对象的集合称为类。每个对象成为所在类的实例。一个类中的对象共享一个定义，相互之间的区别仅在于属性的取值不同。类的概念与关系模式类似，表 2-4 列出了对照关系。

表 2-4　类与关系模式的对照

类	类的属性	对象	类的一个实例
关系模式	关系的属性	关系的元组	关系的一个元组

类本身也可以看作一个对象，称为类对象，面向对象数据库模式是类的集合，在一个面向对象数据库模式中，会存在多个相似但又有所不同的类。因此面向对象数据模式提供了类层次结构，以实现这些要求。

- 类的层次结构。在面向对象数据模式中，一组类可以形成一个类层次。一个面向对象数据模式可能有多个类层次。在一个类层次中，一个类继承其所有超类的属性、方法和消息。图 2-14 表示在学校数据库中“学生”类的层次结构。

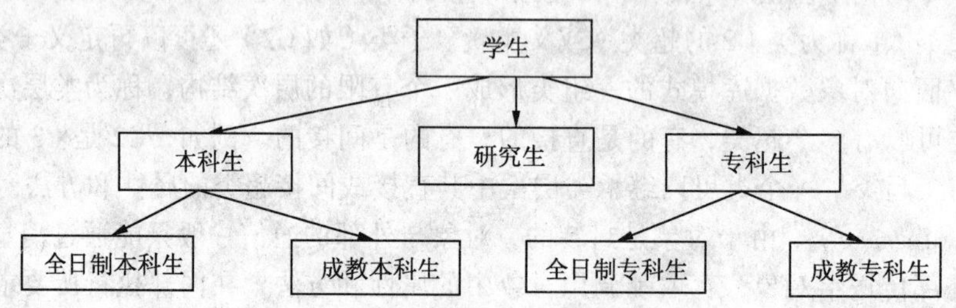

图 2-14　“学生”类的层次结构

作为最高一级的类（学生），具有所有学生应具备的属性、方法和消息。作为超类的下一级子类（研究生、本科生、专科生），除继承其超类的属性、方法和消息外，还各自具备其所在子类的属性、方法和消息，还各自具备其所在子类的属性、方法和消息，依此类推，超类与子类反映“从属（ISA）”关系，子类与子类之间既有共同之处，又相互有所区别。超类是子类的抽象，子类是超类的具体化。

类层次可以动态扩展，一个新的子类可以从一个或多个已有的类导出。根据一个类能否继承多个超类的特性将继承分成单继承和多重继承。

- 继承。在面向对象模式中，继承分为单继承和多重继承。

单继承：一个子类只能继承一个超类的特性。

多重继承：一个子类能够继承多个超类的特性。

图 2-14 的实例就是单继承的层次结构，在图 2-15 的层次结构中，“在职研究生”既是教职工也是学生，因此“在职研究生”继承了“教职工”和“学生”的全部特性（包括属性、方法和消息），所以是多重继承的层次结构。

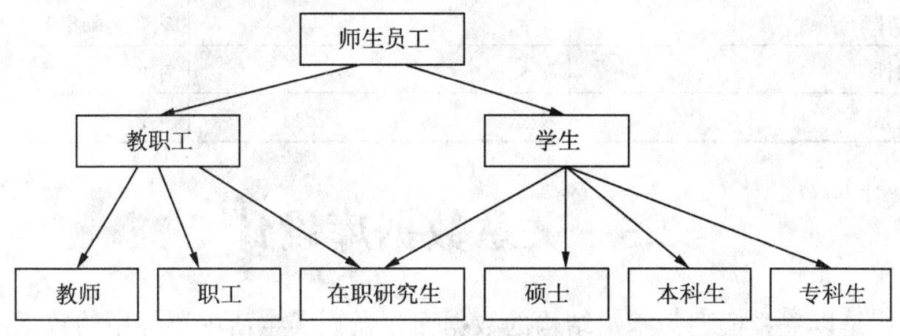

图 2-15　多重继承的层次结构

继承性的特点是由于子类继承了超类的特性，可以避免许多重复定义。然而由于子类除继承超类的特性外还需要定义自己的特性，这时可能与从超类继承的特性（包括属性、方法和消息）发生冲突，这种冲突可能发生在子类与超类之间，也可能发生在子类的多个直接超类之间。这类冲突一般由系统解决，解决方法是制定优先级别规则，一般在子类与超类之间规定子类优先的规则，在子类的多个直接超类之间规定有限次序，按照这种次序定义继承规则。

子类对其直接超类（也称父类）既有继承也有发展，继承的部分就是重用的部分。

- 对象的嵌套。在面向对象数据库模式中，对象的属性不仅可以是单值或多值，还可以是一个对象，这就是对象的嵌套关系。如果对象 B 是对象 A 的某个属性，则称 A 是复合对象，B 是 A 的子对象。

对象的嵌套关系为用户提供了从不同的粒度观察数据库的方法。所谓粒度，就是数据库中数据细节的详细程度，细节越详细粒度越高。

例如，在计算机的属性中，主机、光驱、硬盘等不是标准数据类型，而是对象，它们又包含若干属性，这些属性中有些还是对象，形成对象的嵌套结构。但是对于不同的使用者来说，他们所关心的层次是不同的，这就形成了不同的观察粒度。

对象的嵌套结构和类层次结构构成了更加复杂的数据关系，因此面向对象数据库模式是对关系数据模型的推广和发展，因而也更能准确地描述现实世界的信息结构，所以面向对象数据库模式反映了数据库技术在新的应用领域的发展。

3. 物理模型

物理模型是建模的最后一个阶段，它是一种面向计算机物理表示的模型，此模型给出了数据在计算机上的物理表示，决定着数据库在物理设备上的存储结构与存取方法。物理模型建模的主要目的是为逻辑模型选取一个最适合应用要求的物理结构，以提高数据库访问速度及有效利用存储空间，它依赖于给定的计算机系统。

物理模型往往与具体的数据管理系统紧密相关。在现代关系数据库中已大量屏蔽了内部物理结构，因此留给用户参与物理设计的余地并不多，一般的关系数据库管理系统中留给用户参与物理模型设计的内容大致有索引设计、急簇设计和分区设计 3 种。

在数据库建模过程中，同一个概念会不断演化，其内涵和外延也会有所不同，在 3 种数据模型中，常用基本概念对应关系如表 2-5 所示。

表 2-5　数据模型中的概念对照表

序号	概念模型（E-R 模型）	逻辑模型（关系模型）	物理模型（Access）
1	实体	元组	记录
2	实体集	关系	表（记录集）
3	属性	属性	字段
4	联系	关系	关系

2.5　关系数据库设计

关系数据库是以关系模型为基本结构的数据库，在现实生活中所使用的数据库绝大多数是关系数据库。

在 Access 中创建数据库之前，先要设计好数据库的结构等内容。预先设计数据库是一个不可忽视的重要环节。有了合理的数据库设计，才能使创建的数据库成为存储信息、反映信息的结构化体系，从而有效、准确、及时地完成所需要的各项功能。

2.5.1　关系数据库的设计步骤

数据库的设计一般要经过需求分析、确定数据库中的表、确定表中的字段、确定主关键字、确定表间关系等步骤。下面以“教学管理系统”数据库的设计为例，介绍数据库设计的基本步骤。

1. 需求分析

在本步骤范畴内，要做好充分的系统调查研究工作，采集原始数据资料，分析建立数据库的目的，明确系统的工作流程、数据流程以及用户的详细需求。

一个成功的数据库设计方案应将用户的需求融入其中。因此，需要先分析为什么要建立数据库以及所建数据库应完成的任务。在分析中，数据库设计者应与数据库的最终用户进行交流，了解现行工作的处理过程，共同讨论使用数据库应该解决的问题和应该完成的任务，并以此为基础，进一步讨论应保存哪些数据，怎样保存这些数据。另外，还应尽量收集与当前业务有关的各种数据资料，如报表、合同、档案、单据、计划等，所有这些材料是后面数据库设计工作的基础。

以教学管理数据库的设计为例，经过前期调研，可以发现某校的教学管理工作主要通过手工管理方式，随着信息时代的到来，教师及学生对教学管理信息的需求量越来越大，对信息处理的要求也越来越高，手工管理的弊端日益显现出来。手工管理方式处理数据的能力有限、工作效率低；不能及时为教师、学生以及教学管理者提供所需的信息；各种数据得不到充分利用，造成数据的极大浪费；更严重的是同一信息在不同位置可能存在不一致性。解决这些问题的最好办法是实现教学信息管理的自动化，用计算机处理代替手工处理。利用计算机中最为友好、最为方便的窗体界面，用键盘轻松地完成数据的录入、浏览、查询、统计、打印等操作。因此可以确定建立教学管理数据库的目的是为了解决教学信息的组织和管理问题，从而提高教学管理工作的效率和准确度。

在调查过程中，应该采集现实世界的原始资料，例如，采集到的“学生选课成绩表”内容如表 2-6 所示。

表 2-6　学生选课成绩表

学号	姓名	课程编号	课程名称	课程类别	学分	成绩
2005102214	张越	301	专业英语	必修课	4	78
2005102216	富颖	201	计算机原理	必修课	4	85
2005102305	李红	104	概率	必修课	4	64
…	…	…	…	…	…	…

在第一阶段，还要根据用户的日常业务过程，确定数据库的基本功能需求，根据这些功能需求，设计相应的功能模块来满足用户需要。经过前期调查，教学管理的日常工作主要包括以下这些方面：

① 教师业务档案的录入、修改、查询及打印。

② 教师开课计划的录入、修改、查询。

③ 课程信息的录入、修改、查询。

④ 专业教学计划的录入、修改、查询。

⑤ 学生成绩的录入及修改、查询。

⑥ 学生成绩的统计分析与打印。

⑦ 学生选课信息的录入与查询。

⑧ 学生基本信息情况的录入、查询。

除了以上 8 个方面的工作外，教学管理活动中，还有一些辅助性工作，如教师课时统计等，均可作为用户需求加入进来。经过分析归纳，可将以上内容总结为教师管理、学生管理、选课及成绩管理 3 个方面，这 3 个方面的需求将来会演化为教学管理数据库的 3 个大的功能模块，在每个功能模块下，可以加以细化，得到一张模块结构图，如图 2-16 所示，这张模块结构图是后期数据库实现阶段的行动大纲。

2．确定数据库中的表

表是数据库的基础。确定表是数据库设计的关键，表设计的好坏直接影响数据库中其他对象的设计及使用。设计表是数据库设计比较困难的工作。一般情况下，设计者不要急于在 Access 中建立表，而应先在纸上进行设计。为了能够更合理地确定数据库中应包含的表，应该遵循以下两个基本原则：

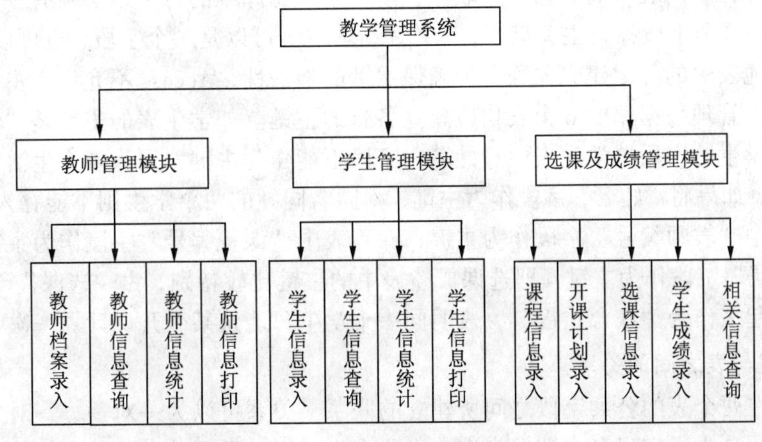

图 2-16　教学管理模块结构图

（1）每一个表只能包含一个主题信息

用通俗的话说，本原则要求“每个表只能有一个中心思想”。如果每个表只包含一个主题信息，那么就可以独立于其他主题来维护表。例如，将学生信息和教师信息分开，保存在不同的表中，这样当删除某个学生信息时不会影响教师信息。

（2）表中不要包含重复信息

如果每条信息只保存在一个表中，那么只需在一处进行更新，这样效率更高，而且可以避免信息不一致的情况出现。除了表之间起关联作用的字段外，同一个数据库中同一个字段不要同时出现在两个表中。

在教学管理数据库中，经过前期工作，获取了原始数据“学生选课成绩表”，如表 2-6 所示。经分析发现，该表包含了 3 个方面的信息。一是学生信息，如学号、姓名等；二是课程信息，如课程编号、课程名称、课程类别、学分等；三是学生成绩信息。如果将这些信息放在一个表中，必然出现大量的重复，不符合信息分类的原则。因此，根据教学管理数据库应完成的任务以及信息分类原则，应将教学管理数据分为教师、学生、成绩等几类，即将教学管理数据存放在多个不同类的表中。教学管理活动中基本表有教师表、学生表、课程表、选课成绩表、开课计划表、系部表。

除了可以参考以上两个原则确定数据库中的表以外，还可以采用数据库规范化处理的技术手段来帮助确定数据库中的表，该内容将在 2.5.2 小节加以介绍。

3．确定表中的字段

对于前面已经确定的每一个表，还要设计它的结构，即确定该表应该包含哪些字段。在 Access 数据库中，每个表所包含的信息都应该属于同一主题，因此，在确定所需要字段时，要注意每个字段包含的内容应该与表的主题有关，而且应包含相关主题所需的全部信息。注意，表中不要包含需要推导或计算的数据，一定要以最小逻辑部分作为字段来保存。在命名字段时，应符合 Access 字段命名规则：

（1）字段名长度为 1～64 个字符。

（2）字段名可以包含字母、汉字、数字、空格和其他字符。

（3）字段名不能包含“.”“！”“[]”“`”。

4．确定主关键字

为了使保存在不同表中的数据产生联系，Access 数据库中的每个表必须有一个字段能唯一标识每条记录，这个字段称为主关键字，简称主键。主键可以是一个字段，也可以是一组字段。主键用来与其他表中的外键建立关联。为确保主键的唯一性，Access 不允许在主键中存入重复值或空值。教学管理数据库中 6 个表均应建立各自的主键。如学生表的主键是“学号”，它唯一能标识每个学生的字段。学生表中“姓名”字段不能作为主键，因为现实生活中存在同名同姓学生的可能，如果将“姓名”字段作为主键，则同名同姓的两个学生则不能存入学生表中了。同理，教师表中“教师编号”字段作为主键，课程表中“课程编号”字段作为主键，开课计划表中“开课代码”字段作为主键。即选课成绩表中的主键比较特别，由“选课代码”与“学号”两个字段联合起来作为“联合主键”，表明同一个学生只能选某个开课计划一次。

5．确定表与表之间的关系

关系是指在两个表的公共字段之间所建立的联系。关系可以为一对一、一对多、多对多。关系的主要作用是为了实现多表数据查询，可称之为“牵一发而动全身”，例如通过学号，查

询学生的基本情况和学生的学习成绩，这一要求是建立在“学生表”和“选课成绩表”的基础之上的，如果没有关系，则会出现张冠李戴的结果，即可能把李四的成绩放到张三的头上，造成数据匹配错误。

通过某表的主键字段与其他表中的外键来建立关系。通过所建立的关系告知 Access 如何以有意义的方法将相关信息重新结合到一起。

教学管理数据库中 6 个表之间的关系可以用图 2-17 来描述，如何建立表之间的关系，将在后面的章节加以介绍。

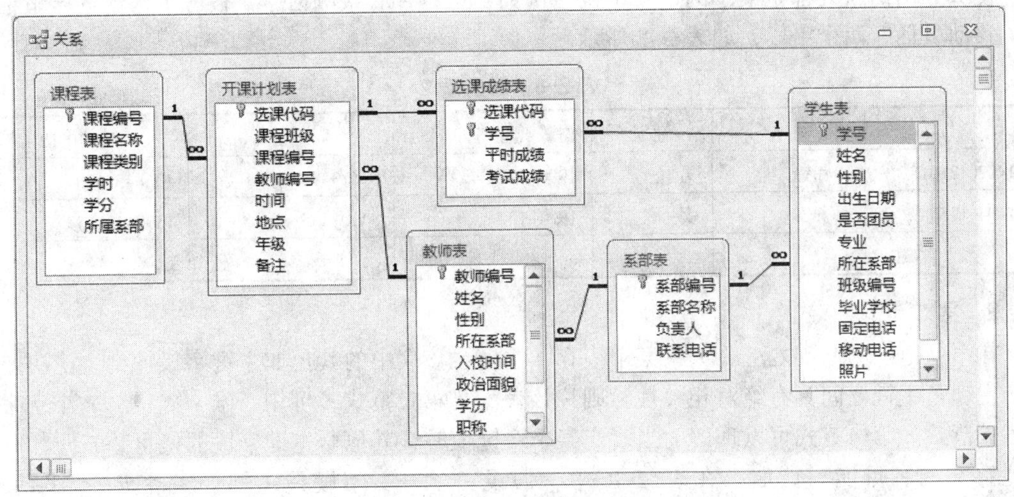

图 2-17　教学管理数据库关系图

2.5.2　关系数据库的规范化处理

表是数据库最重要的对象，表的设计如果做得不好，就如同一栋高楼的地基没有打好一样。数据库的规范化处理是使表的设计更加科学正确的一种技术手段。利用这一手段，可以更加容易地找出前期设计的表中所隐含的问题。因此，使用规范化处理方法对表的设计进行补充修正，成为数据库设计中的必要工作。

数据库的规范化处理是指根据数据库范式理论，对所设计的表进行标准化处理。这里所说的范式可以理解为“规范化的样式”。常见的规范化处理的要求有 3 种：第一范式、第二范式、第三范式。在数据库设计过程中，如果所设计的表能够满足这 3 个范式要求，则这些表是符合数据库理论规范的，在此基础上建立的数据库应用设计才是科学合理的，否则会造成数据重复冗余、统一性不足、更新修改困难等问题，给后期的数据库实现工作带来较大的麻烦。

1. 第一范式

第一范式的要求是表中的每个字段都是不可分的最小数据单位，即数据具有原子性。可用“不可分割”4 个字来形容第一范式。第一范式要求将信息分成最小的逻辑部分。满足第一范式是关系数据库设计的基本前提。

假设已经设计的“学生表”的主要字段和部分记录如表 2-7 所示。可以很容易发现，联系电话中包含两方面的信息，即“固定电话号码”与“移动电话号码”，因此“联系电话”字段不是最小数据单位，违背了“不可分割”的原则。

表 2-7 学生表 1

学号	姓名	性别	出生日期	联系电话
2014020121018	卢伟锋	男	1996-9-2	87613390，13684536201
2014044173084	林安安	女	1994-12-3	84301255，13903421657
…	…	…	…	…

如果某个表违反了第一范式，解决办法很简单，可以将不具有原子性的字段拆分成多个字段，使拆分出的新列都是最小的逻辑单位。例如，可将“联系电话”字段分解为“固定电话”和“移动电话”两个字段，如表 2-8 所示。

表 2-8 学生表 2

学号	姓名	性别	出生日期	固定电话	移动电话
2014020121018	卢伟锋	男	1996-9-2	87613390	13684536201
2014044173084	林安安	女	1994-12-3	84301255	13903421657
…	…	…	…	…	…

2．第二范式

在第一范式的基础之上，如果某个表存在主键，该表中的其他非主键字段均由主键决定，即非主键与主键之间具有绝对相关性，则称该表满足第二范式，可用“唯一确定”4 个字来形容第二范式。第二范式可以理解为当确定某个主键值时，其他非主键字段的值也是确定的，不可能存在两种可能。例如，在表 2-8 中，假设“学号”字段是主键，当确定一个学号值“2014020121018”时，其他非主键字段（“姓名”“性别”“出生日期”“固定电话”“移动电话”）都有一个唯一确定的值（“卢伟峰”“男”“1996-9-2”“87613390”“13684536201”）与学号值“2014020121018”相对应，所以表 2-8 是符合第二范式的。第二范式的要求保证了“每一个表只能包含一个主题信息”的数据库设计原则。满足第二范式的表中的每个字段都是关于特定主题的信息。

有以下两种较常见的违背第二范式的情况：

（1）单主键的表

在某些单主键的表中，非主键字段不由主键唯一确定，这样的表是不标准的，它违背了第二范式，如表 2-9 所示的课程表。

表 2-9 课程表

课程编号	课程名	课程类别	任课教师	学分	学时
101	高等数学	必修课		6	108
102	线性代数	必修课		4	72
…	…	…	…	…	…

课程表的主键是“课程编号”字段，表明该表的主题是与课程有关的信息，除了主键“课程编号”外的所有字段均应该由主键唯一决定。可以分析得出：当确定了“课程编号”的值时，“课程名”“课程类别”“学分”“学时”字段的值都具有唯一确定的，可是“任课教师”字段的值却不是唯一的，因为同一门课程有可能由多名教师分别讲授，故“任课教师”列无法填写具体的值，由此可见，表 2-9 违背了第二范式。

如果某个单主键的表违反了第二范式，规范化的处理手段是将具体违反原则的字段删除，即删除不由主键唯一决定的字段，然后利用删除的字段开一个新的主题，建一张新表。在表 2-9 所示的课程表中，删除“任课教师”字段，将该字段与其他补充字段一起，组成一个新表“教师表”。

（2）联合主键的表

如果某个表的主键是联合主键，则该表符合第二范式的要求是：非主键由联合主键共同决定，而不能由联合主键之一单独决定。例如，“选课成绩表”的主键由“选课代码”和“学号”共同担任，属于联合主键的情况，如表 2-10 所示。

表 2-10　选课成绩表

选课代码	学　号	课程名称	平时成绩	考试成绩
1110101	2015116810001	专题设计(餐饮空间)	100	71
1112701	2015116184012	POP 设计	89	51
…	…	…	…	…

在表 2-10 中，“平时成绩”和“考试成绩”是由联合主键共同决定的，即当“选课代码”与“学号”同时确定时，“平时成绩”和“考试成绩”字段的值是确定的。而“课程名称”字段的值则不是由联合主键共同决定的，它由“选课代码”字段单独决定，“选课代码”字段只是联合主键之一，并不是“选课成绩表”的主键。因此“课程名称”字段违背了第二范式的第二种情况。

对这种情况的规范化处理方法是，删除由联合主键之一单独决定的字段“课程名称”，将“课程名称”与“选课代码”以及其他补充字段一起组成一个新的主题表“开课计划表”。

3. 第三范式

第三范式是指在第二范式的基础上，非主键字段之间不存在递推传递关系。可用“不可递推”4 个字来形容第三范式。理解第三范式的关键是把握一个前提条件“非主键字段之间”，主键和非主键之间的递推是“应该的”，这是第二范式的要求所在，而非主键字段之间的递推传递才是非法的。

一张表如果违背第三范式，该表中的数据时效性较差，同时会产生重复冗余数据及更新困难等问题。违背第三范式的情况有两种：

（1）计算传递

如果可以由一个或多个非主键字段计算出另外一个非主键字段的值，则称为第三范式的“计算传递”情况。假如设计的学生表如表 2-11 所示。

表 2-11　学生表 3

学　号	姓　名	性　别	出生日期	年　龄
2014020121018	卢伟锋	男	1996-9-2	20
2014044173084	林安安	女	1994-12-3	22
…	…	…	…	…

在该表中“出生日期”和“年龄”字段均是非主键字段，这两个字段之间存在“计算传递”的关系，具体是由“出生日期”计算出“年龄”。可以看出表 2-11 中的年龄是学生在 2016 年的年龄，如果到了 2017 年，“年龄”字段的值将会是错误的。同时，如果在学生表中同时存在

"出生日期"和"年龄"字段，在数据输入时的工作量非常大。

解决"计算传递"问题的方法是直接删除可以被计算出的字段，这里删除"年龄"字段，当需要年龄信息时，可用查询的方法得到，具体操作请参考第4章。

（2）逻辑递推

如果多个非主键字段之间存在递推确定关系，即某个非主键字段可以唯一确定其他非主键字段的值，则称为第三范式的"逻辑递推"情况。

假设设计的"教师表"如表2-12所示。

表 2-12　教师表

教师编号	姓　名	性别	学　历	职　称	系编号	系别名称
02027	曹耀明	男	本科	教授	02	管理系
03001	陈龙建	男	硕士	讲师	03	会计系
…	…	…	…	…	…	…

经过分析发现，两个非主键字段"系编号"和"系别名称"之间存在逻辑上的递推传递关系。当确定了某条记录的"系编号"字段的值时，该记录"系别名称"字段的值是唯一确定的，可见该表违背了第三范式的"逻辑递推"情况。明显看出，当表违背第三范式时，会出现大量重复数据，这里的重复数据主要出现在"系别名称"字段中，同一个系名会出现多次。

解决这种问题的规范化处理手段是：第一步，先删除"教师表"中可由别的非主键字段推导而出的字段，这里是"系别名称"字段，值得注意的是：不要删除"教师表"中的"系编号"字段，该字段会作为外键与后面第二步建立的新表建立关系。第二步，将"系别名称"与"系编号"重新组合一张新表，新表的主题显然与学校系部情况有关，可称作"系部表"，注意，在新表中可以额外补充一些与新主题有关的字段，如"负责人""系部电话"等。注意：新表中的记录数据应保证唯一性。如果新表是由教师表复制而来的，则应该对新表中重复的记录实施合并。新产生的"系部表"如表2-13所示。

表 2-13　系部表

系编号	系部名称	负责人	系部电话
01	法律系	郑海洋	020-87610236
02	管理系	李卫国	020-87610765
03	会计系	钱文山	020-87611769
…	…	…	…

经过前面所述的数据库设计步骤及数据规范处理，可以得到教学管理数据库中的6个主要的表及表中的主要字段（加下画线的是表的主键）：

① 学生表（<u>学号</u>，姓名，性别，出生日期，是否团员，专业，所在系部，毕业学校，固定电话，移动电话，照片，备注）。

② 教师表（<u>教师编号</u>，姓名，性别，所在系部，入校时间，政治面貌，学历，职称，联系电话）。

③ 课程表（<u>课程编号</u>，课程名称，课程类别，学分，学时，所属系部）。

④ 开课计划表（<u>选课代码</u>，课程编号，课程班级，教师编号，时间，地点，年级，备注）。

⑤ 选课成绩表（<u>选课代码</u>，<u>学号</u>，平时成绩，考试成绩，总评成绩，成绩等级）。

⑥ 系部表（系部编号，系部名称，负责人，联系电话）

2.5.3　优化数据库设计

设计完成需要的表、字段和关系后，就应该检查数据库设计，并找出任何可能存在的不足之处。因为现在改变数据库设计，要比以后更改已经填满数据的表容易得多。

在 Access 中创建表并指定表之间的关系，然后在每个表中输入充足的示例数据，以验证数据库设计。也可以创建查询，并根据是否得到预期结果来验证数据库中的关系。创建窗体和报表的草稿，检查显示数据是否是所期望的。最后查找不需要的重复数据，并将其删除。若发现问题，则对数据库设计进行修改。

除此以外，还可以使用 Access 系统的分析工具，这些分析工具的作用是帮助用户改进数据库设计。Access 2010 系统提供了两个分析工具：

1．表分析器

表分析器一次能分析一张表的设计，能够建议生成新的表结构和关系。在合理的情况下拆分原来的表到新表中，它的基本功能是找出表中可能存在的重复信息。

表分析器可以通过单击“数据库工具”选项卡|“分析”组|“分析表”按钮启动，具体操作步骤略。

2．性能分析器

性能分析器用于分析整个数据库（包括表、查询、窗体、报表等全部对象的检查），做出推荐和建议来改善数据库。

性能分析器可以通过单击“数据库工具”选项卡|“分析”组|“分析性能”按钮启动，具体操作步骤略。

习　题

一、填空题

1. 数据库管理系统通常由________、________、________组成。
2. 数据是反映客观事物存在方式和运动状态的________，是信息的________。
3. 数据库管理系统主要是________、________和________功能。
4. 数据库系统的三级模式结构由________、________和________组成。
5. 数据库常用的数学模型有________、________、________和________。
6. 性质相同的同类实体的集合，称为________。
7. 关系数据库中能实现的专门关系运算包括________、连接和投影。
8. 数据库管理系统提供的数据语言中，负责数据的增、删、改和查询的是________。
9. 在将 E-R 图转换到关系模式时，实体和联系都可以表示成________。
10. 常见的软件工程方法有结构化方法和面向对象方法，类、继承以及多态性等概念属于________。
11. 数据库概念结构设计的核心内容是________。
12. 表之间的关联就是通过主键与________作为纽带实现关联的。

二、单选题

1. 公司中有多个部门和多名职员，每个职员只能属于一个部门，一个部门可以有多名职

员。则实体部门和职员间的联系是（　　）。

A. 1∶1 联系　　B. 1∶m 联系　　C. m∶n 联系　　D. m∶1 联系

2. 下列模式中，能够给出数据库物理存储结构与物理存取方法的是（　　）。

A. 内模式　　B. 外模式　　C. 概念模式　　D. 逻辑模式

3. 在满足实体完整性约束的条件下，（　　）。

A. 一个关系中必须有多个候选关键字

B. 一个关系中只能有一个候选关键字

C. 一个关系中应该有一个或多个候选关键字

D. 一个关系中可以没有候选关键字

4. 在 Access 数据库中，用来表示实体的是（　　）。

A. 表　　B. 记录　　C. 字段　　D. 域

5. 在学生表中要查找年龄大于 18 岁的男学生，所进行的操作属于关系运算中的（　　）。

A. 投影　　B. 选择　　C. 联接　　D. 自然联接

6. 假设学生表已有年级、专业、学号、姓名、性别和生日 6 个属性，其中可以作为主关键字的是（　　）。

A. 姓名　　B. 学号　　C. 专业　　D. 年级

7. 下列关于关系数据库中数据表的描述，正确的是（　　）。

A. 数据表相互之间存在联系，但用独立的文件名保存

B. 数据表相互之间存在联系，是用表名表示相互间的联系

C. 数据表相互之间不存在联系，完全独立

D. 数据表既相对独立，又相互联系

8. 有两个关系 R 和 T 如下：

A	B	C
a	1	2
b	2	2
c	3	2
d	3	2

R

A	B	C
c	3	3
d	2	2

T

则由关系 R 得到关系 T 的操作是（　　）。

A. 选择　　B. 投影　　C. 交　　D. 并

9. 设有“学生”和“班级”两种实体，每个学生只能属于一个班级，一个班级可以有多个学生，“学生”和“班级”实体间的联系是（　　）。

A. 多对多　　B. 一对多　　C. 多对一　　D. 一对一

10. 如果把学生的自然情况看成是实体，某个学生的姓名叫“李冬明”，则“李冬明”是实体的（　　）。

A. 属性型　　B. 属性值　　C. 记录型　　D. 记录值

三、实验题

1. 设有一个学习关系模式：

$$R(\text{SNO,SN,CNO,G,CN,TN,TA})$$

各属性的含义为：

SNO 代表学生学号，SN 代表学生姓名，CNO 代表课程号，G 代表成绩，CN 代表课程名，TN 代表任课教师姓名，TA 代表任课教师年龄。已知存在如下事实：

- 每个学号只能有一个学生姓名。
- 每个课程号只能对应一门课程。
- 每个教师只能有一个年龄。
- 每门课程只能有一个任课教师。
- 每个学生学习一门课程只能有一个成绩。

（1）写出关系模式 *R* 中存在的函数依赖关系。

（2）指出 *R* 的所有主键。

（3）*R* 属于第几范式？说明理由。

（4）如果 *R* 不是 3NF，将其分解为 3NF。

2. 某学校的教师任务管理的 E-R 模型有 5 个实体，实体的属性如下所示：

教师(教师编号,姓名,性别,出生日期,毕业院校,学历,职称)

课程(课程代码,名称,类别,学时数)

班级(班级号,班级名称,专业,辅导员,入学时间)

论文(论文编号,论文名称,期刊名称)

科研项目(项目编号,项目名称,承办单位,资金来源)

（1）请画出 E-R 图。

（2）请将 E-R 图转换为关系模型。

3. 设有一个 TS 数据库，包括 S、P、J、TS 四个关系模式：

S(SNO,SNAME,STATUS,CITY);

P(PNO,PNAME,COLOR,WEIGHT);

J(JNO,JNAME,CITY);

TS(SNO,PNO,JNO,QTY);

供应商表 S 由供应商代码（SNO）、供应商姓名（SNAME）、供应商状态（STATUS）、供应商所在城市（CITY）组成；零件表 P 由零件代码（PNO）、零件名（PNAME）、颜色（COLOR）、重量（WEIGHT）组成；工程项目表 J 由工程项目代码（JNO）、工程项目名（JNAME）、工程项目所在城市（CITY）组成；供应情况表 TS 由供应商代码（SNO）、零件代码（PNO）、工程项目代码（JNO）、供应数量（QTY）组成，表示某供应商供应某种零件给某工程项目的数量为 QTY。

试用关系代数完成如下查询：

（1）求供应工程 J1 零件的供应商号码 SNO；

（2）求供应工程 J1 零件 P1 的供应商号码 SNO；

（3）求供应工程 J1 零件为红色的供应商号码 SNO；

（4）求没有使用天津供应商生产的红色零件的工程号 JNO；

（5）求至少用了供应商 S1 所供应的全部零件的工程号 JNO。

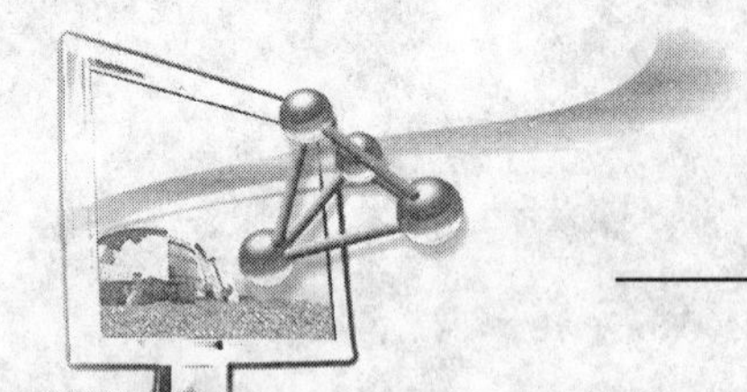

第 3 章 表的建立与使用

本章导读

表是数据记录的集合，表和以表为基本数据源的查询是窗体、报表等数据库对象的数据来源。Access 中的表是数据库最基本的对象，表的设计成为构建数据库的关键。本章主要介绍 Access 数据库中表对象的建立与使用方法，包括表结构的建立，表中数据的添加与使用，表间关系的建立，表的属性设置以及表对象的维护等内容。

通过对本章内容的学习，应该能够做到：

了解：新建表的各种方法。

理解：字段的索引属性，一对一、一对多和多对多表间关系。

应用：创建表并设置表中字段属性，维护表结构和表中记录，分析并创建表间关系。

3.1 认 识 表

3.1.1 表的视图

视图是数据库管理系统呈现给用户的一种外观界面，在 Access 中，根据功用的不同，同一个对象在不同时刻所呈现的外观是不一样的，用户可以在需要的时候改变对象的外观，即用户可以在同一对象的不同视图之间进行自由切换。

Access 数据库的表对象有 2 种最常用的视图：设计视图和数据表视图。在设计视图中主要完成表结构的建立与修改等操作；在数据表视图中主要完成记录数据的浏览、添加与修改等操作。

下面以课程表的数据表和设计视图的切换为例进行说明，操作步骤如下：

① 在左侧“导航”窗格的表对象组中右击课程表，在弹出的快捷菜单中单击“设计视图”命令，打开课程表的设计视图，如图 3-1 所示。

② 单击“开始”选项卡|“视图”组|“视图”下拉按钮，在图 3-2 所示的列表中单击“数据表视图”按钮，可切换到课程表的数据表视图，如图 3-3 所示。

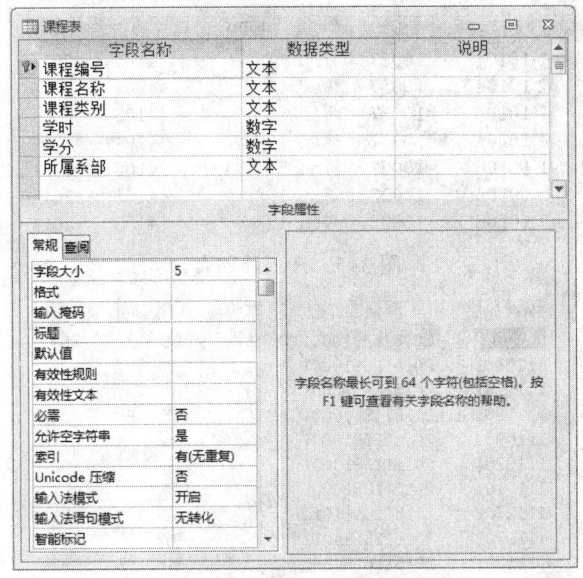

图 3–1　课程表的设计视图

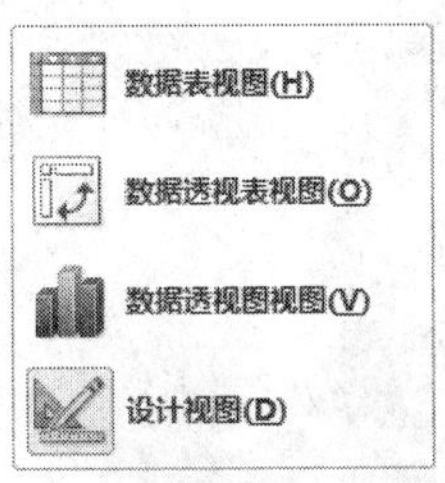

图 3–2　“视图”下拉列表

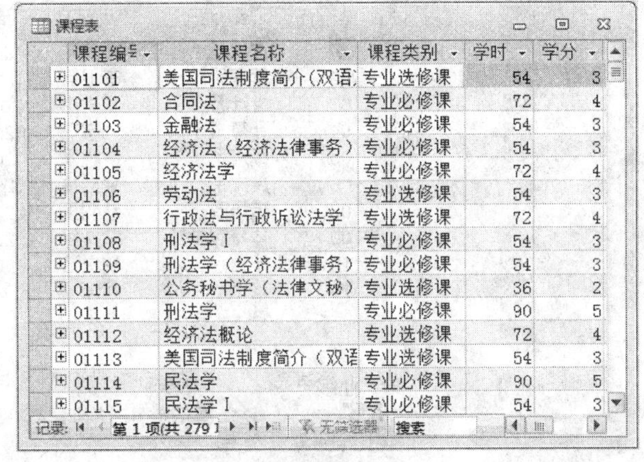

课程编号	课程名称	课程类别	学时	学分
01101	美国司法制度简介(双语	专业选修课	54	3
01102	合同法	专业必修课	72	4
01103	金融法	专业必修课	54	3
01104	经济法（经济法律事务）	专业必修课	54	3
01105	经济法学	专业必修课	72	4
01106	劳动法	专业选修课	54	3
01107	行政法与行政诉讼法学	专业选修课	72	4
01108	刑法学 I	专业必修课	54	3
01109	刑法学（经济法律事务）	专业必修课	54	3
01110	公务秘书学（法律文秘）	专业选修课	36	2
01111	刑法学	专业必修课	90	5
01112	经济法概论	专业选修课	72	4
01113	美国司法制度简介（双语	专业选修课	54	3
01114	民法学	专业必修课	90	5
01115	民法学 I	专业必修课	54	3

记录：第 1 项(共 279 1　无筛选器　搜索

图 3–3　课程表的数据表视图

3.1.2　教学管理系统中的表

根据 2.5 节的数据库设计步骤及表的规范化理论的要求，在教学管理系统中，应该设计 6 个表，分别用来存放相关的数据信息。课程表的内容如图 3–3 所示，教师表的内容如图 3–4 所示，开课计划表的内容如图 3–5 所示，选课成绩表的内容如图 3–6 所示，系部表的内容如图 3–7 所示，专业表的内容如图 3–8 所示，学生表的内容如图 3–9 所示。

教师编	姓名	性别	所在系部	入校时间	政治i	学历	职称	联系电话	备注
01001	赵宇婕	女	法律系	1998/8/1	群众	硕士	副教授	020-86794575	
01002	孙思梅	女	法律系	2005/4/1	群众	硕士	讲师	020-86764407	
01003	张小玉	女	法律系	2004/1/6	群众	硕士	讲师	020-86748401	
01004	郝莹	女	法律系	2004/8/1	群众	硕士	助教	020-86732655	
01005	金大涛	男	法律系	2004/8/17	群众	本科	讲师	020-86761138	
01006	干军进	男	法律系	2004/2/1	群众	硕士	教授	020-86717581	
01007	唐娟梅	女	法律系	2005/8/31	群众	本科	讲师	020-86796834	

图 3–4　教师表

选课代码	课程	课程编号	教师编	时间	地点	年级	备注
1010401	1	10104	10037	Thu.12	4104	2014	
1010402	2	10104	10037	Wed.12	4104	2014	
1010403	3	10104	10037	Mon.56	4103	2014	
1010404	4	10104	10037	Mon.12	4104	2014	
1010601	1	10106	10022	Thu.56	4103	2014	
1010602	2	10106	10022	Fri.12	4103	2014	
1010603	3	10106	10022	Wed.12	4105	2014	

图 3-5　开课计划表

选课代码	学号	平时成绩	考试成绩
1112501	2015116810001	68	54
1112401	2015116810001	83	85
1112101	2015116810001	81	77
1111301	2015116810001	65	88
1110901	2015116810001	54	87
1110201	2015116810001	66	56
1110101	2015116810001	100	71
1112701	2015116184012	89	51
1111701	2015116184012	97	73
1111501	2015116184012	90	97

图 3-6　选课成绩表

系部编	系部名称	负责人	联系电话
01	法律系	郑海洋	020-87610236
02	管理系	李卫国	020-87610765
03	会计系	钱文山	020-87611769
04	计算机系	刘宇飞	020-87610742
05	经济系	罗晓军	020-86760718
06	人文系	袁成福	020-86760762
08	市场系	赵明正	020-86760719
09	体育教学部	黄文斌	020-87610735
10	外语系	姚洪浩	020-87610785
11	艺术系	赵烨	020-87610722

图 3-7　系部表

专业编号	专业名称	所属系部
0101	法律事务(经济法律事务)	01
0102	法学	01
0103	法律事务	01
0104	法律文秘	01
0201	管理科学	02
0202	资产评估与管理	02
0203	酒店管理	02
0204	汽车营销管理	02
0205	人力资源管理	02

图 3-8　专业表

姓名	性别	出生日期	是否团	专业	系部	班级编	毕业学校	固定电话	移动电话	照片	备注
卢伟锋	男	1996年9月2日	☐	0211	管理系	020121	广州铁路第一中学	020-8127××××	1333262××××	Packag	
黄炜臻	男	1996年12月26日	☑	0209	管理系	024125	顺德区桂洲中学	020-8973××××	1331142××××	Packag	
覃熾蓝	女	1994年1月20日	☐	0209	管理系	024125	深圳宝安区松岗中学	020-8208××××	1321302××××	Packag	
冯伟勤	男	1996年9月29日	☐	0303	会计系	034131	龙岗区坪山中学	020-8667××××	1313689××××	Packag	
林安安	女	1994年12月3日	☑	0402	计算机系	044173	盐田区沙头角中学	020-8919××××	1375001××××	Packag	
陈振安	男	1996年11月11日	☐	1003	外语系	100151	广州市第八十中学	020-8844××××	1383453××××		

图 3-9　学生表

3.2 创 建 表

表包括表的结构和数据（记录）两部分内容，在创建了表的结构之后才能输入数据。表结构的设计本质是字段的设计，包括字段的基本属性、常规属性和查询属性。在自定义数据库时，一般在设计视图下创建表，也可用数据表视图和外部数据创建表。

3.2.1 利用设计视图创建表

设计表结构主要进行字段的属性设置，基本属性包括“字段名称”“数据类型”和“说明”，“字段名称”和“数据类型”是必需设计的属性，“说明”属性的内容可有可无。

以教学管理系统中的“学生表”的创建为例，讲解如何在设计视图下创建表对象。教学管理系统中其他 5 个表的创建与学生表的创建过程相似。

1．准备工作

在前面的设计阶段，已经确定学生表中的字段名称。在创建这些字段之前，必须结合教学管理数据的真实要求，进一步确定学生字段的基本编码信息，学生表中的“姓名”“性别”“毕业学校”等字段的值都是字符串，可将这样的字段称作“文本”类型字段；学生表中的“出生日期”字段的值是一个现实的日期数据，可将这样的字段称作“日期/时间”类字段；学生表中的“是否团员”字段的值是一个逻辑值（“真”或“假”），可将这样的字段称作“是/否”类型的字段，除此以外，还有一些其他字段类型。字段的数据类型及说明如表 3-1 所示。

表 3-1　字段的数据类型及说明

数据类型	说　　明	大　小
文本	存放可显示或打印的文字或数字字符	≤255 B
备注	存放长文本字符，如简历、摘要等	≤64 KB
数字	存放用于计算的数字数据，如成绩、年龄等。根据实际需要可分为字节、整型、长整型、单精度型、双精度型等	1 B、2 B、4 B、8 B 等
日期/时间	存放日期或时间数据，如生日，入校日期等	8 B
货币	存放货币类型的数据，如工资、津贴、利息等，货币类型的数据采用定点计算方式，和数字类型的数据相比不会产生误差	8 B
自动编号	用作计数的字段类型，如收据流水号等，当新增一条记录时，该类型字段的值会自动加 1	4 B
是/否	存放只有两个值的逻辑型数据，如是否团员、婚否等	1 B
OLE 对象	存放图片、声音、视频、文档等多种数据，如照片等	≤1 GB
超级链接	存放一个链接地址，如网址等	≤6 KB
附件	用来保存图像、文档等其他类型的文件，与电子邮件的附件相似	
计算	字段值为给定的一个表达式的值	
查阅向导	以向导的方式建立某字段的内容列表，实现该字段的选择输入	由字段原来的类型决定

值得注意的是：有一类由 0～9 数字字符构成的字段，如学号、班级编号、固定电话、移动电话、身份证号码等字段，它们一般不定义为“数字”类型，而定义为“文本”类型，因为

这些字段的值在使用中一般是固定的，不会轻易改变，也不会用作计算数据，并且可能会以“0”字符开头，如果将这些字段定义为“数字”类型，在实际处理中将会增加数据的操作难度。

对于文本类型的字段，还应该确定适当的字段大小，以保证数据保存到计算机存储器时，既节约空间，又不会因空间不够而丢失数据。例如，某学校学生的学号数据的长度为 13，则可将“学号”字段的大小属性定为 13。

经过以上分析，学生表中字段的基本结构如表 3-2 所示。

表 3-2　学生表的基本结构

字段名称	字段的数据类型	字段大小/B
学号	文本	13
姓名	文本	8
性别	文本	1
出生日期	日期/时间	系统固定为 8
是否团员	是/否	系统固定为 1
专业	文本	8
所在系部	文本	10
班级编号	文本	6
毕业学校	文本	20
固定电话	文本	20
移动电话	文本	12
照片	OLE 对象	由对象大小决定
备注	备注	由字符多少决定，最大不超过 65 535 个字符

2．增加字段

单击“创建”选项卡|“表格”组|“表设计”按钮，在设计视图中新建一个名为“表 1”的空表，如图 3-10 所示。该窗口分上下两部分，上面是“字段编辑区”，下面是“字段属性区”。字段编辑区最左边的小方框是行选择器。

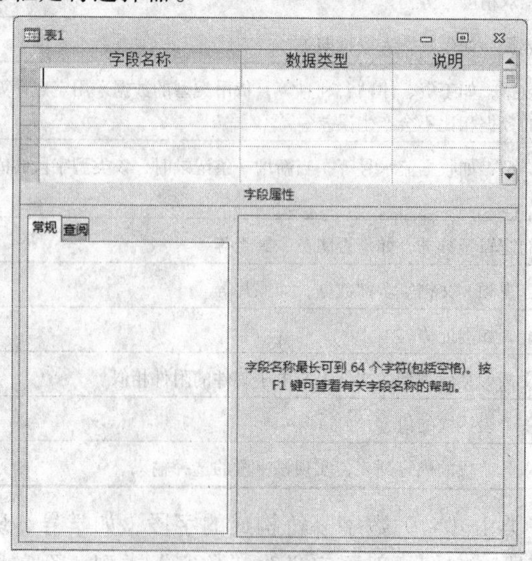

图 3-10　新表的设计视图

在字段编辑区的第一列中输入字段名称。在命名字段时，应符合 Access 字段命名规则。然后在字段编辑区的第二列中选择确定字段的数据类型，说明内容可以不写，完成后进入下一行，重复以上工作，完成所有字段的创建工作。

3．调整字段属性

完成字段名和字段数据类型的定义后，对于某些字段的属性细节，可能还需要进一步地补充完善，这些属性细节在字段属性区进行调整。比较常见的字段属性如下：

（1）字段大小

字段大小是指文本型字段的最大长度或数字型字段的取值范围。只有文本型或数字型字段才有该属性。

按照表 3-2 中的要求，为所有文本类型的字段设置正确的字段大小值。

另外，对数字类型的字段，可以结合实际需要，选择不同的字段大小属性。通过单击字段大小属性右侧的下拉按钮选择不同类型的数字。常见的数字型字段如表 3-3 所示。例如，“年龄”字段是数字类型的，由于年龄的取值范围很小且一般是整数，故可选择“字节”类型；“考试成绩”字段也是数字型的，但由于成绩的值可能有小数位数字，且成绩值不会太大，所以可以将“考试成绩”字段的字段大小属性定为“单精度型”。

表 3-3　数字型字段

种　类	取 值 范 围	小 数 位 数	字 符 长 度
字节	0~255	无	1
整数	–32 768 ~ 32 767	无	2
长整数	–2 147 483 648~2 147 483 647	无	4
单精度型	-3.4×10^{38}~3.4×10^{38}	7	4
双精度型	-1.79769×10^{308}~1.79769×10^{308}	15	8
同步复制 ID	长整型或双精度型	N/A	16
小数	$-10^{38}-1$~$10^{38}-1$　(.adp) $-10^{28}-1$~$10^{28}-1$　(.accdb)	28	12

温馨提示

如果字段中已经录有字段值，那么重新设置的字段大小小于已有字段值的长度时将会截断数据，造成数据丢失。

（2）格式

字段的“格式”属性决定数据的显示与打印外观，但不影响数据的输入和存储格式。数据类型不同，可供选择的格式选项也不同。在表设计视图中定义字段“格式”属性的方法很简单：先选中某字段，然后在属性对话框中选择“格式”属性，单击格式框右侧的下拉按钮▾，在下拉列表中选择合适的数据格式即可。

学生表中的“出生日期”字段的格式列表如图 3-11 所示，选课成绩表中的“平时成绩”字段的格式列表如图 3-12 所示。

确定好字段的格式后，如果切换到表的数据表视图，则会发现设置了格式的字段外观发生了变化。例如“出生日期”字段在短日期和长日期两种不同格式下的显示外观如图 3-13 所示。

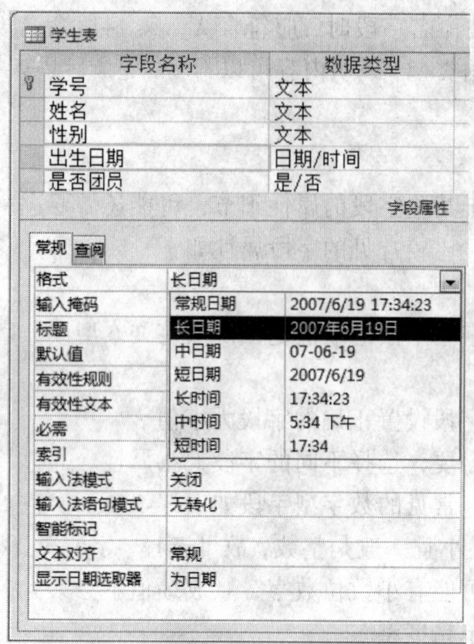

图 3-11　日期/时间类型的格式列表

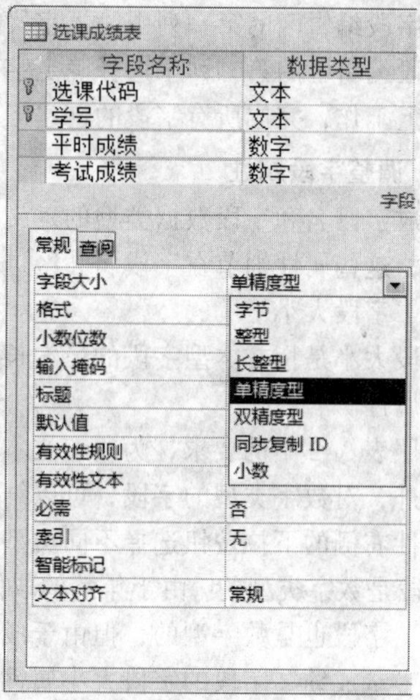

图 3-12　数字类型的格式列表

（3）输入掩码

“输入掩码”属性用于控制输入数据时的格式外观及存储方式，以便统一输入格式，减少用户输入数据时的错误，提高输入数据的效率。“输入掩码”属性主要用于文本、日期/时间类型的字段。输入掩码与字段格式的区别是：格式属性定义数据的显示与打印外观，输入掩码属性定义的是数据的输入外观，能对数据输入做必要的控制以确保输入数据正确。对于同一个字段，如果同时定义了输入掩码和格式属性，则在数据表视图中显示数据时，格式属性会起作用，但在输入和修改数据时，输入掩码将会起作用。

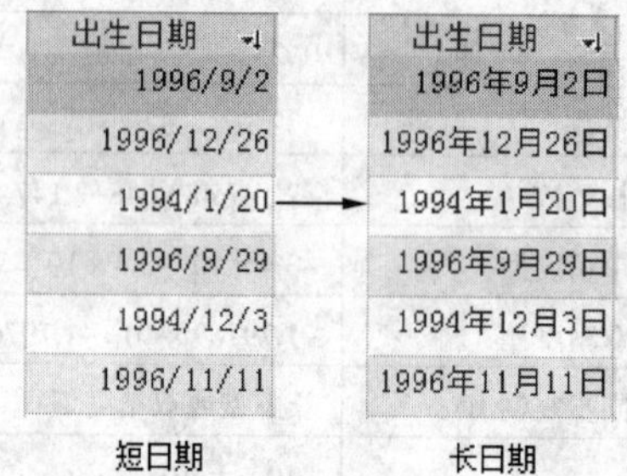

图 3-13　不同日期格式的外观比较

系统只为“文本”和“日期/时间”类型的字段提供输入掩码向导设置该属性。该向导比较简单，单击输入掩码属性右侧的下拉按钮，按向导窗口的提示要求选择输入掩码类型，定义占位字符等信息即可完成输入掩码属性的定义。其他数据类型的字段即使有输入掩码属性，当单击输入掩码向导按钮时，也会弹出“输入掩码向导”只处理“文本”和“日期”字段类型的提示框。因此只能使用输入掩码符由用户自定义“输入掩码”属性。定义输入掩码的表达式为“掩码字符;存储方式;占位提示符”。

掩码字符由一些具有特殊意义的字符所构成，这些字符及其说明如表 3-4 所示。

表 3-4　输入掩码的格式字符及说明

掩码字符	是否必填	说　明
0	是	0 ~ 9 数字，不允许用 + 、 - 符号
9	否	0 ~ 9 数字或空格，不允许用 + 、 - 符号
#	否	0 ~ 9 数字或空格，允许用 + 、 - 符号
L	是	字母（A ~ Z）

续表

掩码字符	是否必填	说　明
?	否	字母（A～Z）
A	是	字母（A～Z）或 0～9 数字
a	否	字母（A～Z）或 0～9 数字
&	是	任意字符或空格
C	否	任意字符或空格
.,-:	控制字符，与是否输入无关	小数点、千位点、日期时间分隔符，由控制面板中的区域设置决定
/;		掩码字符组成分隔符
<		使其后所有字符转换为小写
>		使其后所有字符转换为大写
\		使其后的任意字符原样显示
密码或 password	否	输入的字符以“*”显示

掩码的占位提示符可由“*”“#”“+”等字符中的某一个构成，在输入数据时，出现在等待输入的字符位置。如果省略掩码的占位提示符，系统会将占位提示符自动定义为下画线字符“_”。

掩码的存储方式有两种：

① 完整保存方式：存储方式的值为 0。如果采用这种方式的输入掩码，系统会将用户输入的字符与提示字符一起保存到记录中。

② 部分保存方式：存储方式的值为 1 或空白。系统只保存用户输入的字符，掩码中的提示字符不保存到记录中。部分保存方式虽然可以节约磁盘存储空间，但是有可能产生保存异常的错误。

例如，将学生表“出生日期”字段输入掩码设置为“99 年 99 月 99 日;1;*”或“99 年 99 月 99 日;;*”，如果在输入某个出生日期字段值时，输入显示为“08 年*3 月*2 日”，其中“年月日”是提示字符，“*”是占位符，用户实际只输入了“0832”四个字符，由于采用的是部分保存方式，“年月日”等提示字符并不保存到记录中。由于缺少了“年月日”字符的分隔，系统对输入字符“0832”会按“自动靠左”原则处理为“08 年 32 月　日”，很显然，这不是一个合法的日期数据，系统将给出一个错误提示。如果采用完整保存方式，即将掩码设置改为“99 年 99 月 99 日;0;*”，其他情况不变，则“年月日”字符将会与用户输入字符“0832”一起保存到记录中，“年月日”对输入字符起到了分隔作用。 日期值“08 年 3 月 2 日”可以正确地保存到记录中，系统不会出现错误提示。一般地，输入掩码的存储方式应该定义为 0，以避免上述类似错误。

定义输入掩码两种方法：

① 对于具有统一格式的字段，如日期、邮政编码、身份证号码、密码等字段可使用向导生成输入掩码。

② 对于个性化的应用要求，可在输入掩码属性中直接输入。例如，可将学生表的“固定电话”字段的输入掩码属性直接定义为“9000-90000000;0;#”，该掩码要求在输入学生记录的固定电话值时，必须输入 3 位或 4 位电话区号，7 位或 8 位电话号码，输入字符必须是数字字符，提示符为“#”，并且在区号与电话号码之间显示“-”隔开，从而保证新增数据的“固定电话”

字段值都是合格的电话号码，提高了数据输入的准确性。

温馨提示

输入掩码中的“;”字符必须在英文状态下输入，不能在中文状态下输入，否则系统不能识别。

（4）标题

“标题”属性可以指定字段的别名，该别名在表的数据表视图中会作为字段列标题显示出来，同时也会用于窗体中的字段标签。如果没有为字段设置标题，则以字段名作为默认列标题或窗体中的字段标签。

（5）默认值

“默认值”属性用于指定产生新记录时，某个字段自动填入的值。例如，设置“性别”字段的默认值属性为“男”，则新增学生记录时，“性别”字段的值会自动填入“男”，这样可以提高录入数据的效率。默认值可以是常量、函数、表达式。

（6）有效性规则与有效性文本

有效性规则的作用是检查输入的数据是否满足一定的条件。如果输入的数据满足有效性规则，则数据可以保存到记录中，否则无法保存。

有效性文本和有效性规则配合使用，当输入数据违背有效性规则时，在提示窗口显示的消息字符就是有效性文本中的内容。例如将“出生日期”字段有效性规则设置为“>=#1990/1/1#”，有效性文本设置为“出生日期必须为 1990 年之后”，如图 3-14 所示。如果在添加记录时，某记录的出生日期字段的输入值为“1989/2/1”时，会显示提示窗口，如图 3-15 所示。

出生日期	日期/时间
是否团员	是/否

字段属性

常规 查阅

格式	长日期
输入掩码	99\年99\月99\日;0;*
标题	
默认值	
有效性规则	>=#1990/1/1#
有效性文本	出生日期必须为1990年之后
必需	否

图 3-14　有效性规则与有效性文本

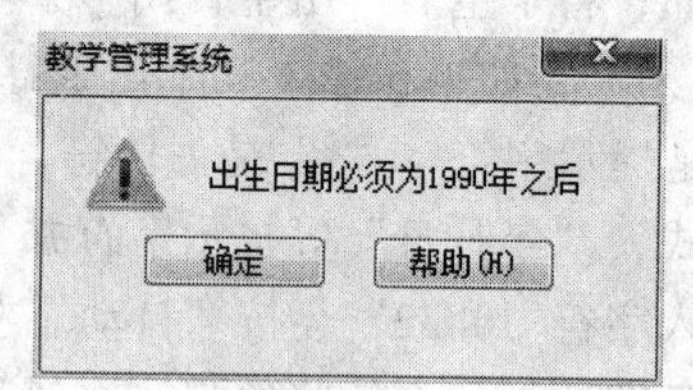

图 3-15　违背有效性规则的提示框

（7）必需

如果在新增记录时，某些重要字段的值必需填写，则可将这些字段的“必需”属性设为“是”，则该字段中的值不能为空值（Null）。系统默认“必需”属性为“否”。

（8）允许空字符串

“允许空字符串”属性决定是否允许在字段中填入长度为 0 的字符串（""），系统默认为“是”。该属性只能应用于文本、备注和超级链接字段。

（9）输入法模式

“输入法模式”是个选择性的属性，它有两个主要选项：输入法开启、输入法关闭。输入法开启属性下，当光标进入该字段时，系统会自动切换到首选的中文输入法。输入法关闭时，默认在这个字段内输入英文和数字。不同的字段采用不同的“输入法模式”可以减少启动或关

闭中文输入法的次数。中文内容字段的输入法模式使用“输入法开启”，英文内容字段的输入法模式使用“输入法关闭”。

（10）文本对齐

“文本对齐”属性指定了字段在“数据表视图”中显示内容的对齐方式，除了“附件”类型的字段没有“文本对齐”属性外，其他类型的字段均有该属性。属性取值有 5 种：常规、左、居中、右、分散，默认为“常规”。

4．设置主键与索引

（1）主键

为了保证表的主题唯一性，每张表一般都要建立一个主键。主键可由一个字段担任，也可由多个字段同时担任，由多个字段共同组成的主键称为联合主键。

【例 3.1】将学生表的“学号”设置为主键。操作步骤如下：

① 在学生表的设计视图中将光标定位到“学号”字段。

② 单击“表格工具/设计”选项卡|“工具”组|“主键”按钮，即可将“学号”定义为主键，如图 3–16 所示。

图 3–16　将“学号”定义为主键

对于联合主键的设置，操作步骤和单一主键的设置相似。例如，选课成绩表的主键由“选课代码”与“学号”共同组成，先通过鼠标拖动行选择器同时选定两个主键字段，再单击“主键”按钮。

（2）索引

索引是一项数据库技术。索引通过对数据进行逻辑排序，建立一种数据快速查找的机制。不是所有类型的字段都需要设置索引，设置索引的原则如下：

① 文本、数字、货币或日期/时间类型的字段才可能设置索引，备注、超级链接、OLE 对象等类型的字段不能设置索引。

② 字段的值经常需要被查找或排序，如“学号”“姓名”字段。

③ 字段中值的重复率较低，例如，“姓名”字段可以设置索引，而“性别”字段中由于有大量的重复值，设置索引对提高查找速度没有太大意义。

索引的设置在表的字段属性中进行，直接通过字段的“索引”属性右侧的下拉按钮选择索引方式。索引有 3 种方式，可根据某字段的实际情况灵活选择。

- 无：表示无索引，是字段索引的默认值。
- 有（有重复）：表示有索引但允许字段中有重复值，如“姓名”字段。
- 有（无重复）：表示有索引但不允许字段中有重复值，如学生表的“学号”字段。

由于针对主键字段的查找与排序非常频繁，故系统会自动为主键字段设置索引，主键字段的索引种类为“有（无重复）”。

值得注意的是，如果某个字段没有建立索引，并不是说该字段就不能参与查找与排序，只是查找与排序的速度稍慢而已。在计算机运算速度飞速提高的今天，这种时间上的差异根本感觉不到。

5. 字段的查阅属性

“查阅”属性仅对“文本”“数字”和“是/否”3 种类型的字段有效，其他类型的字段没有“查阅”属性。其中，“文本”和“数字”类型的字段可采用的控件有文本框（默认值）、列表框和组合框；“是/否”类型的字段可采用的控件有复选框（默认值）、文本框和组合框。

有这样一类特殊的字段，它们的值的种类是有限的，如“性别”字段的值只有“男”“女”两种，又如“所在系部”字段的值在某校也只有十个左右，为了提高录入速度，可以在这类字段上启用查阅向导，从而实现字段值的选择输入。查阅向导的设置分两种情况：

（1）可供选择的值是自行输入的。

【例 3.2】为学生表的“性别”字段设置查询向导，使得输入时可以实现选择输入。具体操作步骤如下：

① 打开“学生表”的设计视图，单击“性别”字段的数据类型右侧的下拉按钮，在列表中选择“查阅向导”，如图 3-17 所示。

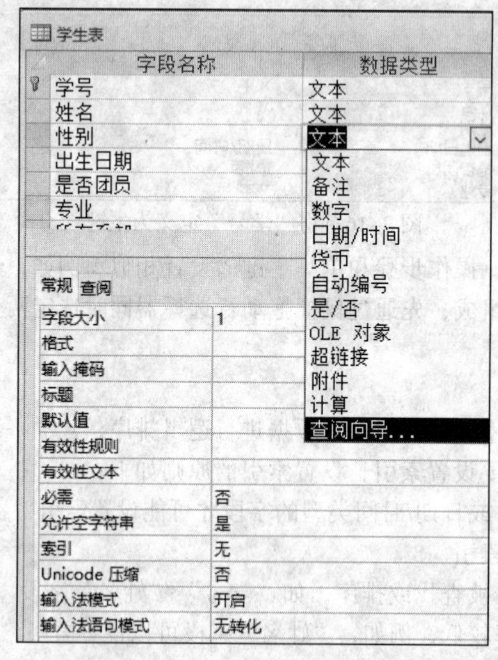

图 3-17 选择“查阅向导”数据类型

② 在打开的“查阅向导”对话框，选择“自行键入所需的值”单选按钮，如图 3-18 所示。

③ 单击“下一步”按钮，在弹出的对话框中输入“性别”字段的两个固定值，如图 3-19 所示。

④ 单击“下一步”按钮，指定“性别”字段标签，完成查阅向导工作。

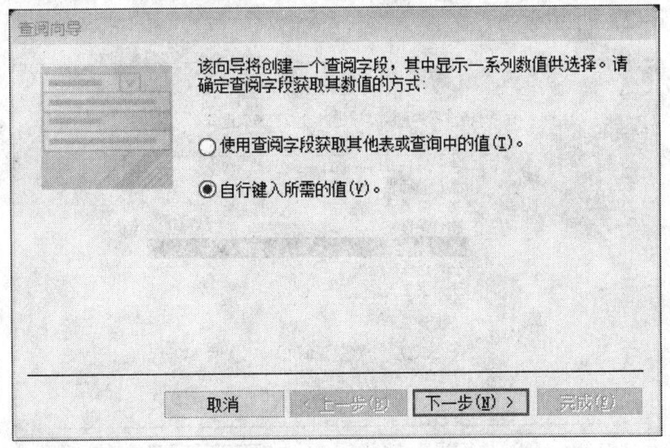

图 3-18　启动查阅向导

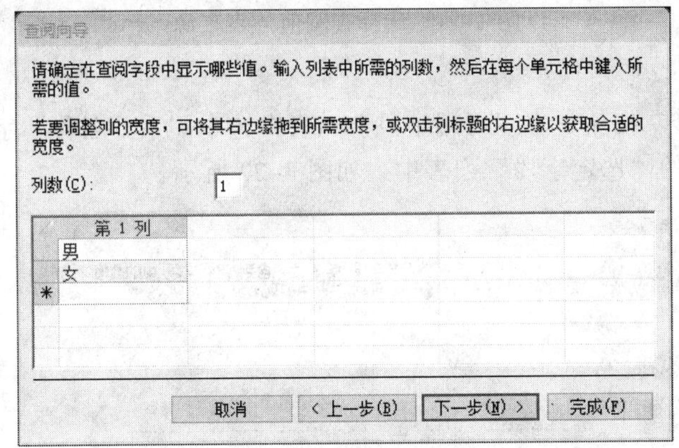

图 3-19　自行键入字段值

完成上述步骤的操作后，保存表，切换到学生表的数据表视图，输入“性别”字段的值时即可直接选择输入，如图 3-20 所示。

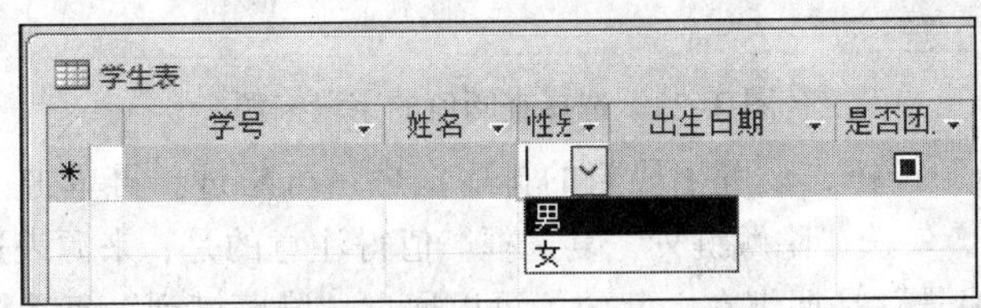

图 3-20　性别的选择输入

（2）可供选择的值来自于其他表。

【例 3.3】学生表的“所在系部”字段的值，已经另外保存在“系部表”的“系部名称”字段中。请为学生表的“所在系部”字段设置查阅向导，该字段的数据来源为“系部表”的“系部名称”中的值。具体操作步骤如下：

① 打开“学生表”的设计视图，单击“所在系部”字段的“数据类型”右侧的下拉按钮，在列表中选择“查阅向导”，启动查阅向导。

② 选中“使用查阅字段获取其他表或查询中的值”单选按钮，单击“下一步”按钮。

③ 在“查阅向导”对话框中，在“请选择为查阅字段提供数值的表或查询”列表框中选

择“系部表”，如图 3-21 所示。

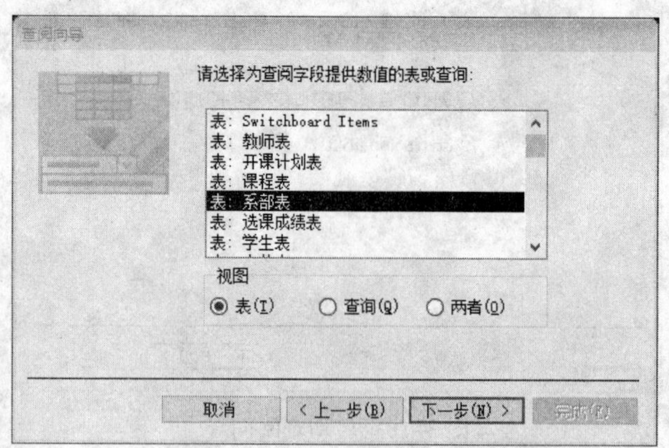

图 3-21　选择查阅值的表来源

④ 单击“下一步”按钮，在“可用字段”列表中选中“系部名称”字段，单击[>]按钮，将该字段加入到右侧的“选定字段”列表中，如图 3-22 所示。

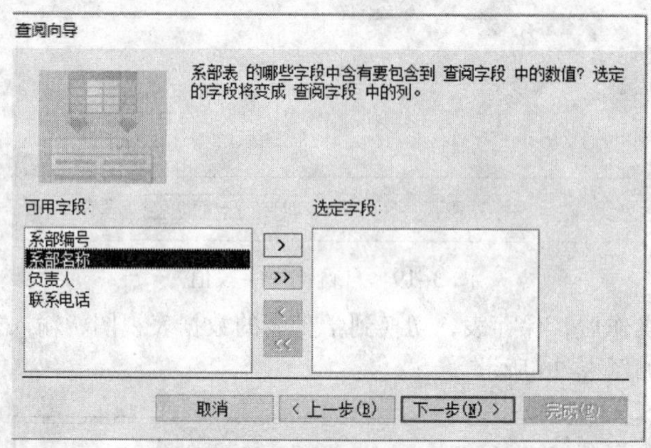

图 3-22　选择查阅值的字段来源

⑤ 单击“下一步”按钮，设置字段值的排序次序，可略过。再单击“下一步”按钮，在“查阅向导”对话框中，勾选“隐藏键列”复选框。值得注意的是：来源表选项值字段“系部名称”与其主键“系部编号”是捆绑在一起的，可以通过“隐藏键列”复选框决定是否在选择列表中同时显示主键的值，如图 3-23 所示。

⑥ 设置完成后，单击“下一步”按钮，再定义字段标题即可完成整个向导工作。

假如该校新开设了一个文学系，相应的，在“系部表”中应该新增一条“文学系”记录。那么“学生表”中的“所在系部”字段不需要做任何修改，其输入选项中会自动增加一个值“文学系”，在新增文学系学生时可以直接选择输入，这样就非常方便了。这个例子体现了数据库数据共享的便利性。

如果要求删除某字段的查阅向导输入方式，可以通过改变该字段的属性来实现。可以将该字段的“查阅”属性中的“显示控件”属性的值由“组合框”改为“文本框”。例如，图 3-24 的操作可以删除“性别”字段的查阅向导输入方式，删除成功后，“性别”字段将不能选择输入。

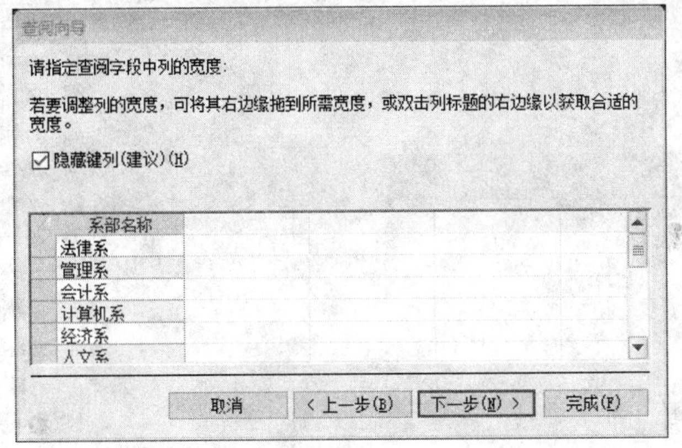

图 3-23　查阅值列

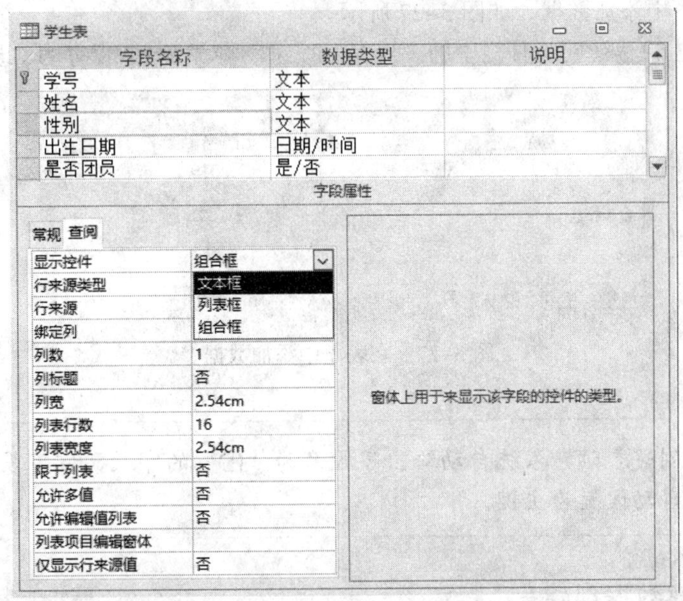

图 3-24　查阅向导输入方式的删除

如果利用“自行键入所需的值”方法完成查阅向导工作后，需要添加新的选项，可以在图 3-24 中修改字段的“查阅”属性的“行来源”属性。在该属性中添加新选项或直接删除已有选项，注意选项之间利用“;”分隔。

3.2.2　利用数据表视图创建表

Access 已经预先为用户准备了一个空表的模板，使用数据表视图创建表就是直接向该空表输入数据，并保存该空表。

【例3.4】在“演示.accdb”数据库中使用数据表视图创建“员工表”，操作步骤如下：

① 打开“演示.accdb”，单击“创建”选项卡|“表格”组|“表”按钮，打开默认表名为“表1”的数据表视图，如图 3-25 所示。

② 单击“单击以添加”，在字段类型列表中选择新字段的数据类型，如图 3-26 所示，并将“字段 1”改为“员工编号”。依次添加“员工姓名”“婚否”“参加工作日期”等字段。

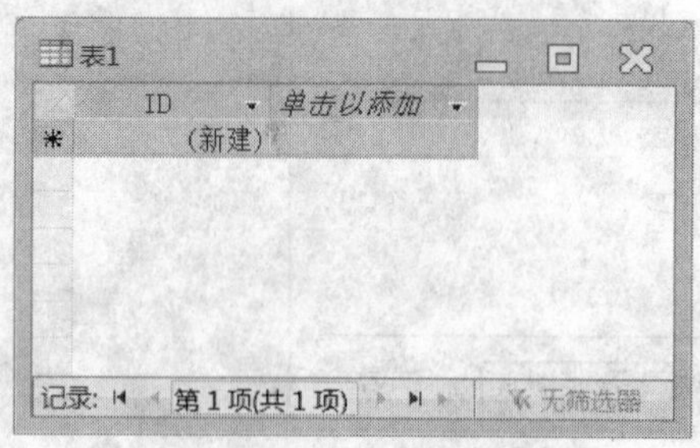

图 3-25　表 1 的数据表视图

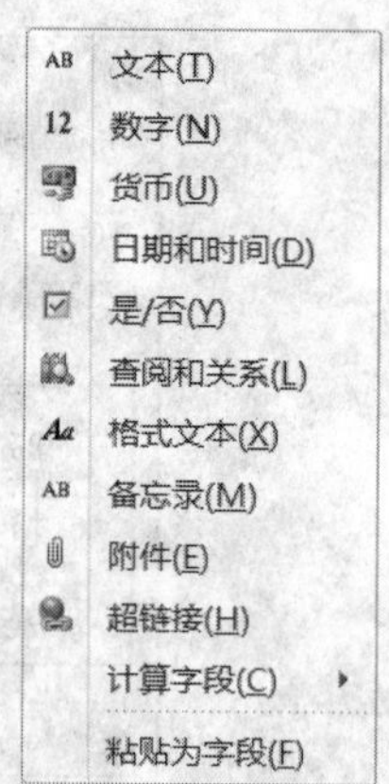

图 3-26　字段类型列表

③ 在“表 1”中添加数据，如图 3-27 所示。

④ 完成后单击快速访问工具栏中的“保存”按钮，将“表 1”保存为“员工表”。

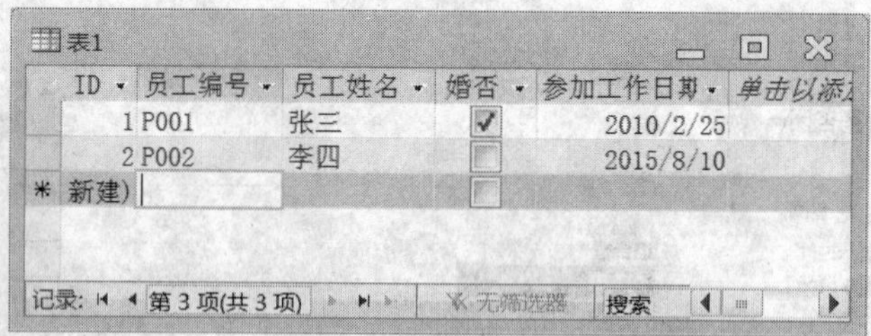

图 3-27　在表 1 中添加数据

温馨提示

用这种方法创建表时，系统自动给出字段名为“ID”的字段，该字段为“自动编号”类型，并由系统自动设置为主键。

3.2.3　利用外部数据创建表

在现实工作中，某些单位和部门没有专门设计数据库应用软件，但是因工作需要，日常的一些数据信息已经以电子表格的形式而存在。可以直接将这些电子表格中的工作表导入生成为 Access 中的表对象，并自动向表中添加了大量的记录数据，避免再次录入数据的繁杂。

Access 可导入多种类型的文件，包括 Excel 电子表格、其他 Access 数据库中的表、SharePoint 列表、文本文件、XML 文档、ODBC 数据库等，其中导入 Excel 电子表格和其他 Access 数据库的表较为常用。

1. 导入 Excel 电子表格数据

【例 3.5】有一个 Excel 工作簿文件“专业表.xlsx”，里面存放的是学校专业情况数据，内容如图 3-28 所示。打开数据库“演示.accdb”，将“专业表.xlsx”中的“专业表”导入到“演示.accdb”中的操作步骤如下：

	A	B	C	D	E
1	专业编号	专业名称	所属系部		
2	0101	法律事务(经济法律事务)	01		
3	0102	法学	01		
4	0103	法律事务	01		
5	0104	法律文秘	01		
6	0201	管理科学	02		
7	0202	资产评估与管理	02		
8	0203	酒店管理	02		
9	0204	汽车营销管理	02		
10	0205	人力资源管理	02		
11	0206	证券投资	02		
12	0207	旅游与酒店管理	02		

图 3-28　Excel 工作簿中的专业表

① 打开数据库文件“演示.accdb”，单击“外部数据”选项卡|“导入并链接”组|“Excel”按钮，弹出“获取外部数据”对话框。单击“浏览”按钮，找到需要导入的 Excel 文件，并选择“将源数据导入当前数据库的新表中”单选按钮，如图 3-29 所示。

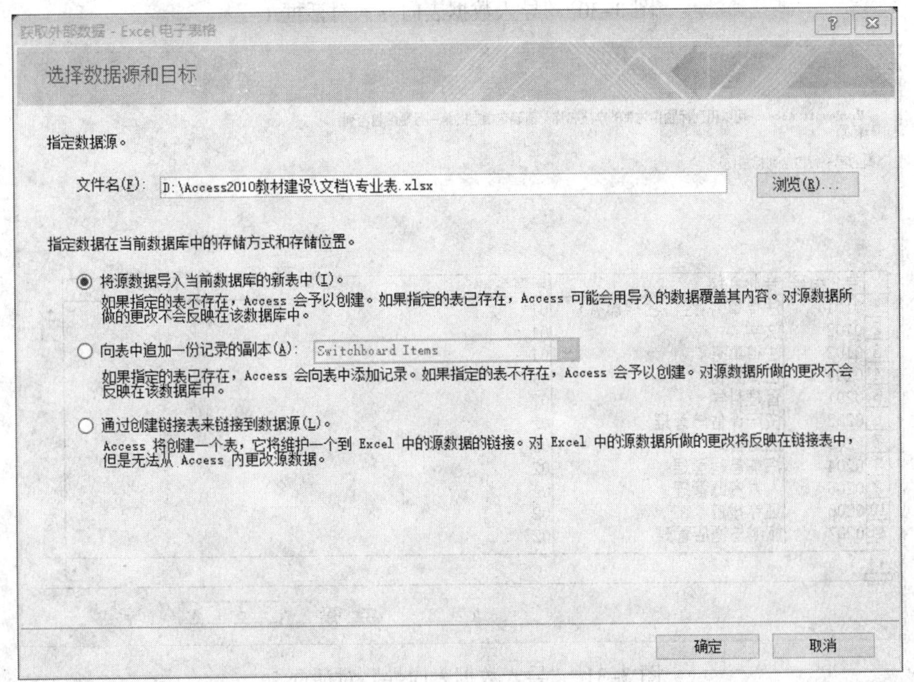

图 3-29 “获取外部数据”对话框

② 单击“确定”按钮，在其中选择合适的工作表或工作表中的区域，本例选择“显示工作表”单选按钮，如图 3-30 所示。

③ 单击“下一步”按钮，在该对话框中确定 Excel 工作表的第一行是否包含列标题。Excel 工作表数据的第一行有可能是字段结构，也有可能是第一条记录，从图 3-28 中可以看出“专业表”工作表的第一行是表的结构，因此，应该选择“第一行包含列标题”复选框，如图 3-31

所示。

导入数据表向导

电子表格文件含有一个以上工作表或区域。请选择合适的工作表或区域：

◉ 显示工作表(W)
○ 显示命名区域(R)

专业表

工作表“专业表”的示例数据。

1	专业编号	专业名称	所属系部
2	0101	法律事务(经济法律事务)	01
3	0102	法学	01
4	0103	法律事务	01
5	0104	法律文秘	01
6	0201	管理科学	02
7	0202	资产评估与管理	02
8	0203	酒店管理	02
9	0204	汽车营销管理	02
10	0205	人力资源管理	02
11	0206	证券投资	02

取消　上一步(B)　下一步(N) >　完成(F)

图 3-30 “导入数据表向导”对话框 1

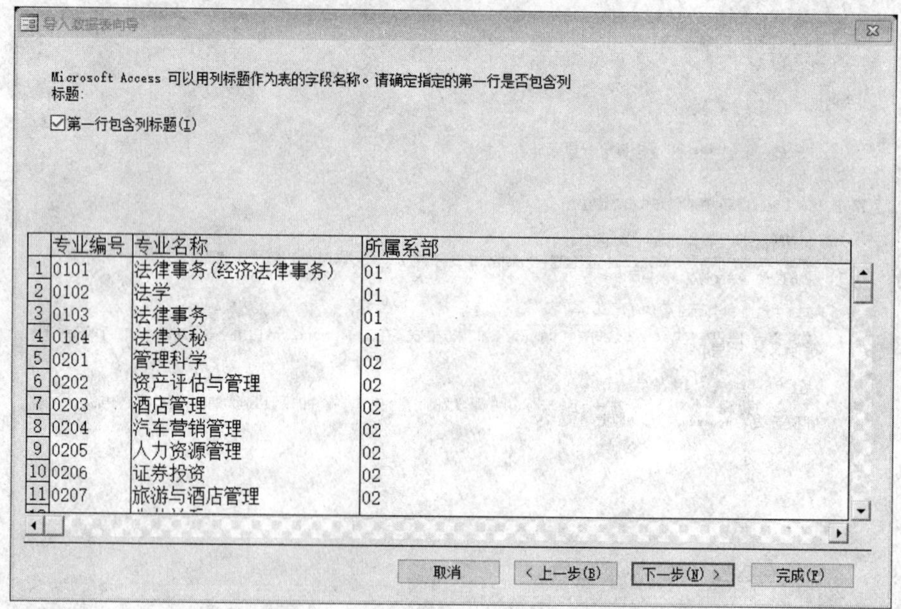

	专业编号	专业名称	所属系部
1	0101	法律事务(经济法律事务)	01
2	0102	法学	01
3	0103	法律事务	01
4	0104	法律文秘	01
5	0201	管理科学	02
6	0202	资产评估与管理	02
7	0203	酒店管理	02
8	0204	汽车营销管理	02
9	0205	人力资源管理	02
10	0206	证券投资	02
11	0207	旅游与酒店管理	02

图 3-31 “导入数据表向导”对话框 2

④ 单击“下一步”按钮，确定数据保存位置为“新表”，设置表的主键为“专业编号”，确定表的名称为“专业表”，即可完成全部导入工作。

可在 Access“导航”窗格的表对象组中看到刚刚导入的数据表对象“专业表”，进入该表的数据表视图，发现里面已经有多条记录，这一点不同于在设计视图中创建表。

温馨提示

新导入的表对象的字段类型、字段属性都是由系统默认指定的，如果希望该表更符合特定的应用需要，需要进入该表的设计视图，进行结构上的调整修改。

2. 导入其他 Access 数据库对象

【例3.6】将“教务管理系统.accdb”中的“学生表”和“教师表”导入到“演示.accdb”中，具体的操作步骤如下：

① 单击“外部数据”选项卡|“导入并链接”组|“Access”按钮，弹出“获取外部数据”对话框。单击“浏览”按钮，找到需要导入的 Access 文件，并选择“将表、查询、窗体、报表、宏和模块导入当前数据库”单选按钮，如图 3-32 所示。

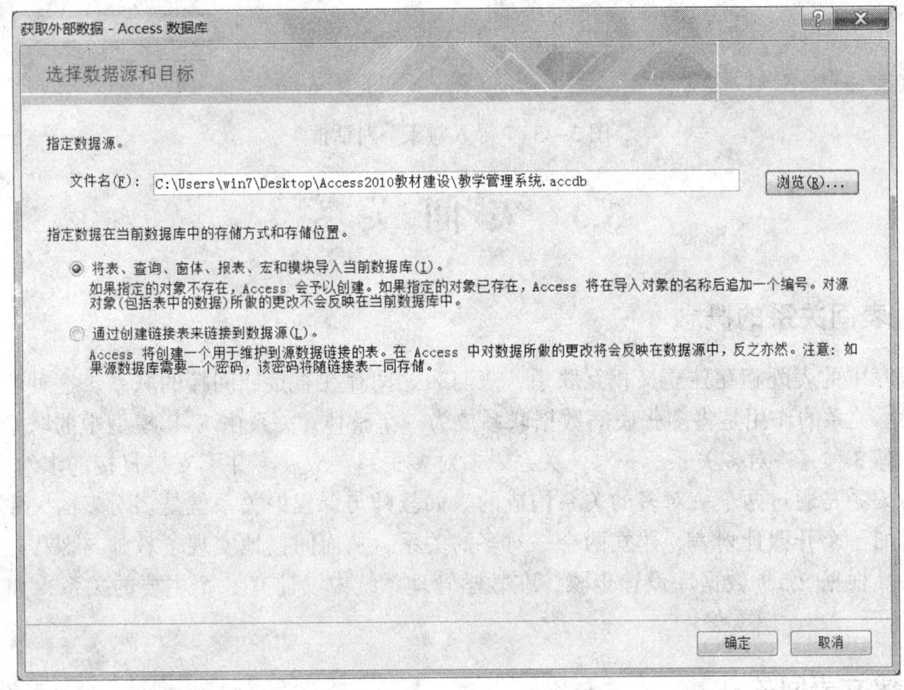

图 3-32 “获取外部数据”对话框

② 单击“确定”按钮，在“导入对象”对话框中选择需要导入的数据库对象，如图 3-33 所示。

③ 单击“确定”按钮，显示已成功导入，单击“关闭”按钮，完成 Access 数据库对象的导入。

温馨提示

导入 Access 数据库可以同时选择表、查询、窗体、报表、宏、模块等多种数据库对象进行导入。

上面提到了 3 种创建表的方法，每种方法都有各自的特点和适用情况，在设计视图下创建表仍是最基础也是最常用的方法。

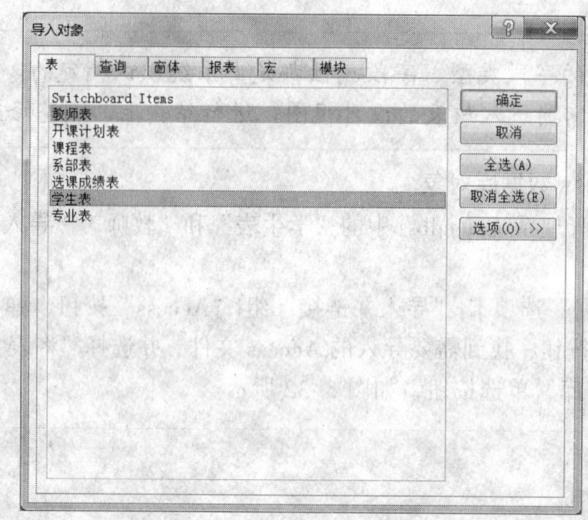

图 3-33 “导入对象”对话框

3.3 表间关系

3.3.1 表间关系的概念

数据库中的表既相互独立又相互联系，表与表之间存在直接或间接的联系，这种联系就是表间关系。关系的作用是将多张表间数据联系成为一个整体。关系由 E-R 模型中的联系演化而来，关系有 3 种：一对多关系、一对一关系、多对多关系。Access 并不支持直接的多对多关系，多对多的关系是通过两个一对多的关系构成的，如教师与课程的关系就是多对多的关系，在两者中间增加一个开课计划表，建立两个一对多的关系，从而间接地实现了教师与课程之间的多对多关系。根据 2.5.1 数据库设计步骤，在教学管理系统中设计有 6 个主要的关系，如第 2 章图 2-17 所示。

3.3.2 建立表间关系

建立关系前，首先需要判断两表之间能否建立关系，判断的标准是，一要看现实意义上两表是否有关系；二是两表中要有公共字段（字段名相同或者含义相同），且这两个字段中有相同的字段值，字段属性必须相同。

同时在创建关系前，需要做好准备工作。建立所有需要的表并设置恰当的主键是正确创建表间关系的前提。

【例3.7】在教学管理系统.accdb 中创建学生表与选课成绩表的一对多关系，操作步骤如下：

① 将“学生表”的“学号”字段设置为主键，选课成绩表的“选课代码”和“学号”设置为联合主键。

② 关闭所有表对象，单击“数据库工具”选项卡|“关系”组|“关系”按钮，打开“关系”窗口，右击“关系”窗口的空白区域，在快捷菜单中单击“显示表”命令，弹出“显示表”对话框，如图 3-34 所示，添加所需要的两个表对象。

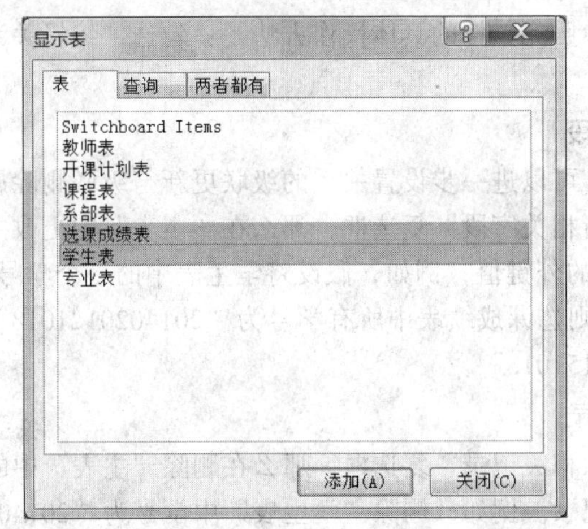

图 3-34　“显示表”对话框

③ 将学生表的“学号”拖放到选课成绩表的“学号”上面，弹出“编辑关系”对话框，如图 3-35 所示，单击“新建”按钮即可创建学生表与选课成绩表的一对多的关系。

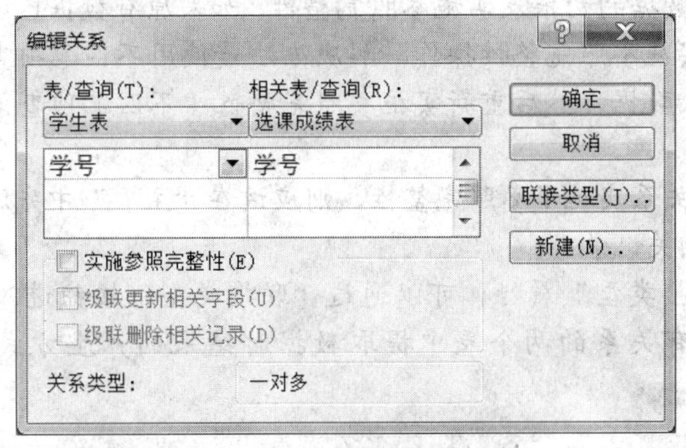

图 3-35　“编辑关系”对话框

在“编辑关系”对话框中，出现在左侧的表称作“主表”，右侧的表称作“从表”。一对多关系中，建立了无重复索引的公共字段所在的表是主表，另一个表是从表。例如，图 3-35 中，“学生表”是主表，“选课成绩表”是从表；如果是一对一关系，由于两个公共字段同时建立了无重复索引，谁是主表则取决于鼠标拖放的起点位置，起点表是主表，终点表是从表。

在“编辑关系”对话框中有 3 个复选框：“实施参照完整性”“级联更新相关字段”和“级联删除相关记录”，后两个复选框是在前者被勾选后才可以被选择，因此“实施参照完整性”是“级联更新相关字段”和“级联删除相关记录”的前提。

1．实施参照完整性

参照完整性是一个规则，通过它可以在表与表之间建立一种更“紧密”的关系。参照完整性的含义是：“从表”中相关字段的取值范围不能超过“主表”中相关字段的取值范围。图 3-35 中所建的学生表与选课成绩表的关系是一种松散关系，即对表中的记录数据没有限制与约束，这样很可能会产生冗余数据，例如，教学秘书在输入一条选课记录时，因为人为错误，将某个学生的学号输错，这个错误的学号值在学生表中找不到出处，即没有学生记录与这条选课记录相对应，显然，这条记录是错误和多余的。为了避免这类错误，可以在原有松散关系的基础上实施参照完整性。实施参照完整性的具体操作方法是：勾选“编辑关系”对话框中“实施参照完整性”复选框。

2．级联更新相关字段

实施参照完整性后，可以进一步设置关系的级联更新与级联删除属性。

如果勾选“级联更新相关字段”复选框，那么在“主表”中更改主键值时，系统自动更新“从表”中所有相关记录的外键值，例如，假设将学生表中的一个学号由“2014020121018”改为“2014020151018”，则选课成绩表中所有学号为“2014020121018”的记录的“学号”字段值会自动改为“2014020151018”。

3．级联删除相关记录

如果勾选“级联删除相关记录”复选框，那么在删除“主表”中的记录时，系统会自动删除“从表”中所有相关记录。例如，删除“学生表”中学号为“2014020121018”的学生记录，则“选课成绩表”中所有学号值为“2014020121018”的记录都会被自动删除

温馨提示

① 对已经存入数据的两张表实施参照完整性，如果原有数据已经违背参照完整性的要求，则不能执行实施参照完整性操作，解决办法是使用不匹配项查询，找出那些冗余数据，并且删除冗余数据，然后重新实施参照完整性（不匹配项查询的创建方法详见查询章节）。

② 如果一对一关系实施了参照完整性，则应该在“主表”中先添加记录，然后才能在“从表”中添加相关记录。

③ 关系的“联接类型”属性，可以通过“联接类型”按钮进入，如图 3-36 所示，该属性用于决定从有关系的两个表中提取数据时结果的产生方式。具体应用请见第 4 章。

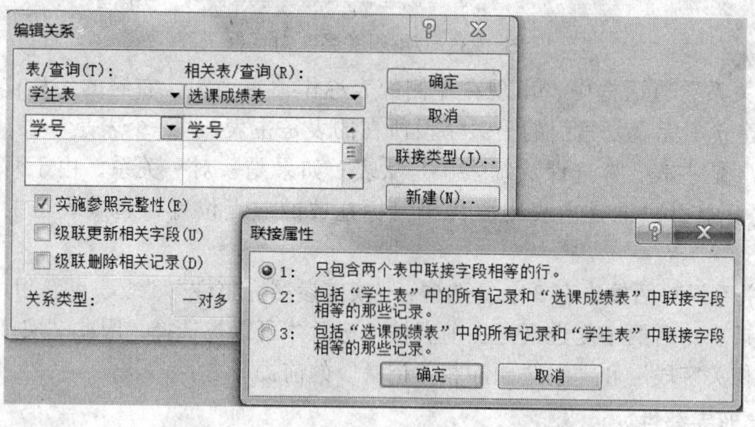

图 3-36 关系的联接类型

3.3.3 编辑与删除表间关系

1．修改表间关系

在“关系”窗口选中需要修改表间关系的关系连线，单击“关系工具/设计”选项卡|“工

具”组|“编辑关系”按钮，如图 3–37 所示。具体编辑与修改方法与关系的创建是完全相同的。

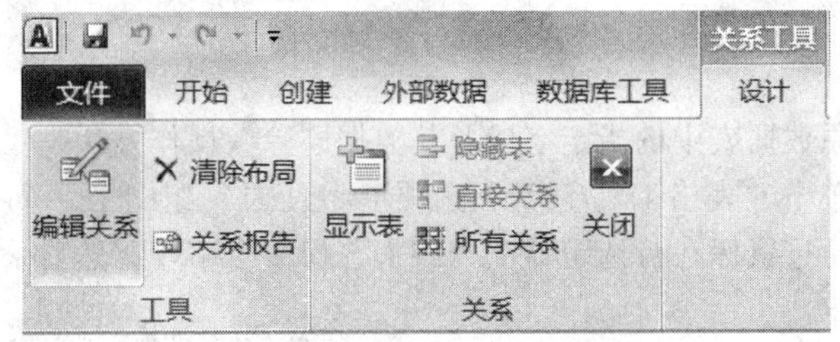

图 3–37　修改表间关系

2. 删除表间关系

在“关系”窗口中右击关系连线，在弹出的快捷菜单中单击“删除”命令，即可删除表间关系，如图 3–38 所示。

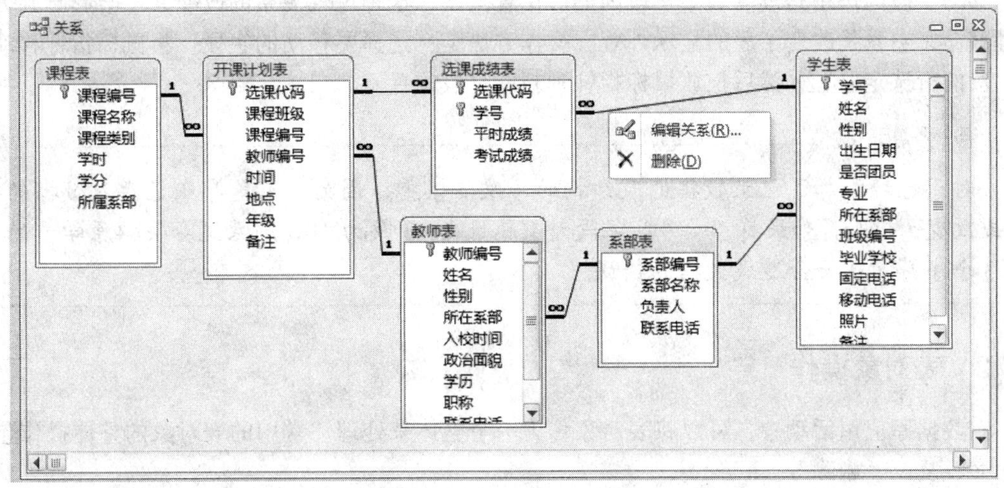

图 3–38　删除表间关系

温馨提示

如果需要对已经建有关系的表中的公共字段类型或属性进行修改，必须先删除该公共字段上的所有关系，然后才能对其类型与属性进行修改。

3.4　维　护　表

3.4.1　修改表的结构

修改表的结构与表的设计视图创建过程的操作过程基本相似，这里仅补充介绍以下几个基本操作。

1. 插入字段

插入字段就是在原数据表中增加新的字段。操作方法是：进入表的设计视图，定位待插入位置，单击“表格工具/设计”选项卡|“工具”组|“插入行”按钮，如果要将字段添加到表的

结尾，单击表中已有字段后的空白行即可。然后为新插入的行确定字段名称，并设置数据类型和相应的属性。

2. 删除字段

删除字段就是把原数据表中的指定字段及其数据删除。操作方法是：进入表的设计视图，选择要删除的字段，单击“表格工具/设计”选项卡|“工具”组|“插入行”按钮。如果要同时删除多个字段，可以通过鼠标在行选定器上拖放来选择多个字段，然后采用相同的方法删除多个选中的字段。

另外，在数据表视图中也可以删除字段。方法是：选中要删除的字段，单击“开始”选项卡|“记录”组|“删除”按钮；或者按“Delete”键。还可以右击选中的要删除的字段，在快捷菜单中单击“删除字段”命令。

3. 移动字段

移动字段的作用是改变表中字段的先后位置关系，这种位置关系的改变并不会影响到表的物理存储，它只是改变了表的显示外观。操作方法是：选择要移动的字段，将鼠标指针移动到该字段的行选定器上，然后拖放鼠标指针到新的字段位置。

温馨提示

对于已经添加了记录数据的表结构的修改要慎重，因为有可能导致已存入数据的丢失或改变。例如，如果将“学号”字段大小属性由 13 改为 10，则系统会丢掉原学号的后面 3 个字符，从而会造成数据的错误。

3.4.2 表对象操作

在数据库应用活动中，可以将表对象作为一个整体来处理。常用的表对象的整体操作包括重命名、复制、删除等。

1. 重命名

右击需要改名的表对象，在弹出的快捷菜单中单击“重命名”命令，即可修改表对象的名称。对表进行重命名操作之前，必须关闭该表。

2. 复制表

复制表可以将表的结构与数据一起复制到新表中；也可以只复制表的结构，不复制数据；还可以实现两个表的数据合并。系统默认的复制方式是复制结构和数据到新表中。复制表的操作方法是：在“导航”窗格的表对象组中先选定某个表对象，不必打开该对象，然后单击“开始”选项卡|“剪贴板”组|“复制”按钮，接下来单击“粘贴”按钮，弹出“粘贴表方式”对话框，如图 3-39 所示。在“表名称”文本框中输入新表的名称。如果要将原表记录追加到已有表的尾部，则选中“将数据追加到已有的表”单选按钮，这时“表名称”文本框中输入的应该是一个用于接收数据的旧表名称，而不是一个新表名称，追加复制一般用于两个结构相同的表的合并，即将两个表的记录合并到一个表中，如果两个表的结构不同，记录的合并需要使用追加查询，详见第 4 章。

通过表复制还可以将表复制到其他数据库中。操作方法与上面基本相同，只是粘贴工作在另外一个已经打开的数据库中进行。

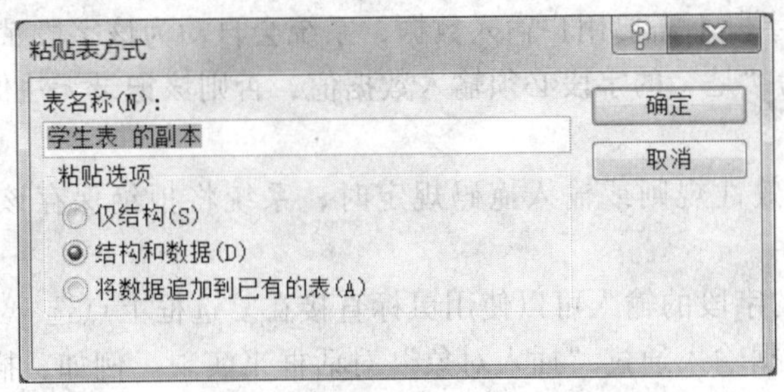

图 3-39　“粘贴表方式”对话框

3. 删除表

因为表是所有工作的基础，所以对表对象的删除一定要慎重。另外，删除表之前，必须关闭该表。删除表对象的方法如下：在“导航”窗格中选中需要删除的表对象，不要打开它，按“Delete”键，或者单击“开始”选项卡|“记录”组|“删除”按钮；还可以通过右击表，在弹出的快捷菜单中单击“删除”命令。

3.5　操　作　表

表的数据操作是在表的数据表视图中完成的，与表的设计视图无关。表的数据操作界面如图 3-40 所示。

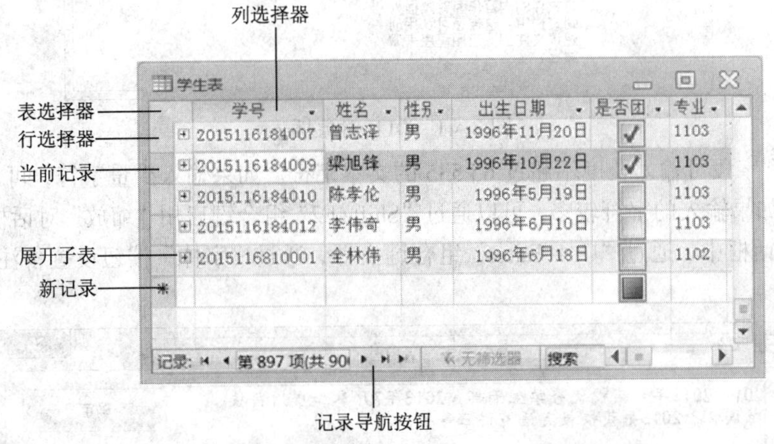

图 3-40　表的数据操作界面

3.5.1　记录操作

1. 选择记录

单击数据操作界面的行选择器可以选择某条记录；在行选择器上拖放鼠标可以选择连续的多条记录；单击数据操作界面左上角的“表选择器”按钮可以选择全部记录。

2. 添加记录

只能在表尾添加记录，不能在表的中部插入记录，如果要将记录移动到表中部，可以通过记录的排序来实现。添加记录时需注意以下几个问题：

① 自动编号类型字段不需要用户输入数据，系统会自动为该字段赋值。

②“必需”属性为“是”的字段必须输入数据值，否则该记录无法保存，系统会显示出错信息。

③ 当数据违反有效性规则或输入掩码规定时，系统将拒绝保存该记录，并且显示出错提示。

④“是/否”类型的字段的输入可以使用鼠标直接在复选框上点选。

⑤ OLE 类型的数据输入通过“插入对象”对话框来实现。例如，插入某个学生的照片。操作方法是：在数据表视图右击某学生记录的照片字段值，在弹出的快捷菜单中单击“插入对象”命令，弹出图 3-41 所示的对话框。选中“由文件创建”单选按钮，同时通过单击“浏览”按钮查找照片图像文件。完成后，照片数据已经保存到该学生的记录中，但是在表的数据表视图中，照片显示为“位图图像”或“包”等提示文字（由对象的种类决定），真正的照片图像只能在窗体中显示出来，如第 1 章的图 1-4 中的学生照片。

图 3-41　OLE 对象插入

⑥ 备注型字段可输入长度不超过 65 535 的文本字符。如果输入少量字符，可以在备注字段中直接输入；如果输入的字符较多，可以通过“Shift+F2”组合键启用“缩放”对话框，如图 3-42 所示。在该对话框中，通过“Ctrl+Enter”组合键换行，通过“字体”按钮设置备注字段的字体、字号等格式。

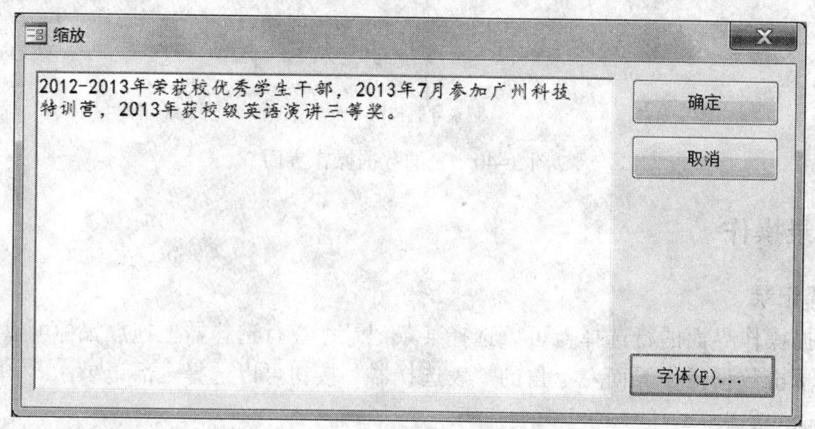

图 3-42　“缩放”对话框

3. 保存记录

关闭数据表时，会自动保存所有记录。另外，光标定位到新位置时，原记录也会自动保存。

4. 复制记录

先选择作为数据源的记录，可以是一行，也可以是多行。然后单击“复制”按钮，接下将光标定位到新的粘贴位置，选择整个目标行，单击“粘贴”按钮。如果不选择整个目标行，粘贴按钮将会处于灰色不可用状态。

5. 删除记录

先选择要删除的记录行，然后单击“开始”选项卡|“记录”组|“删除”按钮，可以删除选定的记录。

① 在复制记录时，如果数据表设置了主键，为了保证主键的值不重复，在保存粘贴的记录之前，必须将其主键值做适当的修改，否则会出现图 3-43 所示的提示对话框。

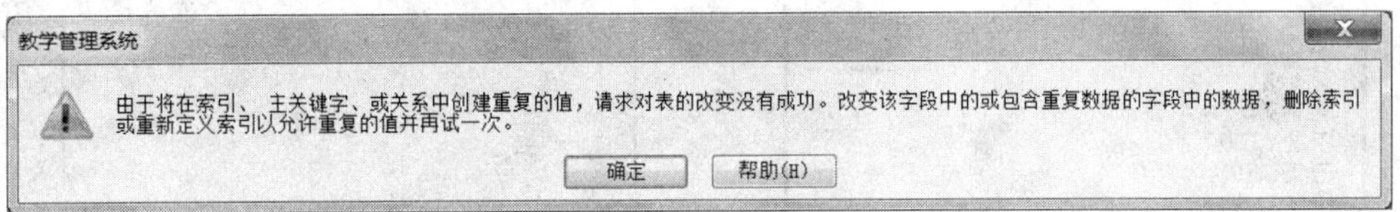

图 3-43　提示对话框 1

② 删除记录是不可撤销的。如果已经创建了表间关系，并且设置了“级联删除相关记录”，那么删除记录时可能会出现图 3-44 所示的提示对话框。

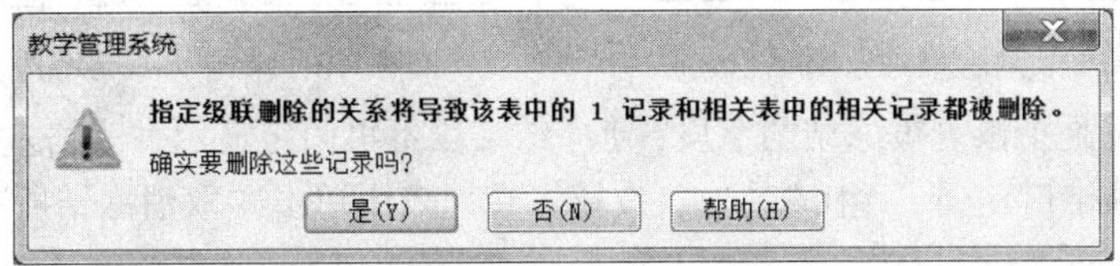

图 3-44　提示对话框 2

③ 在实际的数据库应用系统中，为了保证操作方便、界面友好和数据安全，对表中数据的操作一般不会直接在表对象中进行，而是更多地利用窗体、查询、宏等对象来间接完成对数据的添加、修改、查找、排序等操作任务。

3.5.2　字段操作

1. 选择字段

单击列选择器可以选择某个字段，在列选择器上拖放鼠标可以选择多个连续的字段。

2. 隐藏/显示字段

选择要隐藏的字段，单击“开始”选项卡|“记录”组|“其他”按钮，在列表中单击“隐藏字段”按钮；或者在待隐藏字段的列选定器上右击，在快捷菜单中单击“隐藏字段”命令，即可将已选中的字段隐藏。

显示字段是指将已经隐藏的字段恢复显示出来，单击“开始”选项卡|“记录”组|“其他”按钮，在列表中单击“取消隐藏字段”按钮；或者右击任意一个字段，在快捷菜单中单击“取消隐藏字段”命令，弹出“取消隐藏列”对话框，如图 3-45 所示。在对话框中将被隐藏列的

复选框重新选上，即可显示被隐藏的字段。

3. 冻结/取消冻结字段

当一张数据表的字段个数较多时，通过水平滚动条移动视图时，可能会使一些重要的字段超出屏幕显示范围，造成输入及查看的困难。例如，在学生表的数据表视图中，如果看不到学号和姓名字段值，则在输入性别、出生日期等数据值时很容易输入错位。因此，有必要将一些重要字段固定在窗口左侧，使其始终可见。

冻结字段的操作方法是：选定要冻结的一个字段或多个字段，单击“开始”选项卡|“记录”组|“其他”按钮，在列表中单击“冻结字段”按钮，如图 3-46 所示。冻结字段后，在冻结字段列与非冻结字段列之间有一条粗分隔线。

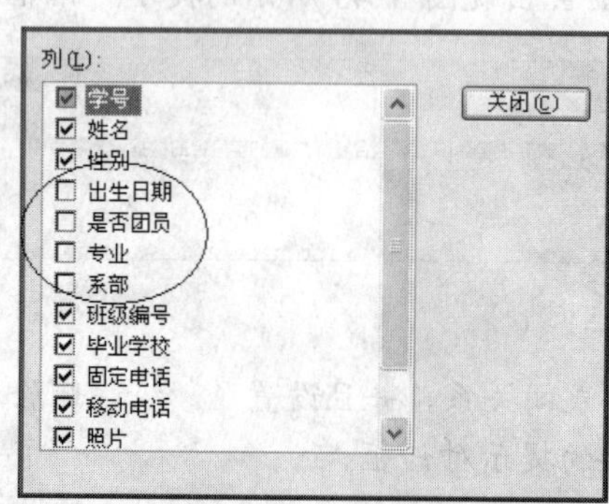

图 3-45 “取消隐藏列”对话框

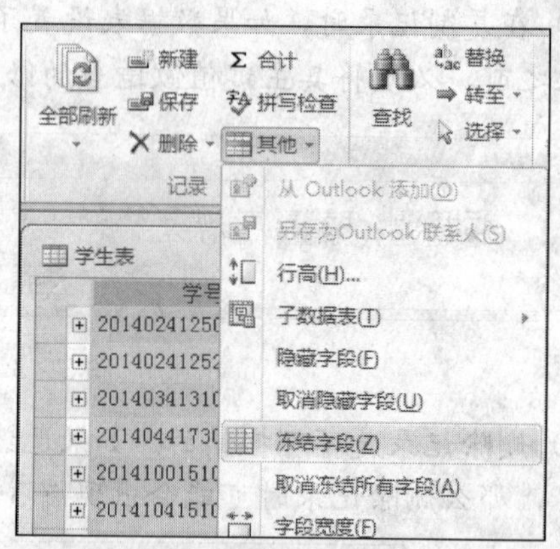

图 3-46 单击“冻结字段”按钮

取消冻结字段是指恢复被冻结的字段，使冻结字段不再固定显示在表格左侧。操作方法是：单击“开始”选项卡|“记录”组|“其他”按钮，在列表中单击“取消冻结所有字段”按钮。

4. 行高/列宽的调整

可以直接拖动行选择器或列选择器上的分隔线来调整行高或列宽，也可以通过单击“开始”选项卡|“记录”组|“其他”按钮，在列表中单击“行高”或“字段宽度”按钮，来精确地定义数据表的行高或指定字段的列宽。双击列选择器之间的分隔线可以将分隔线左侧的字段调整为恰当的宽度，该宽度可以显示出字段中最宽的字段值。

3.5.3 查找与替换表中的数据

查找与替换必须在数据表视图下才能执行，在表的设计视图下无法执行数据的查找与替换。单击“开始”选项卡|“查找”组|“查找”按钮，可以打开“查找和替换”对话框，如图 3-47 所示。输入要查找或替换的内容，修改查找与替换的参数，就可执行该操作了。如果找到了记录，光标将定位到该记录的查找值上。“查找和替换”对话框是非独占对话框，即在执行查找与替换操作同进，用户还可以操纵表中的数据。

温馨提示

替换将改变表中的数据，并且不能撤销。所以，在做替换操作之前应先对表做备份，以防误操作造成数据丢失或破坏。

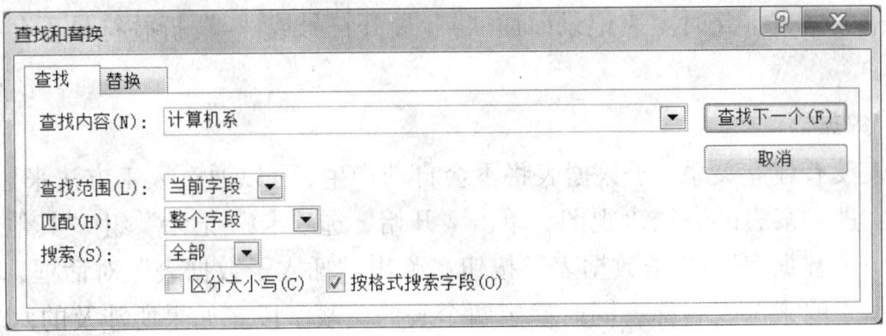

图 3-47　“查找和替换”对话框

3.5.4　子数据表

1. 子数据表的含义

当两个表建立了关系之后，主表的数据表视图中的每条记录前面都会产生一个“+”符号。单击“+”时，会展开从表中相关的记录数据，显示子数据表，如图 3-48 所示。此时，“+”变成“-”，表示已经展开从表中的数据。如果单击“-”符号，可隐藏子数据表，即将相关记录数据折叠起来。

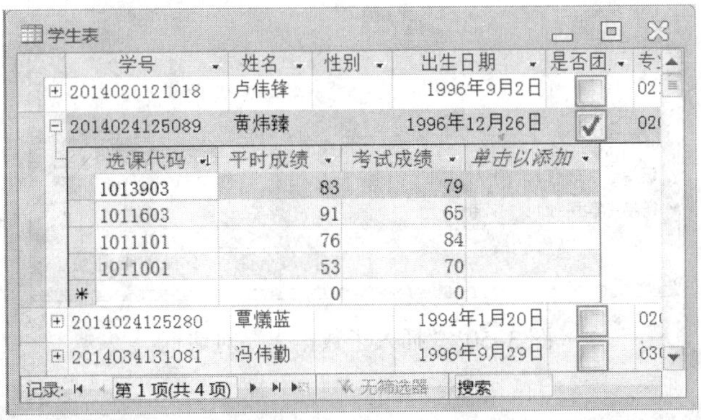

图 3-48　子数据表

子数据表可以通过单击“开始”选项卡|“记录”组|“其他”按钮，在下拉列表中单击“子数据表”|“全部展开”按钮，如图 3-49 所示，将主表的所有记录的子数据表都展开。反过来，可以通过“全部折叠”按钮将全部子数据表隐藏起来，这里只是隐藏了子数据表，并没有删除子数据表，此时主表记录前面“+”符号仍然存在。

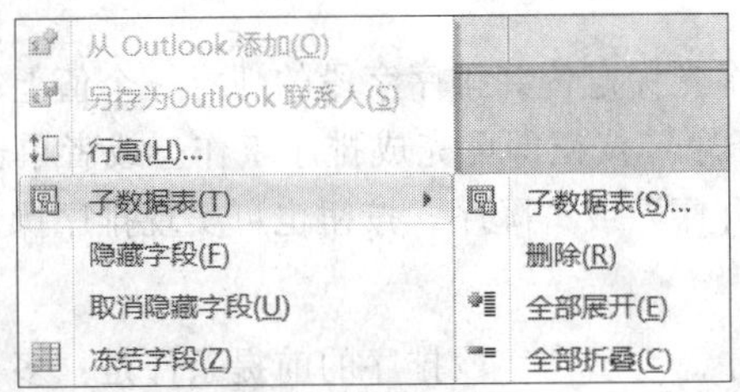

图 3-49　单击“全部展开”按钮

2. 删除子数据表

单击“开始”选项卡|“记录”组|“其他”按钮，在下拉列表中单击“子数据表”|“删除”

按钮，将删除子数据表，此时主表记录前面“+”展开符号或“-”折叠符号不存在了，表明子数据表删除成功。

3. 插入子数据表

如果两个表没有建立关系，子数据表将不会自动产生，可以通过人工方法来建立子数据表。操作方法如下：进入某表的数据表视图，单击“开始”选项卡|“记录”组|“其他”按钮，在下拉列表中单击“子数据表”|“子数据表”按钮，弹出“插入子数据表”对话框，如图 3-50 所示。选择子数据表的来源表名称，同时确定两个表的关联字段。如果所涉及的两个表原来没有建立关系，系统将会提示创建这两个表的关系。

图 3-50 “插入子数据表”对话框

3.5.5 记录排序

在一般情况下，打开数据表时，系统根据主键字段中的值自动对记录排序。用户也可根据需要按指定字段对数据记录重新排序。如果排序字段上设置了索引，则会加快排序过程。排序分为升序和降序，升序时数字从小到大、英文字母从 A 到 Z，汉字按拼音字母从 A 到 Z，日期从过去到现在的顺序排列记录，降序则相反排列。

1. 单字段排序

排序的操作方法是，先将光标定位到排序字段的任意一个值上，单击“开始”选项卡|“排序和筛选”组|“升序”/“降序”按钮即可完成排序工作。或者单击拟要排序字段右侧的下拉按钮，在下拉列表中单击“升序”或“降序”按钮也可实现排序操作。

2. 多字段排序

可以对多个字段进行排序。对多个字段排序的前提条件是：多个字段必须相邻，如果不相邻，则需要将它们移动到一起。在多字段排序时，左侧的字段将优先排序，当左侧字段值相同时，再按右侧的字段值进行排序。例如，对学生表的副本按性别与出生日期降序排序，结果如图 3-51 所示。

学生表 的副本

学号	姓名	性别	出生日期	是否团员
2014104151061	苏惠娴	女	1997年2月13日	☐
2014104151123	李安怡	女	1996年12月24日	☑
2014044173084	林安安	女	1994年12月3日	☑
2014024125280	覃嬿蓝	女	1994年1月20日	☐
2014104151127	陈宇	男	1997年2月11日	☐
2014104151082	彭锎	男	1997年1月23日	☐
2014024125089	黄炜臻	男	1996年12月26日	☑
2014104151125	莫展鹏	男	1996年11月26日	☐
2014104151134	苏家亮	男	1996年11月25日	☐
2014100151016	陈振安	男	1996年11月11日	☐
2014034131081	冯伟勤	男	1996年9月29日	☐

记录: 第 1 项(共 20 项　无筛选器　搜索

图 3-51　多字段排序

3.5.6　记录筛选

筛选的作用是从表中将满足条件的记录查找并显示出来。筛选与查找有所不同，筛选中找到的信息是一个或一组记录而不是某个具体的字段值。筛选并不改变表中的记录数据。可以通过取消筛选来显示原表的所有记录。筛选的方法有：按窗体筛选、按选定内容筛选、高级筛选。这 3 种筛选的启动方式是相近的，在表的数据表视图中，单击“开始”选项卡|“排序和筛选”组|“高级”按钮，在下拉列表中单击“按窗体筛选”或“高级筛选/排序”按钮，即可启动相应的筛选，如图 3-52 所示。应用某个筛选后，可以单击“开始”选项卡|“排序和筛选”组|“切换筛选”按钮恢复显示表中的所有记录。

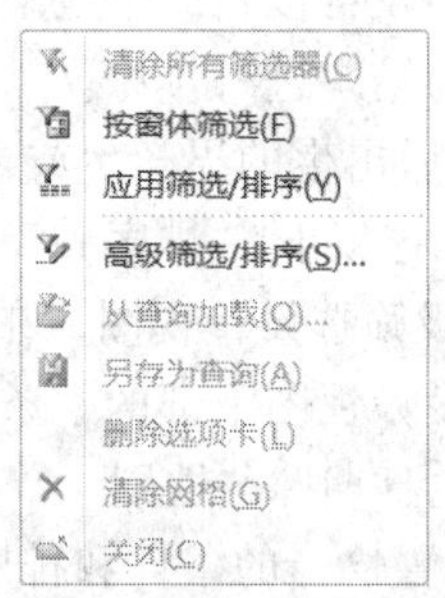

图 3-52　各种筛选的启动菜单

1. 按窗体筛选

按窗体筛选是在表的一个空白行中输入筛选条件，然后应用筛选得到所要的结果。

例如：筛选出学生表中的艺术系 1995 年以前出生（不含 1995 年）的男生。操作方法是：单击“开始”选项卡|“排序和筛选”组|“高级”按钮，在下拉列表中单击“按窗体筛选”按钮启动按窗体筛选条件窗口，分别输入相关条件，如图 3-53 所示。单击“开始”选项卡|“排序和筛选”组|“切换筛选”按钮，得到符合条件的记录结果，如图 3-54 所示。再次通过单击“切换筛选”按钮，还原表中的全部记录。

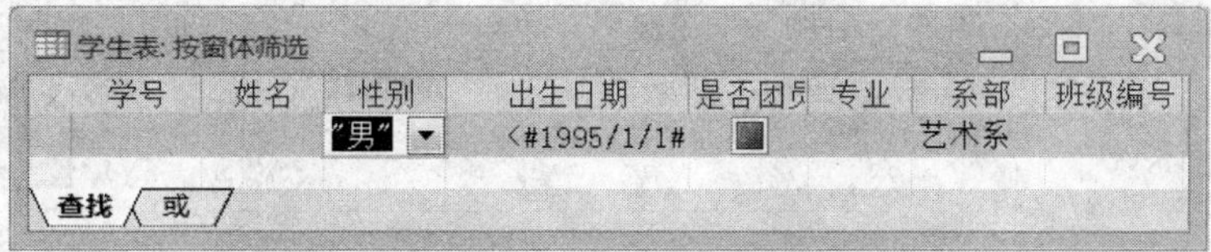

图 3-53　按窗体筛选条件窗口

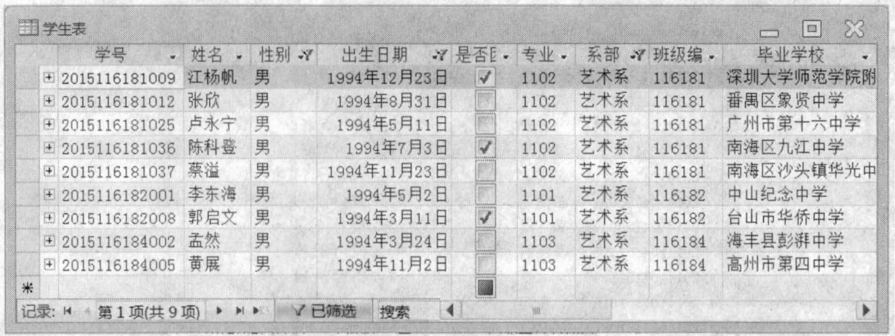

学生表

学号	姓名	性别	出生日期	是否团员	专业	系部	班级编号	毕业学校
2015116181009	江杨帆	男	1994年12月23日	✓	1102	艺术系	116181	深圳大学师范学院附
2015116181012	张欣	男	1994年8月31日		1102	艺术系	116181	番禺区象贤中学
2015116181025	卢永宁	男	1994年5月11日		1102	艺术系	116181	广州市第十六中学
2015116181036	陈科登	男	1994年7月3日	✓	1102	艺术系	116181	南海区九江中学
2015116181037	蔡溢	男	1994年11月23日		1102	艺术系	116181	南海区沙头镇华光中
2015116182001	李东海	男	1994年5月2日		1101	艺术系	116182	中山纪念中学
2015116182008	郭启文	男	1994年3月11日	✓	1101	艺术系	116182	台山市华侨中学
2015116184002	孟然	男	1994年3月24日		1103	艺术系	116184	海丰县彭湃中学
2015116184005	黄展	男	1994年11月2日		1103	艺术系	116184	高州市第四中学

图 3-54　按窗体筛选的应用筛选结果

2. 按选定内容筛选

按选定内容筛选是指先选定表中的字段值，然后在表中查找出包含此值的记录。它是筛选中最简单最快速的方法。

先将光标定位到某个字段列的待查找数据值上，例如“系部”字段的“艺术系”数据项，单击“开始”选项卡|“排序和筛选”组|“选择”按钮，在下拉列表中进行选择即可完成相应的筛选任务，如图 3-55 所示。

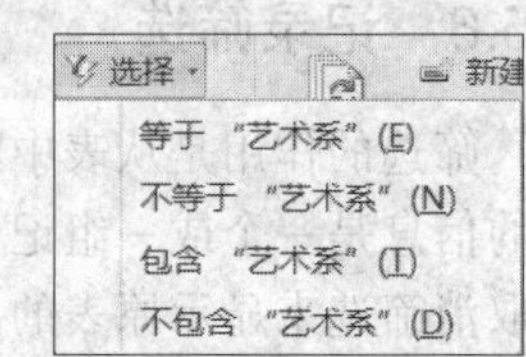

图 3-55　按选定内容筛选

3. 高级筛选

高级筛选设计界面和第 4 章的查询设计视图非常相似，是功能最强大的一种筛选形式。高级筛选与其他筛选的最大差别是：它不仅可以在一个表上运行，还可以多个表为基础筛选出符合条件的数据。同时，它还能对筛选的结果进行排序。

例如，找出学生表中所有 1995 年后出生的男学生或 1996 年后出生的女学生，并且按学号升序排列，操作方法是：单击“开始”选项卡|“排序和筛选”组|“高级”按钮，在下拉列表中单击“高级筛选/排序”按钮，打开高级筛选设计视图，在该视图的上部“表对象区”中双击需要的字段，该字段会加入到高级筛选设计视图下部的“条件设计区”中，也可以选定某字段后拖放至“条件设计区”。本例将“出生日期”“性别”“学号”3 个字段加入“条件设计区”，如图 3-56 所示。在“条件”设计区设置恰当的条件和排序的方式，通过工具栏中的筛选按钮可以查看筛选结果。

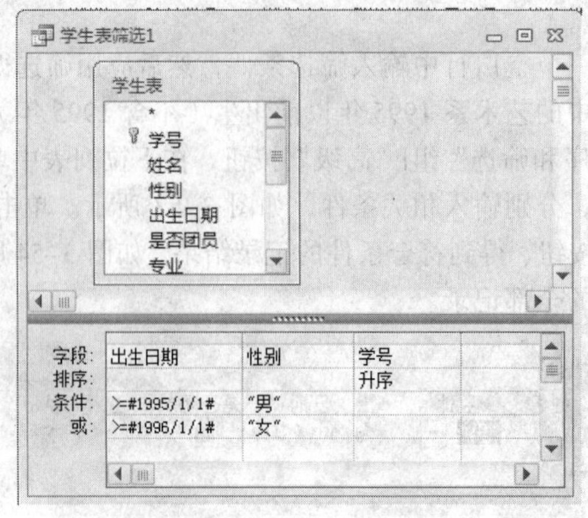

图 3-56　高级筛选

可将某个高级筛选直接保存为查询对象。操作方法是：进入高级筛选的设计界面，单击快速访问工具栏中的“保存”按钮；或者右击高级筛选的设计界面的空白区域，在弹出的快捷菜单中单击“另存为查询”命令，如图 3-57 所示，弹出“另存为查询”对话框，输入查询名称即可，如图 3-58 所示。

图 3-57　单击“另存为查询”命令

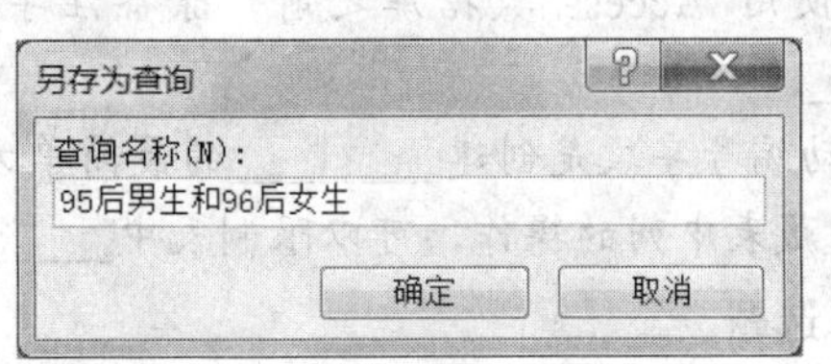

图 3-58　“另存为查询”对话框

3.5.7　设置表的格式

数据表的格式是指数据表视图中的格式外观。通常我们在数据表视图中看到的数据表的样子都是白色及浅灰色底纹相间，黑色字和灰色的边框，这就是数据表的“默认格式”。可以单击“开始”选项卡|“文本格式”组中的格式按钮修改字体、字形、字号、字符颜色；也可以单击“开始”选项卡|“文本格式”组右下角的扩展按钮，弹出“设置数据表格式”对话框，设置单元格效果、背景色、替代背景色、网格线颜色、网络线显示方式、边框和线条样式等内容，如图 3-59 所示。

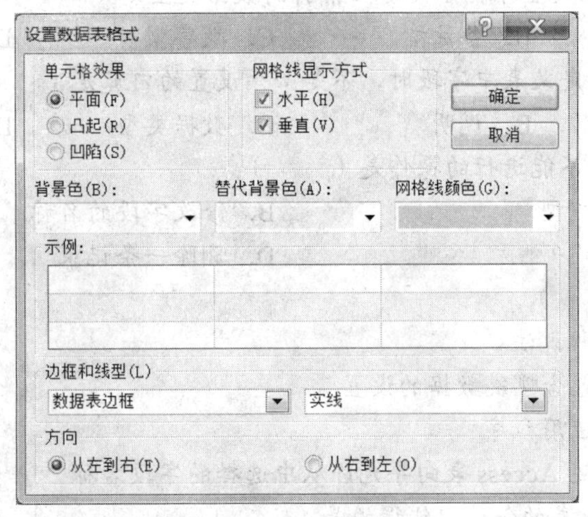

图 3-59　“设置数据表格式”对话框

习　题

一、填空题

1. 表是数据库中最基本的操作对象，是整个数据库系统的________，也是数据库________的操作依据。

2. 字段类型决定了这一字段名下的________类型。

3. 索引是按索引字段的值使表中的________的一种技术。

4. 字段的有效性规则是给字段输入数据时设置的________。

5. 一个表只能有一个________，而其他类型的索引可以有多个。

6. 货币类型数据可自动加入________。

7. 一个表如果设置了主关键字，表中记录的________就依赖于主关键字取值。

8. 在使用 Access 数据库之前，除备注字段和 OLE 对象外，表中一行的内容不能大于________。

9. 自动编号字段是创建________的最简单方法。

10. 隐藏表中列的操作，可以限制表中________的显示个数。

二、单选题

1. 在 Access 数据库的表设计视图中，不能进行的操作是（　　）。

A. 修改字段类型　B. 设置索引　C. 增加字段　D. 删除记录

2. Access 中为了达到“为子表添加记录时主表中没有与之相关的记录，则不能在子表中添加该记录”的操作限制需要定义（　　）。

A. 输入掩码　B. 有效性规则　C. 默认值　D. 参照完整性

3. 表中某一字段要建立索引，其值有重复，可选择（　　）。

A. 主索引　B. 有（无重复）　C. 无　D. 有（有重复）

4. 如果字段内容为声音文件，则该字段的数据类型应定义为（　　）。

A. 备注　B. 文本　C. OLE 对象　D. 超级链接

5. 在 Access 的数据类型中，不能建立索引的数据类型是（　　）。

A. 文本型　B. 备注型　C. 数字型　D. 货币型

6. 使用表设计视图定义表中字段时，不是必须设置的内容是（　　）。

A. 字段名称　B. 说明　C. 数据类型　D. 字段属性

7. 在数据表视图中不能进行的操作是（　　）。

A. 修改字段的类型　B. 修改字段的名称

C. 删除一个字段　D. 删除一条记录

8. 数据类型是（　　）。

A. 字段的另一种说法

B. 决定字段能包含哪类数据的设置

C. 一类数据库应用程序

D. 一类用来描述 Access 表向导允许从中选择的字段名称

9. 下面关于 Access 表的叙述中错误的是（　　）。

A. 可以对备注型字段进行“格式”属性设置

B. 删除一条记录后 Access 不会对表中自动编号型字段重新编号

C. 创建表之间的关系时应关闭所有打开的表

D. 可以在表设计视图的“说明”列对字段进行具体的说明

10. “职工”表中“姓名”字段的大小为 8，在此列输入数据时最多可输入的汉字数和英文字符数分别是（　　）。

A. 8　8　B. 4　8　C. 4　4　D. 不确定

11. 要表示性别为“男”和性别为“女”的所有人员，以下表达式不正确的是（　　）。

A. [性别]= "男" Or [性别]= "女"
B. [性别] Like "男" Or [性别]= "女"
C. [性别] Like "男" Or [性别] Like "女"
D. [性别]= "男" And [性别]= "女"

12. 表的说法正确的是（　　）。
A. 在表中可以直接显示图形记录
B. 在表中的数据中不可以建立超级链接
C. 表是数据库
D. 表是记录的集合，每条记录又可划分成多个字段

13. 实际存储数据的对象是（　　）。
A. 窗体对象　B. 报表对象　C. 查询对象　D. 表对象

14. 在 Access 中，表和数据库的关系是（　　）。
A. 一个数据库只能包含一个表　B. 一个表只能包含两个数据库
C. 一个数据库可以包含多个表　D. 一个表可以包含多个数据库

15. 当需要对字段数据的输入范围添加一定限制时，可以通过设置以下（　　）属性来完成。
A. 字段大小　B. 格式　C. 有效性规则　D. 有效性文本

16. Access 中，为了使字段的值不出现重复以便索引，可以将该字段定义为（　　）。
A. 索引　B. 主键　C. 必需　D. 有效性规则

17. 定义字段的默认值是指（　　）。
A. 不得使字段为空
B. 不允许字段的值超出某个范围
C. 在未输入数值之前，系统自动提供数值
D. 系统自动把小写字母转换为大写字母

18. 在下列数据类型中，可以设置“字段大小”属性的是（　　）。
A. 备注　B. 文本　C. 日期/时间　D. 货币

19. 关于主关键字（即主键）的说法正确的是（　　）。
A. 作为主关键字的字段，它的数据能够重复
B. 主关键字段中不许有重复值和空值
C. 一个表可以设置多个主关键字
D. 主关键字只能是单一的字段

20. 不能编辑的字段类型是（　　）。
A. 数字　B. 文本　C. 自动编号　D. 日期/时间

三、简答题

1. 为什么需要为要排序、连接或设定准则的字段创建索引？
2. 如何定义表之间的关系？

四、实验题

1. 新建立一个空数据库，命名为“学生信息管理.accdb”。
2. 从“学生信息.xlsx”文件中导入“学生”和“学生成绩”两张表，要求导入到新表中，

文件名不变，且无主键。

3. 打开“学生成绩”表，切换到设计视图下，进行字段的设置，如表 3-5 所示。

表 3-5 “学生成绩”表结构

属性 \ 字段名	学号	开课序号	成　绩
数据类型	文本	文本	数字
字段大小	16	4	长整型
有效性规则			>=0 and <=100
有效性文本			请输入 0 ~ 100 之间的整数
索引	有（有重复）	无	无

切换到数据表视图，试输入下面记录，观察有什么情况发生。根据提示给出适当的成绩。

20160201	1-12	110

将刚才输入的错误的记录删除。

4. 打开“学生”表，切换到设计视图下，添加“政治面貌”和“照片”两个字段，并进行字段的设置，如表 3-6 所示。

表 3-6 “学生”表结构

属性 \ 字段名	学号	姓名	性别	出生日期	政治面貌	入学成绩	简历	班级编号	照片
数据类型	文本	文本	文本	日期/时间	文本	数字	备注	文本	OLE 对象
字段大小	16	16	2		4	单精度型		4	
输入掩码				0000\年 99\月 99\日;0;*					
必需	是	是							
索引	有(无重复)	有(有重复)							

① 为“出生日期”字段设置输入掩码，要求年份必须输入 4 位数字，占位符为星号*。

② 将政治面貌字段设置为“查阅向导”型字段，并取值为：党员、团员、群众。

③ 给“王永中”的记录添加照片（插入对象 boy.jpg）。

5. 筛选“学生”表中的记录，用高级筛选/排序，筛选出所有 1997 年出生的学生记录，按照“学号”的升序排序，并另存为查询“97 年学生排序筛选”。

6. 利用表设计视图，创建名为“社会关系”的表，按表 3-7 所示进行设计和创建。

表 3-7 “社会关系”表结构

字段名称	数据类型	字段大小	输入掩码
学号	文本	16	
家长姓名	文本	16	
家庭住址	文本	20	
联系电话	文本	20	(9000)-00000009

切换到社会关系表的数据表视图，输入表 3-8 所示的数据。

表 3-8 “社会关系”表记录

20160201	王大臣	北京	010-12345665
20160202	田文革	广东	020-31146789
20160203	金巧玲	广西	0771- 1124567

7. 分析并创建“学生”表、“学生成绩”表和“社会关系”表的表间关系，具体如图 3-60 所示。

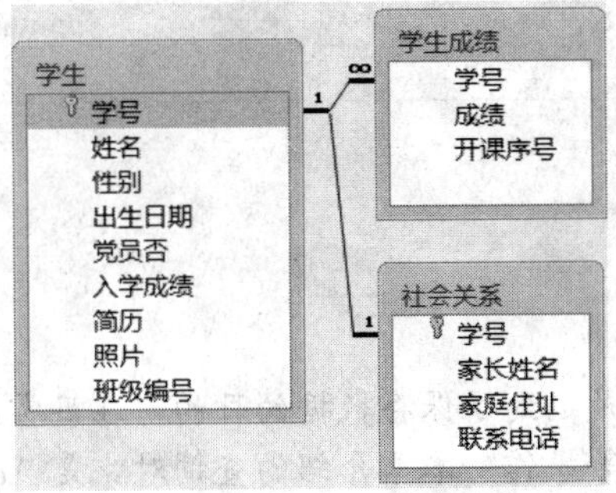

图 3-60　表间关系

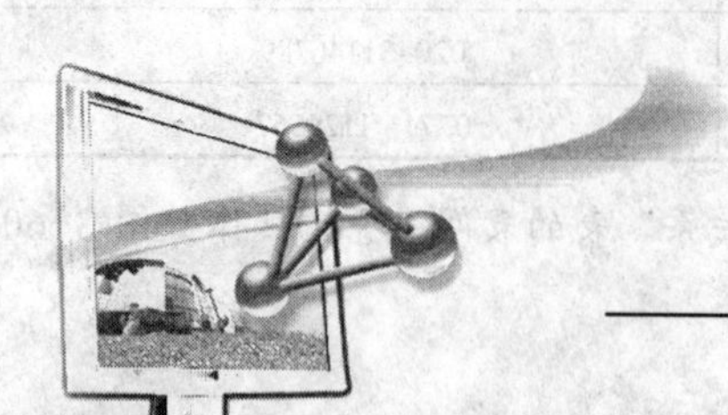

第 4 章 数据查询

本章导读

在数据库中使用表对象只是达到了保存数据的目的，在日常的数据应用工作中，使用最多的是数据的查找、分析与处理等操作。本章介绍的查询对象是Access处理和分析数据的工具，它能够把单个或多个表中的数据按需要提取出来，供用户查看、更改和分析。本章详细介绍了查询的概念、查询的功能、各种查询的作用与创建等要点。

通过对本章内容的学习，应该能够做到：

了解：查询的概念和功能。

理解：查询条件中的运算符以及常用的函数。

应用：创建选择查询、交叉表查询、特殊类型查询及操作查询。

4.1 认识查询

在Access中，任何时候都可以从已有的表中按照一定的条件抽取出需要的记录。查询就是实现这一目标的数据库对象。

4.1.1 查询的功能

查询的基本功能是对表中的数据进行查找，同时产生一个类似于表的结果。在Access中可以方便地创建查询，在创建查询的过程中定义查询的内容和准则，系统将根据定义的内容和准则在数据表中搜索符合条件的记录。利用查询可以实现很多功能，以下列出的是查询最常用的5种功能。

1. 选择表中的记录和字段

建立查询时可以根据指定的条件，从一个或多个表中选择部分字段或全部字段显示查询结果。例如创建一个查询，仅显示学生表中男生的学号、姓名、性别、出生日期、是否团员、专业字段内容。

2. 编辑记录

编辑记录是指在查询的结果中可以执行添加记录、修改记录和删除记录等操作。这些编辑操作将会影响到查询数据源中的记录数据。

3．实现计算

查询不仅可以找到满足条件的记录，而且还可以在建立查询的过程中进行各种统计运算，如统计学生的平均成绩、女生的人数等。另外，还可以根据已有字段建立一个新的计算字段，如根据学生的出生日期计算学生的年龄。

4．建立新表

利用查询得到的结果可以直接保存到一张新表中，如查询所有考试。

5．为其他数据库对象提供数据源

为了从一个或多个表中选择合适的数据显示在报表或窗体中，用户可以先建立一个查询，然后将该查询的结果作为报表或窗体的数据源。每次打印报表或显示窗体时，该查询就从它的数据源中检索出符合条件的最新记录。这样也提高了报表和窗体使用的时效性。

4.1.2　查询的种类

Access 中的查询有很多种，每种类型的查询在设计与执行上有所不同，分别实现不同的功能要求。

1．选择查询

选择查询是查询的基本形式，其他查询都是选择查询的扩展。选择查询的作用是根据指定的查询条件，从一个或多个表中获取数据并显示结果。选择查询有一些特殊的形式，例如，可以使用选择查询对记录进行分组，以实现求和、求平均、计数、求最大值等操作；或者在执行查询时，会出现一个或多个参数对话框，由用户输入查询条件，并根据此条件返回查询结果，我们把这类查询称为参数查询。

2．交叉表查询

交叉表查询是一种较特殊的查询形式，它能将表中的记录数据重新整理为行列交叉的外观形式，同时对数据进行了分组与汇总。

3．操作查询

操作查询能够完成对表中数据的批量修改。使用操作查询可以实现更新数据、删除记录、添加记录、将查询结果直接生成为一张新表等功能。

4．SQL 查询

SQL 查询是使用结构化查询语言的语句来创建的一种查询。从本质上看，所有查询都可以转换为 SQL 查询形式。比较有特点的 SQL 查询是联合查询、传递查询、数据定义查询和子查询。

4.1.3　查询的视图

Access 数据库的查询对象有 3 种最常用的视图：设计视图、数据表视图、SQL 视图。

1．设计视图

设计视图就是查询设计器。在设计视图中主要完成查询的建立、修改以及查询属性的调整等操作，该视图实际上是 SQL 视图的可视化设计界面。

2．数据表视图

数据表视图主要用于查看查询的数据结果。查询的数据表视图与表的数据表视图的外观完全一致，只是在查询的数据表视图中只显示符合条件的部分记录。

在“导航”窗格的查询对象组中，右击某个查询对象，在弹出的快捷菜单中单击“设计视图”按钮，弹出查询的设计视图，如图 4-1 所示。双击某个查询对象名就可直接进入查询的数据表视图，如图 4-2 所示。

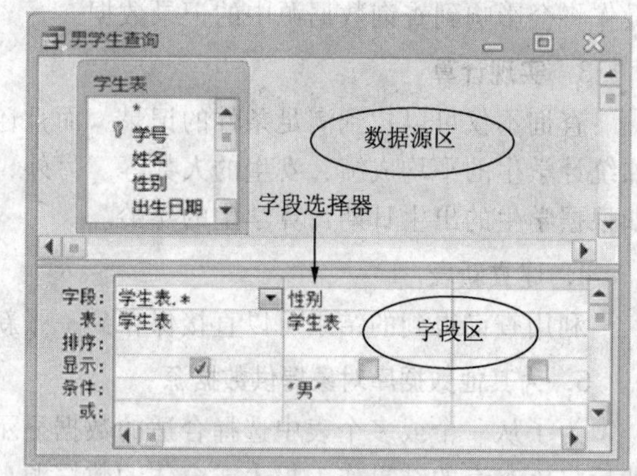

图 4-1　查询的设计视图

3. SQL 视图

SQL 视图是用于查看和编辑 SQL 语句的窗口，也可以建立特殊的 SQL 查询。

打开查询后，可以通过单击“开始”选项卡|“视图”组|“视图”按钮，在下拉列表中单击“SQL 视图”按钮，实现 SQL 视图的切换。例如，可以从“男学生查询”的数据表视图切换到查询的 SQL 视图，如图 4-3 所示。

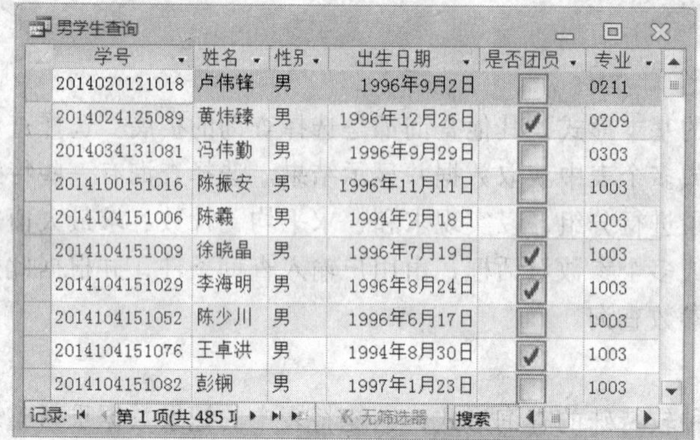
男学生查询

学号	姓名	性别	出生日期	是否团员	专业
2014020121018	卢伟锋	男	1996年9月2日	☐	0211
2014024125089	黄炜臻	男	1996年12月26日	☑	0209
2014034131081	冯伟勤	男	1996年9月29日	☐	0303
2014100151016	陈振安	男	1996年11月11日	☐	1003
2014104151006	陈羲	男	1994年2月18日	☐	1003
2014104151009	徐晓晶	男	1996年7月19日	☑	1003
2014104151029	李海明	男	1996年8月24日	☑	1003
2014104151052	陈少川	男	1996年6月17日	☐	1003
2014104151076	王卓洪	男	1994年8月30日	☑	1003
2014104151082	彭钢	男	1997年1月23日	☐	1003

记录: 第 1 项(共 485 项 无筛选器 搜索

图 4-2　查询的数据表视图

图 4-3　SQL 查询视图的切换

温馨提示

查询的数据表视图是动态的，即查询的源数据表发生变化时，打开或刷新查询时，结果会自动发生相应的变化。反过来，如果在查询的默认属性状态下，改变查询数据表视图中的数据值，也会相应地修改查询的数据源表中的记录数据。如果希望在查询的数据表视图中只能查看结果而不能修改源中的数据，则应该将查询的“记录集类型”属性改为“快照”，具体方法见 4.1.5 节。

4.1.4　查询的创建方法

1. 用设计视图创建查询

除了几种特殊的SQL查询外的所有查询都可以在设计视图下创建。在数据库的应用实践中，普通的查询都是在设计视图下创建的，只有那些有着特殊功能的查询，如交叉表查询、不匹配查询等，才有必要使用向导来创建。对于这些特殊查询，实际上也可以在设计视图下创建，只是注意事项较多而已。

在设计视图下创建查询一般有以下操作：

（1）启动新查询的设计视图

单击“创建”选项卡|“查询”组|“查询设计”按钮，打开新查询的设计视图。启动新查询的设计视图后，系统自动弹出“显示表”对话框，在其中确定查询的数据源，如图 4–4 所示。

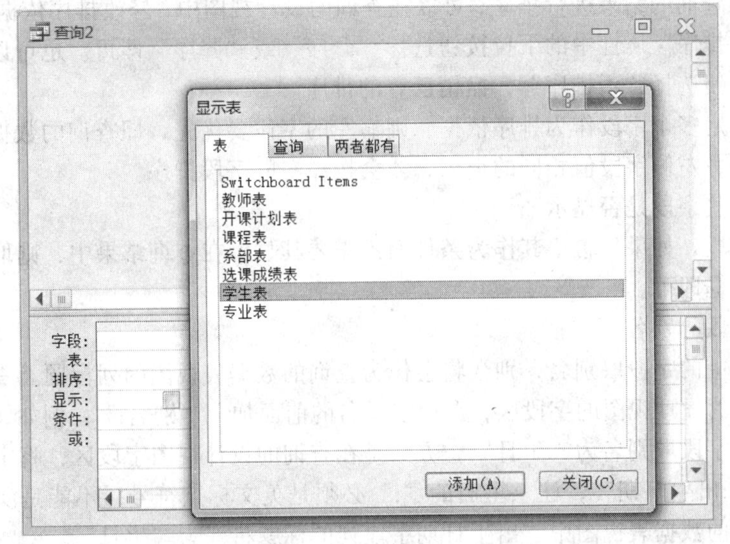

图 4–4　“显示表”对话框

表和查询都可以作为查询的数据源。在查询的设计视图中，根据需要可以随时改变查询的数据源，单击“查询工具/设计”选项卡|“查询设置”组|“显示表”按钮，可以重新打开“显示表”对话框，添加新的数据源。

也可以将数据源对象从设计视图的“数据源区”删除。方法是：右击该源对象，在弹出的快捷菜单单击“删除表”命令即可。这里所谓的“删除表”只是删除查询的数据源，并没有真正删除相应的表对象。

（2）加入需要的字段

进入查询的设计视图后，双击数据源区某个对象的字段名，该字段会加入到设计视图下部的“字段区”中，也可以使用鼠标选定某字段后拖放至“字段区”。

如果需要将某个数据源的全部字段加入到查询结果中，不必逐个加入字段，只需要双击或者拖放数据源名称下的“*”号即可。例如，在图 4–1 所示的查询结果中包括学生表中的全部字段。

对于字段区某些不再需要的字段，可以将它们删除。操作方法是：单击要删除字段的字段选择器，按“Delete”键。

设计视图中字段的左右次序决定查询结果的列的先后关系。在字段区的设计网格中拖放字段选择器可以移动该字段。使用鼠标左右拖动字段时，新位置会出现一条黑色的竖线，释放鼠标就可以将字段移动到新位置，同时其他列自动移动。

（3）确定查询的条件

条件是查询的核心内容，一般的查询都会有条件。没有添加条件的查询只能对字段做出选择，而不能对记录进行查找与排除。因此，无条件查询的结果将会显示全部记录的选定字段数据内容。

条件由运算符、函数、字段名、字符串等构成，具体的表现形式有很多，在 4.2 节将会详细介绍，这里先看一些比较简单的条件。例如图 4–1 所示查询例子的条件是“性别”字段的值为“男”，查询的结果是学生表中所有的男生记录，包括全部字段内容。

（4）决定排序的依据

如果要求对查询的结果进行排序，可以在查询的设计视图中，修改排序依据字段的“排序”属性值，通过“排序”属性中的下拉按钮选择“升序”或“降序”即可。也可以通过“排序”属性中的下拉按钮选择“不排序”，撤销已有的排序。

如果同时选定多个字段作为排序依据，则靠左的字段要优先，即查询的数据结果中，先按左侧的字段排序，左侧字段值相同的记录，才会按靠右的字段排序。

（5）决定某些字段是否显示

对于某些字段，如果只希望其作为条件而不需要其显示在查询结果中，则取消勾选该字段显示属性的复选框即可。

（6）查询字段的别名

可以给查询中的字段取别名，别名将会作为查询的数据表视图的列标题。查询字段别名的加法是：在查询的设计视图的字段区，在原字段名的前面加上“别名:”。例如，可以为学生表的“出生日期”字段取别名为“生日”，方法是在查询的设计视图字段区，将字段名“出生日期”改为“生日:出生日期”，注意里面的“:”必须是英文标点符号，不能是汉字标点符号。这样，在该查询的数据表视图中，出生日期字段列的标题将变为“生日”。

（7）查询类型的改变

在设计视图下建立的查询，系统默认查询类型为选择查询，如果需要创建其他类型的查询，可先创建选择查询，然后通过系统菜单将其转换为其他类型的查询。反之，也可以使用同样的方法将其他类型的查询转换为选择查询。具体操作方法是，在查询的设计视图下，单击“查询工具/设计”选项卡|“查询类型”组中的相应类型查询按钮，或者右击查询设计视图数据源区，在弹出的快捷菜单中单击“查询类型”命令，在级联菜单中选择相应类型的查询，如图 4–5 所示。

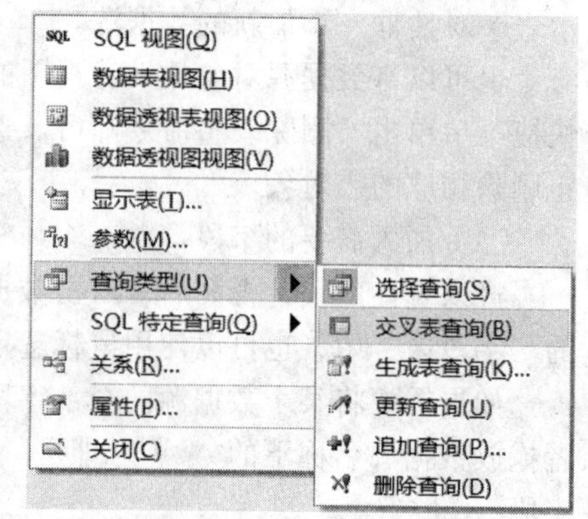

图 4–5 “查询类型”的级联菜单

（8）运行查询

可以通过单击“查询工具/设计”选项卡|“结果”组|“运行”按钮，得到查询的结果。除操作查询外，多数查询的运行结果与该查询的数据表视图的显示是一致的。

（9）保存查询

关闭某个查询时，如果该查询没有保存，系统将会自动弹出“保存”对话框，提示用户保存该查询，用户只需要确定查询的名称即可。也可以在查询的视图下通过快速访问工具栏中的“保存”按钮主动保存查询。

温馨提示

在添加查询的数据源时，除了可以表为数据源外，还可以其他查询为数据源，直接选择“显示表”对话框中的“查询”选项卡，选择作为数据源的查询名即可。如果查询的数据源是另外的查询，表明这是一个二次查询，即新查询是以原查询的数据结果为基础的。例如，已有的“男学生查询”的功能是查找学生表中的男生记录，如果另外创建一个“查询 2”，“查询 2”以“男学生查询”为数据源，条件是“出生日期”字段值为“#1994-3-25#”，如图 4-6 所示。则“查询 2”的运行结果是 1994 年 3 月 25 日出生的男学生记录。

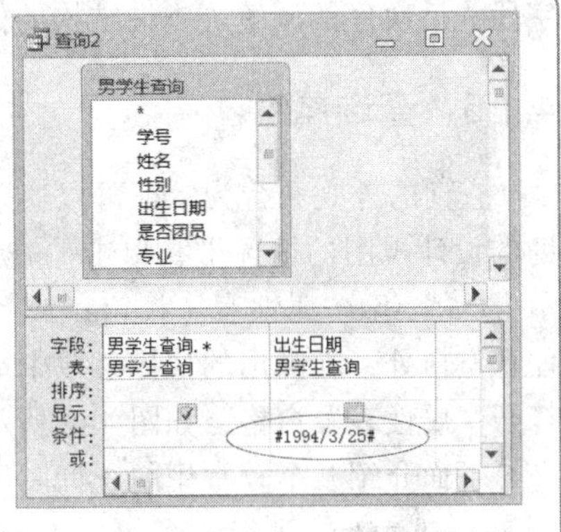

图 4-6　查询的数据源是另外的查询

2. 使用向导创建查询

使用向导建立查询的特点是快捷、方便，用户只需要按照提示进行选择即可，但不能设置查询条件。一般情况下交叉表查询、重复项查询、不匹配项查询等特殊查询的创建使用向导创建。例如，创建一个不带条件的查询，选择教师表的教师编号、姓名、性别、所在系部、入校日期字段。具体操作步骤是：

① 单击“创建”选项卡|“查询”组|“查询向导”按钮，在弹出的对话框中选择“简单查询向导”。系统将会显示第一个“简单查询向导”对话框，如图 4-7 所示。在该对话框中利用“表/查询”下拉列表选择查询的数据源，然后利用字段选择按钮 > 将需要的字段加入到“选定字段”列表区。在选择字段的过程中，可以通过 < 按钮撤销已选的某个字段，通过 >> 按钮加入选定表中的所有字段，通过 << 按钮撤销已选的所有字段。

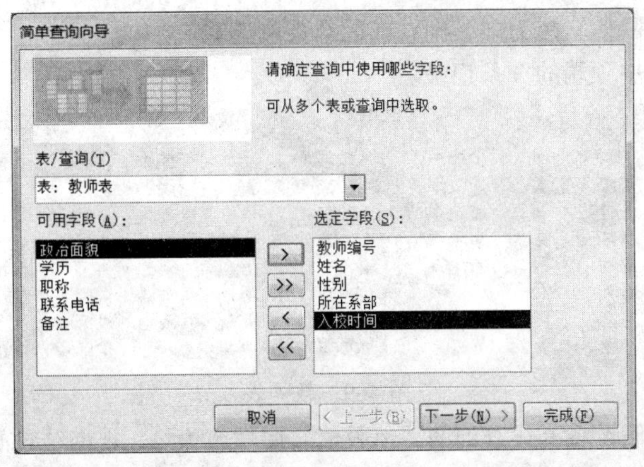

图 4-7　“简单查询向导”对话框

字段可以从多个表或查询中选取。如果查询中所需要的数据来自于多张表，则在添加一张表中的某些字段后，再次选择数据源，然后选择表/查询的相应字段加入到选定字段列表中。多

表查询的含义请见 4.3 节。

② 单击“下一步”按钮，如果选中的字段中含有数字、货币、是/否类型的字段，则需要确定是否对记录进行汇总以及调整汇总选项，汇总的具体含义及使用详见 4.4.4 节。

③ 在接下来的对话框中确定查询对象的名称以及是打开查询还是修改查询设计。如果选中“修改查询设计”单选按钮，则进入查询的设计视图，可以进行条件的添加、记录的排序、字段先后次序的调整等查询结构的修改工作。

4.1.5 查询属性

查询的外观和行为特征可以通过其属性来设置。在打开查询的设计视图的情况下，单击“查询工具/设计”选项卡|“显示/隐藏”组|“属性表”按钮；或者右击设计视图的数据源区任意空白处，在弹出的快捷菜单中单击“属性”命令，均可以打开“属性表”窗格，如图 4-8 所示。

属性表

所选内容的类型: 查询属性

常规

属性	值
说明	
默认视图	数据表
输出所有字段	否
上限值	All
唯一值	否
唯一的记录	否
源数据库	(当前)
源连接字符串	
记录锁定	不锁定
记录集类型	动态集
ODBC 超时	60
筛选	
排序依据	
最大记录数	
方向	从左到右
子数据表名称	
链接子字段	
链接主字段	
子数据表高度	0cm
子数据表展开	否
加载时的筛选器	否
加载时的排序方式	是

图 4-8　查询的属性

下面介绍几个较常用的查询属性的使用方法。

1. 上限值

上限值的作用是决定查询结果的记录条数。在原有全部记录的基础上，从顶端开始由上向下按顺序提取部分记录结果。上限值可以设置为一个整数或一个百分数。上限值默认为“All”，表示系统默认显示查询的全部结果。如果上限值设为一个整数 n（n 不能大于记录总数），则查询结果的记录条数为 n。如果上限值是一个百分数，则只显示占总记录数指定百分比的部分记录。

例如，查询最后入校的 3 名教师的基本信息。首先观察教师表的内容，如图 4-9 所示（已按“入校时间”字段降序排列）。

以教师表为数据源创建新查询，加入图 4-9 所示的全部字段，将查询的“入校时间”字段的排序属性改为“降序”，然后将查询属性的“上限值”改为 3，则查询的结果刚好只有 3 条件记录，即图 4-9 中顶端的 3 条记录。

教师表

教师编	姓名	性别	所在系部	入校时间	政治面	学历	职称	联系电话
06008	支婷	女	人文系	2006/2/27	群众	硕士	讲师	020-8678××××
08011	张佳妮	女	市场系	2006/1/21	群众	本科	讲师	020-8674××××
08023	卢加升	男	市场系	2006/1/21	中共党员	本科	讲师	020-8676××××
08022	赵柯	男	市场系	2005/11/15	群众	硕士	讲师	020-8671××××
10026	贾芳	女	外语系	2005/11/15	群众	本科	讲师	020-8674××××
08008	王嘉文	男	市场系	2005/9/25	群众	硕士	讲师	020-8678××××
10001	孙琳	女	外语系	2005/9/15	中共党员	硕士	讲师	020-8674××××

图 4-9　教师表

值得注意的是，假设将上述查询的“上限值”属性改为 4，查询结果的记录条数不是 4 而是 5。原因是第 4、5 两条记录的“入校时间”字段值是相同的，系统会将它们等同对待，一起显示出来。因此，上限值为 n 的查询（n 不能大于记录总数），当记录取舍临界点上排序字段的值相同时，查询的结果记录数会是大于 n 的一个最小值，具体大小由记录取舍临界点上排序字段重复的次数决定。如果上限值是一个百分数，也存在类似的规律。

如果要查找某字段值最大的 n 条记录，则在查询中要按该字段“降序”排列；反之，如果要查找某字段值最小的 n 条记录，则在查询中要按该字段“升序”排列。如果在查询的设计网格中还要对其他的字段进行排序，这些字段必须在上限值字段的右边。

温馨提示

单击“查询工具/设计”选项卡|“查询设置”组|“返回”下拉按钮，在下拉列表中进行选择，如图 4-10 所示，也可以设置上限值属性。在查询“属性表”窗格中设置“上限值”属性与在“返回”下拉列表中设置上限值的作用相同。如果要输入百分比，需要在数字后输入百分号(%)。

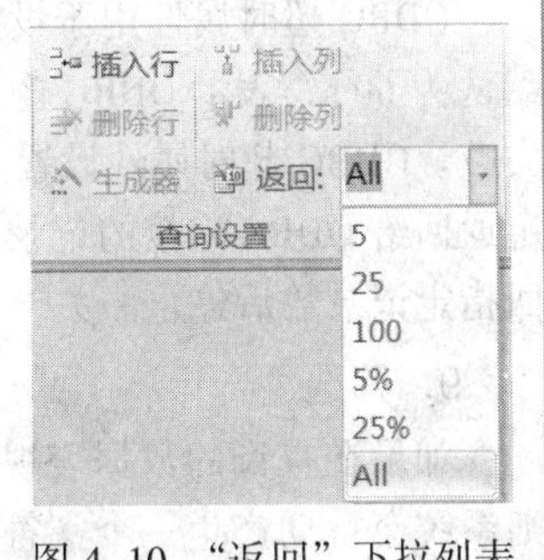

图 4-10　“返回”下拉列表

2. 唯一值

唯一值属性可设为“是”或“否”。该属性用于只有一个显示字段的查询。唯一值属性的默认值为“否”，如果改为“是”，则查询的结果中不会显示重复字段值，只显示不同的字段值。

3. 唯一的记录

唯一的记录属性可设为“是”或“否”。该属性与唯一值属性有相似之处，只是唯一的记录属性用于有多个显示字段的查询。唯一的记录属性的默认值为“”否，如果改为是，则查询的结果中不会显示重复的记录，只显示不同的记录。这里所说的重复记录是指所有字段值均相同的记录。

4. 源数据库

源数据库属性用于指定查询所在的数据库，默认值为“当前”，可以修改为指向外部的数据库。

5. 源连接字符串

如果外部数据库并不是以文件的形式存在，而是以连接的形式存在，则可以修改查询的“源连接字符串”属性，指定查询所属的外部数据库连接名称，默认值为无。关于数据库连接字符的含义可参阅其他数据库书籍。

6. 记录锁定

记录锁定属性决定在多用户环境中访问数据的方式。如果将 Access 数据库作为应用系统的底层数据，在同一时刻可能会有多个用户访问数据库中的对象，为了保证数据的统一性，可以修改记录锁定属性。记录锁定属性的值可设置为“不锁定”“所有记录”“已编辑的记录”。其中“不锁定”是默认设置，在这种设置下，所有用户均可同时访问及修改查询中的数据；“所有记录”则表示锁定所有记录，后面连接到该查询的用户不能修改数据；“已编辑的记录”表示只锁定当前用户已编辑的记录，其他用户不能对这些记录进行修改，而当前用户没有编辑的记录则不锁定，后来的用户可以对它们进行编辑修改。

7. 记录集类型

记录集类型属性用于决定在查询的结果中能否修改相应的表中数据。该属性的默认设置值是“动态表”，此时如果在查询的数据表视图中对数据进行修改，则修改的数据会保存到查询的数据源中。该属性可以设置为“动态表（不一致的更新）”，当多用户同时访问某个数据项时，如果有多个用户同时修改某个数据值，则可能导致数据更新的不一致。如果将该属性值设为“快照”，则只能查看数据结果，不能在查询上对数据记录进行修改。

8．ODBC 超时与最大记录数

ODBC 超时属性用于设置 ODBC 连接访问查询时，放弃操作的时间间隔，以秒为单位设置。默认为 60 s，表示 ODBC 连接在访问查询时，如果 60 s 没有成功连接上，则不再继续试探，访问失败。ODBC 超时属性设置为 0，则系统允许一直试图建立某个 ODBC 连接。最大记录数属性决定返回给 ODBC 连接的记录数量，默认值是 0，返回所有记录。输入一个正整数可以让查询在返回指定记录数后停止。关于 ODBC（开放式数据库连接）的含义及使用可参阅其他数据库书籍。

9．筛选

如果在查询的数据表视图中使用了“按窗体筛选”或“按选定内容筛选”等过滤数据操作，则系统会自动产生一个字符串作为查询的“筛选”属性值，表明如果在查询上执行“应用”筛选操作，应用筛选的条件是什么。例如，将数据源为教师表的某个查询“男教师查询”的筛选属性改为“((男教师查询.性别="男"))”，在数据表视图下单击“切换筛选”按钮应用筛选时，得到的结果会是教师表男性记录。

10．排序依据

查询的排序依据属性可以决定查询结果的顺序。例如，将某查询的“排序依据”属性值改为“[性别],[职称]”，则该查询的结果会先后按“性别”与“职称”字段排序。该属性的排序与 4.1.4 节所述的字段排序法得到的效果是一样的。

11．方向

方向属性用于设置查询中字段的显示方向。该属性的值有“从左向右”（默认值）或“从右向左”，如果将该属性改“从右向左”，则原来靠最右的字段会显示在第一列。

12．子数据表相关属性

①“子数据表名称”用于指定子数据表的源对象名称。

②“链接子字段”用于指定子数据表中的链接字段名称。

③“链接主字段”用于指定主数据表（即当前查询）的链接字段名称。

④“子数据表高度”指定子数据表的最大高度。

⑤“子数据表展开”决定是否展开子数据表内容。

4.1.6 查询中字段的属性

查询中多数字段的属性继承了数据源中相应字段的属性。对于查询中的新增字段，由于没有可继承的源字段，其属性由系统自定，常常与应用需要不相符，一般要在查询的字段属性中进行调整。该类字段属性的设置相对比较重要。关于新增查询字段的内容请见 4.4.1 节。设置查询字段的属性的方法是：在查询的设计中，右击某个字段选择器，在弹出的快捷菜单中单击“属性”命令，默认在右侧的任务窗格中打开“属性表”窗格，如图 4–11 所示。

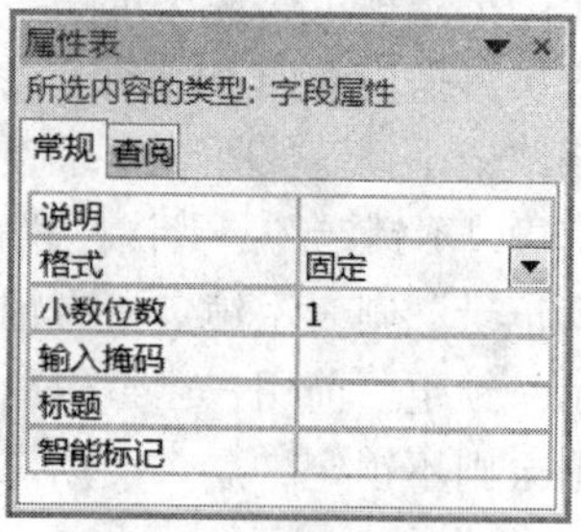

属性表
所选内容的类型: 字段属性
常规 查阅
说明
格式 固定
小数位数 1
输入掩码
标题
智能标记

图 4–11 “属性表”窗格

查询中字段属性的设置与表中字段属性的设置方法基本上是一样的。例如，某查询以“选课成绩表”为源，将其“总评成绩”字段的“格式”属性值设为“固定”，“小数位数”属性值设为 1，则在查询的结果中，“总评成绩”列只显示一位小数位。这一方法常常用于解决数据型字段求平均值后小数点过多的问题。

4.2　查询的条件

在日常工作应用中，查询并非只是简单地用于字段选择，常见的查询往往需要根据一定的条件来查找记录。条件是运算符、常量、字段名、函数等的任意组合。

1. 条件中的运算符

运算符是组成条件的基本元素。Access 提供了算术运算符、比较运算符、逻辑运算符。3 种运算符以及含义分别如表 4-1 ~ 表 4-3 所示。

表 4-1　算术运算符

运 算 符	说　明	示　例
+	加法	
-	减法	
*	乘法	
/	除法	3/2 的值为 1.5
\	两个整数相除的商的整数部分，不进行四舍五入	3\2 的值为 1
Mod	两个整数相除的余数	11 Mod 3 的值为 2
^	乘方	3^2 的值为 9

表 4-2　比较运算符

运 算 符	说　明	示　例
=	等于	
>	大于	
<	小于	
>=	大于或等于	>=15 含义是“值大于或等于 15”
<=	小于或等于	<=#2002-1-1#含义是“值在 2002 年 1 月 1 日之前，包括此日期”
<>	不等于	
Between… And …	字段值在两个值之间，包括两个临界值	Between 30 And 50 含义是“值在 30 到 50 之间，且包括 30 和 50”
In	字段值在指定的一组值中	在“职称”字段中加条件 In ("教授","副教授")，含义是查找教授或者副教授

表 4-3　逻辑运算符

运 算 符	说　明	示　例
Not	与 Not 后表达式的值相反	Not >3 含义是“值不大于 3”，即“值小于或等于 3”

续表

运 算 符	说 明	示 例
And	And 连接的两个条件都为真时，总的值为真，其余的情况为假	>=30 And <=50 的含义是“值在 30 与 50 之间，且包括 30 和 50”
Or	Or 连接的两个条件都为假时，总的值为假，其余的情况为真	<30 Or>50 的含义是“值小于 30 或者大于 50”

2. 条件中的函数

函数是由系统提供或自定义的一个用于完成某些特定运算的有名称的式子。在 Access 中提供了大量的标准函数，这些函数为用户构造更复杂的查询条件提供了可能。常用的数值函数、字符函数、日期函数分别如表 4-4 ~ 表 4-6 所示。

表 4-4　数值函数

函 数 格 式	说 明	示 例
Abs(x)	求 x 的绝对值	
Int(x)	求 x 的整数部分，注意该函数不会四舍五入	Int(3.7)的值是 3
Sqr(x)	求 x 的平方根	Sqr(9)的值是 3
Sgn(x)	求 x 的符号值。如果 x 大于 0 则函数的值为 1；如果 x 小于 0 则函数的值为-1；如果 x 等于 0 则函数的值为 0	Sgn(-6.7)的值-1
Round(x,n)	对 x 四舍五入，保留 n 位有效小数位	Round(3.47,1)的值是 3.5

表 4-5　字符函数

函 数 格 式	说 明	示 例
Left(S,n)	从字符串 S 的左侧开始截取 n 个字符	Left("ABCDEFG",3)的值是"ABC"
Right(S,n)	从字符串 S 的右侧开始截取 n 个字符	Right ("ABCDEFG",3)的值是"EFG"
Mid(S,m,n)	从字符串 S 左起第 m 个位置开始截取 n 个字符	Mid ("ABCDEFG",2,3)的值是"BCD"
Len(S)	求字符串 S 中共有多少个字符	Mid("ABCDEFG")的值是 7
Space(n)	得到 n 个空格的字符串	Space(3)的值是由三个空格字符组成的字符串
Ltrim(S)	去掉字符串 S 左侧的前导空格	Ltrim("ABC")的值是"ABC"
Rtrim(S)	去掉字符串 S 右侧的结尾空格	Ltrim("ABC")的值是"ABC"
Trim(S)	去掉字符串 S 头尾空格，不能去掉中间空格	Ltrim("ABC")的值是"ABC"
String(S,n)	将某字符串 S 重复 n 次	String("A",3)的值是 "AAA"

表 4-6　日期函数

函 数 格 式	说 明	示 例
Date()	计算机的系统日期	> Date()-10 含义是“最近 10 天”； <Date()-10 含义是“10 天之前”
Year(D)	将日期值 D 转换为年号，结果是整数	Year(#2008-12-20#)的值是 2008
Month(D)	将日期值 D 转换为月份数，结果是整数	Month(#2008-12-20#)的值是 12
Day(D)	将日期值 D 转换为号数，结果是整数	Day(#2008-12-20#)的值是 20

续表

函数格式	说　明	示　例
Weekday(D)	将日期值 D 转换为星期数，结果是整数	Weekday(#2008-12-20#)的值是 7，表示当天星期六(系统默认星期天为每周的第 1 天)
Now()	计算机的系统时间	如现在是 2013-8-28 0:40:57，则 Now() 的结果就是 “2013-8-28 0:40:57”

3．条件中的文本字符与字段名

在 Access 中建立查询时，经常会使用文本值和字段名作为查询的条件。使用文本值作为查询的条件可以方便地限定查询的范围，实现一些相对简单的查询。使用字段名作为查询的条件可以提取相应的字段值。在条件中使用文本字符与字段名的例子如表 4-7 所示。

表 4-7　条件中的文本字符与字段名示例

条件字符	所属字段	功　能
"教授"	职称	查询职称为教授的记录
"教授" Or "副教授"	职称	查询职称为教授或副教授的记录
Not "张大元"	姓名	查询姓名不为张大元的记录
Left([姓名],1)= "张"	姓名	查询姓张的记录
Len([姓名])=2	姓名	查询姓名是单名的记录
Mid([学号],5,2)= "08"	学号	查询学号第 5 位、第 6 位字符为"08"的记录
Year([入校时间])=2014	入校时间	查询入校时间为 2014 年的记录
Year([出生日期])=1996 And Month([出生日期])=5	出生日期	查询出生日期为 1996 年 5 月的记录

4．模糊条件

模糊条件是指查找的条件不是一个确定值，其值在一个指定的范畴之内。模糊条件中使用 Like 关键字及通配符，用于指定查找文本字段的字符模式。在所定义的字符模式中，用“？”表示该位置可匹配任何一个字符；用“*”表示该位置可匹配零或多个字符；用“#”表示该位置可匹配一个数字；用方括号描述一个范围，用于可匹配的字符范围。示例如表 4-8 所示。

表 4-8　模糊条件

模式符	条件字符	所属字段	功　能
*	Like "张*"	姓名	查询姓张的记录
	Like "*计算机*"	课程名称	查询课程名称中包含"计算机"的记录
	Not "张*"	姓名	查询不姓张的记录
?	Like "张?"	姓名	查询姓张并且是单字名的记录
#	Like "#*"	书名	查询书名以数字开头的记录
[]	Like "*[6-9]"	联系电话	查询联系电话以 6 到 9 中任意字符结尾的记录
&	Like "*"& [提示信息] &"*"	提示信息所提示的字段	在输入参数值对话框中输入任意字符串，则可查询到字段中含有该字符串的所有记录

5．使用空值或空字符串作为条件

关键字 Null 代表空值，含义是字段中没有输入任何数据。空字符串用两个连续的英文双引号来表示，引号中间没有空格，它不同 Null 的地方在于：空字符串表示字段已经输入数据，只是输入的数据为一个空字符串。空字符串的查询与空值的查询是不一样的，如表 4-9 所示。

表 4-9　空值或空字符串条件

条件字符	说　明	所属字段	功　能
Is Null	字段值为空	入校日期	找出没有输入"入校日期"的记录
Is Not Null	字段值为非空	照片	找出已经添加有"照片"数据的记录
""	字段值为一个空字符串	联系电话	找出联系电话中已输入数据并且为空字符串的记录

6．利用生成器向导建立条件

对于一些比较复杂的条件表达式，如果通过手工输入，不仅输入效率低，而且容易产生错误。Access 中有一个表达式生成器工具，可以方便快捷地生成条件等表达式。

以查找学生表中 1996 年 6 月份出生的学生记录为例，使用表达式生成器建立条件的具体方法：在查询设计视图中，将学生表的全部字段添加到字段区，右击出生日期字段的条件区域，在弹出的快捷菜单中单击"生成器"命令，弹出"表达式生成器"对话框，如图 4-12 所示。该对话框的上部是表达式字符区，最终确定的表达式将会显示在此区域。对话框的下部分为左中右三个部分，分别显示"表达式元素""表达式类别"和"表达式值列表"。根据需要依次从"表达式元素"列表中选择函数、常量和操作符，在表达式类别中选择子类，再在表达式值列表中双击选定的选项字符，就可以生成到表达式字符区，并且会自动产生该选项的格式。

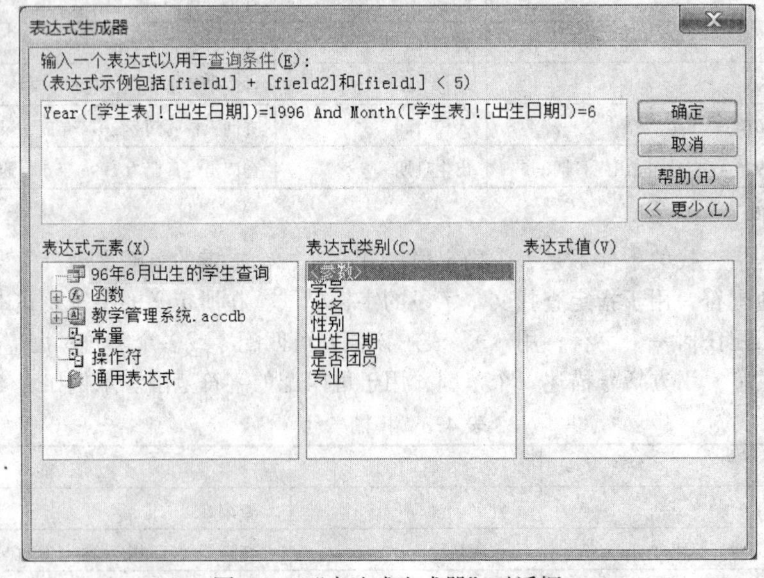

图 4-12　"表达式生成器"对话框

如果条件中需要使用字段名，可以单击"表达式元素"列表中数据库大类前的"+"符号，展开数据库中的所用对象，再单击表前的"+"符号展开所有表，从需要的表中选择字段，双击可以将该字段添加到表达式字符区。例如，可很方便地为"出生日期"字段生成条件表达式"Year([学生表]![出生日期])=1996 And Month([学生表]![出生日期])=6"。

7．组合条件

查询的条件可以由多个子条件构成，如果这些子条件处于查询设计视图条件区域的同一行，则它们之间是"而且"的关系，如果它们错行排列，则是"或者"的关系。例如，图 4-13

和图 4-14 中所示的两个查询的结果是完全不一样的。前者的作用是找出教师表中的所有男教授，后者的作用是找出教师表中男性或者教授记录。两个查询结果的记录条数是不一样的。

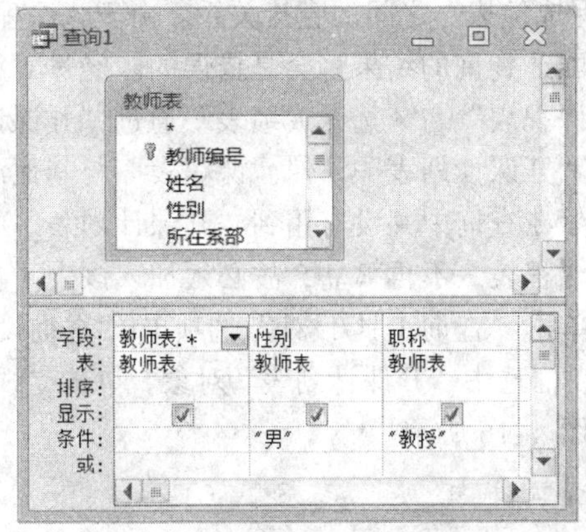

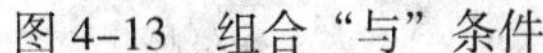
图 4-13　组合“与”条件

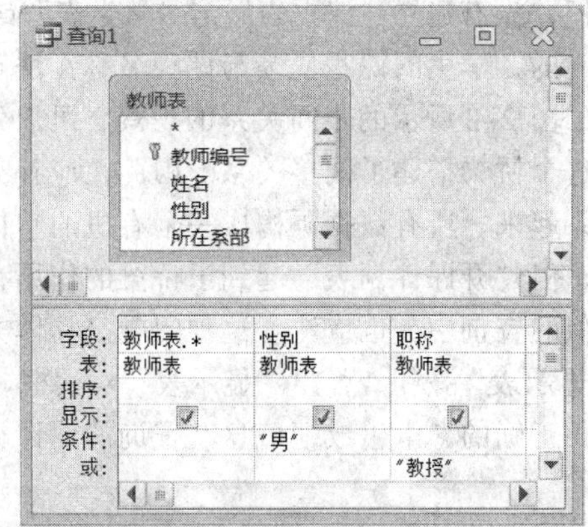

图 4-14　组合“或”条件

4.3　多表选择查询

查询中需要的数据如果来自于多个表或查询，则应该建立多表查询。

4.3.1　多表选择查询的建立

多表选择查询的建立方法与单表查询的建立基本相同，既可在设计视图中创建多表查询，又可利用查询向导来创建。

例如，建立用于查看学生成绩信息的查询，要求显示学号、姓名、课程名称、平时成绩、考试成绩数据。这里的学号、姓名字段来自于“学生表”，课程名称来自于“课程表”，平时成绩、考试成绩来自于“选课成绩表”，所以在设计视图下建立该查询时，至少应该加入这三张表，如图 4-15 所示。

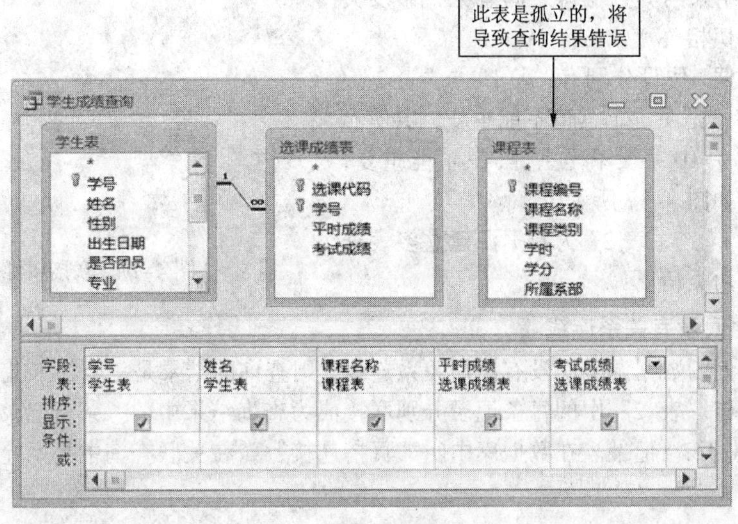

图 4-15　多表查询的建立 1

从图 4-15 中可以看出，“学生表”与“选课成绩表”之间自动产生了关系连线，而“课程表”与其他表之间没有连线，“课程表”是孤立的。产生这一现象的原因是在建立表间关系时我们并没有建立“课程表”与“学生表”或“选课成绩表”之间的直接关系。由于“课程表”是孤立的，学生的课程成绩与课程名称无法正确匹配，查询的结果将会是错误的。经过对第 2 章中的图 2-8 所示的表间关系的观察，可以发现“课程表”与“选课成绩表”通过“开课计划表”这个桥梁搭建了间接关系。因此，应补充添加“开课计划表”，使“课程表”与其他源对象联系起来，所有数据源构成一个有机的整体。虽然在查询中并没有用到“开课计划表”中的数据，但“开课计划表”起到了桥梁的作用，使“课程表”不再孤立，故必须加入该表。在其他类似的查询中，也应注意这种问题。具体方法是单击“查询工具/设计”选项卡|“查询设置”组|“显示表”按钮，弹出“显示表”对话框，在列表框选中“开课计划表”对象，单击“添加”按钮。正确的“学生成绩信息”查询的设计视图如图 4-16 所示。

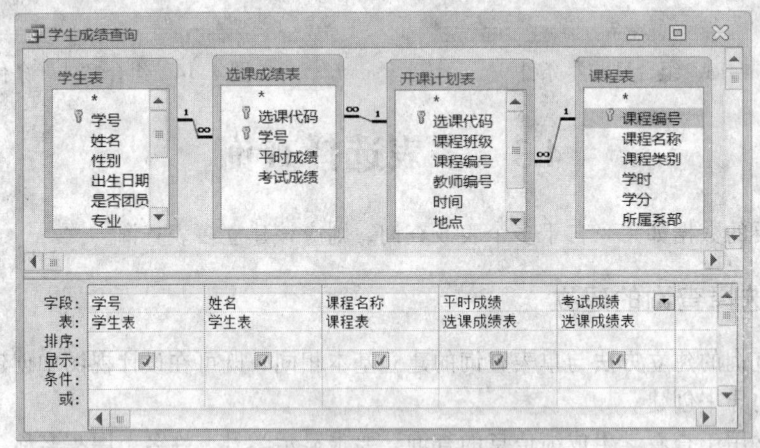

图 4-16　多表查询的建立 2

4.3.2　联接属性对多表查询结果的影响

多表查询的结果与其数据源之间有无关系及关系的联接属性密切相关。

为了理解方便，假设分别有“表 1”与“表 2”。“表 1”中 ID 字段是主键，其值不能重复，共有 4 条记录。“表 2”中 ID 字段不是主键，其值能重复，共有 4 条记录，如图 4-17 所示。

如果以“表 1”与“表 2”为数据源建立多表查询，结果有以下两类情况：

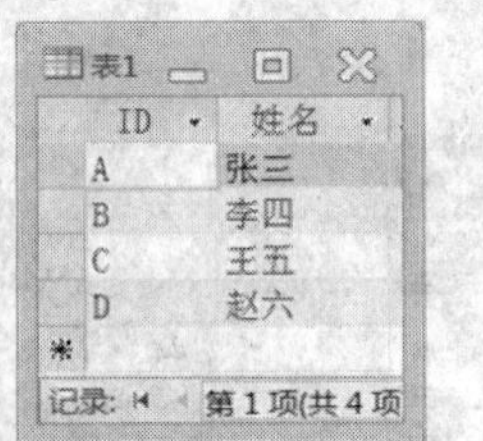
表1

ID	姓名
A	张三
B	李四
C	王五
D	赵六

记录: 第 1 项(共 4 项

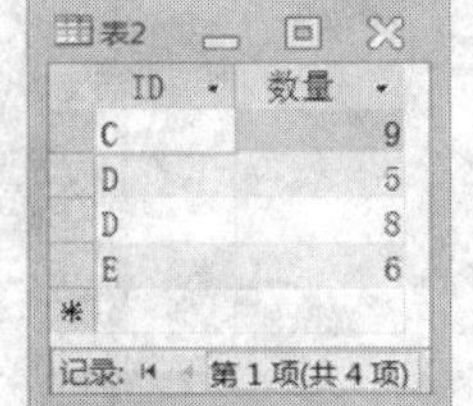
表2

ID	数量
C	9
D	5
D	8
E	6

记录: 第 1 项(共 4 项)

图 4-17　联接属性例表

1. 数据源之间没有关系连线

如果多表查询的数据源之间没有添加关系连线，则查询的结果是一个笛卡儿集，即“表 1”中的每条记录要与“表 2”中的每条记录分别联接成为查询结果中的一条新记录，因此查询结果中将会有 4×4=16 条记录。在数据库中叫“百搭连接”，在关联查询中是不允许出现的，如图 4-18 所示。

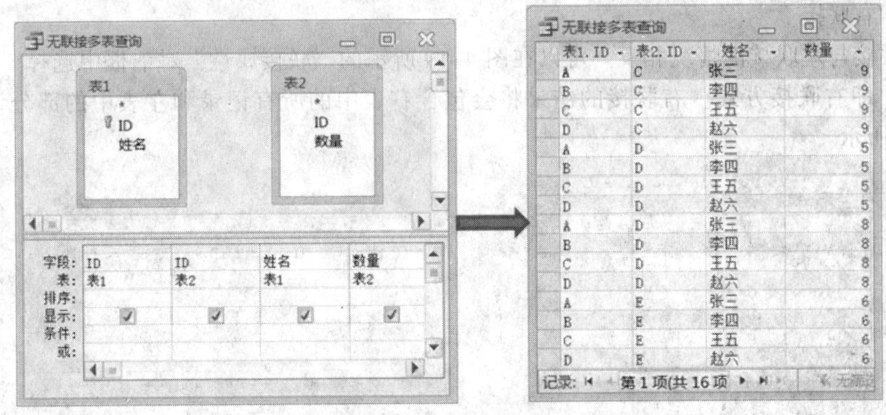

表1.ID	表2.ID	姓名	数量
A	C	张三	9
B	C	李四	9
C	C	王五	9
D	C	赵六	9
A	D	张三	5
B	D	李四	5
C	D	王五	5
D	D	赵六	5
A	D	张三	8
B	D	李四	8
C	D	王五	8
D	D	赵六	8
A	E	张三	6
B	E	李四	6
C	E	王五	6
D	E	赵六	6

图 4-18　无联接多表查询

2. 数据源之间有关系连线

可以通过拖放两个数据源中的联接字段产生一条关系连线。有联接的多表查询分为相等联接、左联接、右联接 3 种情况。系统默认的是相等联接。相等联接也是使用最多的多表联接方式。可以通过右击关系连线，在弹出的快捷菜单单击“联接属性”命令，弹出“联接属性”对话框，在该对话框中可以改变多表查询的联接属性，如图 4-19 所示。

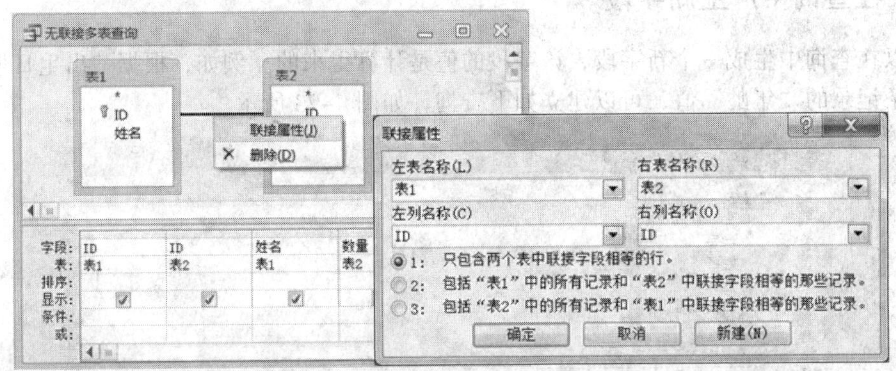

图 4-19　联接属性的改变

（1）相等联接

相等联接是系统默认的多表查询联接方式。相等联接的结果是在笛卡儿集的基础上，排除了大量无用的联接记录，只包含两个表中联接字段相等的行。例如上述表 1 与表 2 的相等联接结果如图 4-20 所示。

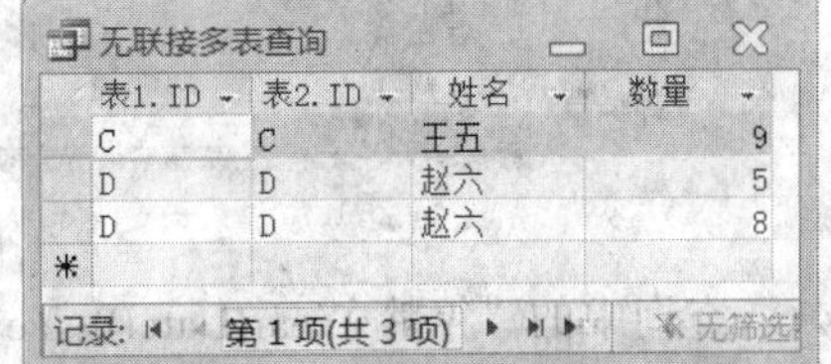

表1.ID	表2.ID	姓名	数量
C	C	王五	9
D	D	赵六	5
D	D	赵六	8
*			

图 4-20　相等联接多表查询结果

（2）左联接

可以在多表查询的“联接属性”对话框中选择“2 号”联接方式，即左联接方式，如图 4-19 所示。左联接的结果将会包含左表中的所有记录和右表中的部分记录，右表中的部分记录是指与左表中有匹配值的记录。左联接的结果如图 4-21 所示。从结果中可以看出，关联字段值“C”“D”在两表中都存在，所以在查询结果中得到 3 条互相匹配的新记录。另外值得注意的是：表 1 中的关联字段值“A”与“B”在表 2 中没有与之相匹配的记录，所以查询结果中的相关新记录的联接字段值（此处为“表 2.ID”字段值）为空（Null）。利用这一特征可以建立不匹配查询，不匹配查询的相关内容请见 4.4.5 节。

（3）右联接

右联接与左联接的情况相反。可以在图 4-19 所示的“联接属性”对话框中选择“3 号”联接方式，即右联接方式。右联接的结果将会包含右表中的所有记录和左表中的部分记录，如图 4-22 所示。

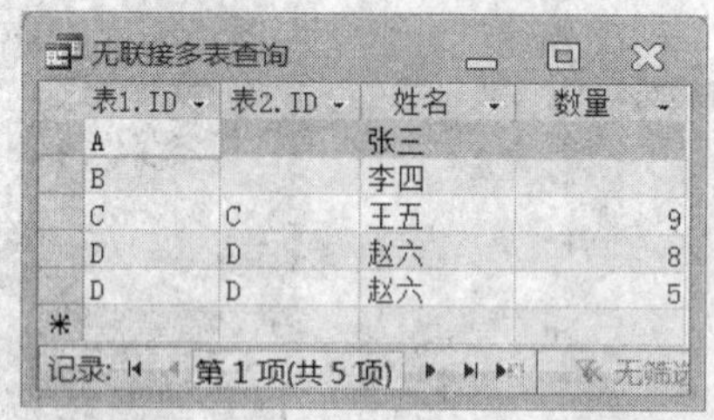

无联接多表查询

表1.ID	表2.ID	姓名	数量
A		张三	
B		李四	
C	C	王五	9
D	D	赵六	8
D	D	赵六	5

记录: 第 1 项(共 5 项) 无筛选

图 4-21　左联接多表查询结果

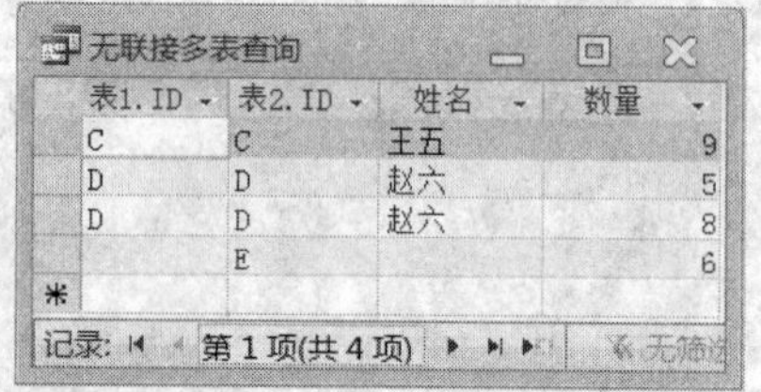

无联接多表查询

表1.ID	表2.ID	姓名	数量
C	C	王五	9
D	D	赵六	5
D	D	赵六	8
	E		6

记录: 第 1 项(共 4 项) 无筛选

图 4-22　右联接多表查询结果

3 个或 3 个以上源数据对象的多表查询的结果也有类似的规律，不再赘述。

4.4　特殊选择查询

4.4.1　在查询中产生新字段

可以在查询中生成一个新字段，该字段的值是计算得来的。例如，根据“出生日期”字段计算每条记录的“年龄”值，可以建立如下查询，如图 4-23 所示。

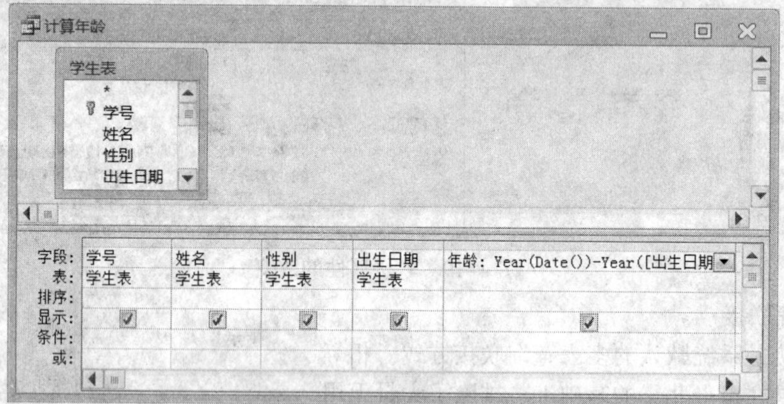

图 4-23　计算年龄查询

查询中的“年龄: Year(Date())-Year([出生日期])”字段列是新增的，“Date()”的值是系统日期，“Year(Date())”的值将会是查询运行时系统的年号，“Year([出生日期])”的值则是每条记录的年号，两个年号的差即年龄值。这里的年龄是动态的，即查询的年龄字段值会随着系统时间的变化而自动变化，从而保证查询结果中的年龄值不会随着时间的推移而产生错误。

例如，根据“平时成绩”“考试成绩”字段计算每条记录的“总评成绩”值。可以建立如下查询，如图 4-24 所示。

查询中的“总评成绩: [选课成绩表]![平时成绩]*.3+[选课成绩表]![考试成绩]*.7”字段列是新增的。新增的总评成绩字段表达式可以手工输入，也可以用表达式生成器来创建。

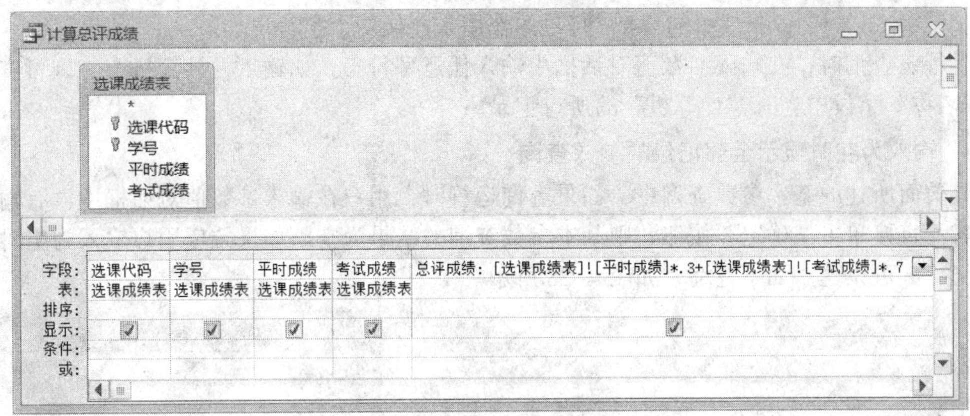

图 4-24　计算总评成绩查询

温馨提示

新字段的字段名与表达式之间的冒号必须是英文状态的符号，不能是中文的冒号。

4.4.2　参数查询

参数查询是指条件不固定的查询，在设计参数查询时，只需要确定条件所属的字段和提示字符，查询的结果由查询运行时用户输入的条件值决定。

1. 基本参数查询

基本参数查询比较简单，只需在条件中输入带中括号的参数提示字符即可，例如：按职称查询教师情况，可以建立如下查询，如图 4-25 所示。括号内的提示信息不能与字段名一致。如[请输入职称:]不能写成[职称]，否则无条件显示结果。

运行上述查询时，系统首先给用户弹出一个输入参数值对话框，如图 4-26 所示。在该对话框中输入待查询的某个职称，例如“副教授”，单击“确定”按钮后则会看到查询结果中只显示职称为“副教授”的记录。

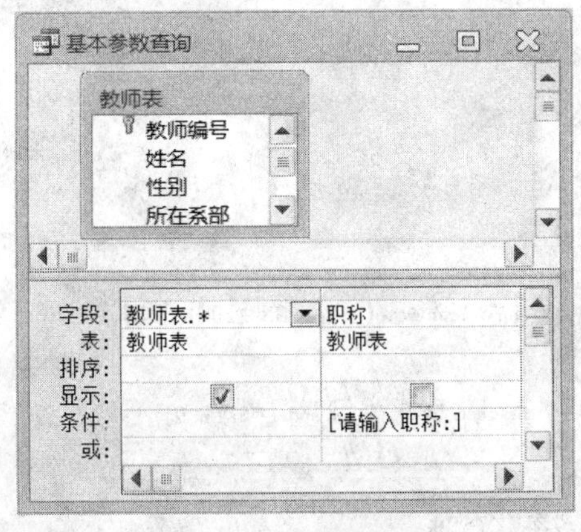

图 4-25　基本参数查询

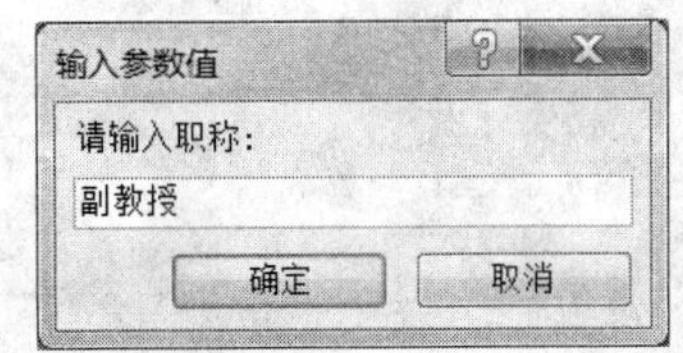

图 4-26　输入参数值对话框

2. 模糊参数查询

如果希望只输入待查询字段的部分字符就能找到相关记录，可以使用模糊参数查询。例如，按课程名查找课程，可以建立如下查询，如图 4-27 所示。该查询的条件带有通配符“*”及通配符关键字“Like”，条件中的“&”符号的作用是连接两个字符串。

运行该查询时，在输入参数值对话框中输入任意字符串，如输入“计算机”，则可查询到“课程名称”字段中含有“计算机”的所有记录。

3．输入为空时显示全部记录的参数查询

在前面所述的基本参数查询中，如果查询运行时，用户在输入参数值对话框中没有输入任何内容而直接单击“确定”按钮，则基本参数查询的结果为空。如果希望用户输入为空时显示全部记录，可以建立如下查询，如图 4-28 所示。

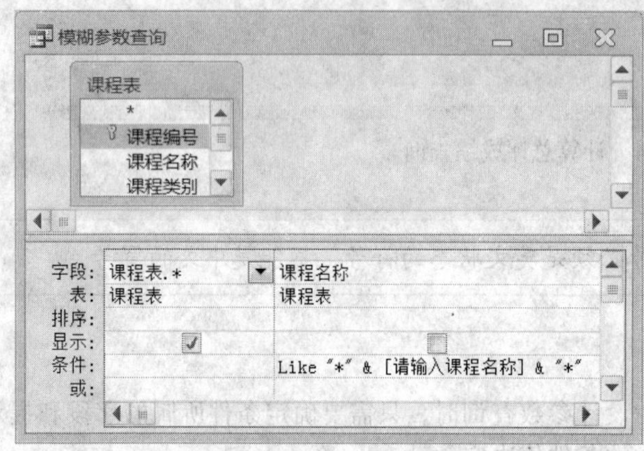

图 4-27　模糊参数查询

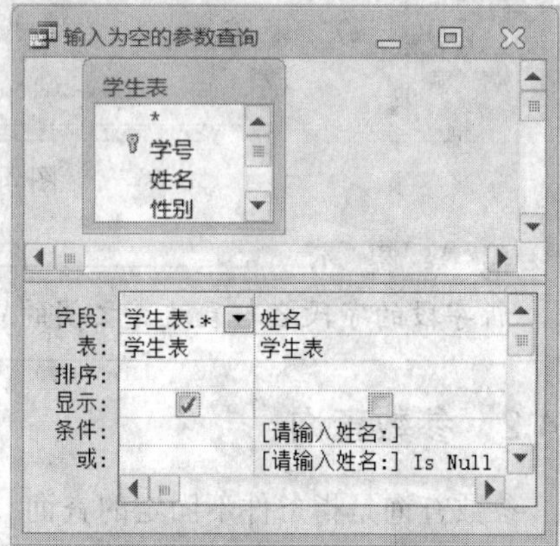

图 4-28　输入为空的参数查询

运行该查询时，如果输入某位学生的姓名，则查询结果为该学生记录；如果没有输入任何内容，即输入为空（Null），则查询的结果为全部学生记录。

值得注意的是，上述条件中的两个参数名称要保持完全一致，否则系统会将其当作两个参数，则得不到预期的结果。

4．多参数查询

在同一个查询中可以有多个参数，例如查询某个年龄段的记录，年龄的上限值与下限值以参数形式输入，可以建立如下查询，如图 4-29 所示。

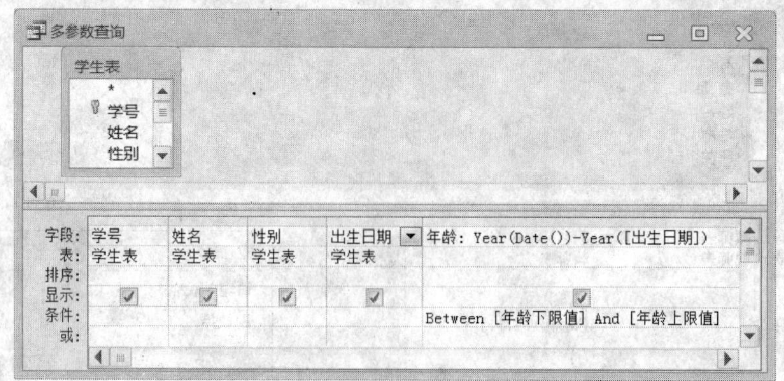

图 4-29　多参数查询

运行该查询时，会先后弹出两个输入参数值对话框，分别输入待查的“年龄下限值”与“年龄上限值”，则会查询到该年龄段的所有记录。

5．参数的数据类型

参数的数据类型在默认情况下，与所在字段的数据类型保存一致。如果在某个实际应用中，要求参数的类型与其所在字段的类型不一致，可以重新设置参数的数据类型。例如，按出生月份查找学生，可以建立如下查询，如图 4-30 所示。

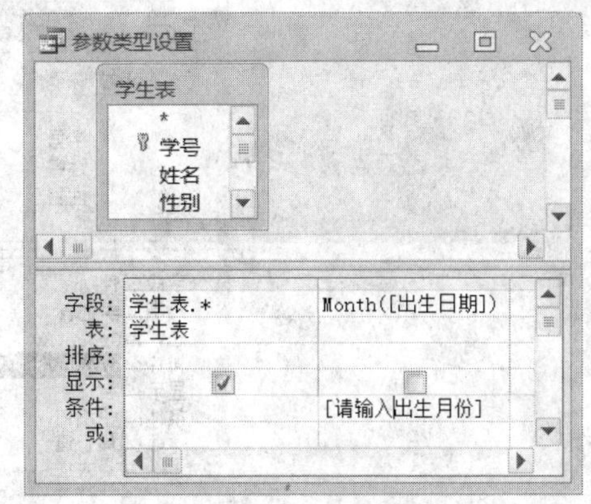

图 4-30　参数类型

接下来设置参数的数据类型，方法是：单击“查询工具/设计”选项卡|“显示/隐藏”组|“参数”按钮，弹出“查询参数”对话框，在对话框中设置参数“请输入出生月份”的数据类型为“整型”，如图 4-31 所示。

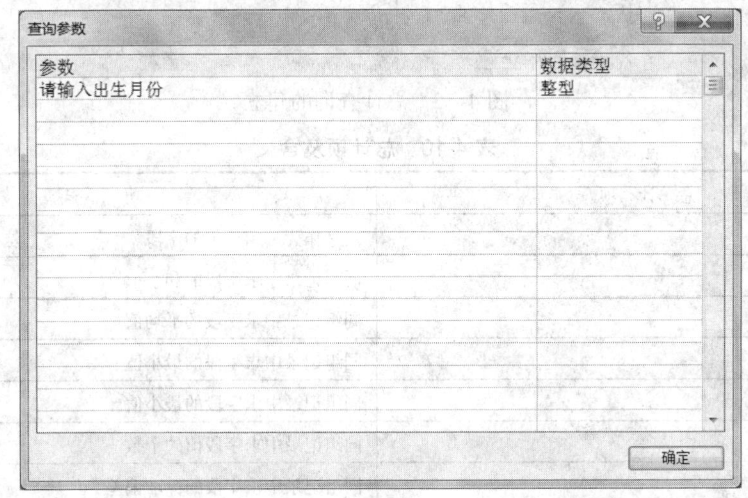

图 4-31　查询参数对话框

温馨提示

在交叉表查询中如果使用参数，必须定义参数的数据类型，否则系统会报错。

4.4.3　总计查询

总计查询也称计算查询或汇总查询。总计查询能够对查询的结果实施分组与合并，求出每个组的总和、平均值、计数、最大值、最小值等。总计查询的结果是查询数据源的快照，而不是动态集，在结果中不能编辑字段值。

1．总计查询的建立

总计查询是在选择查询的基础上创建的。在选择查询的设计视图中，单击“查询工具/设计”选项卡|“显示/隐藏”组|“汇总”按钮，在查询的设计网络中，将会产生总计行，如图 4-32 所示。总计项的值可以通过下拉列表选择，共有 12 个选项。12 个总计项及其含义如表 4-10 所示。

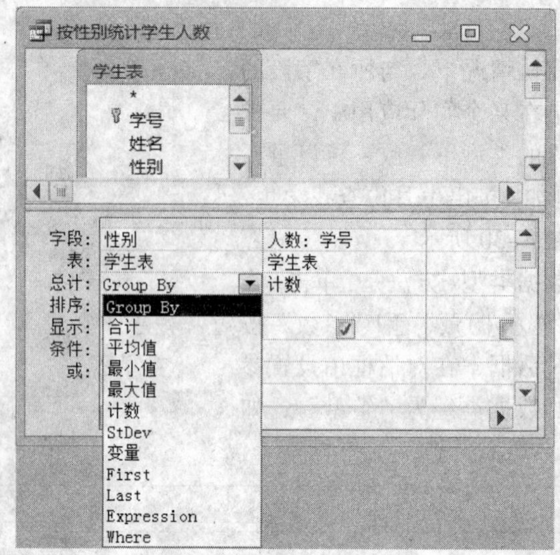

图 4-32　总计查询的建立

表 4-10　总计项及含义

总　计　项	功　　能
Group By（分组）	定义作为分组依据的字段
合计	同组记录中求字段的和
平均值	同组记录中求字段的平均值
最小值	同组记录中求字段的最小值
最大值	同组记录中求字段的最小值
计数	同组记录中求字段值的个数
StDev（标准差）	同组记录中求字段的标准偏差
变量	同组记录中求字段的方差
First（第一条记录）	同组记录中求第一个字段值
Last（最后一条记录）	同组记录中求最后一个字段值
Expression(表达式)	创建一个包含汇总函数的计算字段
Where（条件）	指定总计查询的条件字段，该字段不用于分组

例如，统计学生表中男女生人数，可以建立如图 4-32 的查询。该查询在执行时会将所有男性记录合并成一组，所有女性记录合并成另外一组。在同一个小组内部求出“学号”字段值的个数，即同一个组的人数，得到的结果如图 4-33 所示。

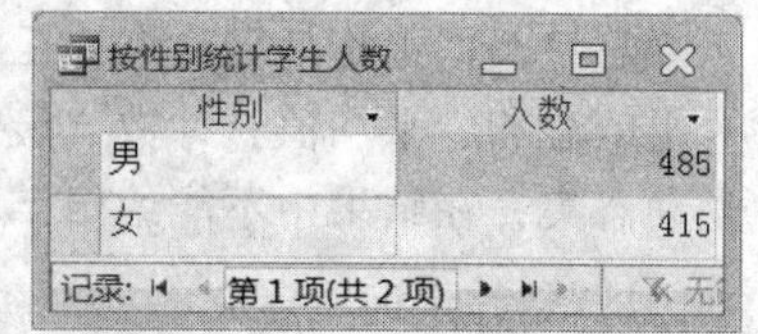

图 4-33　统计男女生人数

在总计查询中，如果分组依据字段有两个或两个以上，则只有这些字段的值全部相等的记录才会合并到一个组中。例如，按性别和职称统计教师的人数，可以建立如下查询，如图 4-34 所示。在该查询中，有两个分组依据字段“性别”与“职称”，只有这两个字段值同时相等的记录才会合并为一个组，而并不再是简单地将男性合并到一个组，将女性合并到另外一个组。该查询的结果如图 4-35 所示。

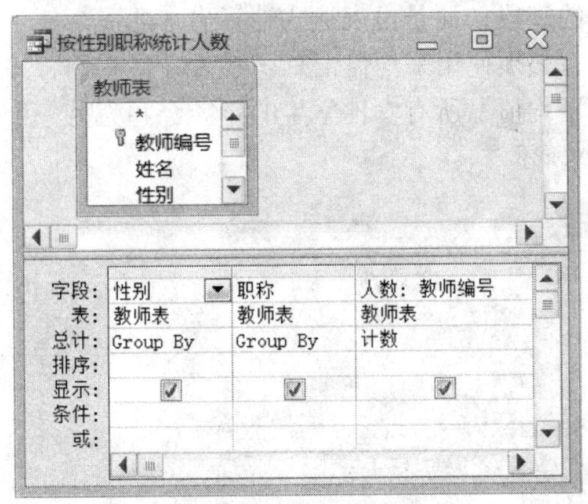

图 4-34　按性别和职称统计人数

按性别职称统...

性别	职称	人数
男	副教授	17
男	高工	2
男	讲师	85
男	教授	24
男	助教	5
女	副教授	11
女	讲师	100
女	教授	3
女	其他	1
女	助教	11

记录: 第 1 项(共 10 项

图 4-35　按性别和职称统计人数的结果

2．汇总所有记录

如果在总计查询中没有分组依据字段，只有计算字段，则总计查询的结果只有一条记录，即将全部记录合并成一个组。例如，求“选课成绩表”中所有记录的平均考试成绩，可以建立无分组依据的总计查询，其设计视图如图 4-36 所示，查询运行结果如图 4-37 所示。

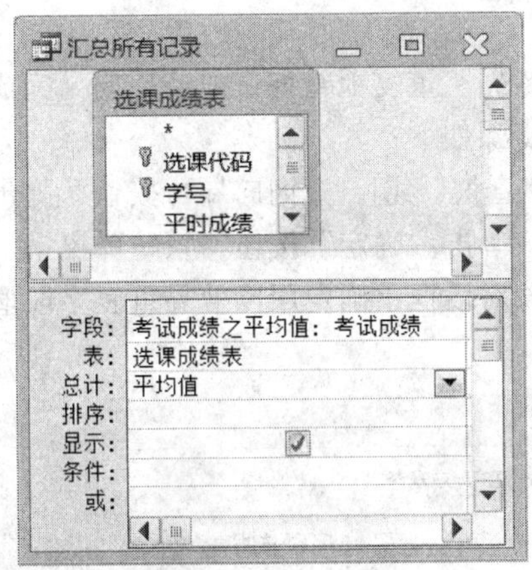

图 4-36　汇总所有记录设计视图

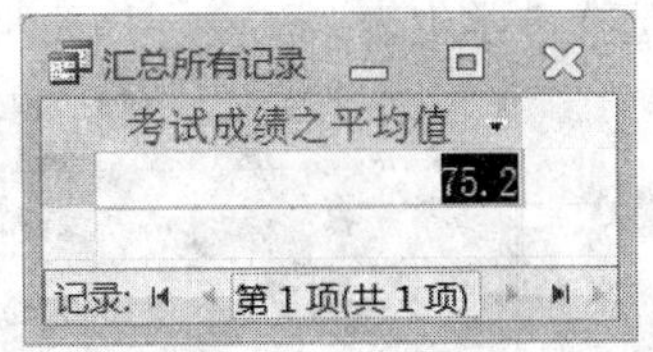

图 4-37　汇总所有记录运行结果

3．总计查询中的条件字段

如果要在总计查询的某个字段上使用条件，而且该字段不用作分组依据，则可以使用“Where(条件)”总计项。该字段在默认情况下是不可见的。例如，统计 2004 年以后入校的教师中各种职称的人数，可以建立如下查询，如图 4-38 所示。

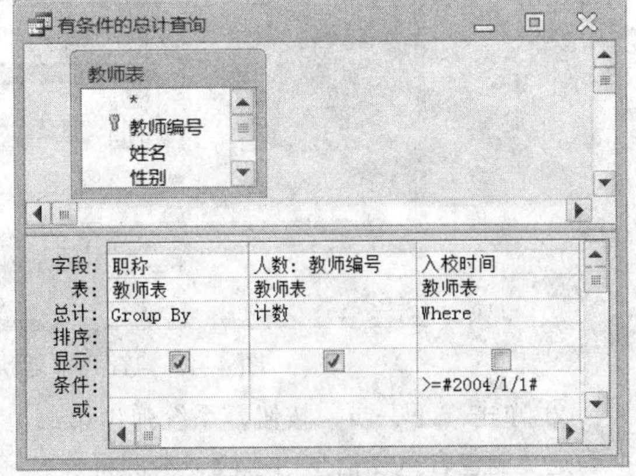

图 4-38　总计查询中的条件字段

4．创建包含统计函数的计算字段

如果需要在汇总合并记录时，得到一个包含统计函数的计算字段，可以使用“Expression(表达式)”总计项。例如，求学生表中男女生平均年龄。年龄不是学生表中已有的字段，而是由表达式计算出来的一个新字段。在总计查询结果的同一个组里面有多个年龄值，必须使用平均值汇总函数 Avg 将它们合并为一个数据，即将所有男性学生的年龄合并为一个平均值，所有女性学生的年龄合并为另一个平均值。可以建立如下查询，其设计视图如图 4-39 所示。

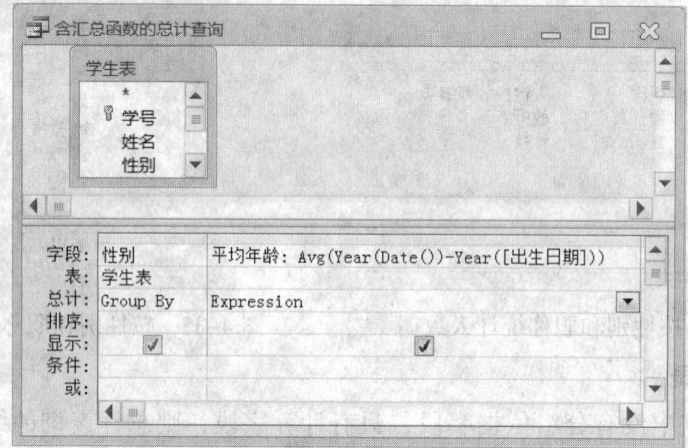

图 4-39　含汇总函数的总计查询

4.4.4　重复项查询

重复项查询用于在海量记录中查找少量重复数据。重复项查询一般使用向导完成。例如，在学生表中查找同名同姓的学生情况。具体操作步骤如下：

① 在数据库窗口中，单击“创建”选项卡|“查询”组|“查询向导”按钮，弹出的在“新建查询”对话框中选择“查找重复项查询向导”，单击“确定”按钮，系统弹出第一个“查找重复项查询向导”对话框，如图 4-40 所示，在该对话框中确定用以搜寻重复字段值的表或查询，本例选择“学生表”。

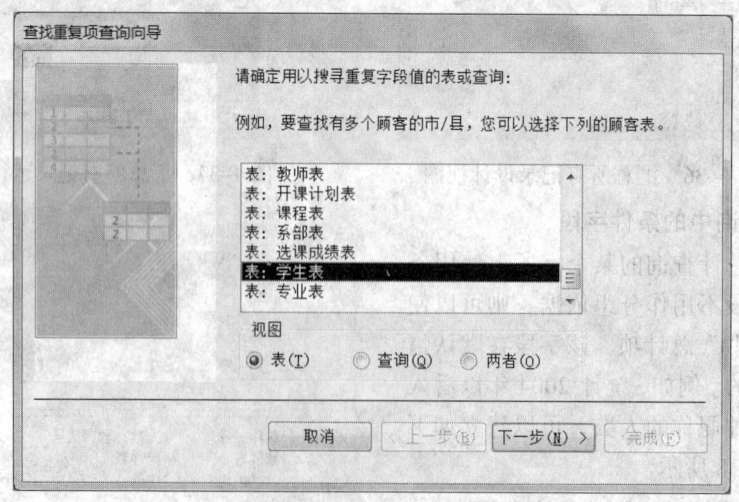

图 4-40　“查找重复项查询向导”对话框 1

② 单击“下一步”按钮，系统弹出第二个“查找重复项查询向导”对话框，在该对话框中确定要能包含重复信息的字段，本例将姓名字段加入到重复值字段列表中，如图 4-41 所示。

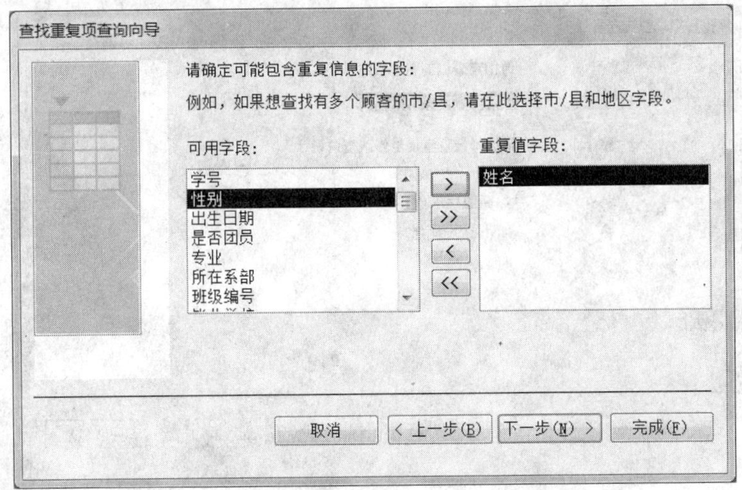

图 4-41　“查找重复项查询向导”对话框 2

③ 单击“下一步”按钮，系统弹出第三个“查找重复项查询向导”对话框，在该对话框中确定其他需要显示在查询结果中的字段，如图 4-42 所示。

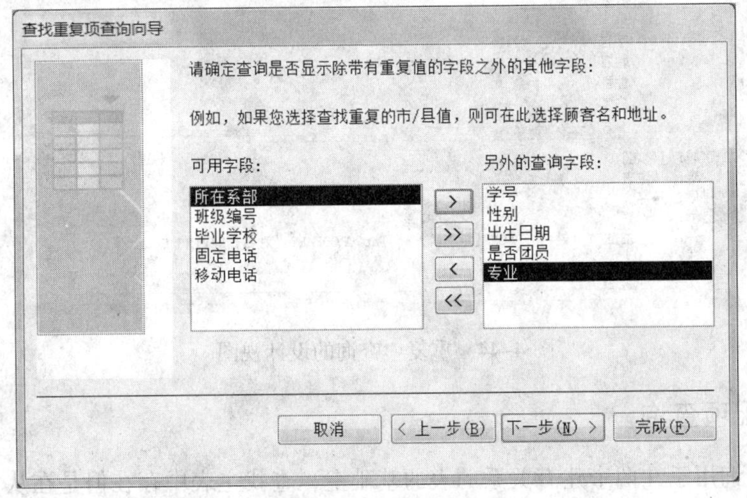

图 4-42　“查找重复项查询向导”对话框 3

④ 单击“下一步”按钮，系统弹出第四个“查找重复项查询向导”对话框，在该对话框中确定查询的名称，并且决定完成上述操作后，系统是显示查询结果还是修改查询的结构，如图 4-43 所示。

⑤ 单击“完成”按钮，完成重复项查询的建立。

切换到重复项查询的设计视图，如图 4-44 所示。其中，姓名字段的条件中包含一个 SQL 子查询。具体含义详见本章 4.7 节。

对一个已存入数据的表设置主键，有时候会出现“包含重复数据”的错误提示。可以使用重复项查询找出有重复值的记录，然后删除部分记录使得数据不再重复，就可以完成主键的设置。

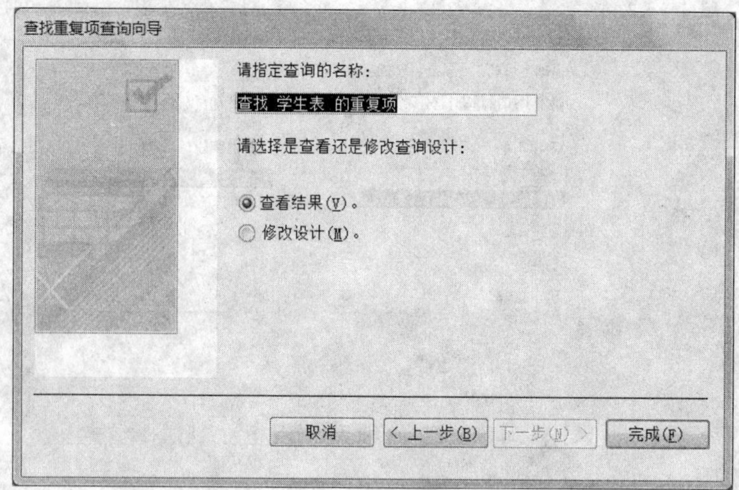

图 4-43 “查找重复项查询向导”对话框 4

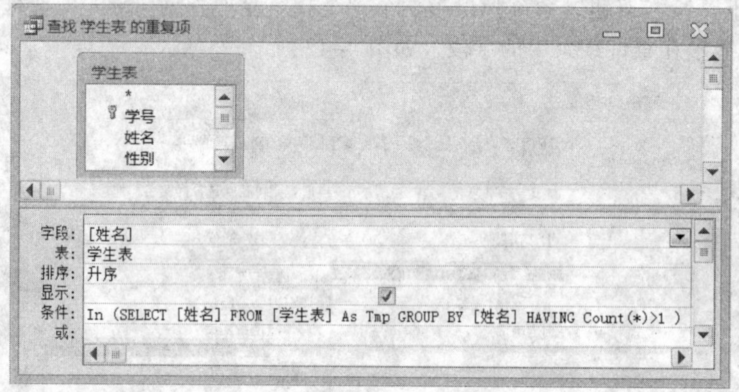

图 4-44 重复项查询的设计视图

4.4.5 不匹配项查询

不匹配项查询用于在两个建有关系的表的基础上，查找主表中存在但是在从表中不存在的记录。不匹配查询一般用向导来创建。例如，开课计划表与选课成绩表已创建一对多的关系，其中开课计划表是主表，选课成绩表是从表。可以使用不匹配查询来查找没有学生选修的开课计划。具体操作步骤如下：

① 在数据库窗口中，单击“创建”选项卡|“查询”组|“查询向导”按钮，弹出“新建查询”对话框，选择“查找不匹配项查询向导”，单击“确定”按钮，系统弹出第一个“查找不匹配项查询向导”对话框，如图 4-45 所示，在该对话框中确定主表，主表中包含关联字段的全部值，本例选择“开课计划表”。

② 单击“下一步”按钮，系统弹出第二个“查找不匹配项查询向导”对话框，在该对话框中确定从表，从表中包含关联字段的部分值，本例选择“成绩表”，如图 4-46 所示。

③ 单击“下一步”按钮，系统弹出第三个“查找不匹配项查询向导”对话框，在该对话框中确定主表和从表的关联字段。一般地，如果两张表事先已经建立关系，在这里应该采用默认关联关系，不需要改变双方的匹配字段，如图 4-47 所示。

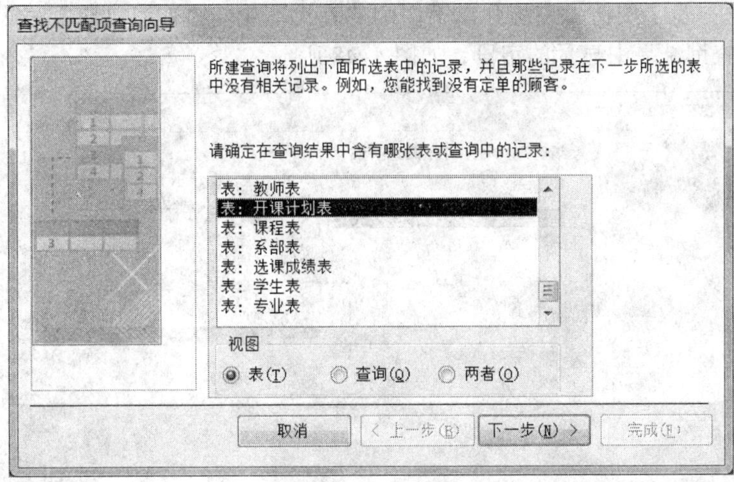

图 4–45 “查找不匹配项查询向导”对话框 1

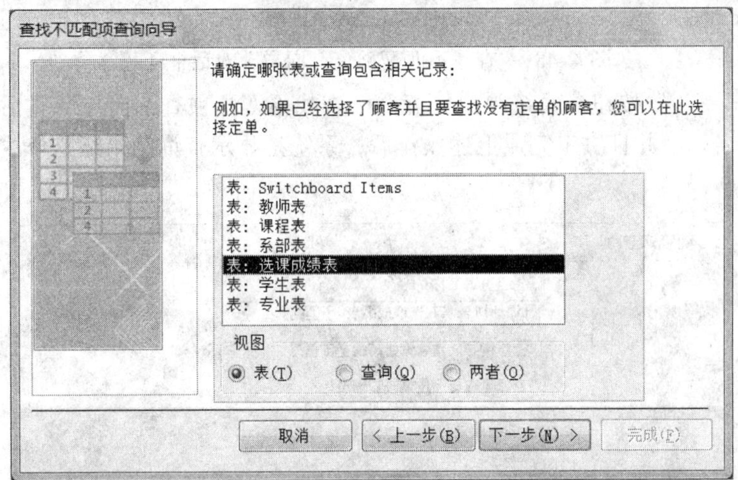

图 4–46 “查找不匹配项查询向导”对话框 2

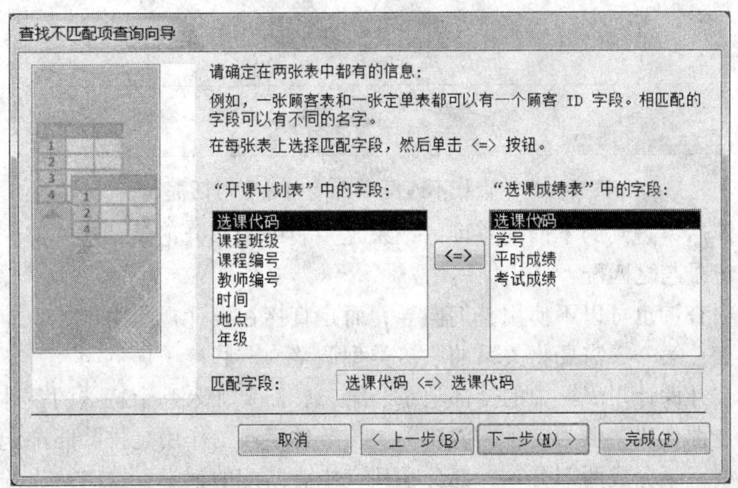

图 4–47 “查找不匹配项查询向导”对话框 3

④ 单击“下一步”按钮，系统弹出第四个“查找不匹配项查询向导”对话框，在该对话框中添加需要在查询结果中显示的字段，如图 4-48 所示。

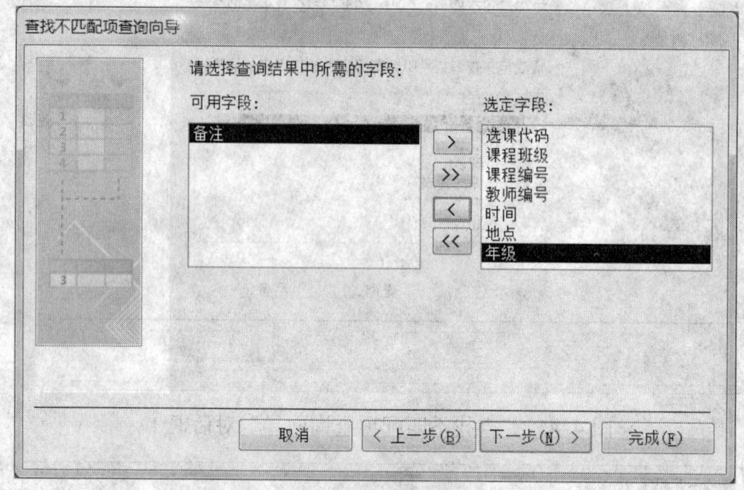

图 4-48 “查找不匹配项查询向导”对话框 4

⑤ 单击“下一步”按钮，系统弹出第五个“查找不匹配项查询向导”对话框，在该对话框中确定查询的名称，并且决定完成上述操作后，系统是显示查询结果还是修改查询的结构，如图 4-49 所示。

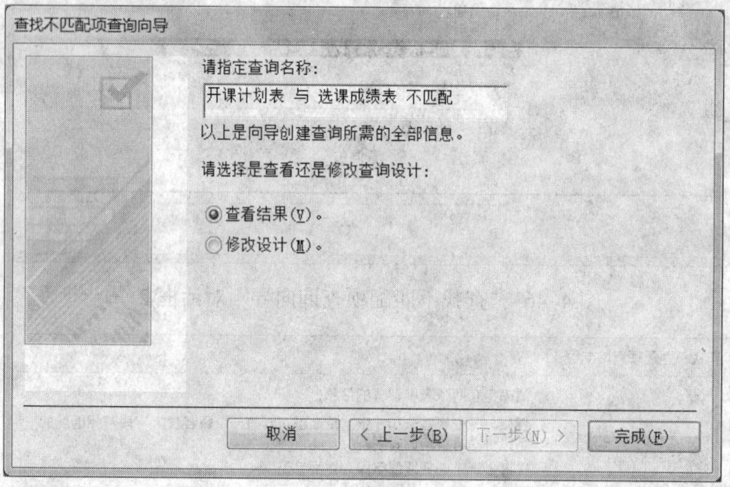

查找不匹配项查询向导

请指定查询名称：

开课计划表 与 选课成绩表 不匹配

以上是向导创建查询所需的全部信息。

请选择是查看还是修改查询设计：

◉ 查看结果(V)。

○ 修改设计(M)。

取消　< 上一步(B)　下一步(N) >　完成(F)

图 4-49 “查找不匹配项查询向导”对话框 5

完成上述工作后，得到的不匹配查询的结果是主表中的部分记录，这一部分记录在从表中找不到相关联的记录与之匹配。

查找不匹配项查询也可以不使用查询向导，而是直接在设计视图中创建，如图 4-50 所示。值得注意的有两点：第一，需要将关系的联接类型调整为左联接（详见 4.3.2 节），从而使查询的结果中包含“开课计划表”中的全部记录。第二，需要加入一个特殊的条件字段，要求是选课成绩表的“选课代码”值为空（Is Null）。该条件字段的作用是排除匹配记录，只留下不匹配记录。主表中记录分成两部分，一部分在从表中有匹配的记录，这时从表的关联字段值就非空（Is Not Null）。主表的另一部分记录在从表中没有匹配的记录，这时从表的关联字段值为空(Is Null)，后一部分记录是不匹配查询所需要的。

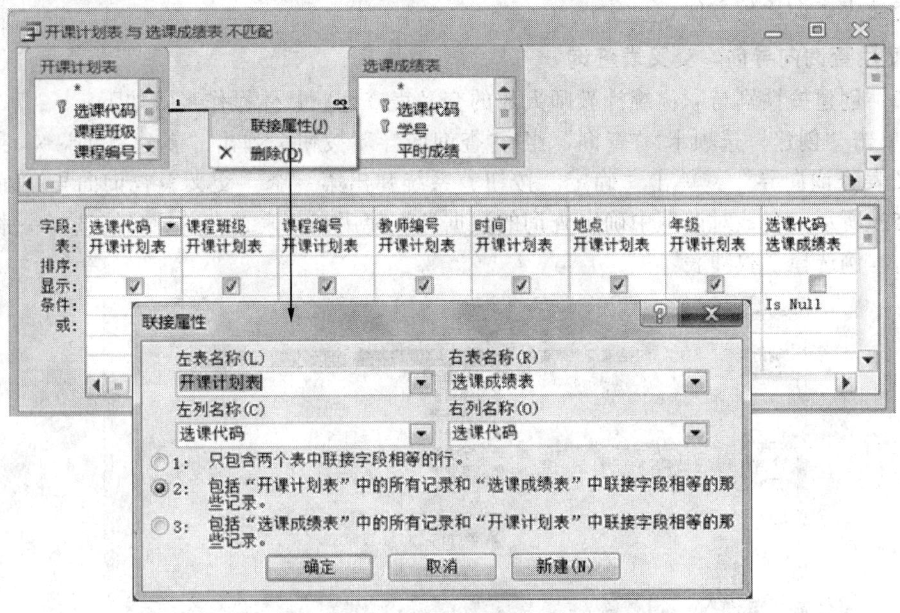

图 4-50 在设计视图下创建不匹配项查询

4.5 交叉表查询

交叉表查询以一种独特的外观形式实现表中数据的汇总。交叉表查询的独特外观是其他查询无法完成的。交叉表查询为用户提供了非常清楚的汇总数据，便于用户分析和使用查询结果。

在创建交叉表查询之前，先看一下交叉表查询的结果外观，掌握几个交叉表查询的基本术语。交叉表查询的结果外观如图 4-51 所示。从交叉表的外观上来看，交叉表有三个要素：行标题、列标题、值。行标题位于结果的最左端，是交叉表查询的第一个分组依据。列标题位于结果的最顶端，它是交叉表查询的第二个分组依据。值是指行标题与列标题交叉的位置上的数值，是经过汇总计算得来的。常用的交叉表汇总计算方式有总计（Sum）、平均值（Avg）、计数（Count）等。行小计是指对同行的值进行合计，位于交叉表查询结果的第二列。行小计不是必须的，有时可以省略。

从本质上说，交叉表查询是总计查询的一种特殊情况，它有两个分组依据和一个计算字段。交叉表查询与总计查询的区别只是外观上的不同。

性别	行小计	副教授	高工	讲师	教授	其他	助教
男	133	17	2	85	24		5
女	126	11		100	3	1	11

图 4-51 交叉表查询的结果外观

交叉表查询的创建有两种方法：使用查询向导创建与在设计视图下创建。如果交叉表查询的数据源只有一张表，则可以用向导法创建；如果查询的数据源来自于多张表，利用设计视图下创建交叉表查询比较方便。

1．使用查询向导创建交叉表查询

例如，创建按性别与职称统计教师人数的交叉表查询。具体操作步骤如下：

① 单击“创建”选项卡|“查询”组|“查询向导”按钮，弹出“新建查询”对话框，选择“交叉表查询向导”，单击“确定”按钮，系统弹出第一个“交叉表查询向导”对话框，如图 4-52 所示，在该对话框中确定查询的数据源。使用交叉表查询向导只能选择一张表作为数据源，本例选择“教师表”。

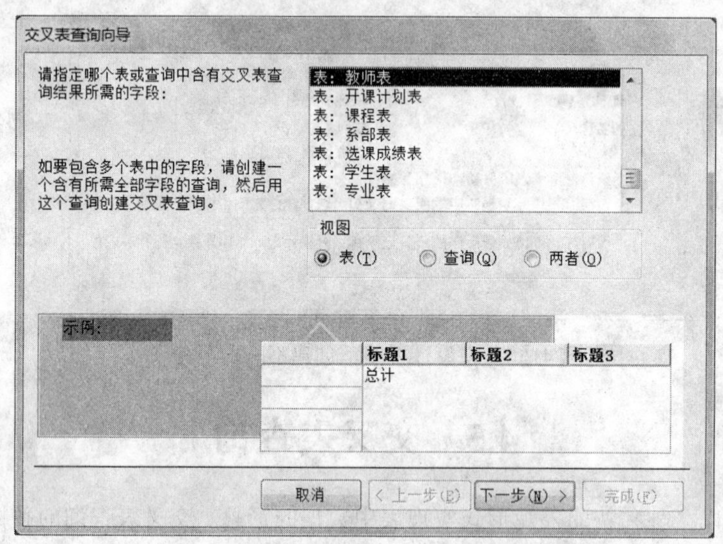

图 4-52 “交叉表查询向导”对话框 1

② 单击“下一步”按钮，系统弹出第二个“交叉表查询向导”对话框，在该对话框中确定行标题，通过 > 按钮将行标题字段加入到右侧的选定字段列表中，本例选择“性别”字段作为交叉表查询的行标题，如图 4-53 所示。

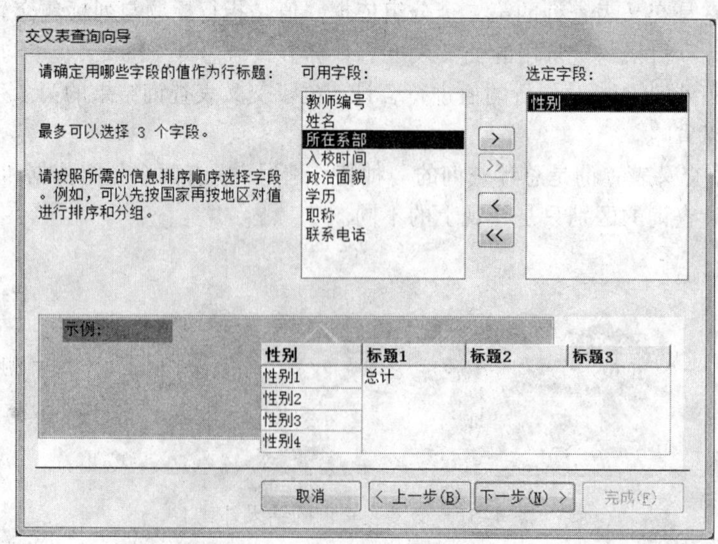

图 4-53 “交叉表查询向导”对话框 2

③ 单击“下一步”按钮，系统弹出第三个“交叉表查询向导”对话框。在该对话框中确定列标题，本例选择“职称”字段作为交叉表查询的列标题，如图 4-54 所示。

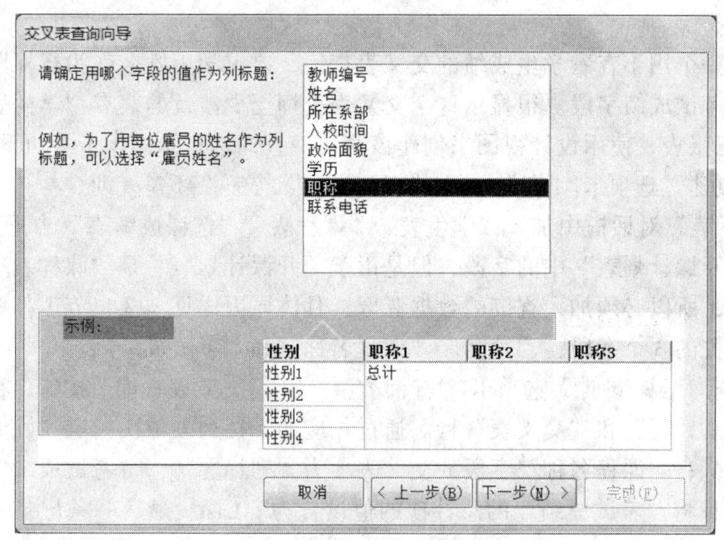

图 4-54 “交叉表查询向导”对话框 3

④ 单击“下一步”按钮，系统弹出第四个“交叉表查询向导”对话框，如图 4-55 所示。在该对话框中确定交叉表值的来源以及汇总方式，本例选择“教师编号”字段的“Count”汇总方式，作用是在行与列的交叉点上计算“性别”与“职称”都相同的“教师编号”字段值的个数，即同性别同职称的人数。在该对话框的左侧，有一个用于确定在查询结果中是否显示行小计的复选框，勾选此复选框，则结果有“行小计”列。

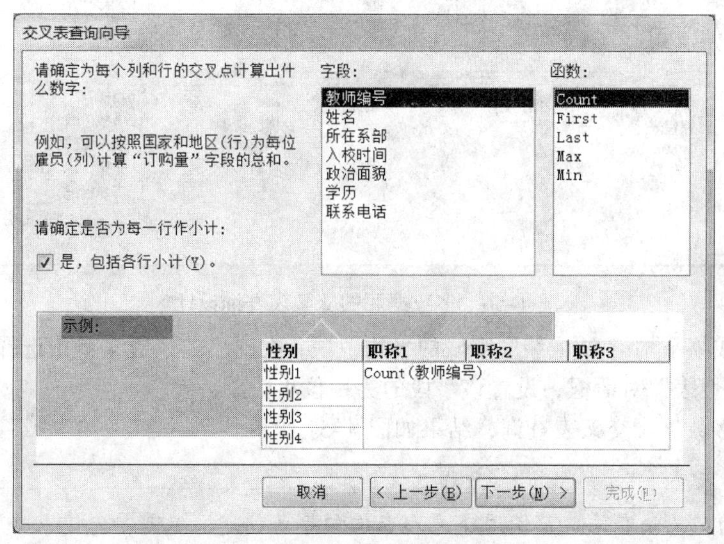

图 4-55 “交叉表查询向导”对话框 4

⑤ 单击“下一步”按钮，系统弹出第五个“交叉表查询向导”对话框，在该对话框中确定查询的名称，并且决定完成上述操作后的下一步动作是查看查询结果还是修改查询设计。单击“完成”按钮即可创建一个交叉表查询，该查询的运行结果如图 4-51 所示。

2. 利用设计视图创建交叉表查询

如果交叉表查询的数据源由两个或两个以上的表组成，则该交叉表查询在设计视图下创建比较方便。

例如，创建一个用于查看学生成绩的交叉表查询，要求学生姓名作为行标题，课程名称作为列标题，值为考试成绩字段。很显示这个交叉表查询至少涉及的表有“学生表”“课程表”“选课成绩表”三张表，使用设计视图来创建该交叉表查询，具体操作步骤如下：

① 单击“创建”选项卡|“查询”组|“查询设计”按钮，新建查询。

② 在“显示表”对话框中加入“学生表”“课程表”“选课成绩表”“开课计划表”（本例中没有用到“开课计划表”中的字段，但是由于“开课计划表”是“课程表”和“选课成绩表”的联系纽带，所以必须加入查询的数据源区，具体原因详见 4.3.1 节）。然后在查询的设计网格中加入相关的 3 个字段：“姓名”“课程名称”和“考试成绩”。

③ 单击“查询工具/设计”选项卡|“查询类型”组|“交叉表查询”按钮，在查询的字段区将会新增一个“总计行”和“交叉表”行。通过相应的下拉列表依次指定“姓名”字段的交叉表项为“行标题”；“课程名称”字段的交叉表项为“列标题”；“考试成绩”字段的交叉表项为“值”，并且将“考试成绩”的总计项的值设置为“Last（最后一条记录）”，从而保证行列交叉点上只有一个考试成绩值。如果需要在设计视图中增加“行小计”列，则可以将前面作为值的字段再次添加到字段区，并且将其交叉表项设置为第二个“行标题”，第二个行标题的总计项可以根据需要设置为“平均值”或“总计”等计算方式，如图 4-56 所示。

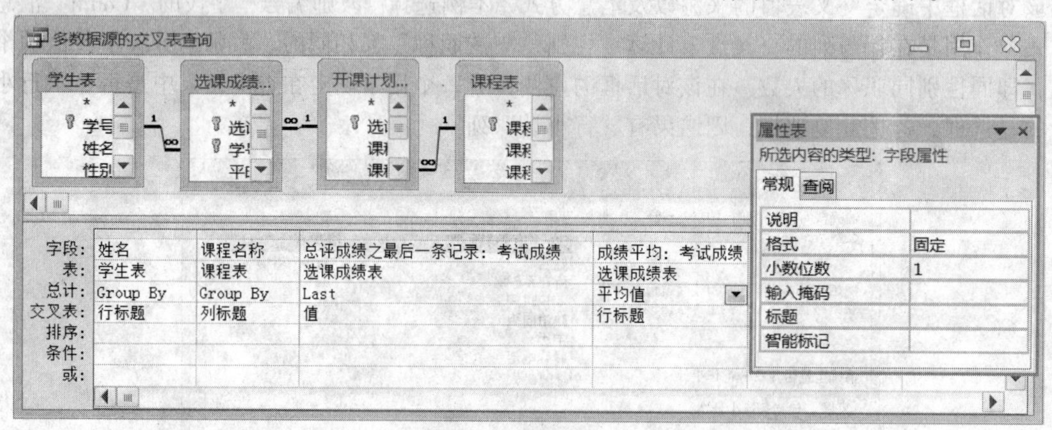

图 4-56　多数据源的交叉表查询设计

④ 右击“成绩平均:考试成绩”字段的平均值项，在弹出的快捷菜单中选择“属性”命令，弹出字段的“属性表”对话框，设置该字段的为一位小数。

⑤ 运行该多数据源交叉表查询，结果如图 4-57 所示。

温馨提示

多数据源的交叉表查询也可使用交叉表查询向导来创建。但需要先建立一个包含行标题、列标题、值字段的选择查询，然后将该选择查询作为数据源，通过“交叉表查询向导”来创建查询，步骤同前，只是在选择数据源时要选择查询类，而不是表类。

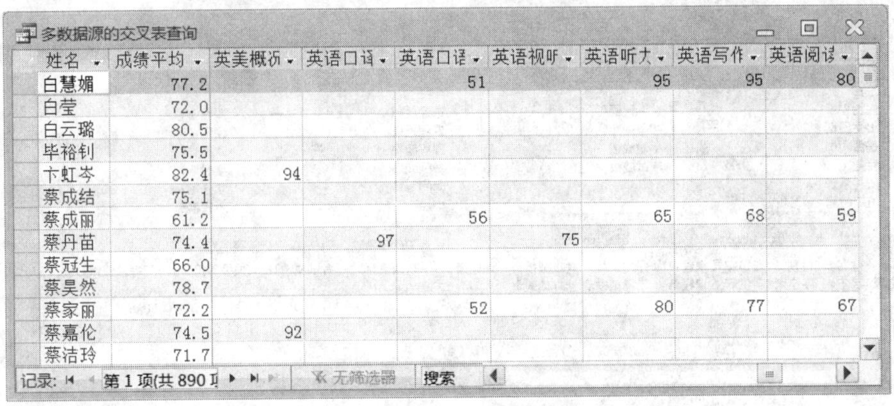

多数据源的交叉表查询

姓名	成绩平均	英美概况	英语口语	英语口语	英语视听	英语听力	英语写作	英语阅读
白慧媚	77.2			51		95	95	80
白莹	72.0							
白云璐	80.5							
毕裕钊	75.5							
卞虹岑	82.4	94						
蔡成结	75.1							
蔡成丽	61.2			56		65	68	59
蔡丹苗	74.4		97		75			
蔡冠生	66.0							
蔡昊然	78.7							
蔡家丽	72.2			52		80	77	67
蔡嘉伦	74.5	92						
蔡洁玲	71.7							

记录: 第 1 项(共 890 项 无筛选器 搜索

图 4-57 多数据源的交叉表查询结果

4.6 操 作 查 询

操作查询是一类不同于选择查询的特殊查询，它会对源对象中的数据实现删除、更新和追加等操作，并且可以通过运行查询生成新表。在操作查询的设计视图下，可以通过单击工具栏中的 ! 按钮运行查询，也可以在“导航”窗格的查询组中双击某个操作查询名运行该查询。操作查询是后台运行，运行操作查询时不能直接在屏幕上看到查询的结果，结果在表对象中才能观察到。从操作查询的设计视图切换到数据表视图时，该查询并不会执行，只是预览将要运行的数据记录。

4.6.1 生成表查询

在 Access 中，从表中访问数据要比从查询中访问数据快得多，如果经常要从几个表中提取数据，最好的方法是使用 Access 提供的生成表查询，即从多个表中提取数据组合起来生成一个新表永久保存。

例如，利用生成表查询生成“总评成绩表”新表，该表包括学生的基本信息、课程信息和成绩信息，同时要求添加两个计算字段“总评成绩”和“成绩等级”，其中“总评成绩”通过“[选课成绩表]![平时成绩]*.3+[选课成绩表]![考试成绩]*.7”计算出来，“成绩等级”通过“IIf([选课成绩表]![考试成绩]>90,"A",IIf([选课成绩表]![考试成绩]>60,"B","C"))”计算出来。很显然这是一个生成表查询，涉及“学生表”“选课成绩表”“开课计划表”“课程表”。总的方法是先按要求创建一个选择查询，然后单击“查询工具/设计”选项卡|“查询类型”组|“生成表查询”按钮，将查询的类型改为“生成表查询”，具体操作步骤如下：

① 在设计视图中创建查询，数据源指定为选择“学生表”中的“学号”“姓名”“性别”“班级编号”字段，“课程表”中的“课程名称”字段，“选课成绩表”的“平均成绩”和“考试成绩”字段，再加入计算字段“总评成绩”和“成绩等级”，如图 4-58 所示。

② 单击“查询工具/设计”选项卡|“查询类型”组|“生成表查询”按钮，弹出“生成表”对话框，在该对话框中输入将要生成的新表名称“总评成绩表”，选择“当前数据库”单选按钮，如图 4-59 所示。如果要将新表放到另外的数据库中，可以选择“另一个数据库”单选按钮，并通过单击“浏览”按钮，在弹出的对话框中确定目标数据库的名称，具体操作略。

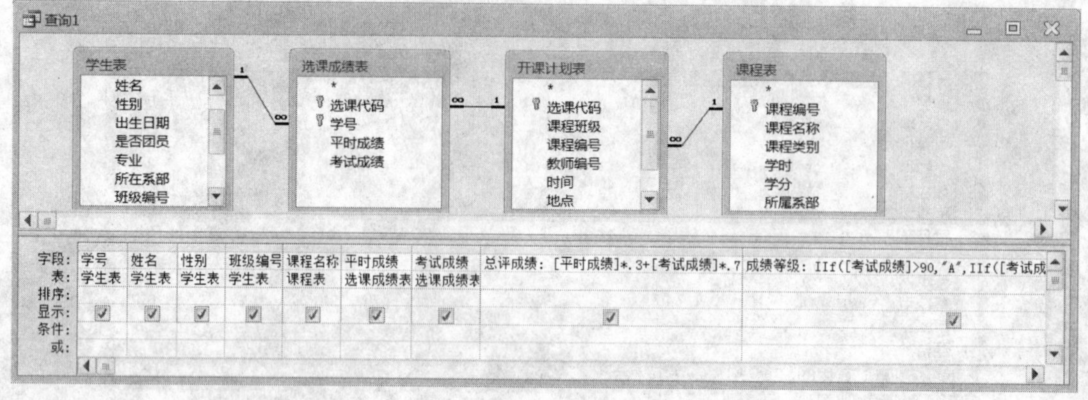

图 4–58 生成表查询的准备

图 4–59 “生成表”对话框

③ 单击“查询工具/设计”选项卡|“结果”组|“运行”按钮，运行生成表查询，系统显示将要生成新表的记录数，并警告该操作是不可恢复的，单击“是”按钮生成新表，如图 4–60 所示。

④ 保存上述生成表查询后，可以进入“导航”窗格的表对象组，在其中就可以看到生成的新表“总评成绩表”。

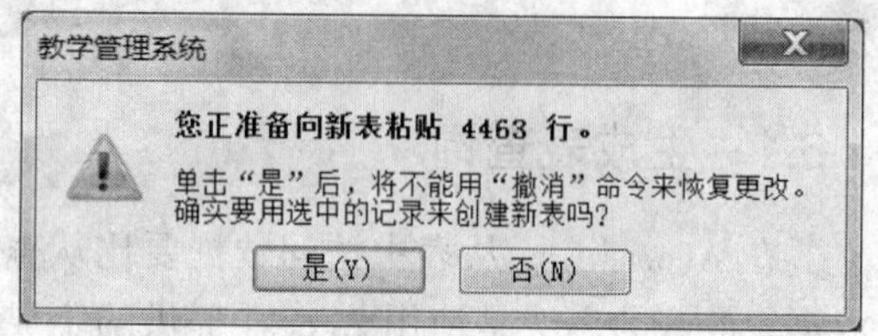

图 4–60 生成表提示对话框

温馨提示

生成表查询不能多次运行，每运行一次就会覆盖上次的结果，特别是执行更新成绩等级以后，再运行生成表查询就会前功尽弃，需谨慎。

4.6.2 更新查询

在建立和维护数据库的过程中，常常需要对表中的记录进行更新和修改。如果用户通过表的“数据表视图”来更新记录，则会非常困难。如果更新的记录很多，而且更新的记录符合一定规律，则可以使用更新查询来批量、自动地修改表中的数据。

例如，将“总评成绩表”中“总评成绩”字段的值在 58~60（含 58）的记录的“成绩等级”值改为 C。可以根据总评成绩字段的不同取值，将成绩等级分成更细的级别，如 A、A–、B+、B、B–、C+、C、C–、D、F 等，由于后台运行，可以在更新查询的设计视图中不断修改总评成绩区间和对应的成绩等级级别，每次修改都运行一次，最终得到不同的成绩等级，打开总评成绩表可一目了然。具体操作步骤如下：

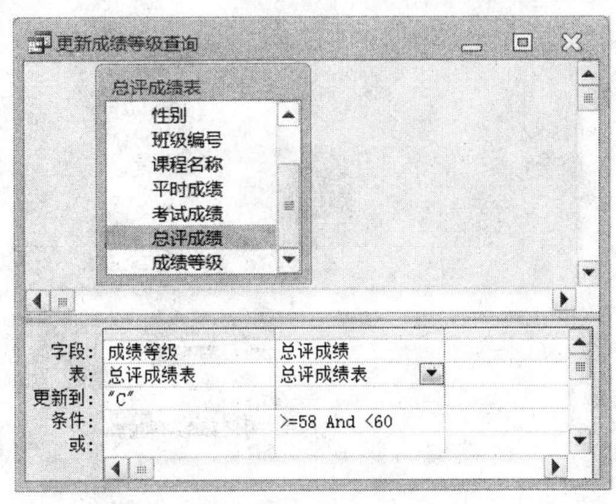

图 4-61　更新查询

① 在设计视图中创建查询，数据源指定为“总评成绩表”添加“总评成绩”和“成绩等级”字段。单击“查询工具/设计”选项卡|“查询类型”组|“更新查询”按钮，将选择查询改为更新查询。在“总评成绩”字段下加入“>=58 And <60”作为条件。在“成绩等级”字段的“更新到”项目中填入更新后的值“C”，如图 4-61 所示。

② 单击“查询工具/设计”选项卡|“结果”组|“运行”按钮，运行更新查询，系统显示将要更新的记录数，并警告该操作是不可恢复的，单击“是”按钮确认更新操作。

③ 保存上述更新查询后，可以打开“总评成绩表”查看更新后的结果。

4.6.3　追加查询

追加查询可以将查询的结果追加到某个已有表的尾部。值得注意的是数据源的字段类型要与追加目标的数据类型一致。

例如，将“学生表”中市场系的学生记录找出来，追加到已有的“管理系学生表”的尾部。具体操作方法是：

① 在设计视图中创建查询，作用是找出市场系的全部记录，如图 4-62 所示。

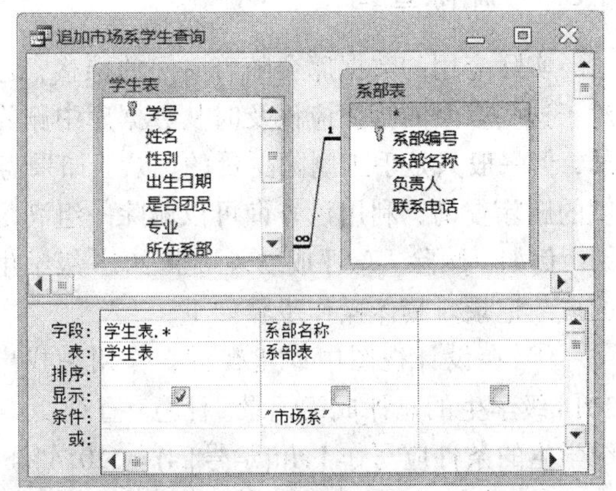

图 4-62　追加查询的准备

② 单击“查询工具/设计”选项卡|“查询类型”组|“追加查询”按钮，弹出“追加”对话框，在该对话框中通过下拉列表选择追加的目标“管理系学生表”，选择“当前数据库”单选按钮，如图 4-63 所示。

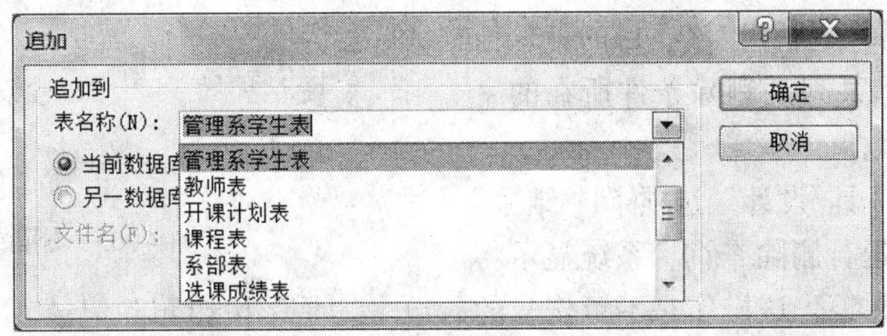

图 4-63　“追加”对话框

③ 在查询的设计网格中将会出现“追加到”属性项目，将满足条件的“学生表”中全部字段的值依次追加到“管理系学生表”的所有字段中，如图 4-64 所示。

④ 单击“查询工具/设计”选项卡|“结果”组|“运行”按钮，运行追加查询，系统显示将要追加到表的记录数，并警告该操作是不可恢复的，单击“是”按钮追加记录。

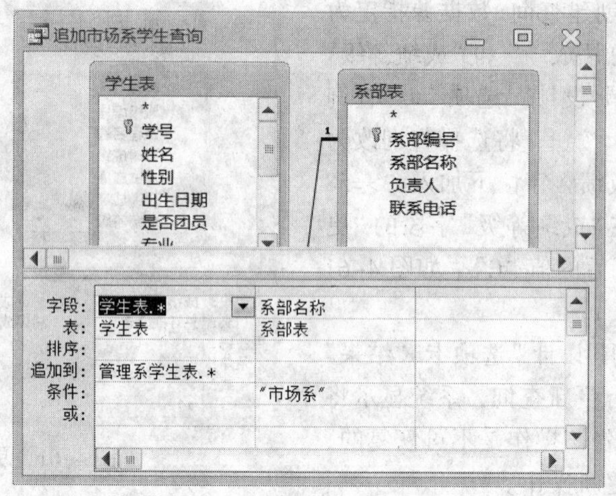

图 4-64　追加查询中的追加字段

⑤ 保存上述追加查询。可以打开“管理系学生表”查看追加后的结果。

4.6.4　删除查询

实际应用的数据库会随着时间的推移，记录数据会越来越多，其中有些数据是过期没用的。对于这些多余的数据应该及时从数据库中删除。在表的基本操作中虽然可以删除表中的某些记录，但一般只是手工删除少量的记录，如果需要有条件地删除一组记录，则可以使用 Access 提供的删除查询，利用该查询可以删除一组满足条件的记录。

例如，删除“总评成绩表”中 2014 级学生的成绩记录。具体操作步骤如下：

① 在设计视图中创建查询，作用是找出 2014 级学生的总评成绩记录。注意：查询 2014 级学生的条件应写作 Left([学号],4) = "2014"。

② 单击“查询工具/设计“选项卡|”查询类型”组|“删除查询”按钮，将选择查询的类型转换为“删除查询”。在查询的设计网格中将会出现“删除”属性项目，该项目的默认值为“Where”，表示某列是删除条件所在的字段，如图 4-65 所示。

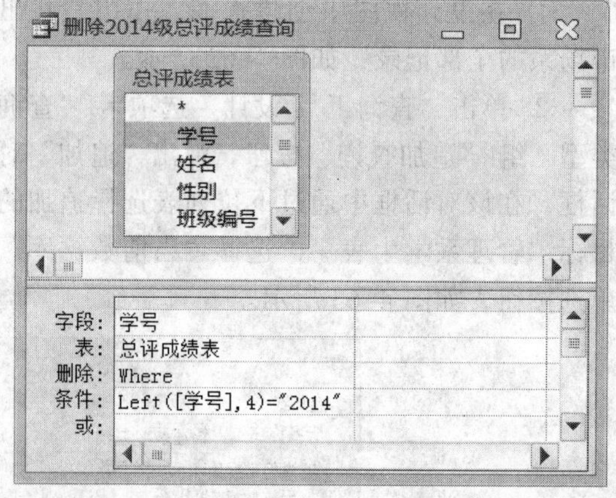

图 4-65　删除查询

③单击“查询工具/设计”选项卡|“结果”组|“运行”按钮，运行删除查询，系统显示将要删除的记录数，并警告该操作是不可恢复的，单击“是”按钮删除记录。

删除查询会永久清除表中的记录，已删除的记录不能用快速访问工具栏中的“撤销”按钮恢复。因此，用户在执行删除查询操作时要十分慎重，最好对要删除记录的表进行备份，以防由于误操作引起数据丢失。

如果只删除指定字段中的数据，而不是删除整个记录，则可以使用更新查询将该字段值改为空值。如果需要删除数据源的全部记录，可以只加入“*”字段，不加入任何条件。

如果两个表在建立关系时，选择了“实施参照完整性”和“级联删除相关记录”选项，则当删除主表中的记录时，从表中的相关记录也会自动删除。所以，执行这样的删除查询应该更加慎重。

4.7 SQL查询

4.7.1 SQL概述

在关系数据库中普遍使用一种介于关系代数和关系演算之间的数据库操作语言 SQL（结构化查询语言，Structured Query Language）。SQL 最早是 1974 年由 Boyce 和 Chamberlin 提出，并作为 IBM 公司研制的关系数据库管理系统原型 System R 的一部分付诸实施。它不仅具有丰富的查询功能，还具有数据定义和数据控制功能，是集查询、DDL（数据定义语言）、DML（数据操纵语言）、DCL（数据控制语言）于一体的关系数据语言。它充分体现了关系数据语言的特点和优点，是关系数据库的标准语言。

SQL 具有以下特点：

① 数据库的主要功能是通过数据库支持的数据语言来实现的。SQL 语言的核心包括如下数据语言：

a. 数据定义语言（Data Definition Language，DDL），用于定义数据库的逻辑机构，是对关系模式一级的定义，包括基本表、视图及索引的定义。

b. 数据查询语言（Data Query Language，DQL），用于查询数据。

c. 数据操纵语言（Data Manipulation Language，DML），用于对关系模式中的具体数据的增、删、改等操作。

d. 数据控制语言（Data Control Language，DCL），用于数据访问权限的控制。

SQL 语言集这些功能于一体，而且语言风格统一，可以独立完成数据库生命周期中的全部活动，包括定义关系模式、录入数据已建立数据库、查询、更新、维护、数据库重构、数据库安全控制等一系列操作要求，这就为数据库应用系统开发提供了良好的环境。

② 高度非过程化。只需告诉计算机做什么（What），无需告诉计算机怎么做（How）。因此用户无需了解存取路径，存取路径的选择以及 SQL 语句的操作过程由系统自动完成。这不但大大减轻了用户负担，而且有利于提高数据独立性。

③ 功能强大，简捷易用。SQL 语言功能极强，但其语言十分简洁，完成数据定义、数据操纵、数据控制的核心功能只用了 9 个动词：CREATE、DROP、ALTER、SELECT、INSERT、UPDATE、DELETE、GRANT、REVOKE。而且 SQL 语言语法简单，接近英语口语，因此易学易用。

④ 提供两种使用方式：命令方式和嵌入方式。SQL 语言既是自含式语言，又是嵌入式语言。作为自含式语言，它能够独立地用于联机交互的使用方式，用户可以在终端键盘上直接键入 SQL 命令对数据库进行操作。作为嵌入式语言，SQL 语句能够嵌入到高级语言（例如 C）程序中，提供程序员设计程序时使用。而在两种方式下，SQL 语言的语法结构基本上是一致的。这种统一的语法结构提供两种不同的使用方式的方法，为用户提供了极大的灵活性与方便性。

⑤ 支持三级模式结构。SQL 语言支持关系数据库三级模式结构。

4.7.2 SQL 的数据定义

1. 基本表的定义

SQL 语言使用 CREATE TABLE 语句定义基本表。其一般格式为。

```
CREATE TABLE <基本表名>
(<列名 1><列数据类型> [列完整性约束],
<列名 2><列数据类型> [列完整性约束],
……
[表级完整性约束])
```

说明：

① 其中，“<>”中的内容是必选项，“[ ]”中的内容是可选项。

② <基本表名>：规定了所定义的基本表的名字，在一个数据库中不允许有两个基本表同名。

③ <列名>：规定了该列（属性）的名称。一个表中只有一列组成，且不能有两列同名。

④ <列数据类型>：规定了该列的数据类型。即前面介绍的数据类型。

⑤ <列完整性约束>：是指对某一列设置的约束条件。该列上的数据必须满足。最常见的有：

NOT NULL：该列值不能为空。

NULL：该列值可以为空。

UNIQUE：该列值不能存在相同。

DEFAULT：该列某值在未定义时的默认值。

⑥ <表级完整性约束>：规定了关系主键、外键和用户自定义完整性约束。

SQL 语句只要求语句的语法正确即可，对关键字的大小写、语句的书写格式不做要求。但是语句中不能出现中文状态下的标点符号。

【例4.1】创建员工关系表。

```
CREATE TABLE Employee
(Eno CHAR(5),
Ename VARCHAR(10),
Sex CHAR(2),
Marry CHAR(2),
Dno CHAR(4));
```

【例4.2】创建 ENROLLS 关系表。

```
CREATE TABLE ENROLLS
(SNO NUMERIC(6,0) NOT NULL,
CNO CHAR(4) NOT NULL,
GRADE INT,
PRIMARY KEY(SNO,CNO),
FOREIGN KEY(SNO) REFERENCES STUDENTS(SNO),
FOREIGN KEY(CNO) REFERENCES COURSES(CNO),
CHECK ((GRADE IS NULL) OR (GRADE BETWEEN 0 AND 100)))
```

【例4.3】创建“STUDENTS”表。

```
CREATE TABLE STUDENTS
(SNO NUMERIC(6,0) NOT NULL,
SNAME CHAR(8) NOT NULL,
AGE NUMERIC(3,0),
```

```
SEX CHAR(2),
BPLACE CHAR(20),
PRIMARY KEY(SNO);
```

2．基本表的修改

```
ALTER TABLE <基本表名>
[ADD <新列名><列数据类型> [列完整性约束]]
[DROP COLUMN <列名>]
[MODIFY <列名><新的数据类型>]
[ADD CONSTRAINT <表级完整性约束>]
[DROP CONSTRAINT <表级完整性约束>]
```

说明：

① ADD：为一个基本表增加新列，但新列的值必须允许为空（除非有默认值）；

② DROP COLUMN：删除表中原有的一列；

③ MODIFY：修改表中原有列的数据类型，通常，当该列上有列完整性约束时，不能修改该列。

④ ADD CONSTRAINT 和 DROP CONSTRAINT：分别表示添加表级完整性约束和删除表级完整性约束。将在 SQL 语句的完整性约束实现一节详细介绍。

以上的命令格式在实际的 DBMS 中可能有所不同，用户在使用时应参阅实际系统的参考手册。

【例 4.4】在 ENROLLS 表中增加一个 Birth 列。

```
ALTER TALBE ENROLLS
ADD Birth DATETIME NULL;
```

【例 4.5】修改 Employee 表中 Marry 列为 BOOLEAN。

```
ALTER TALBE Employee
MODIFY Marry BOOLEAN;
```

【例 4.6】删除 ENROLLS 表中新增的 Birth 列。

```
ALTER TALBE ENROLLS
DROP COLUMN Birth;
```

3．基本表的删除

```
DROP TABLE <基本表名>
```

【例 4.7】删除 STUDENTS 表。

```
DROP TABLE STUDENTS
```

4.7.3　SQL 的数据操纵

1．数据查询

```
SELECT [ALL | DISTINCT] <列名或表达式> [别名 1] [<列名或表达式> [别名 2]]…
FROM <表名或视图名> [表别名 1] [<表名或视图名> [表别名 2]]…
[WHERE <条件表达式>]
[GROUP  BY  <列名 1>] [HAVING  <条件表达式>]
[ORDER  BY  <列名 2>] [ASC | DESC]
```

说明：

从 FROM 子句指定的关系（基本表或视图）中，取出满足 WHERE 子句条件的元组，最后按 SELECT 的查询项形成结果表。若有 ORDER　BY 子句，则结果按指定的列的次序排列。若有 GROUP　BY 子句，则将指定的列中相同值的元组都分在一组，并且若有 HAVING 子句，则将分组结果中去掉不满足 HAVING 条件的元组。

例如有一个学生数据库，其中有 3 个基本表：

```
Student(Sno,Sname,Age,Sex,Place)
Study(Sno,Cno,grade)
Course(Cno,Cname,Credit)
```

其中 Student 表中 Sno 为主键、Study 表中 Sno 和 Cno 合起来做主键、Course 表中 Cno 为主键。

【例4.8】查询所有学生的学号、年龄。

```
SELECT Sno,Age
FROM student;
```

【例4.9】查询学生的学习成绩。

```
SELECT Sno,grade
FROM study
```

【例4.10】查询学生的籍贯。

```
SELECT DISTINCT place
FROM student
```

当查询的结果只包含元表中的部分列时，结果中可能会出现重复列，使用 DISTINCT 保留字可以使重复列值只保留一个。

【例4.11】统计学生表中的记录数。

```
SELECT  COUNT(*) FROM  student
```

【例4.12】求学生的平均成绩、最高分、最低分。

```
SELECT  AVG(grade), MAX(grade),MIN(grade) FROM study
```

说明：

COUNT（<列名>）：统计查询结果中一个列上值的个数。

MAX（<列名>）：计算查询结果中一个列上的最大值。

MIN（<列名>）：计算查询结果中一个列上的最小值。

SUM（<列名>）：计算查询结果中一个数值列上的总和。

AVG（<列名>）：计算查询结果中一个数值列上的平均值。

【例4.13】找出 3 个学分的课程号和课程名。

```
SELECT Cno,Cname
FROM Course
WHERE Credit=3
```

【例4.14】查询籍贯是湖北的学生信息。

```
SELECT *
FROM student
WHERE place='湖北'
```

【例4.15】找出籍贯为河北的男生的姓名和年龄。

```
SELECT Sname,Age
FROM Student
WHERE Place='河北' AND Sex='男'
```

【例4.16】找出年龄在 20～23 岁之间的学生的学号、姓名和年龄，并按年龄升序排序。[ASC（升序）或 DESC（降序）声明排序的方式，默认为升序]。

```
SELECT Sno,Sname,Age
FROM Student
```

```
WHERE Age BETWEEN 20 AND 23
ORDER BY Age
```

【例4.17】找出年龄小于 23 岁，籍贯是湖南或湖北的学生的姓名和性别。

```
SELECT Sname,Sex
FROM Student
WHERE Age<23 AND Place LIKE'湖%'
```

或

```
SELECT Sname,Sex
FROM Student
WHERE Age<23 AND place IN('湖南','湖北')
```

【例4.18】查询姓王的学生的学号、姓名、年龄。

```
SELECT Sno,Sname,Age
FROM Student
WHERE Sname LIKE '王%'
```

说明：通配符%表示任意长度的字符串，_（下画线）表示任意的单个字符。

【例4.19】查询每一门课程的平均得分。

```
SELECT Cno,AVG(grade)
FROM study
GROUP BY Cno
```

【例4.20】查询被 3 人以上选修的每一门课程的平均成绩、最高分、最低分。

```
SELECT Cno,AVG(grade),MAX(grade),MIN(grade)
FROM study
GROUP BY Cno
HAVING  COUNT(*)>=3
```

【例4.21】找出成绩为 95 分的学生的姓名（子查询）。

```
SELECT Sname
FROM Student
WHERE Sno=(SELECT Sno FROM COURSE WHERE GRADE=95)
```

【例4.22】查询全部学生的学生名和所学课程号及成绩（连接查询）。

```
SELECT Sname,Cno,Grade
FROM Student,Course
WHERE Student.Sno=COURSE.Sno
```

【例4.23】找出籍贯为山西或河北，成绩为 90 分以上的学生的姓名、籍贯和成绩。

```
SELECT Sname,Place,GRADE
FROM Student,Course
WHERE Place IN('山西','河北') AND Grade>=90 AND STUDENT.Sno=Course.Sno
```

说明：谓词 IN 表示与后面的集合中的某个值相匹配匹配，NOT IN 表示不与后面的集合中的某个值相匹配，BETWEEN 表示包含于……之中。

【例4.24】统计年龄小于等于 22 岁的学生人数（统计）。

```
SELECT COUNT(*)
FROM Student
WHERE Age<=22
```

【例4.25】找出学生的平均成绩和所学课程门数。

```
SELECT Sno,AVG(Grade),Course=COUNT(*)
FROM Course
GROUP BY Sno
```

【例4.26】找出年龄超过平均年龄的学生姓名。

```
SELECT Sname
FROM Student
WHERE Age>(SELECT AVG(Age)FROM Student)
```

【例4.27】查询籍贯为湖北的学生的学号、选修的课程号和相应的考试成绩。

```
SELECT student.sno,cno,grade
FROM student,study
WHERE student.sno=study.sno AND  place LIKE '湖北'
```

【例4.28】查询籍贯为湖北的学生的姓名、选修的课程名称和相应的考试成绩。

```
SELECT sname,cname,grade
FROM student,study,course
WHERE student.sno=study.sno
AND study.cno=course.cno
AND place LIKE '湖北'
```

【例4.29】查询籍贯相同的两个学生基本信息。

```
SELECT A.*
FROM student A,student B
WHERE A.place=B.place
```

【例4.30】查询籍贯是湖北的学生以及姓张的学生基本信息。

```
SELECT *
FROM student
WHERE place LIKE '湖北'
UNION
SELECT * FROM student WHERE Sname LIKE '张%'
```

【例4.31】查询年龄大于 18 岁姓张的学生的基本信息。

```
SELECT *
FROM Student
WHERE Age>18
INTERSECT
SELECT * FROM Student WHERE Sname LIKE '张%'
```

【例4.32】查询选修了 C 语言的学生的学号和相应的考试成绩。

```
SELECT sno,grade
FROM study
WHERE cno=(SELECT cno FROM course WHERE cname LIKE 'C语言')
```

【例4.33】查询考试成绩大于总平均分的学生学号。

```
SELECT DISTINCT sno
FROM study
WHERE  grade>(SELECT AVG(grade)FROM study)
```

【例4.34】查询成绩至少比选修了 C02 号课程的一个学生成绩低的学生学号。

```
SELECT sno
FROM study
WHERE grade<ANY
(SELECT grade FROM study WHERE cno='c02')AND cno <>'c02'
```

【例4.35】查询成绩比所有选修了 C02 号课程的学生成绩低的学生学号。

```
SELECT Sno
FROM Study
WHERE grade<ALL
(SELECT grade FROM study WHERE cno='c02')AND cno<>'c02'
```

【例 4.36】查询选修了 C 语言的学生的基本信息。

```
SELECT *
FROM Student
WHERE Sno in
(SELECT Sno FROM Study WHERE Cno in
SELECT Cno FROM Course WHERE Cname LIKE 'C语言')
```

【例 4.37】查询选修了 C 语言的学生的学号。

```
SELECT Sno
FROM Study
WHERE EXISTS
(SELECT * FROM Course WHERE Study.Cno=Course.Cno AND Cname LIKE 'C语言')
```

【例 4.38】查询所有未选 C04 号课程的学生的姓名。

```
SELECT Sname
FROM Student
WHERE NOT EXISTS
(SELECT * FROM Study WHERE Study.Sno=student.sno AND cno='C04')
```

【例 4.39】查询选修了全部课程的学生姓名。

```
SELECT Sname
FROM student
WHERE NOT EXISTS
(SELECT * FROM Course WHERE NOT EXISTS
(SELECT * FROM study WHERE Sno=student.Sno AND Cno=course.cno))
```

【例 4.40】查询至少选修了学生 03061 选修的全部课程的学生学号。

```
SELECT DISTINCT Sno
FROM study X
WHERE NOT EXISTS (SELECT * FROM study Y WHERE Y.Sno='03061'AND NOT EXIST(SELECT
* FROM study Z WHERE Z.Sno=X.Sno  AND Z.Cno=Y.Cno))
```

2. 插入数据

```
INSERT INTO <基本表名> [(<列名 1>,<列名 2>,…,<列名 n>)]
VALUES(<列值 1>,<列值 2>,…,<列值 n>)
```

其中，<基本表名>指定要插入元组的表的名字；<列名 1>，<列名 2>，…，<列名 n>为要添加列值的列名序列；VALUES 后则一一对应要添加列的输入值。若列名序列省略，则新插入的记录必须在指定表妹个属性列上都有值；若列名序列都省略，则新记录在列名序列中未出现的列上取空值。所有不能取空值的列必须包括在列名序列中。

【例 4.41】在学生表中插入一个学生记录（04027，李文，男，19，福建）。

```
INSERT INTO student
VALUES('04027','李文','男',19,'福建')
```

【例 4.42】在学习表中插入一个学生选课记录（04027,05）。

```
INSERT INTO study(Sno,Cno)
VALUES('04027','05')
```

本例中新插入的记录在 grade 属性列上取空值。

【例 4.43】如果已建有课程平均分表 course_avg(cno,average)，其中 average 表示每门课程的平均分，向 course_avg 表中插入每门课程的平均分记录。

```
INSERT INTO course_Avg(Cno,average)
SELECT Cno,Avg(grade)
FROM study
```

```
GROUP BY Cno
```

3．删除数据

```
DELETE FROM <表名>[WHERE <条件>]
```

其中，WHERE<条件>是可选的，如不选，则删除表中所有元组。

【例4.44】删除籍贯为湖北的学生基本信息。

```
DELETE FROM student
WHERE place LIKE '湖北'
```

此查询会将籍贯字段值为“湖北”的所有记录全部删除。

【例4.45】删除成绩不及格的学生的基本信息。

```
DELETE FROM student
WHERE Sno IN(SELECT Sno FROM study WHERE grade<60)
```

注意，DELETE 语句一次只能从一个表中删除记录，而不能从多个表中删除记录。要删除多个表的记录，就要写多个 DELETE 语句。

4．修改数据

```
UPDATE <基本表名>
SET <列名>=<表达式> [,<列名>=<表达式>]…
[WHERE <条件>]
```

对指定基本表中满足条件的元组，用表达式值作为对应列的新值，其中，WHERE<条件>是可选的，如不选，则更新指定表中的所元组的对应列。

【例4.46】将操作系统的学分改为 3。

```
UPDATE Course
SET credit=3
WHERE cname LIKE '操作系统'
```

【例4.47】把所有学生的年龄增加一岁。

```
UPDATE Student
SET Age = Age+1
```

【例4.48】学生张春明在数据库课考试中作弊，该课成绩应作零分计。

```
UPDATE Course
SET grade = 0
WHERE Cno = 'C1'AND
'张春明' = (SELECT Sname FROM Student WHERE Student.Sno=Course.Sno)
```

【例4.49】将所有选了编译原理的学生成绩加 5 分。

```
UPDATE study
SET grade=grade+5
WHERE Cno IN(SELECT Cno FROM Course WHERE Cname LIKE '编译原理')
```

在查询的设计视图中设计好所需的查询后，由视图菜单转入 SQL 视图，都能看到对应的 SQL 语句，为使读者更好地阅读，特做上述介绍。

习　题

一、填空题

1. 查询是专门用来进行________和数据加工的一种重要的数据库对象。
2. 查询结果可以作为其他数据库对象的________。
3. 查询不仅可以重组表中的数据，还可以通过________再生新的数据。

4. 查询也是一个“表”，只不过它是以表或查询为________的再生表，是________的数据集合。

5. 利用参数查询，通过不同的参数值，可以在同一个查询中________的查询结果。

6. 运行“参数查询”时，使用________可以创建动态的查询结果。

7. 查询的结果会因为数据源的数据更新而________。

8. 动作查询、SQL 查询必须在________创建。

9. 在“选择查询”窗口，在“准则”文本框，输入查询条件，查询结果中只有________。

10. 关键字 ASC 和 DESC 分别表示________的含义。

11. 用于设定控件的输入格式，仅对文本型或日期型数据有效的控件的数据属性为________。

12. 在 SQL 的 SELECT 语句中，用________与________短语对查询的结果进行排序和分组。

13. 创建交叉表查询，应对行标题和________进行分组操作。

14. 如果要将某表中的若干记录删除，应该创建________查询。

15. ________主要是针对控件的外观或窗体的显示格式而设置的。

二、单选题

1. Access 支持的查询类型有（　　）。

A. 选择查询、交叉表查询、参数查询、SQL 查询和动作查询

B. 基本查询、选择表查询、参数查询、SQL 查询和动作查询

C. 多表查询、单表查询、交叉表查询、参数查询和动作查询

D. 选择查询、统计查询、参数查询、SQL 查询和动作查询

2. 创建 Access 查询可以（　　）。

A. 利使用查询向导　　B. 查询“设计”视图

C. 使用 SQL 查询　　D. 使用以上 3 种方法

3. 以下（　　）不属于动作查询。

A. 交叉表查询　　B. 更新查询　　C. 删除查询　　D. 生成表查询

4. 创建一个交叉表查询，在“交叉表”行上有且只能有一个的是（　　）。

A. 行标题、列标题和值　　B. 列标题和值

C. 行标题和值　　D. 行标题和列标题

5. 如果在数据库中已有同名的表，要通过查询覆盖原来的表，应该使用的查询类型是（　　）。

A. 删除　　B. 追加　　C. 生成表　　D. 更新

6. 将表 A 的记录添加到表 B 中，要求保持表 B 中原有的记录，可以使用的查询是（　　）。

A. 选择查询　　B. 生成表查询　　C. 追加查询　　D. 更新查询

7. SQL 的含义是（　　）。

A、数据定义语言　　B、结构化查询语言

C、数据库查询语言　　D、数据库操纵与控制语言

8. 关于查询的叙述正确的是（　　）。

A. 只能根据数据表创建查询　　B. 只能根据已建查询创建查询

C. 可以根据数据表和已建查询创建查询　D. 不能根据已建查询创建查询

9. 如果要检索价格在 15～20 万元的产品，可以设置条件为（　　）。

A. ">15Not<20"　　B. ">15 Or <20"

C. ">15 And <20"　　D. ">15Like<20"

10. 对“将 1998 年以前参加工作的教师的职称改为教授”合适的查询方式为（　　）。

A. 生成表查询　B. 更新查询　C. 删除查询　D. 追加查询

11. 特殊运算符“IN”的含义是（　　）。

A. 用于指定一个字段值的范围，指定的范围之间用 And 连接

B. 用于指定一个字段值的列表，列表中的任一值都可与查询的字段相匹配

C. 用于指定一个字段为空

D. 用于指定一个字段为非空

12. 在查询设计视图中（　　）。

A. 可以添加数据库表，也可以添加查询　B. 只能添加数据库表

C. 只能添加查询　D. 以上两者都不能添加

13. 条件"Not 工资额>2000"的含义是（　　）。

A. 选择工资额大于 2 000 的记录

B. 选择工资额小于 2 000 的记录

C. 选择除了工资额大于 2 000 之外的记录

D. 选择除了字段工资额之外的字段，且大于 2 000 的记录

14. 利用对话框提示用户输入查询条件，这样的查询属于（　　）。

A. 选择查询　B. 参数查询　C. 操作查询　D. SQL 查询

15. 建立一个基于“学生”表的查询，要查找“出生日期”（数据类型为日期／时间型）在 1980-06-06 和 1980-07-06 间的学生，在“出生日期”对应列的“条件”行中应输入的表达式是（　　）。

A. between 1980-06-06 and 1980-07-06

B. between #1980-06-06# and #1980-07-06#

C. between 1980-06-06 or 1980-07-06

D. between #1980-06-06# or #1980-07-06#

16. 图 4-66 显示的是查询设计视图的“网格”部分，该查询的功能是（　　）。

字段:	姓名	性别	入校时间	所在系部
表:	教师表	教师表	教师表	教师表
排序:				
显示:	☑	☑	☑	☑
条件:		"女"	Year([入校时间])<2000	
或:				

图 4-66　第 16 题的查询设计视图

A. 性别为“女”并且 2000 年以前入校的记录

B. 性别为“女”并且 2000 年以后入校的记录

C. 性别为“女”或者 2000 年以前入校的记录

D. 性别为“女”或者 2000 年以后入校的记录

17. 要改变窗体上文本框控件的数据源，应设置的属性（　　）。

A. 记录源　　B. 控件来源　　C. 筛选查询　　D. 默认值

18. 用 SQL 语言描述“在教师表中查找男教师的全部信息”，以下正确的是（　　）。

A. SELECT FROM 教师表 IF 性别 = "男"

B. SELECT 性别 FROM 教师表 IF 性别 = "男"

C. SELECT * FROM 教师表 WHERE 性别 = "男"

D. SELECT * FROM 性别 WHERE 性别 = "男"

19. 在 Access 中已建立了“学生”表，表中有“学号”“姓名”“性别”和“入学成绩”等字段。执行如下 SQL 命令：

Select 性别，avg(入学成绩) From 学生 Group by 性别

其结果是（　　）。

A. 计算并显示所有学生的性别和入学成绩的平均值

B. 按性别分组计算并显示性别和入学成绩的平均值

C. 计算并显示所有学生的入学成绩的平均值

D. 按性别分组计算并显示所有学生的入学成绩的平均值

20. 对查询功能的叙述中正确的是（　　）。

A. 在查询中，选择查询可以只选择表中的部分字段，通过选择一个表中的不同字段生成同一个表

B. 在查询中，编辑记录主要包括添加记录、修改记录、删除记录和导入、导出记录

C. 在查询中，查询不仅可以找到满足条件的记录，而且还可以在建立查询的过程中进行各种统计计算

D. 以上说法均不对

三、简答题

1. 如何在查询中提取多个表或查询中的数据？

2. 如何用子查询来定义字段或定义字段的准则？

3. 简述在查询中进行计算的方法？

四、实验题

打开“学生管理系统.accdb”，完成以下题目：

1. 以“学生”表为数据源，查询出所有是党员的男生，并要求显示学号、姓名、性别、党员否和班级编号字段。结果保存命名为“男生党员查询”的查询。

2. 对“学生”表，查询出年龄大于等于 20 岁的学生，显示学号、姓名、年龄（创建的一个新字段）、班级编号字段，结果保存为“学生年龄查询”。

3. 对“学生”和“社会关系”数据表，查询出：家庭地址是北京和广州的同学，并同时显示其学号、姓名、家长姓名和联系电话。查询结果保存为“北京广州学生查询”。

4. 利用“学生”表为数据来源，用查询统计男女生的人数，并把查询保存为“男女生人数查询”。

5. 以“学生”表为数据源，创建参数查询，运行该查询时提示：“请输入您要查询的班级编号：”，当输入要查询的班级编号时，系统显示符合所输班级编号条件的记录（不含简历和照片字段）；如果什么都不输入，则显示全部记录。保存结果为“班级编号参数查询”。

6. 利用交叉表查询向导对“学生”表创建一个交叉表查询，查出各班级的学生中男女平

均入学成绩是多少（其中：班级编号作行标题，性别作列标题，入学成绩求平均数，是行和列交叉点的总计显示值）。结果交叉表查询取名为“男女入学成绩交叉表查询”。要求总计行显示为“平均成绩”的字段名称，值要保留小数后1位，完成结果如图4-67所示。

7. 利用查询设计视图完成一交叉表查询，用来查询不同班级的一些课程的最高分情况。交叉表查询取名为“班级课程最高分查询”。完成的结果如图4-68所示。

男女入学成绩交叉表查询

班级编号	平均成绩	男	女
0125	681.3		681.3
0126	711.3	709.8	714.5
0127	704.1	707.0	700.3
0510	712.0	712.0	
0511	706.0	696.3	735.0
0512	686.3	684.5	687.3

记录：第1项(共6项)　无筛选器　搜索

图4-67　第6题结果

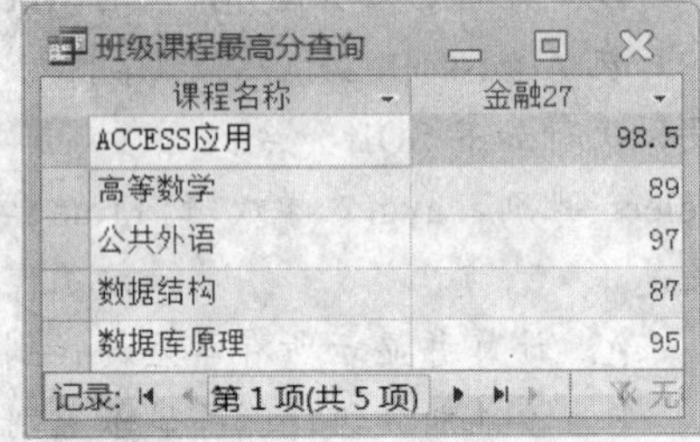

班级课程最高分查询

课程名称	金融27
ACCESS应用	98.5
高等数学	89
公共外语	97
数据结构	87
数据库原理	95

记录：第1项(共5项)

图4-68　第7题结果

8. 创建不匹配项查询：在“学生表”和“学生成绩”中查找哪些学生的成绩还未录入到学生成绩表中，需要知道这些学生的学号、姓名、性别、班级编号。查询取名为“未录入成绩的学生查询”。

9. 创建生成表查询：将学生表中的所有党员学生生成一个新表，新表名称为“党员学生表”，包括学号、姓名、性别、出生日期、党员否、班级编号字段，并保存生成表查询为“生成党员学生表查询”。

10. 创建追加查询：该查询能将“学生成绩－新录入”表中的数据追加到“学生成绩”中。保存查询为“成绩追加查询”。

11. 创建更新查询：复制“课程”表为“课程副表”，该更新查询能将“课程副表”中所有“课时”减少两倍的学分，即课时在原来的基础上减去学分的2倍。保存查询为“课时更新查询”。

12. 创建删除查询：复制“学生”表为“学生副表”，将“学生副表”中的学号以201603开头的学生记录删除，保存查询为“学号删除查询”。

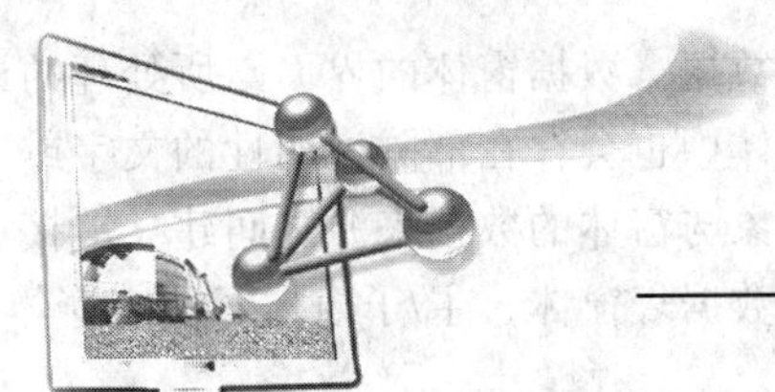

第 5 章 窗体设计

本章导读

窗体是 Access 的第三大对象，它的主要作用是提供数据操作的界面以及对数据库应用系统实施逻辑控制。用户可以通过窗体更加方便地输入数据、编辑数据以及显示和查看表中的数据。利用窗体可以将整个应用系统组织起来，完成系统的集成。另外，窗体还可以提供一些美观的提示界面，使数据库应用系统更加生动。

通过对本章内容的学习，应该能够做到：

了解：窗体的基本操作。

理解：窗体的类型、组成、视图等基础知识。

应用：各种窗体的创建方法。

5.1 认识窗体

表和查询的数据操作界面非常单调，一般都是以行列形式显示，众多记录数据混杂在一起，手工操作时非常容易产生错误。同时，在表和查询中不能直接显示一些特殊类型的数据，如照片、视频等。另外，在表和查询中，所有原始数据直接呈现在用户面前，数据的安全得不到保障。利用窗体可以有效地解决上述问题。

窗体是数据库应用中一个非常重要的对象,它是用户和数据应用系统之间交互的桥梁。窗体主要用于接收用户输入的数据或命令，编辑数据库中的数据，构造方便美观的输入/输出界面。不仅可以利用窗体对表的数据进行编辑，而且可以利用窗体的 VBA 代码，实现数据库应用系统的逻辑控制功能。

5.1.1 窗体的种类

在 Access 中窗体有很多种形式，每种窗体在设计与外观上会有所不同，它们分别实现不同的功能。根据是否与表建立关联可将窗体分为界面窗体和数据窗体。

1. 界面窗体

界面窗体没有数据源，不与表或查询捆绑，主要用于显示一些提示信息。在界面窗体上可以存放一些说明性的文字或一些图形元素，如线条、矩形框、图片等，使得窗体的界面比较美观。图 5-1 所示是一个界面窗体，它是教学管理系统的启动欢迎界面，通过它可以使数据库应用系统显得较为友好。

2．数据窗体

数据窗体以表或查询为数据源，主要用于显示和编辑数据。数据窗体的界面与所处理的记录数据密切相关，会随着记录的变化而发生变化。数据窗体中也会存在部分说明性的文字或一些图形元素，如字段名称、直线等。可以在窗体的控件对象与窗体的数据来源之间建立链接。数据窗体按其功能和外观分为纵栏式窗体、表格式窗体、数据表窗体、主/子窗体、图表窗体、数据透视图/表窗体等几类，下面介绍常见的窗体类型。

（1）纵栏式窗体

纵栏式窗体也就是单个窗体。在纵栏式窗体中，一个窗体屏幕仅显示一条记录的数据，一行显示一个字段内容，每个字段的左侧有该字段内容的提示标签，通过窗体下方的导航按钮进行定位记录、新增记录和查找记录，如图 5-2 所示。

图 5-1　界面窗体

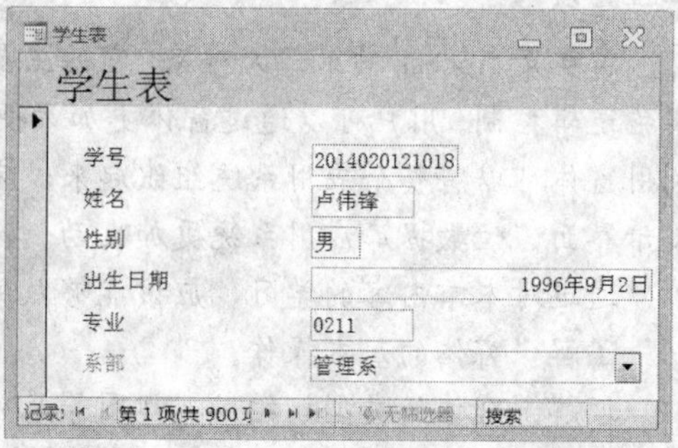

学生表
学号 2014020121018
姓名 卢伟锋
性别 男
出生日期 1996年9月2日
专业 0211
系部 管理系
记录: 第 1 项(共 900 项) 无筛选器 搜索

图 5-2　纵栏式窗体

（2）连续窗体

连续窗体是在一个窗体中连续显示当前数据源中的全部记录，可以通过滚动条上下翻动查看所有记录，也可以通过导航按钮查看记录，如图 5-3 所示。

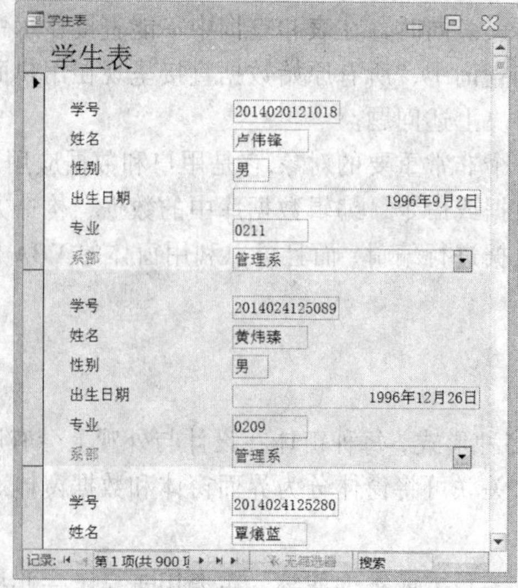

图 5-3　连续窗体

（3）多个项目窗体

多个项目窗体又称表格式窗体，可以按照表格的样式显示数据，在一个窗体中显示多条记录，如图 5-4 所示。当记录数目或字段的数目超过窗体显示范围时，窗体上会出现垂直滚动条和水平滚动条，拖动滚动条可以查看所有的记录或字段。

教师表

教师编号	姓名	性别	所在系部	入校时间	政治面貌	学历	职称	联系电话
01001	赵宇婕	女	法律系	1998/8/1	群众	硕士	副教授	020-86794575
01002	孙思梅	女	法律系	2005/4/1	群众	硕士	讲师	020-86764407
01003	张小玉	女	法律系	2004/1/6	群众	硕士	讲师	020-86748401
01004	郝莹	女	法律系	2004/8/1	群众	硕士	助教	020-86732655
01005	金大涛	男	法律系	2004/8/17	群众	本科	讲师	020-86761138
01006	干军进	男	法律系	2004/2/1	群众	硕士	教授	020-86717581
01007	唐娟梅	女	法律系	2005/8/31	群众	本科	讲师	020-86796834
01008	丁丽丽	女	法律系	2002/5/31	群众	硕士	讲师	020-86768463
01009	刘建设	男	法律系	2004/8/1	群众	本科	讲师	020-86757049

记录：第 1 项(共 259 项　无筛选器　搜索

图 5-4　多个项目窗体

（4）数据表窗体

数据表窗体与表在数据表视图中显示的界面是完全相同的。数据表窗体可以在窗口中显示多条记录，当记录数目超过窗体显示范围时，可以通过拖动滚动条来浏览全部记录。数据表窗体的主要功能是作为其他窗体的子窗体。数据表窗体如图 5-5 所示。

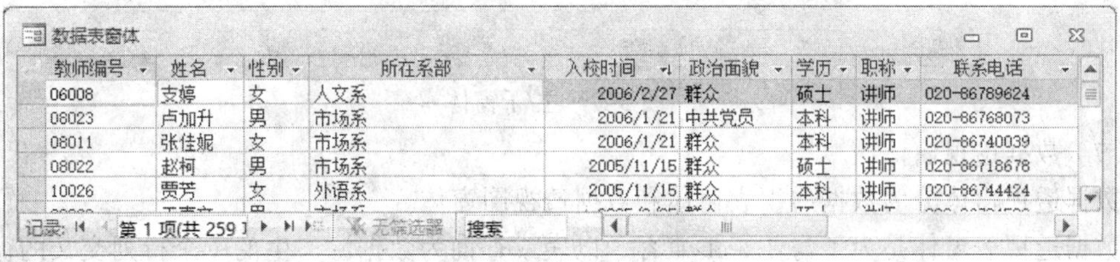

数据表窗体

教师编号	姓名	性别	所在系部	入校时间	政治面貌	学历	职称	联系电话
06008	支婷	女	人文系	2006/2/27	群众	硕士	讲师	020-86789624
08023	卢加升	男	市场系	2006/1/21	中共党员	本科	讲师	020-86768073
08011	张佳妮	女	市场系	2006/1/21	群众	本科	讲师	020-86740039
08022	赵柯	男	市场系	2005/11/15	群众	硕士	讲师	020-86718678
10026	贾芳	女	外语系	2005/11/15	群众	本科	讲师	020-86744424

记录：第 1 项(共 259 项　无筛选器　搜索

图 5-5　数据表窗体

（5）分割窗体

分割窗体是 Access 2010 新增的窗体形式，是单个窗体和数据表窗体的组合，同时具有两种窗体类型的特点。在分割窗体中，一个窗体分为两个窗格：在一个窗格中以数据表的形式显示当前数据源的所有记录数据，用户可以在这个窗格中快速查看并定位记录；在另一个窗格中以单个窗体的形式显示当前选定记录的数据，便于编辑、修改记录，如图 5-6 所示。

（6）主/子窗体

主/子窗体主要用来同时显示一对多关系中的相关数据。主窗体显示主表数据，通常采用纵栏式窗体；子窗体显示从表的数据，通常采用表格式窗体或数据表式窗体。主窗体与子窗体的数据依照关联字段来建立联系，如图 5-7 所示。

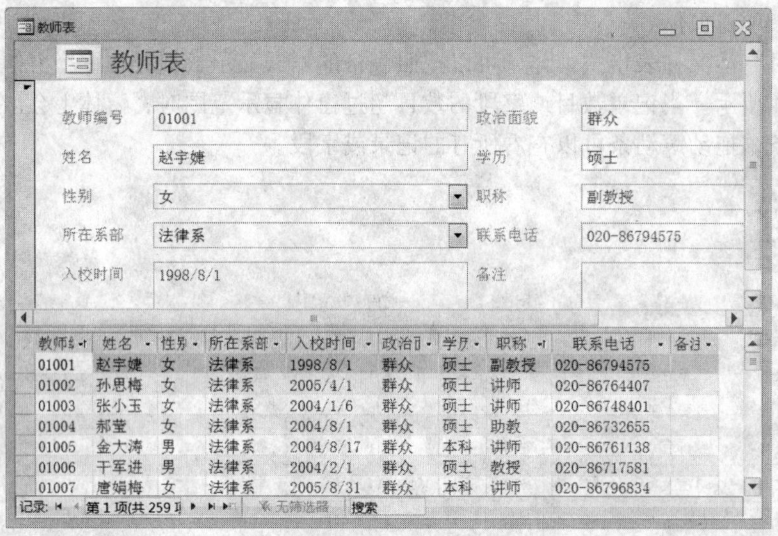

图 5-6　分割窗体

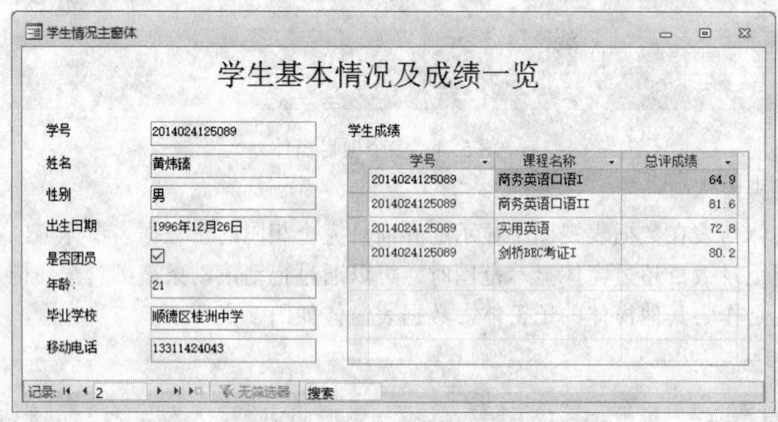

图 5-7　主/子窗体

（7）数据透视窗体

数据透视窗体分为数据透视表窗体和数据透视图窗体。

数据透视表窗体是为了与 Excel 兼容，以表或查询为数据源产生的一个行列交叉的窗体。其数据的组织与交叉表查询完全一致。数据透视表窗体允许用户对表格内的数据进行操作；用户也可以改变透视表的布局，以满足不同的数据分析方式和要求。用户还可以将数据透视表窗体导出到 Excel 工作表中，如图 5-8 所示。

数据透视表窗体

将筛选字段拖至此处

	职称						
	副教授	高工	讲师	教授	其他	助教	总计
性别	职称 的计数	职称 的计数	职称 的计数	职称 的计数	职称 的计数	职称 的计数	职称 的计数
男	17	2	85	24		5	133
女	11		100	3	1	11	126
总计	28	2	185	27	1	16	259

图 5-8　数据透视表窗体

数据透视图窗体以图形的方式展示数据，用于数据的图形分析，如图 5-9 所示。

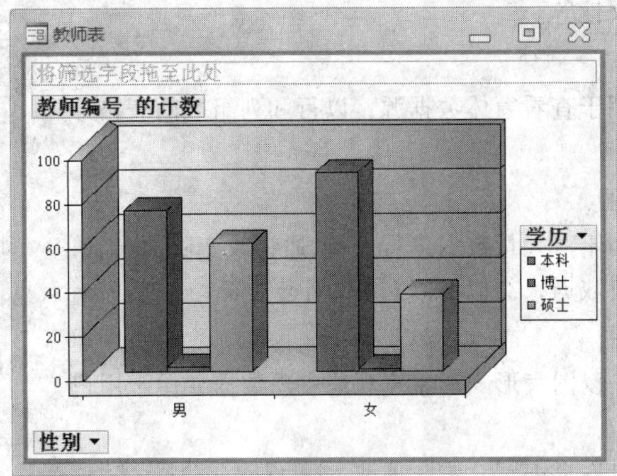

图 5-9　数据透视图窗体

5.1.2　窗体的视图

窗体的视图是窗体在不同应用范围下呈现的外观表现形式，不同的窗体视图具有不同的功能。Access 数据库的窗体对象有 6 种视图。

1. 设计视图

设计视图主要完成窗体的建立、修改以及窗体或控件属性的调整等操作，包括对各种类型的窗体实现添加控件对象、修改控件布局、编写控件事件代码等功能。窗体设计视图不会显示记录数据，只显示用于链接数据的一些对象控件的名称，如图 5-10 所示。

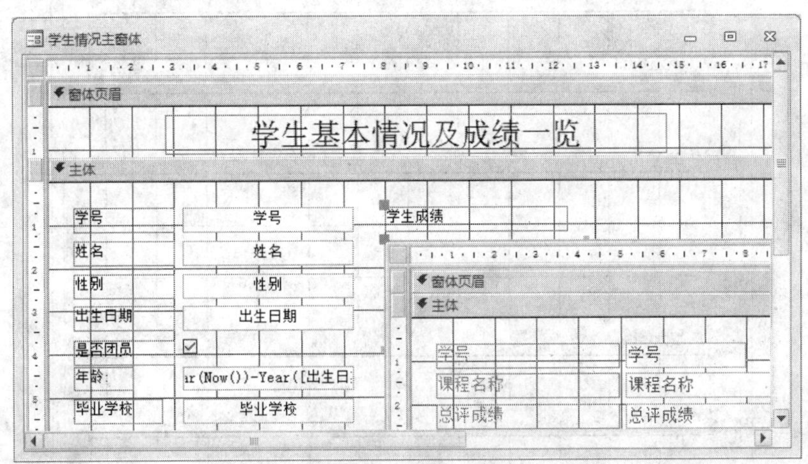

图 5-10　窗体的设计视图

2. 窗体视图

窗体视图是窗体运行时的显示格式，用于显示记录数据。直接打开窗体对象时，会进入窗体视图。

3. 布局视图

布局视图是 Access 2010 新增的一种视图功能，它是修改窗体最直观的视图，实际上是处于运行状态的窗体。在布局视图中，可以调整窗体设计，包括调整窗体对象的尺寸、添加和删除控件、设置对象的属性等。

4．数据表视图

数据表视图主要用于查看窗体数据源，以行和列组成的表格形式显示窗体中的数据。

5．数据透视表视图

数据透视表视图用于对大量数据进行分析，通过改变版面布置，可以按照不同方式查看数据，类似 Excel 的数据透视表。

6．数据透视图视图

数据透视图视图是以图表形式形象直观地表现数据，便于用户进行比较和分析。

打开某窗体后，可以单击“开始”选项卡|“视图”组|“视图”按钮，可切换到窗体的其他视图。例如，可以从窗体视图切换到设计视图，如图 5-11 所示。

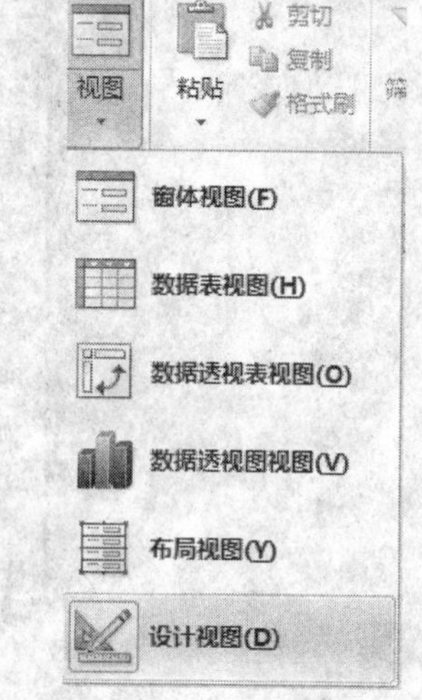

图 5-11　窗体的视图切换

5.1.3　窗体的构成

在 Access 中，一个窗体最多可包含 5 个部分，每个部分称为一个“节”。这 5 个部分分别是：窗体页眉、页面页眉、主体、页面页脚和窗体页脚，如图 5-12 所示。

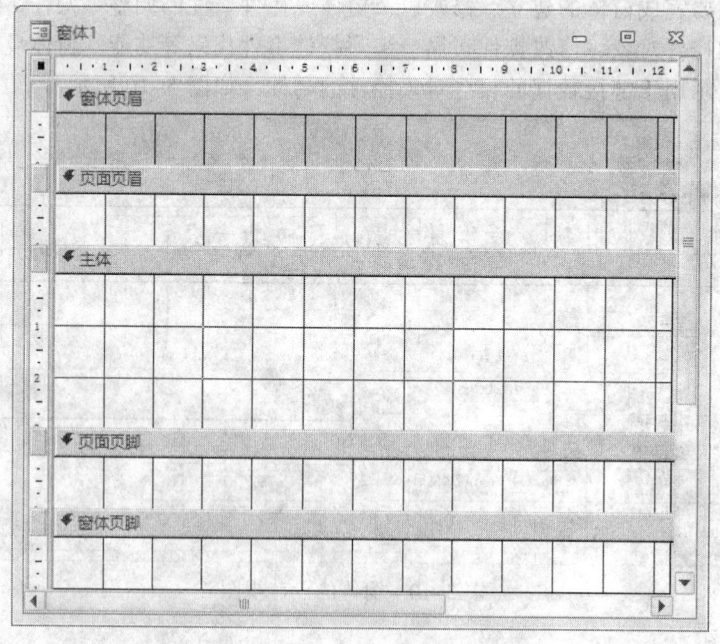

图 5-12　窗体的构成

1．窗体页眉

窗体页眉位于窗体的顶部位置，常用来显示窗体的标题、窗体使用说明等提示信息或放置命令按钮。在窗体视图下，通过垂直滚动条拖动窗口时，此区域的内容并不会跟着上下卷动，

但在打印时只会出现在第一页纸上。右击窗体的主体区域，在弹出的快捷菜单中单击“窗体页眉/页脚”命令，可显示或隐藏窗体页眉和窗体页脚。

2．页面页眉

页面页眉的内容在打印窗体时才会出现，而且会打印在每一页的顶端，可用来显示每一页的标题、字段名等信息。在窗体视图下看不到页面页眉节的内容。右击窗体的主体区域，在弹出的快捷菜单中单击“页面页眉/页脚”命令，可显示或隐藏页面页眉和页面页脚。

3．主体

主体节通常用来显示数据记录。每个窗体都必须有一个主体节，用来显示数据源中的记录信息。

4．页面页脚

页面页脚与页面页眉的性质相似，只是其中的内容会出现在每一页打印页面的底端，通常用来显示页码、日期等信息。

5．窗体页脚

窗体页脚与窗体页眉的性质相似，只是位于窗体的最底端，适合用来显示一些汇总数据，也可以在窗体页脚中显示命令按钮或提示信息等。

另外，在窗体中还包含标签、文本框、复选框、列表框、组合框、选项组、命令按钮等对象，这些对象被称为控件，在窗体中起不同的作用。

5.2 创建窗体

在 Access 中，创建窗体的方法分为三大类：一是自动创建窗体；二是通过向导创建窗体；三是使用设计视图创建窗体。通过自动创建窗体可以快速创建一个基于某个数据源的窗体。利用向导可以简单、快捷地创建窗体。用户可按向导的提示设置有关信息，按步骤完成窗体的创建工作。使用设计视图创建窗体是一种人工创建窗体的方法，需要手工创建窗体上需要的控件对象，并且建立控件和数据源之间的联系，同时需要完成调整控件在窗体上的布局、设置窗体的外观等工作。利用设计视图创建窗体所需要的时间较长，但与实际应用结合更为紧密。

在设计 Access 应用系统时，往往先使用向导建立窗体的基本轮廓，然后再切换到窗体的设计视图，使用人工方式进行调整。

5.2.1 自动创建窗体

自动创建窗体是最快捷的创建窗体的方法，属于向导法的一种。自动创建窗体没有过多的步骤，系统按照默认值一步到位地创建基本窗体类型。可以使用自动创建窗体法快速建立单个窗体、多个项目窗体、分割窗体。自动创建窗体的数据源只能来自于单个的数据表或查询。

1．使用“窗体”按钮

使用“窗体”按钮创建窗体之前应先选择一个数据表或查询作为数据源，然后可直接创建一个窗体，该窗体默认为单一窗体。例如，使用“窗体”按钮创建一个基于“系部表”的窗体。具体操作步骤如下：

① 在左侧“导航”窗格中选择“系部表”。

② 单击“创建”选项卡|“窗体”选项组|“窗体”按钮，这时会直接创建基于“系部表”

的窗体，并进入布局视图，如图 5-13 所示。

③ 单击快速访问工具栏中的“保存”按钮，在“另存为”对话框中输入窗体对象名，如图 5-14 所示。

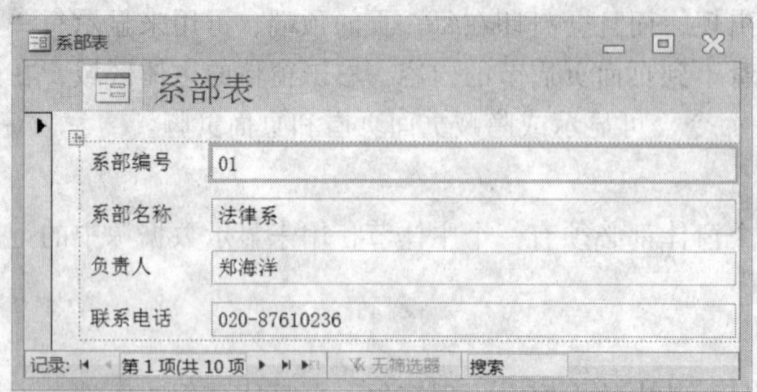

图 5-13 使用“窗体”按钮创建窗体

图 5-14 “另存为”对话框

2．创建多个项目窗体

在 Access 2010 中提供了多种快速创建的窗体样式，其中“多个项目”窗体是在一个窗体中显示多条记录的连续的、表格式的窗体。

例如为“教师表”创建一个多个项目窗体。具体操作步骤如下：

① 在左侧导航窗格中选择“教师表”。

② 单击“创建”选项卡|“窗体”选项组|“其他窗体”按钮，在下拉列表中单击“多个项目”按钮，这时会直接创建基于“教师表”的多个项目窗体，并进入布局视图，如图 5-15 所示。

教师表

教师编号	姓名	性别	所在系部	入校时间	政治面貌
01001	赵宇婕	女	法律系	1998/8/1	群众
01002	孙思梅	女	法律系	2005/4/1	群众
01003	张小玉	女	法律系	2004/1/6	群众
01004	郝莹	女	法律系	2004/8/1	群众
01005	金大涛	男	法律系	2004/8/17	群众
01006	干军进	男	法律系	2004/2/1	群众
01007	唐娟梅	女	法律系	2005/8/31	群众
01008	丁丽丽	女	法律系	2002/5/31	群众
01009	刘建设	男	法律系	2004/8/1	群众
01010	杨勇	男	法律系	1996/9/2	群众
01011	娄巧巧	女	法律系	2001/3/12	群众
01012	熊大华	男	法律系	2001/8/1	群众
01013	杨媚	女	法律系	2005/8/1	群众
01014	刘开屏	女	法律系	2002/9/1	群众
01015	龙宇进	男	法律系	2004/10/1	群众
01016	陈琴	女	法律系	2	

记录: 第 1 项(共 259 I 无筛选器 搜索

图 5-15 数据源为教师表的多个项目窗体

③ 单击快速访问工具栏中的“保存”按钮，保存该窗体。

3. 创建分割窗体

分割窗体同时具有单一窗体和数据表窗体的特点，创建方法就是在选择了数据源的基础上，单击“创建”选项卡|“窗体”选项组|“其他窗体”按钮，在下拉列表中单击“分割窗体”按钮，创建分割窗体并进入窗体布局视图。

5.2.2 利用向导创建窗体

虽然使用自动创建窗体法可以快速创建窗体，但所建的窗体只适用于布局简单的窗体。如果在创建窗体时用户需要选择字段或者窗体的外观，则应该使用“窗体向导”来创建窗体。使用窗体向导方式创建窗体时，其数据源可以是一个或者多个数据表或查询。

1. 创建基于单一数据源的窗体

例如，创建一个用于显示或输入学生基本信息的纵栏式窗体。具体操作步骤如下：

① 单击“创建”选项卡|“窗体”选项组|“窗体向导”按钮，弹出“窗体向导”对话框，在该对话框中通过“表/查询”下拉列表确定窗体的数据源表，本例选择“表：学生表”作为数据源。然后将数据源中需要的“可用字段”加入到“选定字段”列表中，如图 5-16 所示。

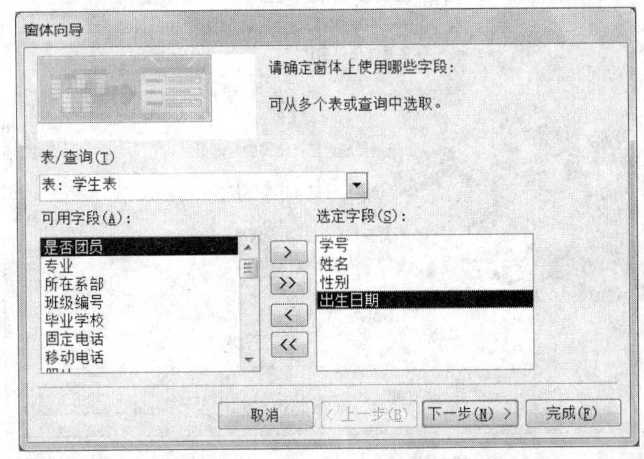

图 5-16 “窗体向导”对话框 1

② 单击“下一步”按钮，屏幕显示第二个“窗体向导”对话框，在该对话框中确定窗体的布局。布局用于确定窗体的框架外观，布局决定了窗体的类型。本例选择“纵栏表”作为新窗体的布局，如图 5-17 所示。

③ 单击“下一步”按钮，屏幕显示第三个“窗体向导”对话框，在该对话框中确定窗体的标题。该标题会同时作为新窗体的名称，在这里输入“学生基本信息窗体”。如果需要继续对窗体进行局部调整，可以选中该对话框上的“修改窗体设计”单选按钮，进行新窗体的设计视图，做出相应的窗体结构的修改。本例选择“打开窗体查看或输入信息”，如图 5-18 所示。

④ 单击“完成”按钮，屏幕显示新创建窗体，如图 5-19 所示。

2. 创建基于多个数据源的窗体

利用窗体向导还可以创建基于多个数据源的窗体，数据源可以是来自于多个表或查询，创建的窗体是主/子窗体。在创建基于多个数据源的窗体之前，需要为主窗体的数据源和子窗体的数据源建立一对多的关系。

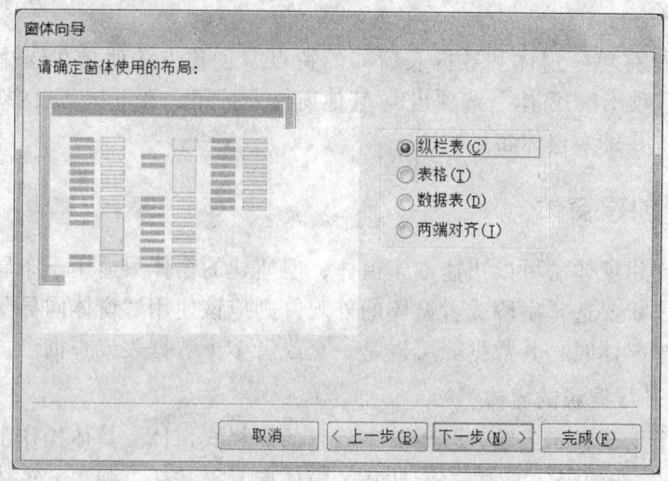

图 5-17 “窗体向导”对话框 2

窗体向导

请为窗体指定标题：

学生基本信息窗体

以上是向导创建窗体所需的全部信息。

请确定是要打开窗体还是要修改窗体设计：

打开窗体查看或输入信息(O)

修改窗体设计(M)

取消 < 上一步(B) 下一步(N) > 完成(F)

图 5-18 “窗体向导”对话框 3

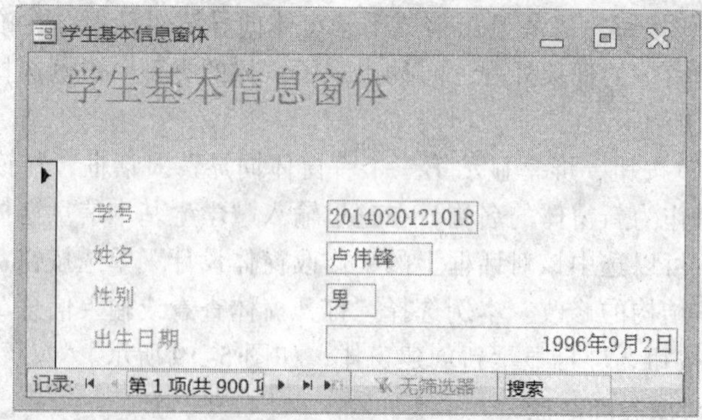

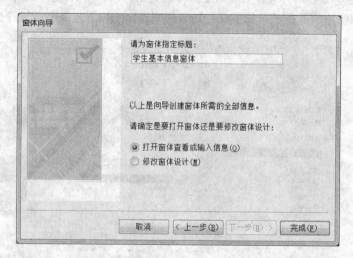

图 5-19 使用窗体向导创建的窗体

例如，在“教务管理系统”数据库中，创建一个用于查看每个学生成绩的主/子窗体，具体操作步骤如下：

① 单击“创建”选项卡|“窗体”选项组|“窗体向导”按钮，弹出第一个“窗体向导”对

话框。在该对话框中通过“表/查询”选择列表确定窗体的数据源表，本例选择“表：学生表”作为数据源。然后将“学生表”中的“学号”“姓名”“性别”“出生日期”字段加入到“选定字段”列表中。继续在“表/查询”选择列表中选择“选课成绩表”，选择“选课代码”“期中成绩”“期末成绩”字段添加到“选定字段”列表中，如图 5-20 所示。

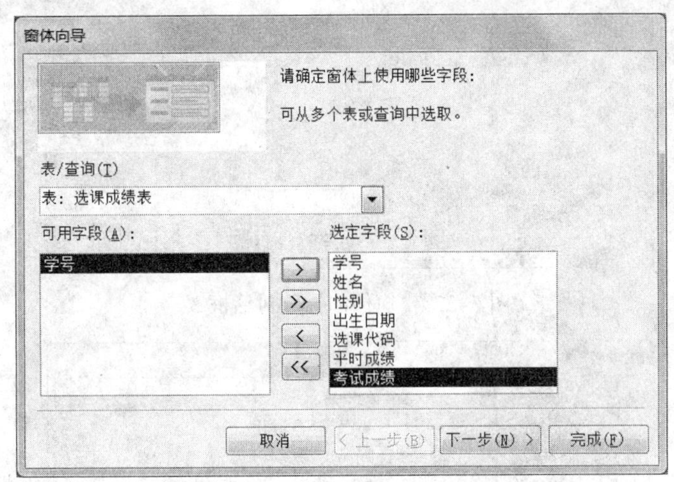

图 5-20 “窗体向导”对话框 1

② 单击“下一步”按钮，在第二个“窗体向导”对话框中，确定查看数据的方式。选择“通过学生表”，则创建的窗体将作为主/子窗体的形式出现。选择“带有子窗体的窗体”，则在主窗体中子表的字段以子窗体的形式显示，如图 5-21 所示。

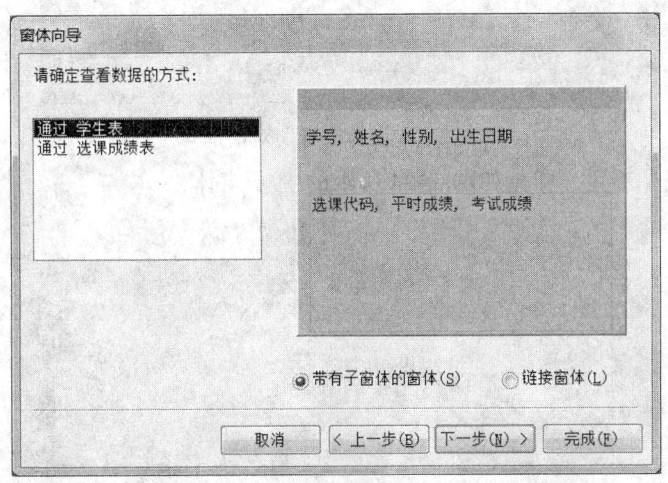

图 5-21 “窗体向导”对话框 2

如果选择“链接窗体”，则主窗体中会出现一个命令按钮，单击该按钮，在弹出的子窗体中显现子表（选课成绩表）的相关内容，再次单击则关闭子窗体。

③ 单击“下一步”按钮，在第三个“窗体向导”对话框中确定子窗体的布局。窗体向导提供了“表格”和“数据表”两种布局，这里选择“数据表”，如图 5-22 所示。

④ 单击“下一步”按钮，在第四个“窗体向导”对话框中分别确定窗体和子窗体的标题，如图 5-23 所示。

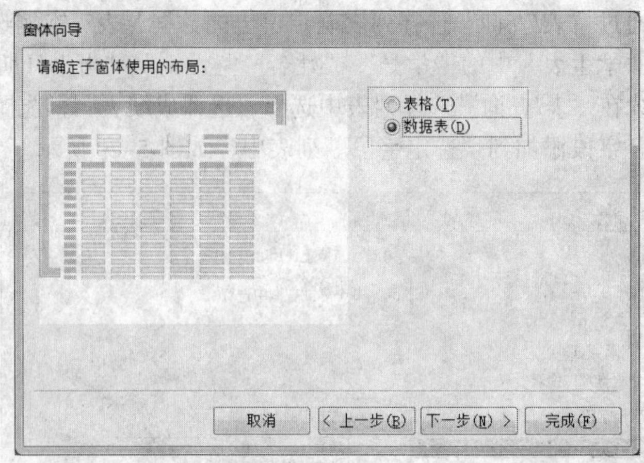

图 5-22 “窗体向导”对话框 3

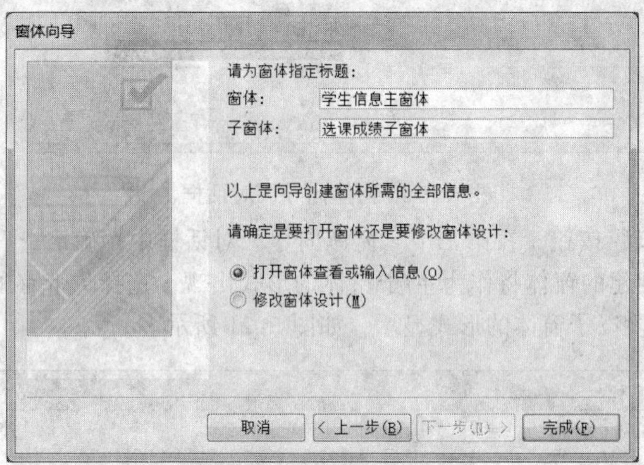

图 5-23 “窗体向导”对话框 4

⑤ 单击“完成”按钮，弹出如图 5-24 所示的主/子窗体。

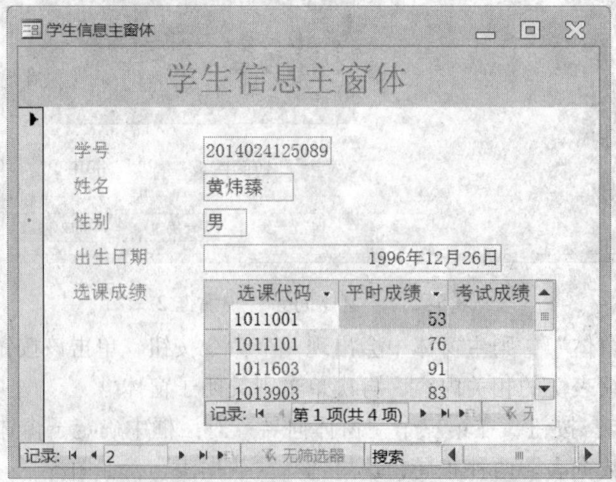

图 5-24 使用窗体向导创建的主/子窗体

5.2.3 创建图表窗体和数据透视窗体

1. 创建图表窗体

如果直接使用设计视图来创建图表窗体是非常困难的，一般图表窗体都是通过添加图表控件，启动图表向导来创建。图表创建完成后，再在图表的设计视图中对图表窗体的格式外观进行局部调整。

例如，在“教学管理系统”数据库中创建“教师职称比例结构图”，具体操作步骤如下：

① 单击“创建”选项卡|“窗体”选项组|“窗体设计”按钮，创建一个空白窗体。

② 单击“窗体设计工具/设计”选项卡|“控件”组|“图表”控件，拖动鼠标在空白窗体中拖动拉出一个矩形。释放鼠标，在弹出的第一个“图表向导”对话框中选择“教师表”作为图表的数据源，如图 5-25 所示。

图 5-25 “图表向导”对话框 1

③ 单击“下一步”按钮，在第二个“图表向导”对话框中确定图表中需要用到的数据和哪些字段有关。本例的要求是统计不同职称的人数比例，因此将“职称”和“教师编号”字段通过字段选择按钮加入到“用于图表的字段”列表中，如图 5-26 所示。

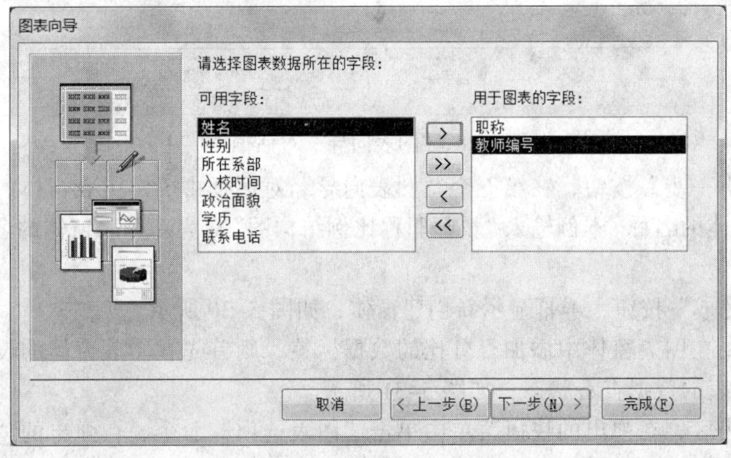

图 5-26 “图表向导”对话框 2

④ 单击“下一步”按钮，在第三个“图表向导”对话框中确定图表的类型。图表的类型很多，在对话框的示意图区域可以预览到不同类型图表的外观。比较常用的图表类型有柱形图、折线图、饼图、圆环图等。本例选择“饼图”，如图 5-27 所示。

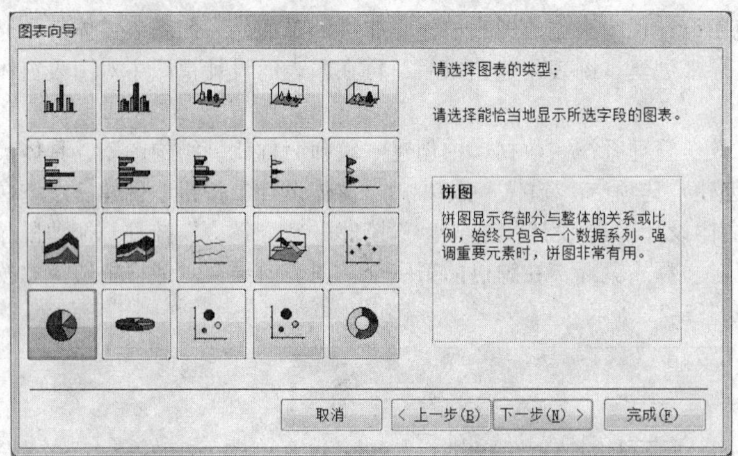

图 5-27 “图表向导”对话框 3

⑤ 单击“下一步”按钮，在第四个“图表向导”对话框中确定图表的系列和数据。系列是指用作分组依据的字段，数据是指用作计算的字段。本例是按职称统计人数，故应将“职称”字段拖放到系列位置，将“教师编号”字段拖放到数据位置，如图 5-28 所示。

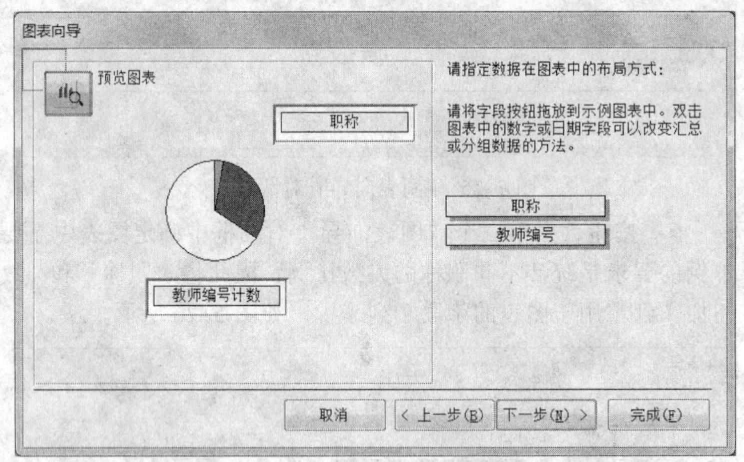

图 5-28 “图表向导”对话框 4

⑥ 单击“下一步”按钮，在第五个“图表向导”对话框中确定图表窗体的标题。该标题会同时作为新窗体的名称。本例输入“教师职称比例结构图”作为新图表窗体的名称，如图 5-29 所示。

⑦ 单击“完成”按钮，屏幕显示新创建窗体，如图 5-30 所示。

⑧ 如果需要在图表窗体中添加百分比的数据标签，则首先在图表窗体的设计视图中双击图表区，进入图表的数据查看状态，如图 5-31 所示。

⑨ 右击图表区，在弹出的快捷菜单中单击“图表选项”命令，在弹出的“图表选项”对话框中，切换到“数据标签”选项卡，勾选“百分比”复选框，如图 5-32 所示。图表的许多外观都可以在“图表选项”对话框中设置。

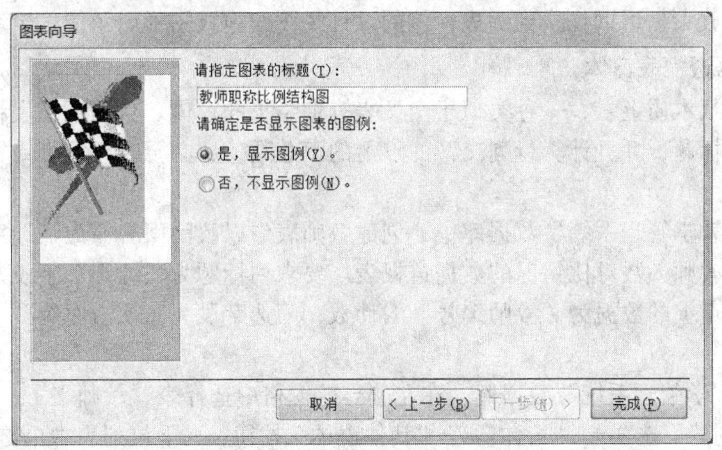

图 5-29　“图表向导”对话框 5

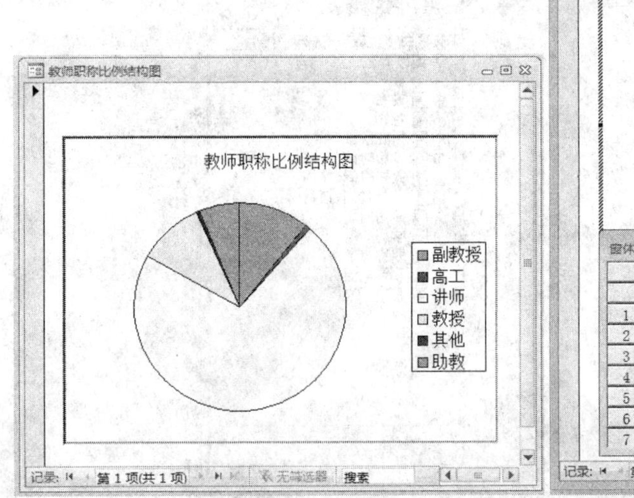

图 5-30　使用图表向导创建的窗体

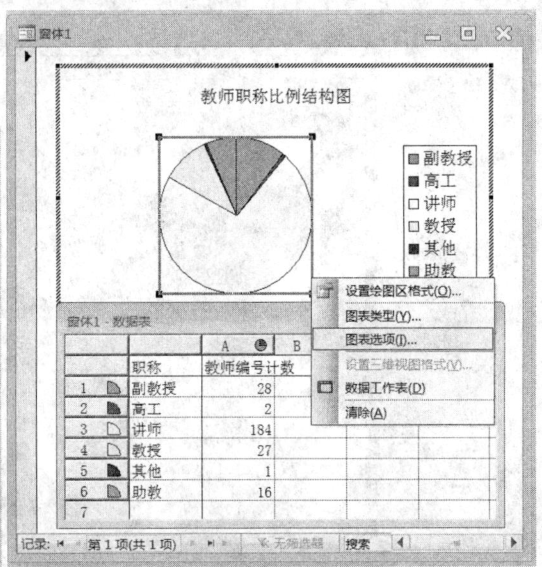

图 5-31　图表的数据查看窗口

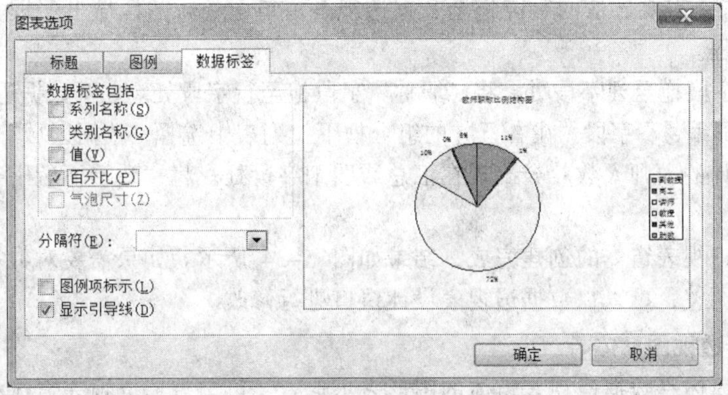

图 5-32　“图表选项”对话框

⑩ 单击“确定”按钮，返回图表的数据查看窗口，关闭该窗口，完成图表窗体的创建。

如果需要将图表放大，可以切换到图表窗体的设计视图，拖放图形四角的选定块。

2．创建数据透视表窗体

数据透视表从本质上看，一种类似于交叉表查询结果的窗体。数据透视表将字段的值分别作为行标题和列标题，并且计算行列交叉的点上的汇总数值，必要时还可以计算同行小计或同列的总计。

例如，在“教学管理系统”数据库中，创建教师表中以政治面貌作为筛选字段，统计不同性别不同职称的教师人数对比情况的数据透视表。要求列标题为“性别”字段，行标题为“职称”字段，交叉点上的数据为“教师编号”的计数，筛选字段为“政治面貌”字段，具体操作步骤如下：

① 打开“教学管理系统”数据库，在左侧导航窗格中选择表“教师表”。

② 单击“创建”选项卡|“窗体”组|“其他窗体”按钮，在下拉列表中单击“数据透视表”按钮，弹出一张空白的数据透视表窗口和一个“数据透视表字段列表”窗格，如图 5-33 所示。

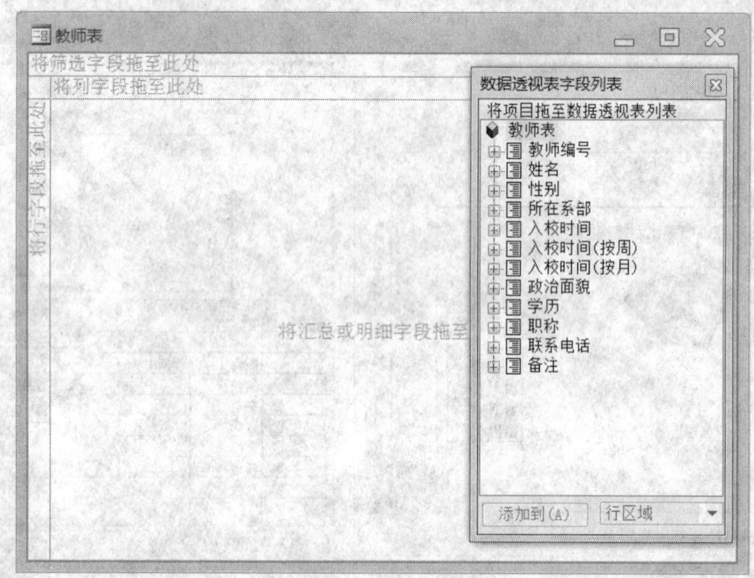

图 5-33　空白的数据透视表

③ 根据要求把需要显示的字段拖至数据透视表窗口中相应的区域上，即完成了数据透视表窗体的创建过程。

将“性别”字段拖至列字段处，将“职称”字段拖至行字段处。在“数据透视表字段列表”窗格中选中“教师编号”字段，在右下方的组合框下拉列表中选择“数据区域”，然后单击“添加到”按钮，统计的教师人数就会出现在汇总或明细字段处。将“政治面貌”字段拖至筛选字段处。

至此，数据透视表窗体的创建完成，结果如图 5-34 所示。如果需要对数据透视表窗体的外观做进一步的调整，可以在数据透视表设计窗口进行修改。

3．创建数据透视图窗体

数据透视图窗体是数据透视表窗体的图形表示形式，可与数据透视表窗体相互转换。数据透视图以图形的方式直观地表现数据统计结果。

例如，在“教学管理系统”数据库中，创建教师表中不同性别不同职称的教师人数对比情况的数据透视图。具体操作步骤如下：

教师表

政治面貌 ▾
全部

性别 ▾	男	女	总计
职称 ▾	教师编号 的计数	教师编号 的计数	教师编号 的计数
副教授	17	11	28
高工	2		2
讲师	85	100	185
教授	24	3	27
其他		1	1
助教	5	11	16
总计	133	126	259

图 5-34　创建的数据透视表

① 打开“教学管理系统”数据库，在左侧“导航”窗格中选择表“教师表”。

② 单击“创建”选项卡|“窗体”组|“其他窗体”按钮，在下拉列表中单击“数据透视图”按钮，弹出一张空白的数据透视图窗口和一个“图表字段列表”窗格，如图 5-35 所示。

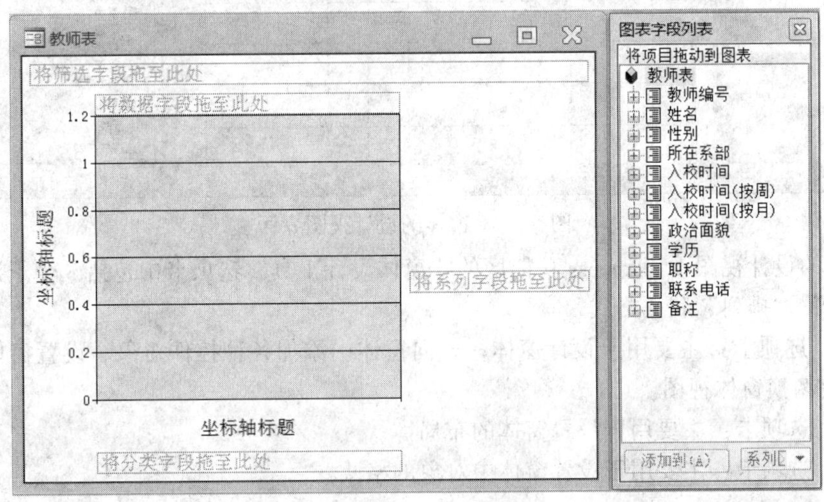

图 5-35　空白的数据透视图和字段列表

③ 根据要求把需要显示的字段拖至数据透视图窗口中相应的区域上，本例中需要将“性别”字段拖至分类字段处，将“职称”字段拖至系列字段处，将“教师编号”字段拖至数据字段处，结果如图 5-36 所示。

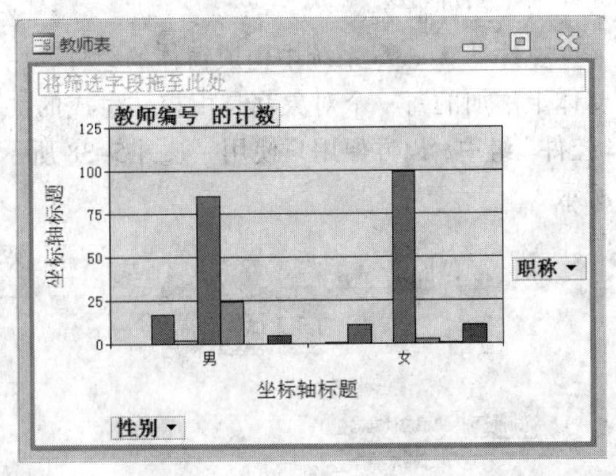

图 5-36　完成后的数据透视图

5.2.4　使用设计视图创建窗体

利用向导创建的窗体只能满足用户的基本需求。对于一些较复杂的窗体，需要在窗体的设计视图中创建，或者是通过向导创建窗体后在设计视图中对它加以修改完善。在设计视

图下创建窗体的关键在于使用好控件组中的各种控件。

1. 创建窗体的界面

单击“创建”选项卡|“窗体”组|“窗体设计”按钮，可进入新窗体的设计视图，如图 5-37 所示。

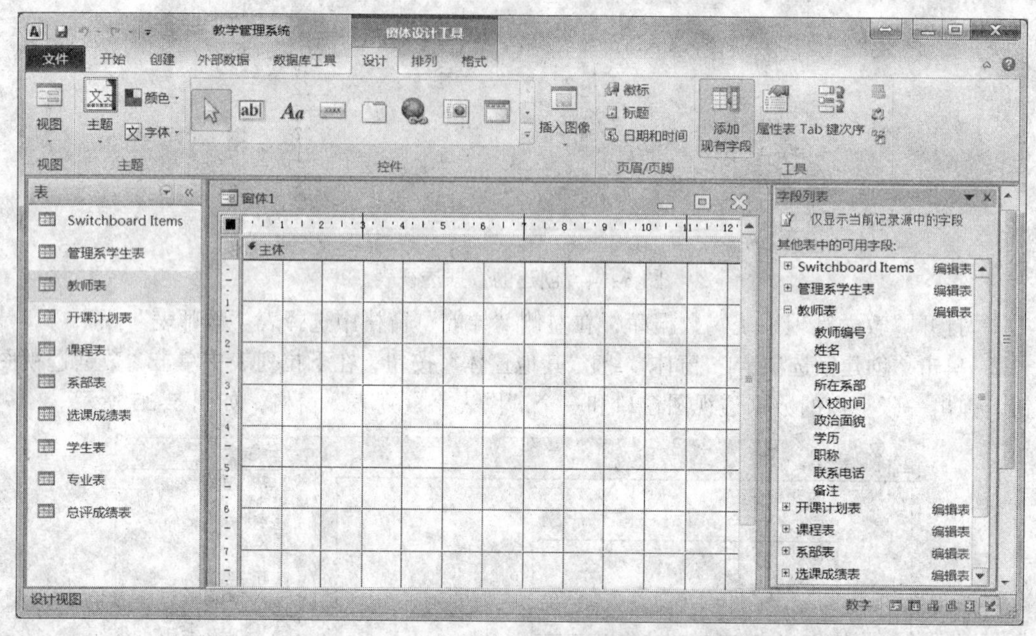

图 5-37　窗体的设计视图界面

在窗体的设计视图下，Access 功能区的“窗体设计工具”选项卡中包括 3 个子选项卡，分别是“设计”“排列”和“格式”。

“设计”选项卡：主要用于设计窗体，即向窗体中添加各种控件对象、设置窗体主题、页眉/页脚以及切换窗体视图。

“排列”选项卡：主要用于设置窗体的布局。

“设计”选项卡：主要用于设置窗体中对象的格式。

2. 控件概述

(1) 控件概念

控件是 Access 系统中构成窗体的组件，用于在窗体上显示数据、执行操作、美化窗体。在窗体上添加的每一个对象都是由控件生成的。所有控件集中在“窗体设计工具/设计”选项卡|“控件”组中，以方便用户使用，如图 5-38 所示。控件组中各种控件按钮的名称及功能如表 5-1 所示。

图 5-38　“控件”组中的控件按钮

表 5-1　常用控件的名称和功能

控件图标	控件名称	功　能
	选择对象	是一个开关型按钮，主要用于释放已选取的控件。单击“控件”组的其他控件图标时，它会自动弹起。如果要撤销已选定的控件，单击“选择对象”按钮即可
	控件向导	是一个开关型按钮。当它被按下后，在生成某些控件对象时，系统会显示帮助对话框。当它被按起后，则产生控件时不再有帮助提示
Aa	标签	用于显示说明性的文字，这些文字是固定的，不会随着记录的不同而变化
ab	文本框	用于显示、输入、编辑窗体数据源中的字段数据。这些数据的类型可以为文本型、数字型、日期型、货币型等。也可以通过文本框接收用户的输入，如用户密码等
	选项组	与切换按钮、选项按钮、复选框等结合应用，将多个作为一个组来对待
	切换按钮	一般与“是/否”类型的字段结合，用于显示或修改“是/否”类型字段的值。选中时，按钮被按下，否则浮起
	选项按钮	一般与“是/否”类型的字段结合，用于显示或修改“是/否”类型字段的值。选中时，按钮显示为带黑点的圆圈
	复选框	一般与“是/否”类型的字段结合，用于显示或修改“是/否”类型字段的值。选中时，方框内有√
	组合框	该控件结合了列表框与文本框的特性，既可以在其中直接输入数据，也可以通过下拉列表选择输入数据
	列表框	显示一个数据值的列表，可供用户选择
	命令按钮	用于完成各种操作，如打开其他窗体、打印报表等
	图像	用于在窗体上显示固定的图片，该图片是静态的，不会随着记录的变化而变化
	未绑定对象框	与记录无关的一些 OLE 对象可以使用该控件来创建，如在窗体上创建一张 Excel 电子表格
	绑定对象框	与记录捆绑的 OLE 对象，如学生的照片字段。因为每个学生的照片都不相同，所以不能使用未绑定对象框
	分页符	可以指定多页窗体或者报表的分页位置
	选项卡控件	用于在窗体上创建多个可以切换的页面
	子窗体/子报表	在原始窗体或报表中显示另外一个窗体或报表
	直线	在窗体或报表上绘制线条
	矩形	在窗体或报表上绘制一个矩形框
	图表	在窗体中绘制图表后启动图表向导
	ActiveX 控件	用于显示系统上已安装的 ActiveX 活动控件，将其用于当前设计的窗体，如日历控件

上述大多数控件在双击之后会一直处于选中状态，在窗体上会不断画出所选控件来，操作时应该注意。

（2）控件的分类

控件根据其与数据的关系，可分为三类：绑定型控件、未绑定型控件和计算型控件。绑定型控件与某个字段捆绑起来，主要用于显示、输入、更新数据库中的字段值。最常用的绑定型控件是文本框、组合框、绑定对象框、选项按钮等；未绑定型控件没有数据来源，可用来显示信息。最常用的非定型控件有标签、图像、直线等；计算型控件用表达式作为数据源，表达式中可以包含窗体的数据源字段，最常用的计算型控件是文本框控件。

3．向窗体中添加控件

（1）拖放法添加窗体控件

单击某控件图标后，在窗体的设计网格的合适位置按住鼠标左键，画出一个适当大小的矩形，释放鼠标即可在窗体中创建一个控件对象。如果此时“控件”组|“使用控件向导”按钮处于选中状态，对于某些控件，如命令按钮、组合框等，Access 系统会提供帮助向导。在 Access 帮助向导的提示下可轻松完成控件的设置工作。如果不需要使用控件向导，可以取消“使用控件向导”按钮的选中状态。单击选中某个控件之后，在窗体的设计网格中拖放鼠标之前，可以单击“控件”组|“选择对象”按钮，撤销先前选定的控件。

（2）从字段列表中拖入控件

对于数据窗体，在其设计视图中可以调出“字段列表”窗格，直接将字段列表中某个表的某个字段名拖到窗体网格中，即可产生一个新的控件对象。从字段列表中直接拖入的对象都是绑定型控件对象。

（3）控件对象的选择和移动

在窗体的设计视图中，单击某个控件时，该控件即被选中，这时可以看到在该控件的周围有 8 个控制块。其中左上角的控制块负责控件的移动，其余控制块负责控件大小的改变，如图 5-39 所示。

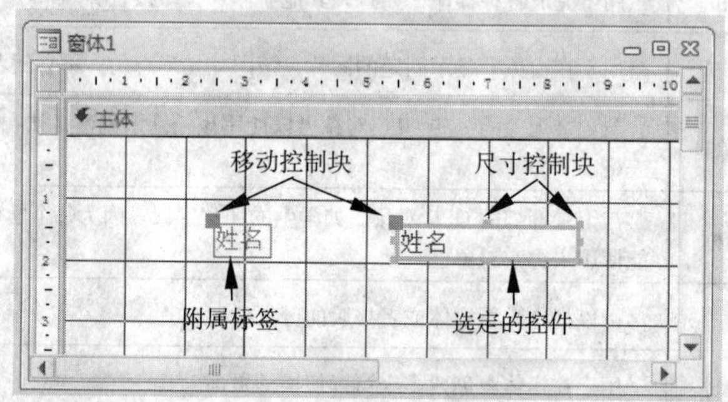

图 5-39　控件的选定

同时选择多个控件的方法是：选中某个控件后，按住“Shift”键，再单击其他控件，即可以同时选定多个控件。也可直接用鼠标在窗体设计网格内拖放，拖放产生的虚线框内的全部控件将会被选中。选定多个控件的第三种方法是通过单击或拖放水平标尺选定某个竖线范围内的全部控件，通过单击或拖放垂直标尺选定横线范围内的全部控件。

控件的移动可以通过鼠标的拖放实现，方法是：将鼠标指针移动到选定控件的边框线条上，鼠标形状变为四向光标，表示控件可以移动，此时拖放鼠标将控件移动到新位置。

许多类型的控件都带有附加标签。例如，创建文本框、组合框等控件对象时，在它们前面都会自动产生一个附加标签。附加标签的作用是对随后的控件进行文字说明。附加标签与随后的控件是捆绑在一起的，当拖放控件时，附加标签会随着移动。如果需要单独移动附加标签或者随后的控件，可以将鼠标指针定位到需要单独移动的控件左上角的控制块上，然后再拖放鼠标，这样就可以单独移动控件。

（4）控件对象的大小与对齐

如果需要调整控件对象的高度和宽度，即调整控件的大小，可以将鼠标指针移动到控件的控制块上（除了左上角的移动控制块），当鼠标指针变为双向箭头形状时，拖放鼠标，这样就可以改变控件的大小。

如果在窗体中添加了多个控件，这些控件需要靠左对齐。操作方法是：先同时选中这些控件，然后单击“窗体设计工具/排列”选项卡|“调整大小和排序”组|“对齐”按钮，在下拉列表中单击“靠左”按钮。执行上述操作的结果是所有选中控件以最左的控件为基准对齐。除了靠左对齐外，还可以实现多个控件对象的右对齐、上对齐、下对齐等。

4．常用控件介绍

（1）标签

标签用于在窗体、报表上显示说明性的文字，如标题、用法说明等。标签总是未绑定的，它不能显示字段或表达式的值，在不同记录之间移动时，标签的内容保持不变。标签可以是独立的，也可以附加到其他控件上。当标签控件置于窗体上时，必须至少输入一个字，否则不会在窗体上驻留。

（2）文本框

文本框用来显示或输入数据。文本框可以是绑定的，也可以是未绑定的。绑定文本框用于显示来自数据源中的数据，并与某个字段绑定在一起。未绑定文本框用于接受用户输入的数据或显示计算的结果。

① 创建绑定文本框。创建绑定文本框的前提条件是：窗体必须已经通过窗体属性设置了记录源。

利用“字段列表”窗格，选择一个或多个文本类型或数字类型字段，将它们拖放到窗体上。此时，Access 为所选择的每个字段创建一个文本框（对于查阅字段会新建一个组合框），并为每个文本框创建一个附加标签。文本框绑定在窗体记录源表的字段上，相应的附加标签显示该字段的名称或标题，图 5-39 所示就是这种情况。

创建绑定文本框的另一方法是：单击控件组中的文本框控件，然后在窗体设计网格中拖放鼠标生成文本框，最后修改该文本框的控件来源属性，如图 5-40 所示。

② 创建未绑定文本框。未绑定文本框用于接受用户输入的交互性数据。未绑定文本框的创建比较简单，单击“控件”组|“文本框”控件后，用鼠标在窗体设计网格中拖放即可生成未绑定文本框。未绑定文本框在窗体设计视图中显示有“未绑定”字样。

绑定文本框与未绑定文本框可以互相转化，方法是设置或删除文本框的控件来源属性。

③ 创建计算文本框。计算文本框用于显示一个计算表达式的值。计算文本框中的表达式必须以“=”开头，可以包含窗体数据源中的字段名。计算文本框的值可以随着记录的变化而变化，用户不能在计算文本框中编辑数据。

例如，在以“学生表”为数据源的窗体中建立一个显示“年龄”的计算文本框，方法如下：

新建一个窗体，切换至设计视图，设置该窗体的记录源为“学生表”，单击“窗体设计工具/设计”选项卡|“控件”组|“文本框”按钮，在窗体设计网格中拖放鼠标生成一个未绑定文本框。在文本框中输入计算表达式“=Year(Date())-Year([出生日期])”。另外，为了完善及对比，从字段列表中拖入“姓名”与“出生日期”字段，如图 5-41 所示。

切换到窗体的窗体视图，将会看到在计算文本框中显示了当前记录的年龄值，如图 5-42 所示。

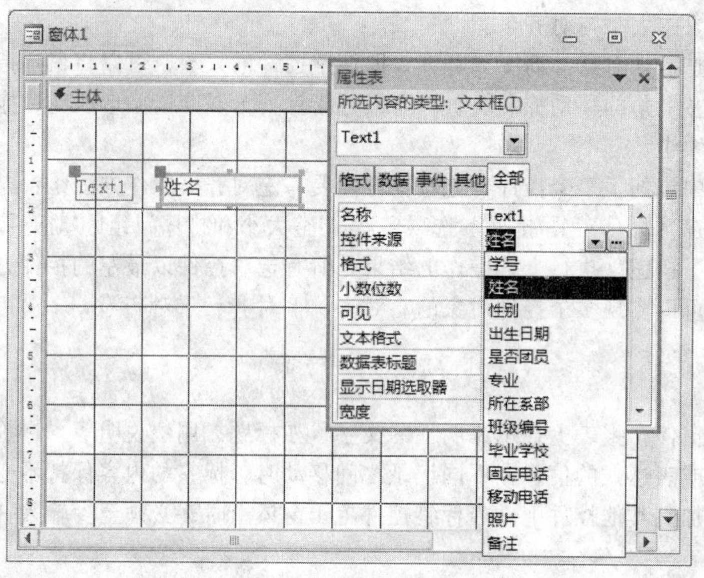

图 5-40　修改文本框的控件来源属性

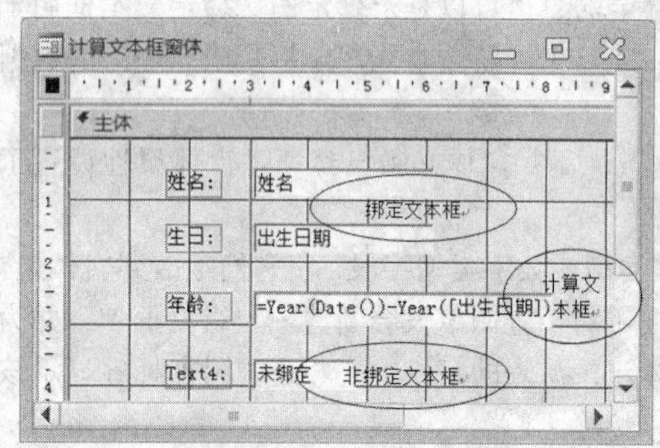

图 5-41　计算文本框的设计

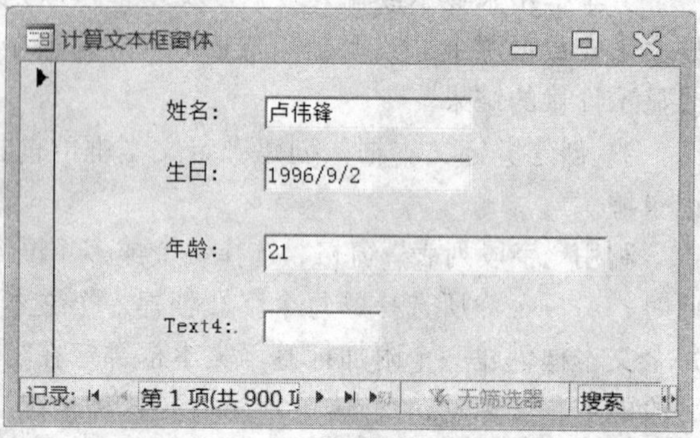

计算文本框窗体
姓名: 卢伟锋
生日: 1996/9/2
年龄: 21
Text4:
记录: 第 1 项(共 900 项
无筛选器
搜索

图 5-42　计算文本框的结果

（3）复选框、切换按钮、选项按钮、选项组

复选框、切换按钮、选项按钮作为单独的控件时，作用是显示表或查询中的“是/否”类型字段的值。当选中复选框、选项按钮时，设置为“是”，其值为-1。如果不选则为“否”，其值为 0。对于切换按钮，如果按下，其值为“是”；如果浮起，则为“否”。

选项组是由一个组框架及多个复选框、切换按钮、选项按钮组成。选项组及选项组中的复选框、切换按钮、选项按钮是作为一个整体来看待的，即选项组与某个字段绑定时，选项组内部的复选框、切换按钮、选项按钮不再单独与字段产生联系。

例如，设计一个选项组窗体，用于输入“教师表”中“职称”“学历”“政治面貌”字段的值，如图 5-43 所示。具体操作步骤如下：

① 新建一个窗体，切换至设计视图，设置

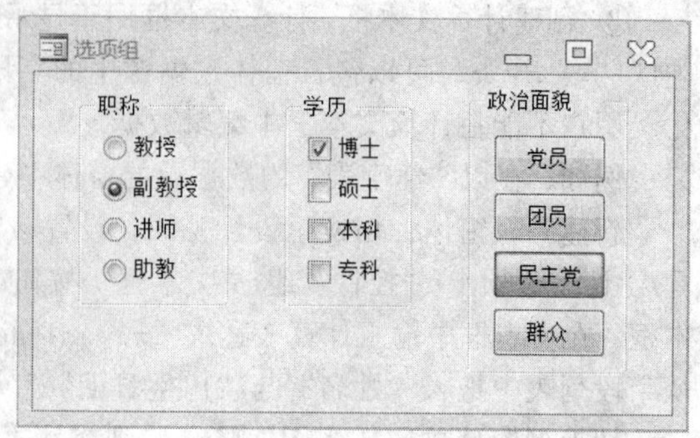

图 5-43　“选项组”窗体

该窗体的记录源为“教师表”。

② 确认“控件”组|“使用控件向导”按钮处于选中状态，保证在生成选项组对象的过程中有向导帮助。先创建图 5-43 中的第一个选项组——“职称”选项组。单击“窗体设计工具/设计”选项卡|“控件”组|“选项组”按钮，在窗体设计网格中拖放出适当的控件大小。弹出“选项组向导”的第一个对话框，在该对话框中输入“职称”的 4 种值作为选项组中各个选项的标签，如图 5-44 所示。

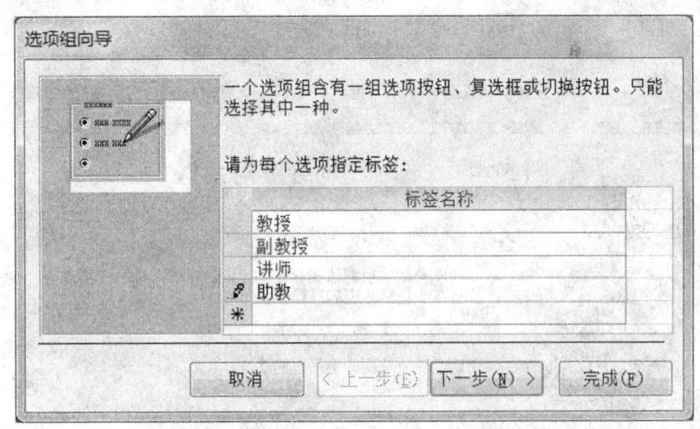

图 5-44　“选项组向导”对话框 1

③ 单击“下一步”按钮，弹出“选项组向导”的第二个对话框，在该对话框中确定是否使某个选项自动成为默认值，用户不做任何选择时，选项组的值为默认选项的值，如图 5-45 所示。

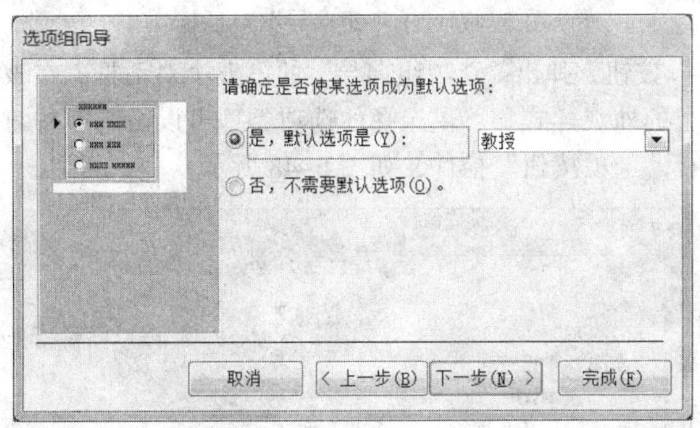

图 5-45　“选项组向导”对话框 2

④ 单击“下一步”按钮，弹出“选项组向导”的第三个对话框，在该对话框中确定每个选项的数据值。值得注意的是：选项的值只能为数字，不能为文本。所以选项组控件与文本类型的字段进行绑定时，文本类型字段的值不再是文本字符，而是数字字符，这些数字字符被赋予了独特的含义，本例中，假如“职称”字段的值显示为“1”，表明该记录的职称为“教授”，如图 5-46 所示。

⑤ 单击“下一步”按钮，弹出“选项组向导”的第四个对话框，在该对话框中确定选项组是否与数据源中的字段绑定。这里通过字段下拉列表选择“职称”字段，表示选项组与“职称”字段绑定。选项组如果不与字段绑定，用户在其中确定的选项值则只能被应用于 Access 系统的程序设计，如图 5-47 所示。

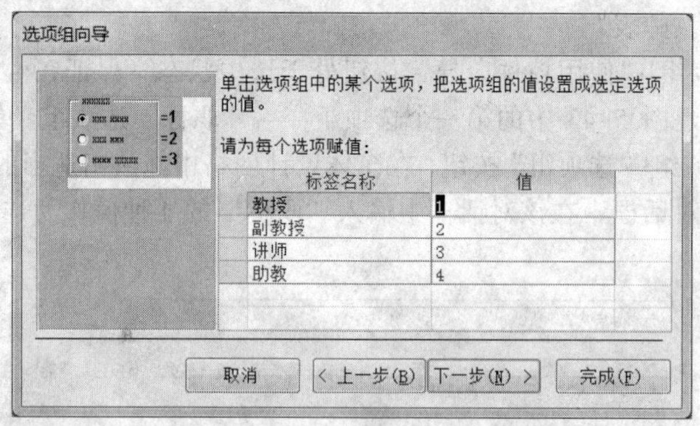

图 5-46 “选项组向导”对话框 3

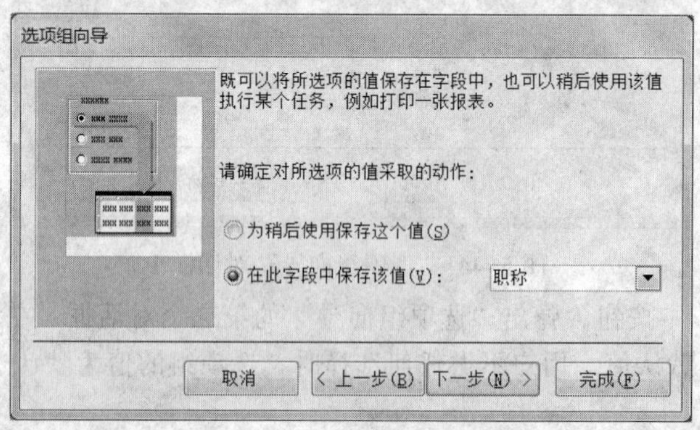

图 5-47 “选项组向导”对话框 4

⑥ 单击“下一步”按钮，弹出“选项组向导”的第五个对话框，在该对话框中确定选项组中选项的类型及选项组的外观样式，可供选择的选项类型可以是选项按钮、复选框、切换按钮中的某一个。这里选择“选项按钮”控件，如图 5-48 所示。

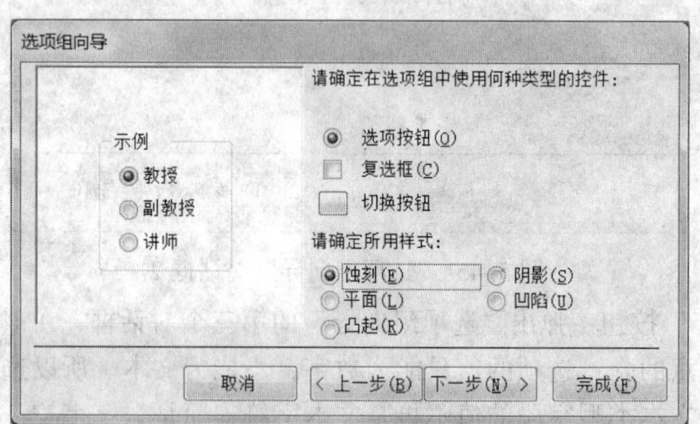

图 5-48 “选项组向导”对话框 5

⑦ 单击“下一步“按钮，弹出“选项组向导”的第六个对话框，在该对话框中为选项组指定标题，这里输入“职称”，如图 5-49 所示。

⑧ 单击“完成”按钮，完成第一个选项组的创建。

图 5-43 中的其余两个选项组“学历”及“政治面貌”的创建与“职称”选项组的创建相似，只是选项组的数据源选项的控件类型会有所差别。

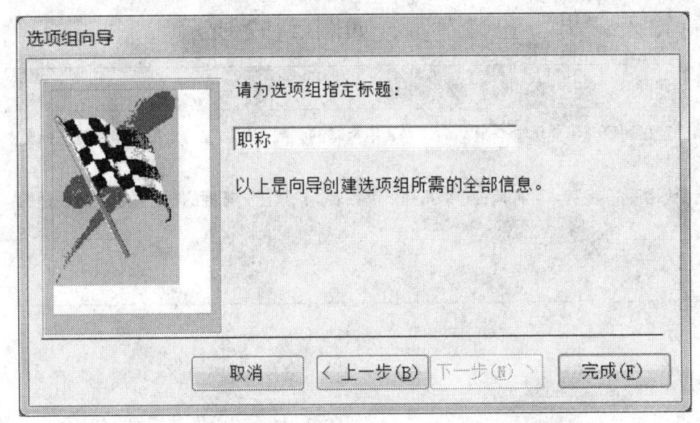

图 5-49 “选项组向导”对话框 6

（4）列表框

列表框能够将一些内容以列表形式列出，供用户选择。对于有数据源的窗体，如果某字段的值只有几种固定可能性，如“性别”字段的值只可能是“男”或“女”，则可以将该字段与列表框绑定，通过列表框选择输入数据，这种方法比在文本框中输入数据的效率高。列表框的窗体视图外观如图 5-50 所示。

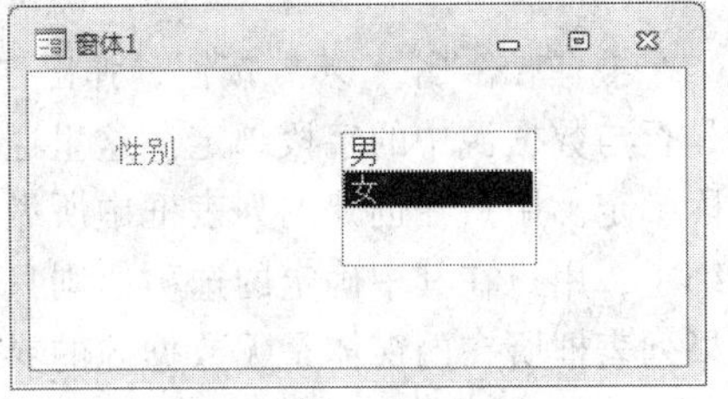

图 5-50 列表框的窗体视图

列表框的创建一般需要在控件向导的帮助下完成。例如，创建一个列表框，用于输入“学生表”的“性别”字段的值，其中“性别”字段的选项通过手工输入。具体操作步骤如下：

① 新建一个窗体，切换至设计视图，设置该窗体的记录源为“教师表”。

② 确认“控件”组|“使用控件向导”按钮处于选中状态，保证在生成列表框对象的过程中有向导帮助。单击“窗体设计工具/设计”选项卡|“控件”组|“列表框”按钮，在窗体设计网格中拖放出适当的控件大小，弹出“列表框向导”的第一个对话框，在该对话框中确定列表框数据来源的类型。本例选择“自行键入所需的值”单选按钮，如图 5-51 所示。

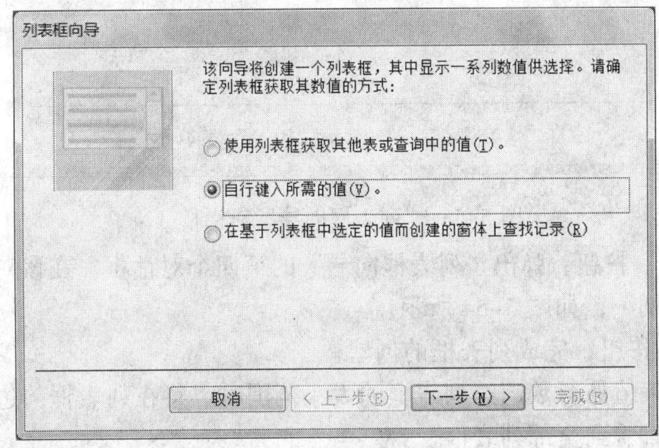

图 5-51 “列表框向导”对话框 1

在无数据源的界面窗体中创建列表框时，第一个“列表框向导”对话框中不会出现第三个数据来源类型。当然，由于没有数据源，列表框的值也不能与字段绑定。

③ 单击“下一步”按钮，弹出“列表框向导”的第二个对话框，在该对话框中自行输入选

项列的值，这里分两行输入“男”和“女”，如图 5-52 所示。

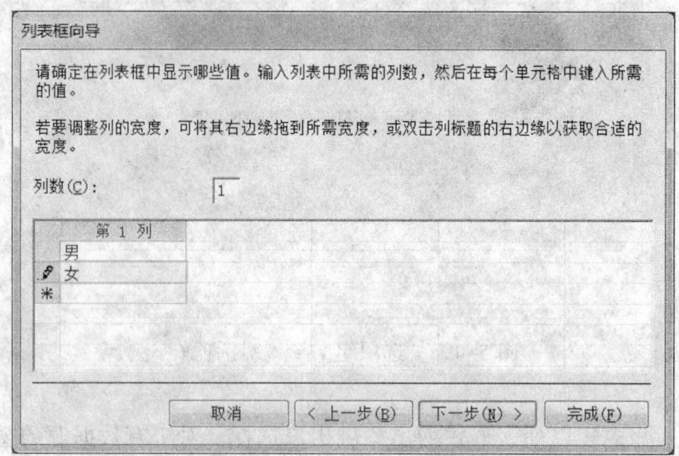

图 5-52 “列表框向导”对话框 2

④ 单击“下一步”按钮，弹出“列表框向导”的第三个对话框，在该对话框中确定列表框是否与数据源中的字段绑定。这里通过下拉按钮选择“性别”字段，表示列表框与“性别”字段绑定。用户在创建的列表框中所做的选择将会保存到“性别”字段中。列表框如果不与字段绑定，用户在其中确定的选项值则只能被应用于 Access 系统的程序设计，如图 5-53 所示。如果列表框所在的窗体是无数据源的界面窗体，将不会出现本步骤的对话框提示。

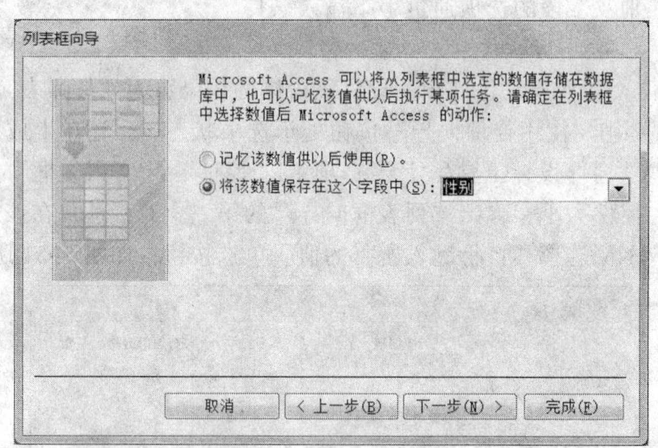

图 5-53 “列表框向导”对话框 3

⑤ 单击“下一步”按钮，弹出“列表框向导”的第四个对话框，在该对话框为列表框指定标签，这里输入“性别”，如图 5-54 所示。

⑥ 单击“完成”按钮，完成列表框的创建。

在列表框中，列表值的行数超过列表框的大小范围时，将在列表框的边框上出现滚动条，通过拖放滚动条可以查看到全部列表值。

（5）组合框

组合框是一种同时具有列表框功能和文本框功能的控件。在该控件上既可以直接键入一个数据值，也可以单击它右侧的下拉按钮显示一个列表，再从该列表中选择一个数据值，即组合框的值有两种输入来源。对于某些可能需要临时增加选项的情况，应该使用组合框，而不使用列表框。组合框可以是绑定型，也可以是未绑定型。绑定型组合框与数据源中的字段互相关联。未绑定型则主要应用于Access系统的程序设计。组合框的窗体视图外观如图5-55所示。

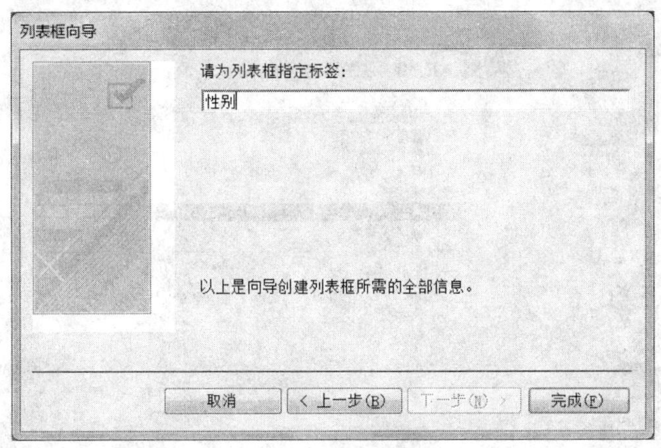

图5-54　“列表框向导”对话框4

组合框的创建与列表框的创建非常相似，也是在控件向导的帮助下完成。例如，创建一个组合框，用于选择输入或输入“教师表”的“所在系部”字段的值。其中，组合框的选项来自于“系部表”。具体操作步骤如下：

① 新建一个窗体，切换至设计视图，设置该窗体的记录源为“教师表”。

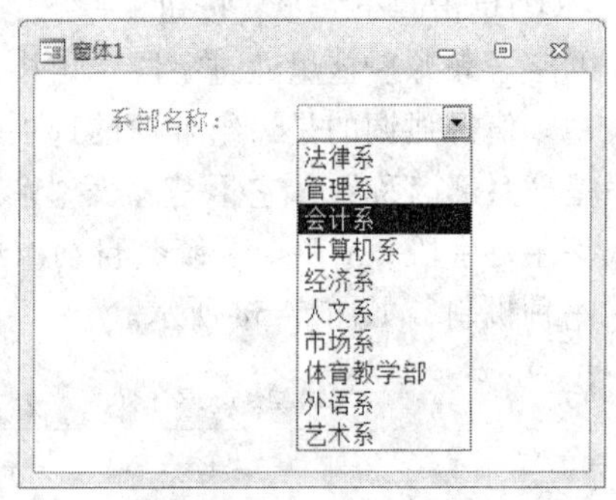

图5-55　组合框的窗体视图

② 确认“控件”组|“使用控件向导”按钮处于选中状态，保证在生成选项组对象的过程中有向导帮助。单击“窗体设计工具/设计”选项卡|“控件”组|“组合框”按钮，在窗体设计网格中拖放鼠标，产生组合框向导的第一个对话框。在该对话框中确定组合框数据来源的类型，本例选择“使用组合框获取其他表或查询中的值”单选按钮。在无数据源的界面窗体上创建组合框时，对话框中将不会出现第三个数据来源类型，如图5-56所示。

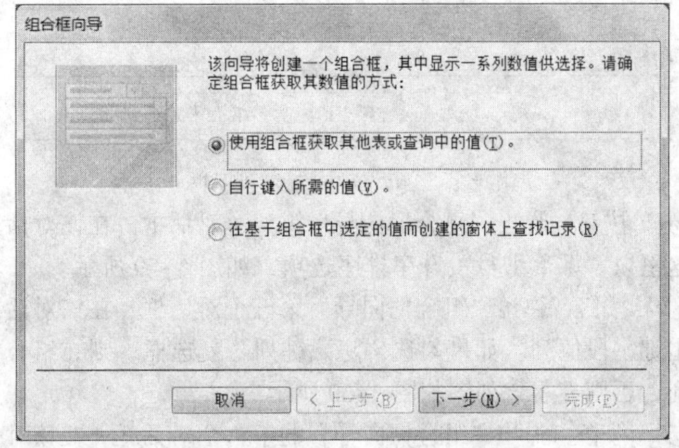

图5-56　“组合框向导”对话框1

③ 单击“下一步”按钮，弹出“组合框向导”第二个对话框，在该对话框中确定组合框选项的表来源，这里选择“系部表”，如图 5-57 所示。

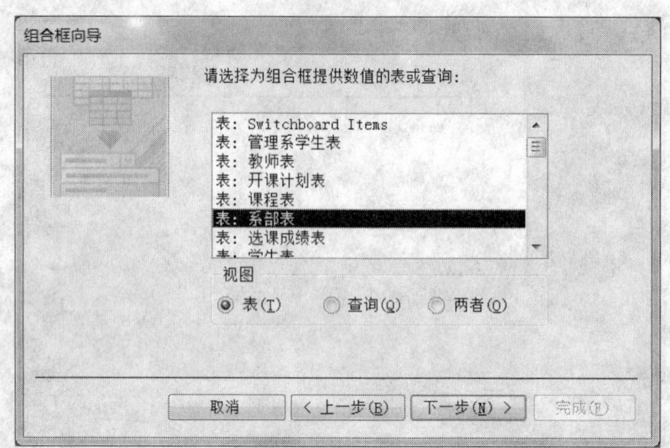

图 5-57 “组合框向导”对话框 2

④ 单击“下一步”按钮，弹出“组合框向导”第三个对话框，在该对话框中确定组合框选项的字段来源。这里通过字段选定按钮将“系部编号”和“系部名称”加入到“选定字段”列表中。值得强调的是，组合框的选项来源如果不是源表的主键（如这里创建的组合框的来源字段是“系部名称”，它不是源表“系部表”的主键），则必须加入主键字段。如果没有手工加入该主键字段，Access 系统会自动添加它。这是 Access 系统为了区分组合框的重复选项而采用的一种机制，如图 5-58 所示。

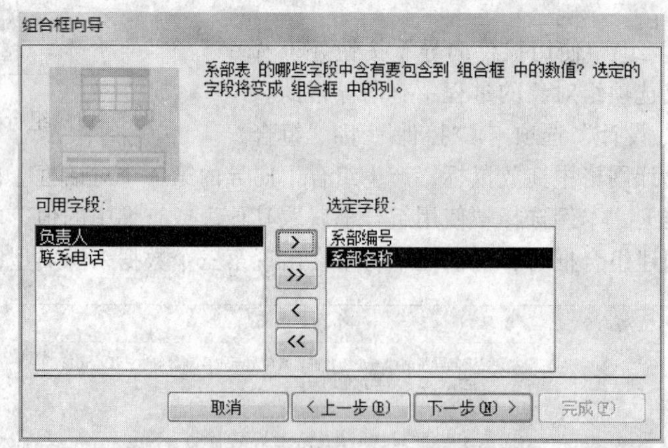

图 5-58 “组合框向导”对话框 3

⑤ 单击“下一步”按钮，弹出“组合框向导”第四个对话框，在该对话框中确定组合框中选项的排序依据，这里以“系部编号”升序排序选项，如图 5-59 所示。

⑥ 单击“下一步”按钮，弹出“组合框向导”第五个对话框，在该对话框中确定在组合框的选项中是否显示主键字段值列。如果勾选“隐藏键列”复选框，则在组合框的选项列表中不显示“系部编号”列，否则显示该列，如图 5-60 所示。

⑦ 单击“下一步”按钮，弹出“组合框向导”的第六个对话框，在该对话框中确定组合框的值与哪一个来源字段关联。从第⑥步中可以看出，组合框的选项列表中有两个字段“系部编

号”和“系部名称”，组合框最终的值由本对话框决定。本例选择“系部名称”作为新建组合框的值，如图 5-61 所示。如果在第④步选择的只有一个字段，即组合框源表的主键字段，则不会出现这一向导对话框。

组合框向导

请确定要为列表框中的项使用的排序次序。

最多可以按四个字段对记录进行排序，既可升序，也可降序。

1 系部编号 升序

2 升序

3 升序

4 升序

取消 < 上一步(B) 下一步(N) > 完成(F)

图 5-59　“组合框向导”对话框 4

组合框向导

请指定组合框中列的宽度：

若要调整列的宽度，可将其右边缘拖到所需宽度，或双击列标题的右边缘以获取合适的宽度。

☑ 隐藏键列(建议)(H)

系部名称
法律系
管理系
会计系
计算机系
经济系
人文系

取消 < 上一步(B) 下一步(N) > 完成(F)

图 5-60　“组合框向导”对话框 5

组合框向导

当选中组合框中的某一行时，既可以将那一行中的数值存储在数据库中，也可以以后用该值来执行某项操作。请选择一个可以唯一标识该行的字段。请确定组合框中哪一列含有准备在数据库中存储或使用的数值：

可用字段：

系部编号
系部名称

取消 < 上一步(B) 下一步(N) > 完成(F)

图 5-61　“组合框向导”对话框 6

⑧ 单击“下一步”按钮，弹出“组合框向导”的第七个对话框，在该对话框中确定组合框的值保存到窗体数据源表的哪一个字段中。本例选择“学生表”的“所在系部”字段，如图 5-62 所示。

⑨ 单击“下一步”按钮，在接下来的对话框中输入组合框的标签，单击“完成”按钮，完成组合框的创建。

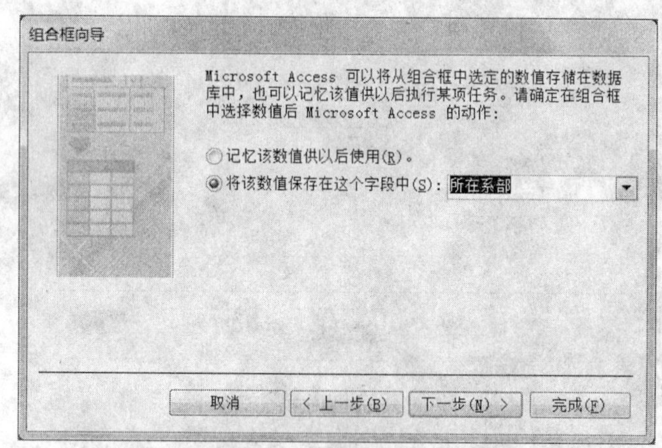

图 5-62 “组合框向导”对话框 7

温馨提示

组合框的值与字段的关联也可以在它创建完成之后通过它的数据“绑定列”属性加以调整，如图 5-63 所示。在本例中如果将组合框的“绑定列”属性值改为 1，则组合框的值不再与“系部表”的“系部名称”字段绑定，而是与“系部表”的“系部编号”字段绑定。组合框的值是一个重要的因子，将会影响到许多具体的数据应用。

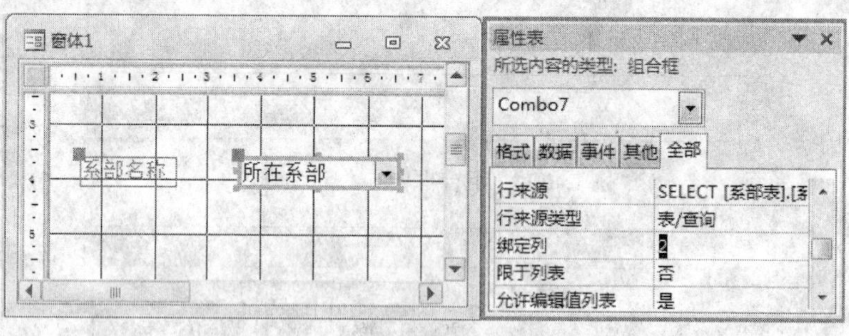

图 5-63 组合框的绑定列属性

在图 5-56 中，如果选择“自行键入所需的值”方式来创建组合框，在创建工作完成之后，假如需要添加新的组合框选项，可以直接在“组合框属性”对话框的“数据”选项卡的“行来源”属性中添加新选项，注意选项之间用英文符号“;”分隔。

在有数据源的窗体上，还可以创建一类较特殊的组合框。通过在该类型的组合框中选定值，可以直接将窗体数据定位到相对应的记录上。例如，创建根据“学号”字段进行定位的组合窗体，主要步骤如下：

① 新建一个窗体，切换至设计视图，设置该窗体的记录源为“学生表”。

② 确认“控件”组|“使用控件向导”按钮处于选中状态，保证在生成选项组对象的过程

中有向导帮助。单击“窗体设计工具/设计”选项卡|“控件”组|“组合框”按钮，在窗体设计网格中拖放鼠标启动“组合框向导”对话框，选择“在基于组合框中选定的值而创建的窗体上查找记录”单选按钮，单击“下一步”按钮，得到如图 5-64 所示的对话框，在该对话框中确定组合框的来源字段，这里选择“学号”，为了保证记录定位的准确性，一般选择窗体的数据源的主键字段作为定位依据字段。

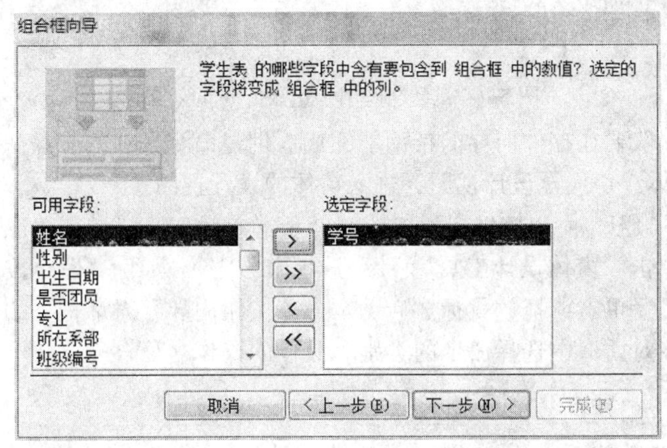

图 5-64　用于记录定位的组合框的创建 1

③ 单击“下一步”按钮，弹出图 5-65 所示的对话框，在该对话框中显示选定字段的值的情况。

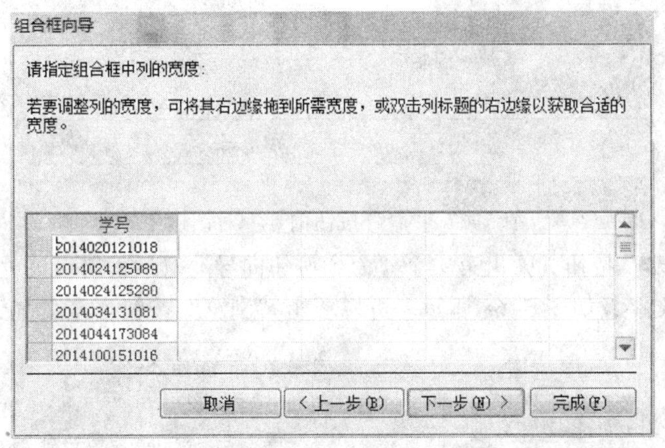

图 5-65　用于记录定位的组合框的创建 2

④ 单击“下一步”按钮，在接下来的对话框中输入组合框的标签，单击“完成”按钮，完成组合框的创建。在窗体的设计视图中再使用“字段列表”窗口直接拖入“姓名”“性别”“出生日期”等字段控件对象。切换到该窗体的窗体视图，通过“学号”组合框的下拉按钮选择任意学号值，窗体数据能够立即定位到该学生记录上，结果如图 5-66 所示。

（6）命令按钮

在窗体上创建命令按钮的目的是为了执行某个操作。例如，可以创建命令按钮用于执行打开窗体、关闭窗体、查找数据、记录导航等操作。

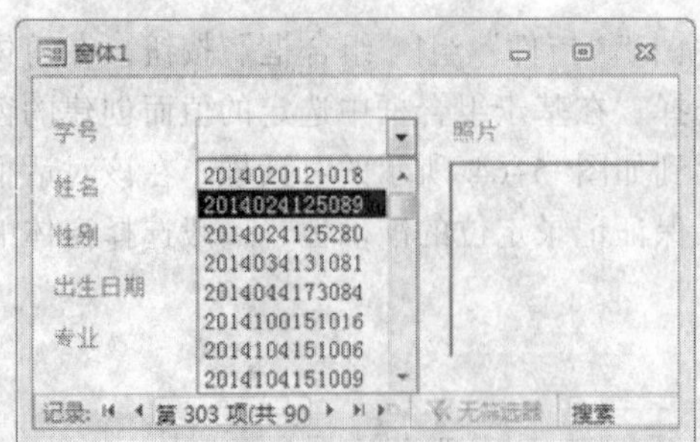

图 5-66　组合框用于记录定位的效果

创建命令按钮一般要在控件向导的帮助下完成。创建命令按钮的步骤如下：

① 新建一个窗体，切换至设计视图，进入窗体的设计视图。

② 确认“控件”组|“使用控件向导”按钮处于选中状态，保证在生成命令按钮对象的过程中有向导帮助。单击“窗体设计工具/设计”选项卡|“控件”组|“命令按钮”按钮，在窗体的设计网格的适当位置单击或拖放鼠标。启动“命令按钮向导”对话框，如图 5-67 所示。根据具体的需要，在该对话框中选择命令的类别和具体的操作名称。

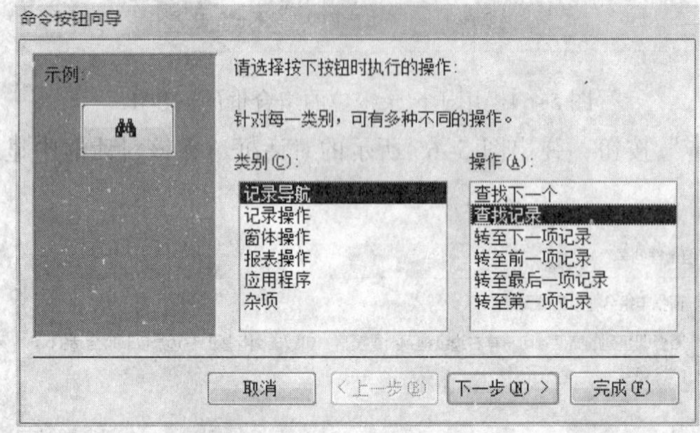

图 5-67　“命令按钮向导”对话框 1

③ 单击“下一步”按钮，弹出第二个“命令按钮向导”对话框，在该对话框中确定命令按钮上显示的图片或文字，如图 5-68 所示。可以单击“浏览”按钮自定义命令按钮上的图片。

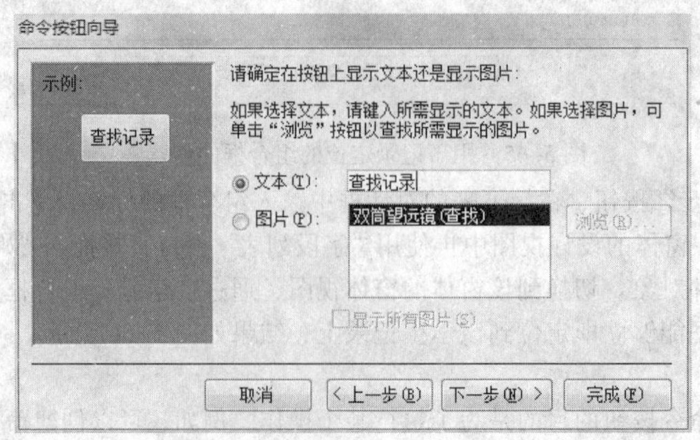

图 5-68　“命令按钮向导”对话框 2

④ 单击“下一步”按钮，在接下来的对话框中输入命令按钮的名称，如图 5-69 所示。控件对象的名称用于在编写程序时识别对象。对象的名称一般使用英文字符，它不同于对象的标题。标题用于界面上的信息提示，而名称用于对象在程序后台的识别。

⑤ 单击“完成”按钮，完成命令按钮的创建。切换到命令按钮所在窗体的窗体视图，单击新增的命令按钮时，可以执行所需要的操作。

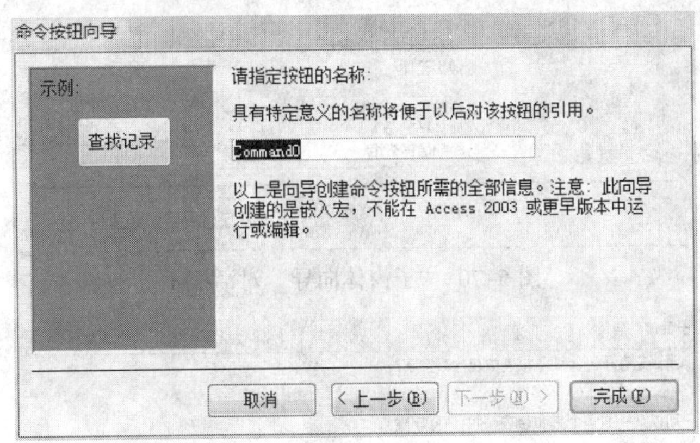

图 5-69 “命令按钮向导”对话框 3

在创建命令按钮时，也可以不使用控件向导，而通过手工方法为命令按钮编写相应的宏或事件过程，并将它们附加在命令按钮的单击事件上。

（7）子窗体

子窗体是窗体中的窗体，容纳子窗体的窗体称作主窗体。利用主窗体和子窗体可较好地处理一对多关系中的相关数据。一般情况下，一对多关系中主表的数据显示在主窗体中，使用纵栏式外观；一对多关系中从表的数据显示在子窗体中，使用表格式或数据表式外观。子窗体的数据一般会通过关联字段与主窗体的数据相匹配。

子窗体的创建主要通过“子窗体/子报表”控件来实现。

例如，在学生主窗体中，利用子窗体/子报表控件，添加学生课程成绩子窗体，要求主窗体数据发生变化时，子窗体的数据会发生相应的变化。具体操作步骤如下：

① 以“学生表”为数据源，创建一个纵栏式窗体。

② 进入主窗体的设计视图，确认“控件”组|“使用控件向导”按钮处于选中状态，保证在生成子窗体/子报表对象的过程中有向导帮助。单击“窗体设计工具/设计”选项卡|“控件”组|“子窗体/子报表”按钮，在主窗体的设计网格中拖动鼠标产生一个足够大的空间，然后释放鼠标，弹出“子窗体向导”的第一个对话框，如图 5-70 所示。如果子窗体原来已经存在，可以从“使用现有的窗体”列表框中直接选择，否则可以在向导的提示下创建新的子窗体。

③ 单击“下一步”按钮，弹出“子窗体向导”的第二个对话框，在该对话框中确定子窗体的数据源，这里选择“选课成绩表”，并且将子窗体中需要显示的字段通过字段选择按钮添加到“选定字段”列表中，如图 5-71 所示。

④ 单击“下一步”按钮，弹出“子窗体向导”的第三个对话框，在该对话框中确定主窗体与子窗体的关联字段，这里选择“对学生表中的每个记录用学号显示选课成绩”选项，含义是通过学号建立主窗体与子窗体的关联。如果选择“无”选项，则子窗体中的数据没有筛选，会显示从表的全部记录，如图 5-72 所示。

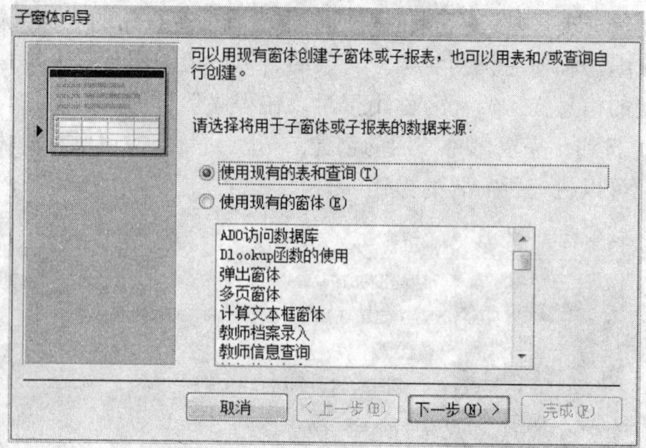

图 5-70 “子窗体向导”对话框 1

子窗体向导
请确定在子窗体或子报表中包含哪些字段:
可以从一或多个表和/或查询中选择字段。
表/查询(T)
查询: 学生选课成绩
可用字段:
平时成绩
考试成绩
选定字段:
学号
课程名称
总评成绩
取消
< 上一步(B)
下一步(N) >
完成(F)

图 5-71 “子窗体向导”对话框 2

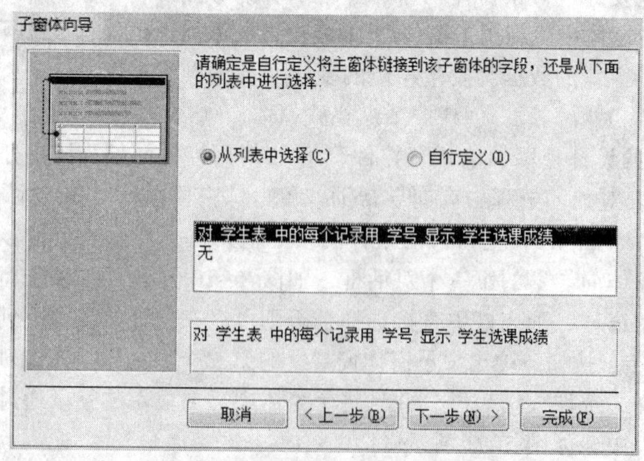

图 5-72 “子窗体创建”对话框 3

⑤ 单击“下一步”按钮，在“子窗体向导”对话框中确定子窗体的名称。

⑥ 单击“完成”按钮，完成子窗体的创建。

可以分别进入主窗体和子窗体的设计视图，对两个窗体的局部细节与属性进行调整。最后，进入主窗体的窗体视图，结果如图 5-73 所示。

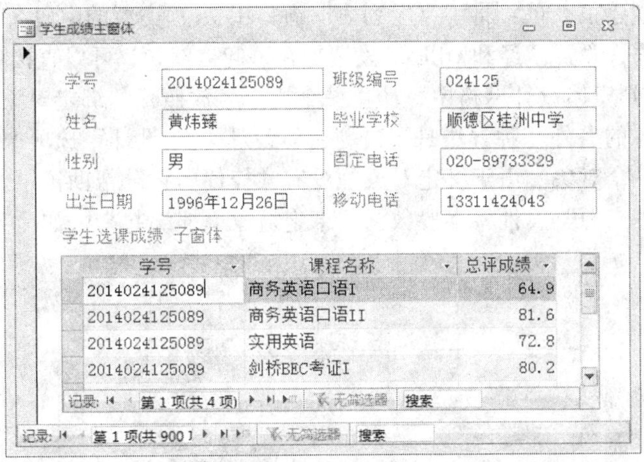

图 5-73　主/子窗体

（8）未绑定对象框

未绑定对象框用于在窗体上显示与数据字段无关的 OLE 对象，包括声音、图像、视频等。未绑定对象框的内容不会随着窗体记录的变化而变化，它是固定的。

例如，在窗体上嵌入一张 Excel 工作表。具体操作步骤如下：

① 进入窗体的设计视图，确认“控件”组|“使用控件向导”按钮处于选中状态。单击“窗体设计工具/设计”选项卡|“控件”组|“未绑定对象框”按钮，在窗体的设计网格中拖动鼠标产生一个适当大的空间，然后释放鼠标，在“Microsoft Office Access”对话框中选择需要的 OLE 对象类型，这里选择“Microsoft Excel 工作表”，如图 5-74 所示。如果需要将某个文件直接嵌入在窗体中，可以选中“由文件创建”单选按钮。如果勾选“显示为图标”复选框，则未绑定对象框显示为一个“对象类型”的图标，单击该图标才能打开数据内容。一般情况下，未绑定对象框显示数据的内容，而不显示为图标。

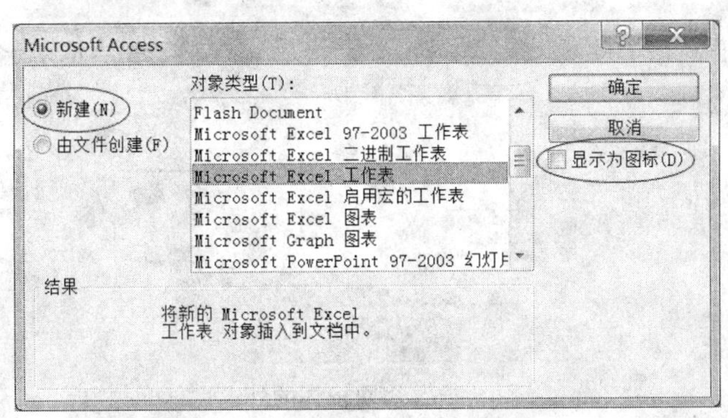

图 5-74　未绑定对象框的创建

② 单击“确定”按钮，完成未绑定对象框的创建。在设计视图调整未绑定对象框的大小，在窗体视图查看和编辑嵌入的 OLE 数据内容。

（9）绑定对象框

绑定对象框用于在窗体上显示与数据字段有关的 OLE 对象，包括声音、图像、视频等。例如，每个学生都有自己的照片信息，照片字段在窗体上必须使用绑定对象框来显示，而不能使用未绑定对象框来显示。

绑定对象框的创建很简单：将"字段列表"窗口中OLE类型的字段名直接拖放到窗体中，即可产生绑定对象框，并且已经和OLE字段捆绑在一起。例如，可以直接将"照片"字段名从"属性表"窗格拖放到窗体设计网格中，产生一个用于存放照片的绑定对象框。

绑定对象框创建的另外一种方法是通过"窗体设计工具/设计"选项卡|"控件"组|"绑定对象框"按钮产生一个对象。由于绑定对象框没有"控件向导"帮助提示，所以只能通过设置绑定对象框的"控件来源"属性将字段数据与绑定对象框捆绑起来，如图5-75所示。

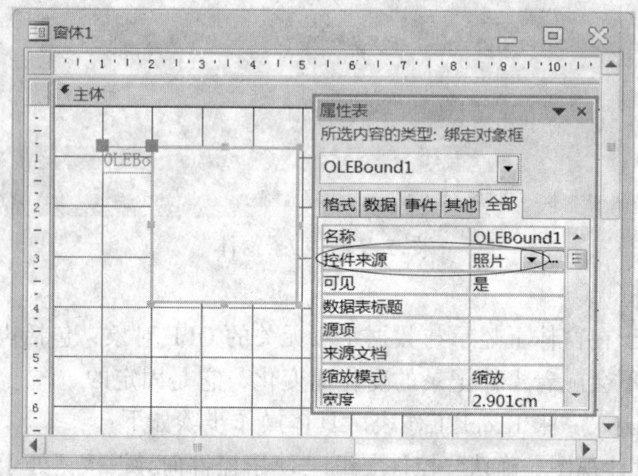

图5-75　绑定对象框的控件来源属性

（10）选项卡

选项卡控件用于创建多页窗体，从而实现在有限的窗体空间上显示更多的内容。选项卡控件的每个页面上都可以放置其他的控件，也可放置其他子窗体。用户只需要单击选项卡上的标签，就可以实现页面的切换。使用选项卡控件创建的多页窗体的外观如图5-76所示。

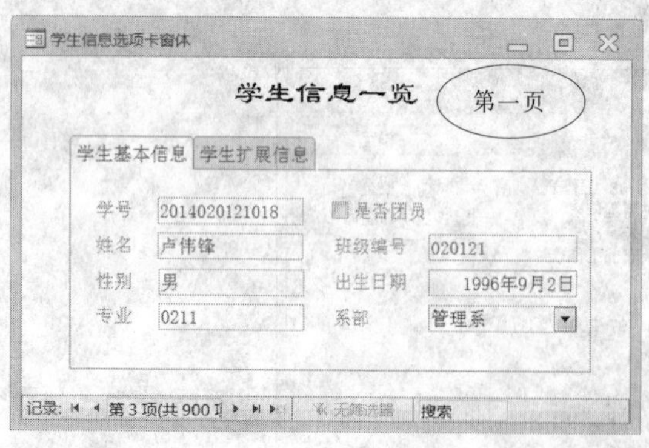

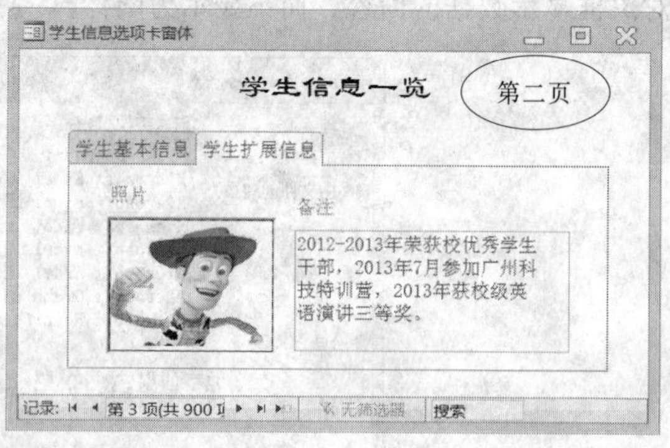

图5-76　多页窗体的外观

下面介绍多页窗体的创建方法，具体操作步骤如下：

① 新建一个窗体，切换至设计视图，设置该窗体的记录源为"学生表"。

② 单击"窗体设计工具/设计"选项卡|"控件"组|"选项卡"按钮，在窗体设计网格上拖放鼠标，产生一个选项卡控件对象，如图5-77所示。插入的选项卡默认两页，如果需要的选项卡超过两页，可以右击选项卡控件，在弹出的快捷菜单中单击"插入页"命令，可增加新的选项卡页。

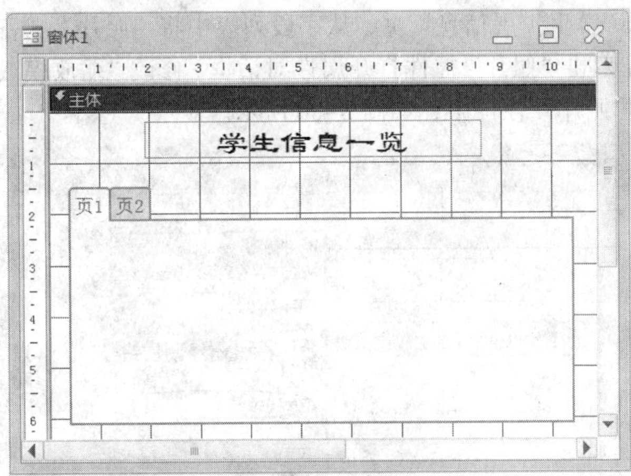

图 5-77　选项卡的创建 1

③ 双击选项卡控件对象的页标题，弹出相应页的属性对话框，将“页 1”的页标题改为“学生基本信息”，将“页 2”的页标题改为“学生扩展信息”，如图 5-78 所示。

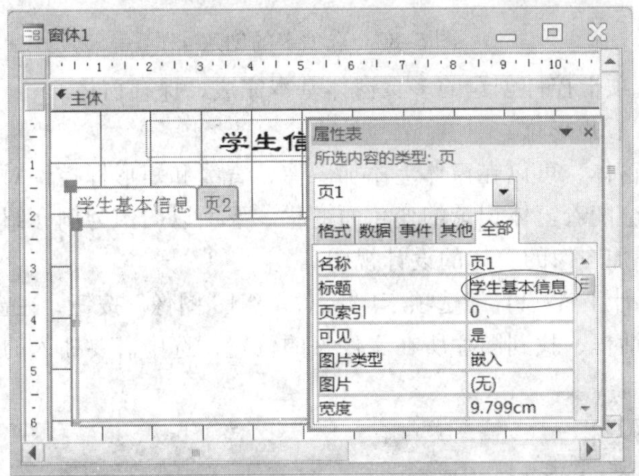

图 5-78　选项卡的创建 2

④ 单击选项卡的“学生基本信息”页，从字段列表中将“学号”“姓名”“性别”等基本信息字段拖放到选项卡页面中，调整各个控件在页面上的布局，如图 5-79 所示。

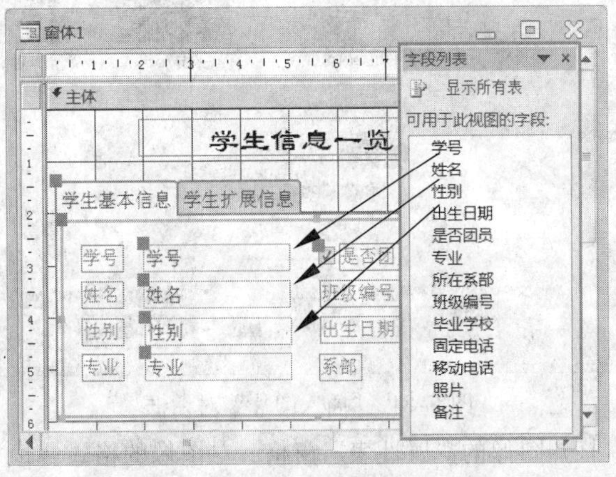

图 5-79　选项卡的创建 3

⑤ 单击选项卡的“学生扩展信息”页，从字段列表中将“照片”“备注”等扩展信息字段拖放到选项卡页面中，双击“照片”控件打开属性对话框，修改“缩放模式”属性值为“拉伸”，照片能够全部显示在“照片”控件中，如图 5–80 所示。

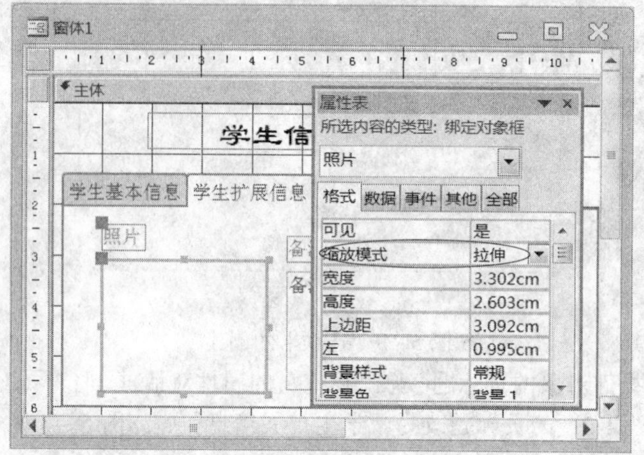

图 5–80　选项卡的创建 4

⑥ 至此，利用选项卡控件创建的多页窗体基本完成，保存窗体。

（11）图像、直线、矩形框

为了美化和修饰窗体，可以在窗体上添加图像、直线和矩形框控件对象。这几个控件都是未绑定对象，它们不会随着窗体记录的变化而变化。下面以图像为例介绍它们的创建方法。

① 切换到需要添加图像的窗体的设计视图。

② 单击“窗体设计工具/设计”选项卡|“控件”组|“图像”按钮，在窗体设计网格上单击，弹出“插入图片”对话框，找到图片所在文件夹的位置，选中需要插入的文件，单击“确定”按钮，如图 5–81 所示。

图 5–81　“插入图片”对话框

③ 双击图像控件，打开图像的“属性表”窗格，对图像的格式属性如图片类型、缩放模式和图片对齐方式等进行调整，然后切换到窗体视图查看设计的效果。

直线、矩形框对象的创建方法与图像的创建方法类似，这里不再赘述。

（12）其他控件

其他控件也称 ActiveX 控件，利用 ActiveX 控件，可以直接在窗体中添加并显示一些具有特定功能的组件。例如，利用日历控件显示日期并且可以和某个日期类型的字段实施绑定。添加 ActiveX 控件的操作非常简单，如在窗体上添加日历对象，并将该对象与学生表的“出生日期”字段绑定。具体操作步骤如下：

① 新建一个窗体，切换至设计视图，设置该窗体的记录源为“学生表”。

② 单击“窗体设计工具/设计”选项卡|“控件”组|“ActiveX 控件”按钮，在弹出的“插入 ActiveX 控件”对话框中的列表中选择“日历控件 11.0”选项，如图 5-82 所示。

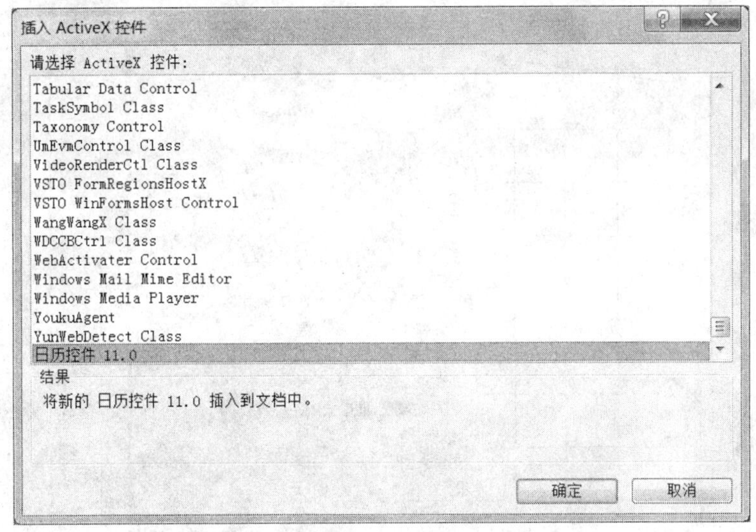

图 5-82 “插入 ActiveX 控件”对话框

③ 在窗体设计网格上单击，产生一个日历对象，拖放该对象的控制块，调整其大小和位置。双击日历对象，在其“属性表”窗格中修改日历对象的“控件来源”值为“出生日期”，如图 5-83 所示。

④ 日历控件创建完成，切换到窗体的窗体视图，可以通过日历控件查看学生的出生日期，结果如图 5-84 所示。

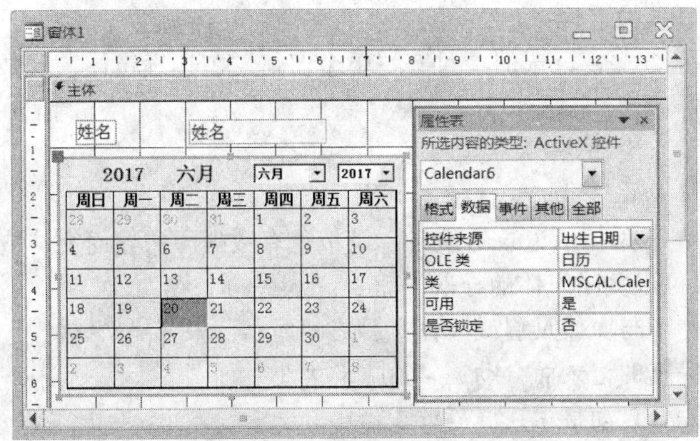

图 5-83 日历控件的数据属性

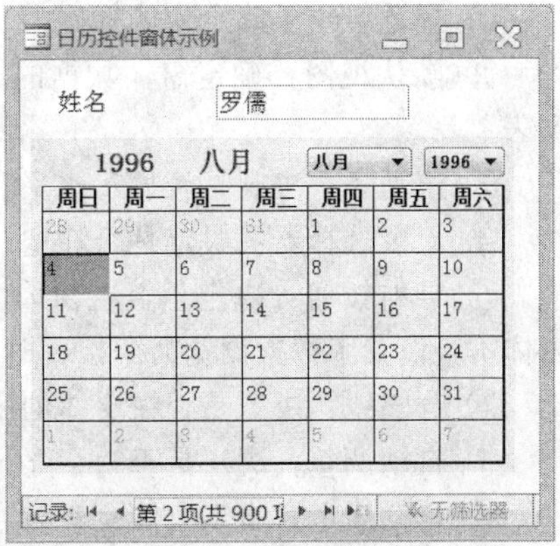

图 5-84 日历控件的数据外观

5. 窗体属性

在 Access 中，属性决定着表、查询、窗体、报表等对象的特性。窗体有自己独特的属性，主要用于决定窗体的外观与行为特征。窗体中的每一个控件也具有自己的属性。可以在“属性表”窗格中修改窗体或控件的属性。窗体与控件的属性有很多相似的地方，这里以窗体属性为主讲解常用属性项的功能与设置。

打开窗体“属性表”窗格的方法是：进入窗体的设计视图，双击水平标尺与垂直标尺交叉点，即可打开窗体的“属性表”窗格：也可以先单击水平标尺与垂直标尺交叉点，再单击“窗体设计工具/设计”选项卡|“工具”组|“属性表”按钮，打开窗体的“属性表”窗格，如图 5-85 所示。

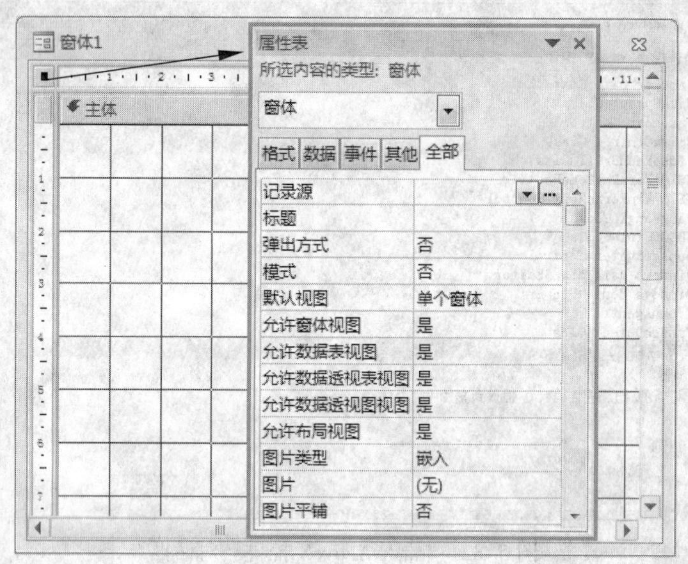

图 5-85 窗体“属性表”窗格

窗体的属性很多，分为格式属性、数据属性、事件属性、其他属性四大类，下面简要介绍常用的一些窗体属性。

(1) 格式属性

格式属性主要用于设置窗体和控件的显示格式。常用的格式属性如下：

① 标题：用于确定窗体标题栏上显示的字符。

② 默认视图：确定窗体数据的显示方式，可选的项目有“单个窗体”“连续窗体”“数据表”等。

③ 滚动条：决定是否显示水平和垂直滚动条。

④ 记录选择器：决定是否在记录最左侧显示记录选择器。

⑤ 导航按钮：决定是否在窗体的左下角显示记录导航条。对于没有数据源的界面窗体或窗体本身设置了数据浏览命令按钮时，可以关闭窗体的导航按钮。

⑥ 分隔线：决定是否在窗体的主体节与窗体页眉或窗体页脚之间显示一根分隔横线。

⑦ 自动调整：决定是否为了显示完整的记录而自动调整窗体的大小。

⑧ 自动居中：决定窗体打开时，是否自动显示在屏幕的正当中。

⑨ 边框样式：决定窗体边框的外观，默认为“可调边框”。

⑩ 图片：决定窗体的背景图片。与使用“图像”控件在窗体上产生的图片不同的是，图片属性中设置的背景会随着窗体大小的改变而自动调整尺寸。

⑪ 图片缩放模式：决定背景图片填充窗体的方式，常用的方式是“拉伸”。

（2）数据属性

数据属性决定了窗体的数据来自于何处，以及操作数据的规则。常用的数据属性如下：

① 记录源：决定窗体中需要显示的数据的来源。如果窗体的控件对象与数据源的字段绑定起来，则在窗体中对数据的修改都将被写入相应的控件来源中。窗体的控件来源可以是表、查询以及 SQL 查询语句。可以单击该属性后的“生成器”按钮…，直接在设计视图中创建 SQL 语句作为窗体的数据源。

② 排序依据：指定某个字段名作为窗体数据的排序依据。

③ 允许筛选：决定是否可以筛选窗体中的记录。

④ 允许编辑：决定是否能在窗体视图中编辑已保存的记录。

⑤ 允许删除：决定是否能在窗体视图中删除数据。

⑥ 允许添加：决定是否能在窗体视图中添加新的记录。

⑦ 数据输入：决定是否能在窗体视图中显示原有记录的数据。如果该属性值为“是”，则窗体中只能显示新增记录，不能显示窗体数据源的原有记录。

⑧ 记录集类型：决定在窗体中对数据的修改能否反馈到相应的源表中。该属性的默认设置值是“动态表”，此时如果在窗体视图中对数据进行修改，则修改的数据会保存到窗体的数据源中。如果将该属性值设为“快照”，则只能查看数据，不能在窗体上对数据记录进行修改。

⑨ 记录锁定：记录锁定属性决定在多用户环境中访问数据的方式。记录锁定属性的值可设置为“不锁定”“所有记录”“已编辑的记录”。其中“不锁定”是默认设置。

（3）事件属性

事件是面向对象程序设计的一种应激机制。事件与对象的动作息息相关，当发生某个事件时，可以编写相应的程序代码或宏，用于执行某些与事件有关的操作。在 Access 中，不同的对象可触发的事件不同。但总体来说，Access 中的事件类型主要有键盘事件、鼠标事件、对象事件、窗口事件和操作事件等。下面介绍窗体的一些常见事件。

① 单击：用鼠标单击窗体时，会触发单击事件。

② 双击：用鼠标双击窗体时，会触发双击事件。

③ 获得焦点：当光标从窗体外移动到窗体上时，即窗体被选中时，会触发该事件。

④ 失去焦点：与获得焦点刚好相反，当光标从当前窗体移开时，会触发该事件。

⑤ 打开：在窗体打开，但第一条记录显示之前，会触发该事件。

⑥ 加载：在窗体打开，所有记录显示之后，会触发该事件。

⑦ 关闭：当窗体关闭时，会触发该事件。

⑧ 计时器触发：每隔指定的时间会自动触发的事件。

⑨ 计时器间隔：与计时器触发事件结合使用，决定计时器触发的间隔时间，单位为毫秒。

（4）其他属性

窗体的其他属性决定了控件的附加特征。常用的其他属性如下：

① 弹出方式：决定是否将窗体始终显示在其他窗口上面。如果该属性值设为“是”，则该窗体始终显示在屏幕的最上一层。

② 模式：决定用户是否能够通过鼠标操作其他数据库对象。如果该属性值设为“是”，

则用户只能在该窗体上执行任务，不能使用其他对象，除非当前窗体被关闭。

③ 循环：决定键盘“Tab”键循环的方式。即按“Tab”键时，光标移动的范围。

④ 菜单栏：决定窗体关联的菜单栏的名称。窗体的默认菜单栏为系统菜单栏，如果有自定义的菜单栏，可以将自定义的菜单栏与某个窗体关联起来，当进入该窗体的窗体视图时，屏幕显示的菜单将会是自定义的菜单栏。

⑤ 工具栏：决定窗体关联的工具栏的名称。

⑥ 快捷菜单栏：决定窗体关联的鼠标右击菜单栏的名称。

⑦ 快捷菜单：决定是否允许产生窗体的右击快捷菜单。

“属性表”窗格中的“全部”选项卡包含了该控件所有的属性。

5.3 窗体与其他对象的关联

在数据库的实际应用中，窗体对象与其他数据库对象存在较多的联系。窗体与表的联系体现在窗体可以表为数据源。在窗体的“属性表”窗格中可以调整窗体与表的关联关系。另外，窗体对象还可以与查询对象以及其他窗体对象建立一定的联系，使两者之间的数据有相关性。

5.3.1 窗体之间的关联

在窗体之间建立关联可以达到如下目的：在一个窗体中通过输入方式或者选择方式确定数据，在另外一个窗体中显示相关数据。这样的两个窗体互为关联窗体。关联窗体的建立主要通过特定的控件对象来实现。

例如，创建两个相互关联的窗体，分别命名为“引导窗体”和“弹出窗体”。要求在“引导窗体”中通过组合框选择“系部名称”数据值，单击“确定”按钮后，显示“弹出窗体”，要求“弹出窗体”上显示的是“引导窗体”组合框中所选定系部的教师记录，效果如图 5-86 所示。具体的操作步骤为：

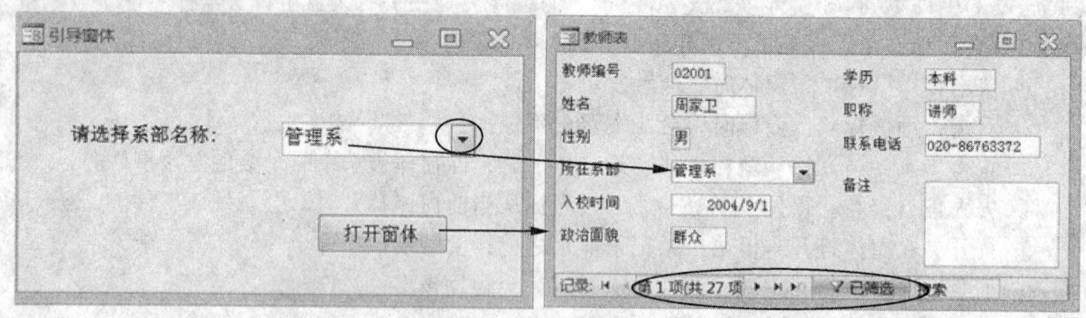

图 5-86 窗体关联

① 首先创建“弹出窗体”。以“教师表”为数据源，创建一个纵栏式窗体，在设计视图中对窗体的格式进行必要的调整。保存该窗体并命名为“弹出窗体”。

② 接下来创建“引导窗体”。创建一个无数据源的空白窗体，进入该窗体的设计视图，在控件向导的帮助下，在窗体上创建一个以“系部表”的“系部名称”字段为数据源的组合框。将组合框的附加标签字符改为“请选择系部名称：”。具体步骤请参考 5.2.4 节组合框的相关内容。请注意组合框的值在默认情况下绑定在“系部表”的主键字段“系部编号”上，可以查

看到组合框的“绑定列”属性值为 1，此时组合框的值“所见非所得”。组合框的值绑定在哪一个字段上对窗体能否关联成功至关重要。

③ 在“引导窗体”上创建命令按钮实现窗体的关联。进入“引导窗体”的设计视图，确认“控件”组|“使用控件向导”按钮处于选中状态，单击“窗体设计工具/设计”选项卡|“控件”组|“命令按钮”按钮，在窗体设计网格中单击，弹出“命令按钮向导”的第一个对话框，在该对话框中选择命令按钮“类别”为“窗体操作”，“操作”为“打开窗体”，如图 5-87 所示。

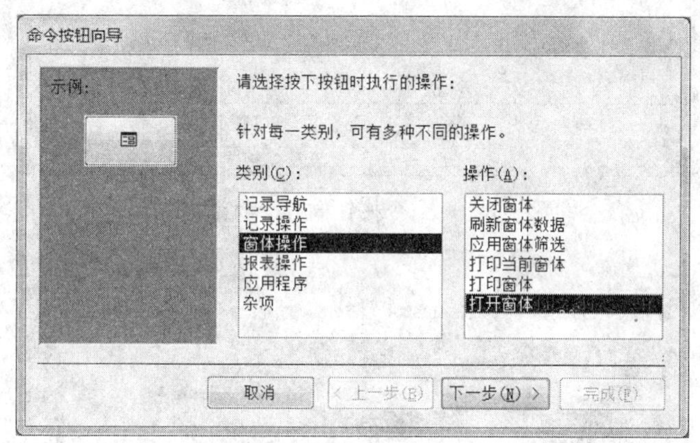

图 5-87 “命令按钮向导”对话框 1

④ 单击“下一步”按钮，屏幕显示命令按钮的第二个对话框。在该对话框中确定将要打开的窗体名称，这里选择“弹出窗体”。如图 5-88 所示。

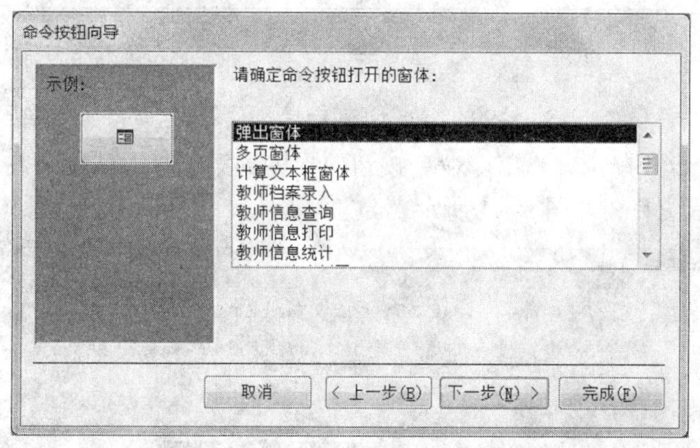

图 5-88 “命令按钮向导”对话框 2

⑤ 单击“下一步”按钮，弹出“命令按钮向导”的第三个对话框，在该对话框中确定弹出窗体中显示的数据类别。如果选择“打开窗体并显示所有记录”单选按钮，则将要打开的窗体不对数据记录做任何的筛选，而是显示所有窗体数据源中的记录。如果需要实现窗体的关联，应该选择“打开窗体并查找要显示的特定数据”单选按钮，如图 5-89 所示。

⑥ 单击“下一步”按钮，弹出“命令按钮向导”的第四个对话框，在该对话框中确定两个关联窗体之间匹配的依据字段，一定要将匹配关系通过 <-> 按钮生成到“匹配字段”提示框中。本例的“引导窗体”上的组合框绑定的值为“系部编号”字段，所以应该与“弹出窗体”的“所在系部”字段匹配。单击两个窗体中间的 <-> 按钮后，匹配关系“Combo2<->所在系部”

将会出现在提示框中，如图 5-90 所示。

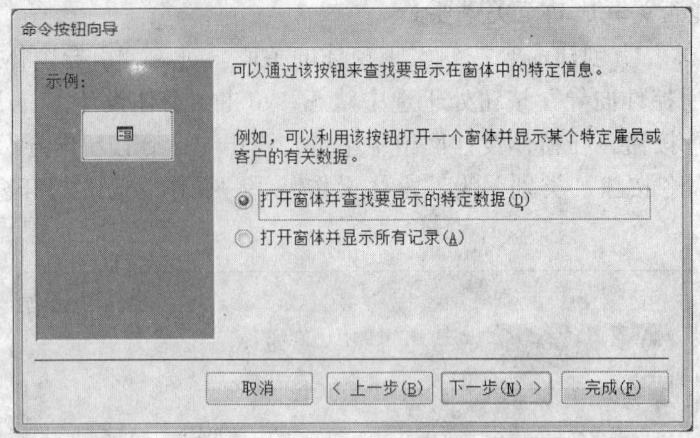

图 5-89 “命令按钮向导”对话框 3

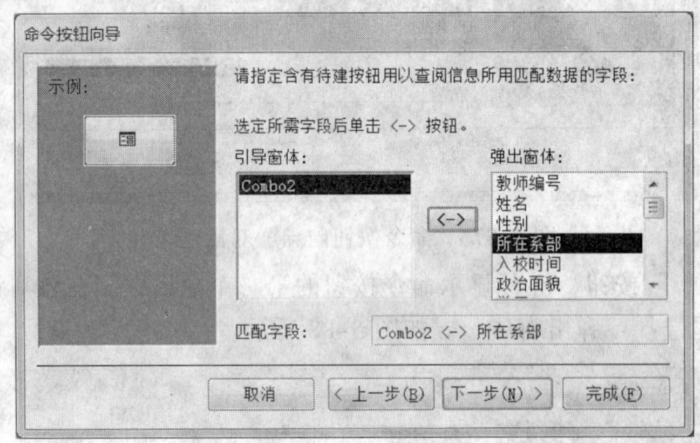

图 5-90 “命令按钮向导”对话框 4

⑦ 单击“下一步”按钮，弹出“命令按钮向导”的第五个对话框，在该对话框中确定命令的提示字符或提示图片，如图 5-91 所示。

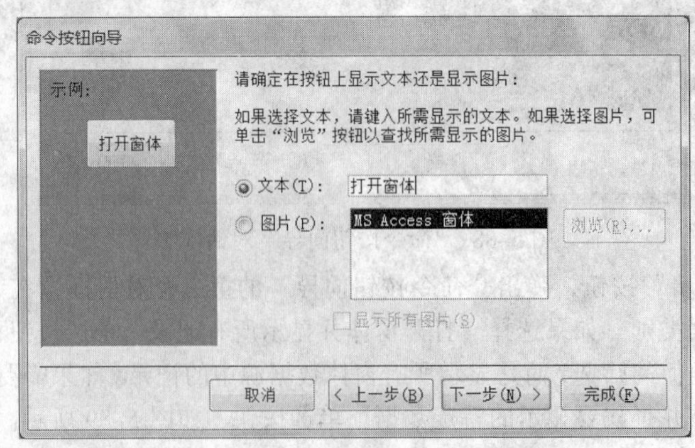

图 5-91 “命令按钮向导”对话框 5

⑧ 单击“下一步”按钮，弹出“命令按钮向导”的第六个对话框，在该对话框中确定命令按钮的名称。命令按钮名称一般用于应用程序编程，一般不必改变，如图 5-92 所示。

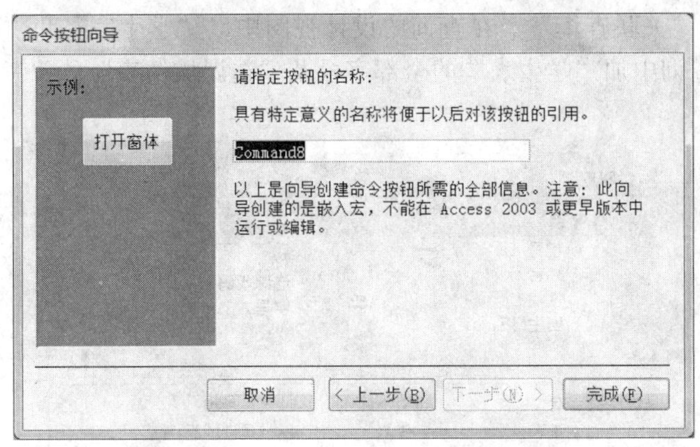

图 5-92 “命令按钮向导”对话框 6

⑨ 单击“完成”按钮，完成命令按钮的创建。进入“引导窗体”的窗体视图，通过组合框右侧的下拉按钮选择某个“系部名称”值，单击“打开窗体”按钮，就可以打开“弹出窗体”，并且“弹出窗体”上的数据与“引导窗体”组合框的选项值相匹配。

5.3.2 窗体与查询的关联

窗体的数据源可以是某个查询对象，这体现了窗体与查询的联系。窗体与查询关联的另外一种表现形式是：用户在窗体文本框中输入一个值或在组合框中选择一个输入值，根据该输入值决定查询的结果。第 4 章学习过参数查询的用法，参数查询的结果不是固定的，该结果由查询运行时用户在参数对话框中的输入值决定。这种参数对话框的输入界面比较呆板，而且当查询有多个参数时，用户需要分多次输入数据值，这样非常容易产生输入错误。对于这种情况，可以改用窗体与查询的关联实现。实现窗体与查询关联的操作要领是：将查询的条件关联到窗体的文本框或组合框对象上。

例如，创建一个关联查询，要求能够查找“考试成绩”在一个范围内的学生记录，该范围的下限值和上限值由窗体的两个文本框所决定。具体操作步骤如下：

① 首先创建一个用于输入查找范围的“输入窗体”，方法是：先使用设计视图法创建一个空白窗体，然后利用控件组的“文本框”按钮在窗体上建立两个文本框，注意观察两个文本框的默认名称，分别为“Text0”和“Text2”。这两个文本框的类型是未绑定的控件对象。将两个文本框对象拖放到适当位置，并修改它们的附加标签字符为“下限值”和“上限值”。保存该窗体，命名为“输入窗体”，如图 5-93 所示。

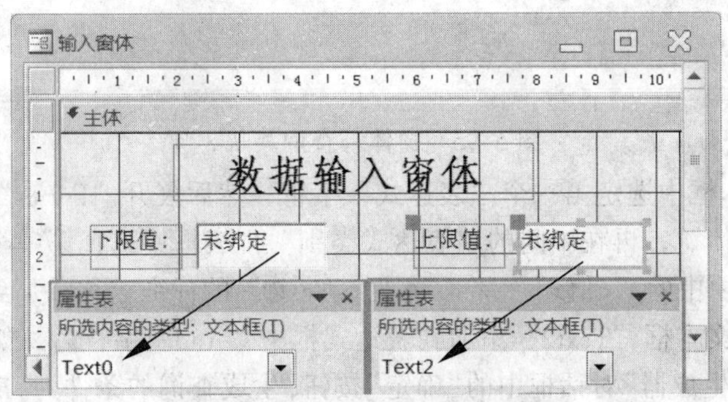

图 5-93　窗体与查询关联 1

② 接下来创建“关联查询”。在查询的设计视图中以“学生表”和“选课成绩表”为数据源创建查询。在查询中加“学生表”的全部字段及“选课成绩表”的“考试成绩”字段，如图 5-94 所示。

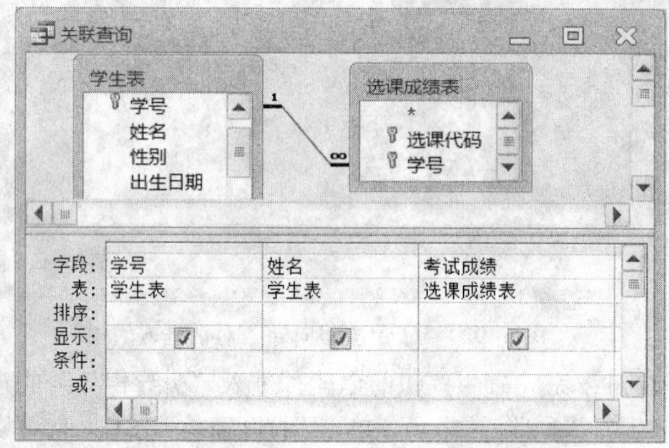

图 5-94 窗体与查询关联 2

③ 将光标定位到“考试成绩”字段的条件栏上，右击，在弹出的快捷菜单中单击“生成器”命令，弹出“表达式生成器”对话框，在该对话框中先从“操作符”|“比较”类中双击“Between”，在表达式文本框中得到“Between 《表达式》 And 《表达式》”，如图 5-95 所示。

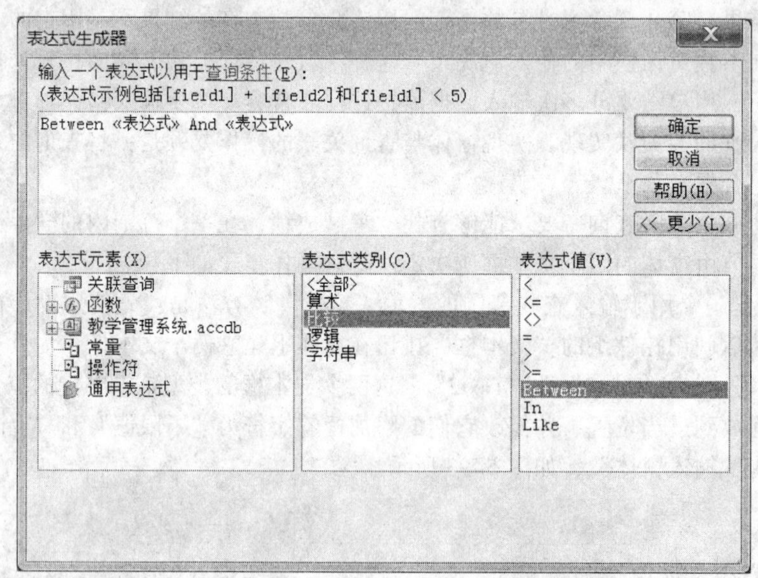

图 5-95 窗体与查询关联 3

④ 在表达式文本框中选定第一个“表达式”字符，然后展开“Forms”大类，从“所有窗体”下选择“输入窗体”，再在中间的“表达式类别”列表框中选择第一个文本框“Text0”，双击右侧“表达式值”中的“<值>”，将文本框“Text0”的标准名称添加到表达式框中。采用类似的办法将第二个文本框“Text2”添加到表达式框中“And”字符后，如图 5-96 所示。

⑤ 单击“表达式生成器”对话框中的“确定”按钮，生成查询的条件为“Between [Forms]![输入窗体]![Text0] And [Forms]![输入窗体]![Text2]”，如图 5-97 所示，保存并关闭该查询。

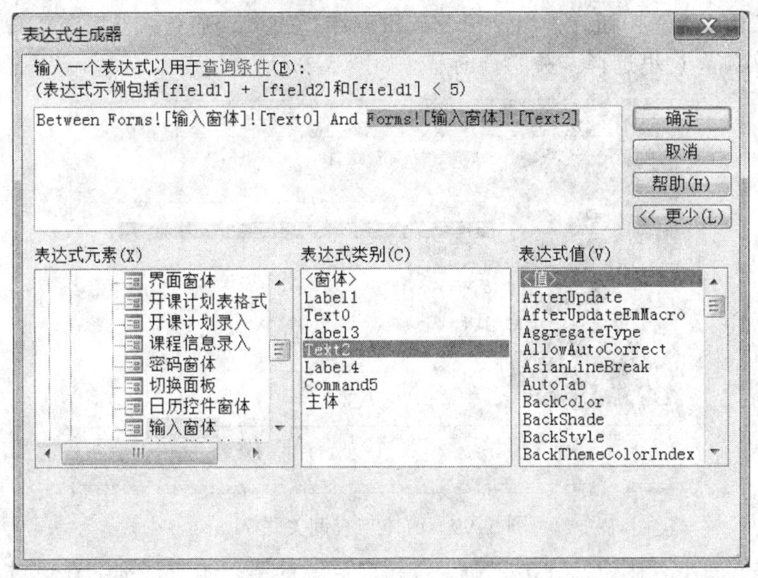

图 5-96　窗体与查询关联 4

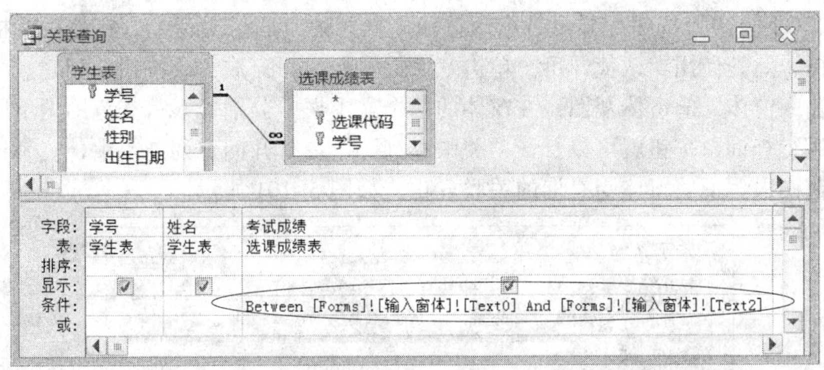

图 5-97　窗体与查询关联 5

⑥ 重新进入“输入窗体”的设计视图，在它的上面创建一个能够打开查询的命令按钮。确认“控件”组|“使用控件向导”按钮处于选中状态，单击“窗体设计工具/设计”选项卡|“控件”组|“命令按钮”按钮，在窗体设计网格中单击，弹出“命令按钮向导”的第一个对话框，在该对话框中选择命令按钮“类别”为“杂项”，“操作”为“运行查询”，如图 5-98 所示。

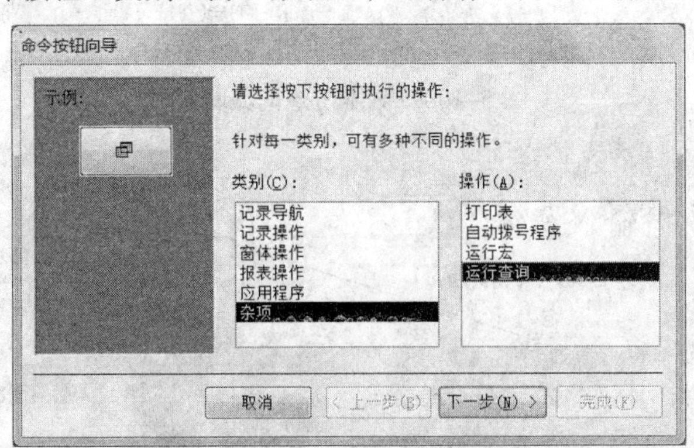

图 5-98　窗体与查询关联 6

⑦ 单击“下一步”按钮，弹出“命令按钮向导”的第二个对话框，在该对话框中确定将要打开的查询名称，这里选择“关联查询”，如图 5-99 所示。

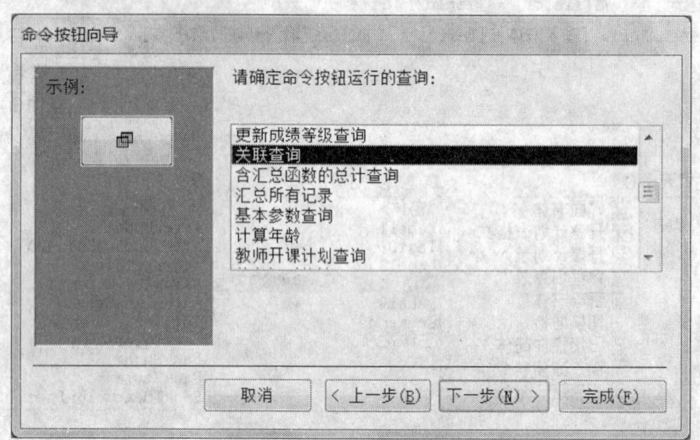

图 5-99　窗体与查询关联 7

⑧ 单击“下一步”按钮，弹出“命令按钮向导”的第三个对话框，在该对话框中确定命令的提示字符或提示图片，如图 5-100 所示。

⑨ 单击“下一步”按钮，弹出“命令按钮向导”的第四个对话框，在该对话框中确定命令按钮的名称，此处使用默认值即可。单击“完成”按钮，完成命令按钮的创建。

进入“输入窗体”的窗体视图，在窗体的两个文本框中分别输入待查范围的下限值和上限值，单击“运行查询”按钮就可以打开“关联查询”。在打开的查询结果中，“考试成绩”字段值在指定范围内，说明窗体与查询的关联成功，如图 5-101 所示。

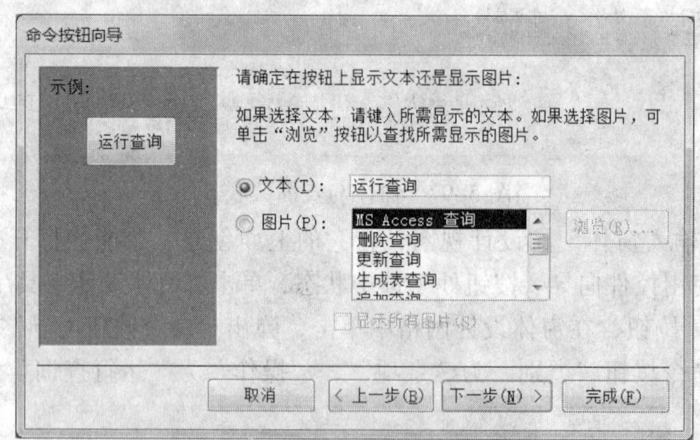

图 5-100　窗体与查询关联 8

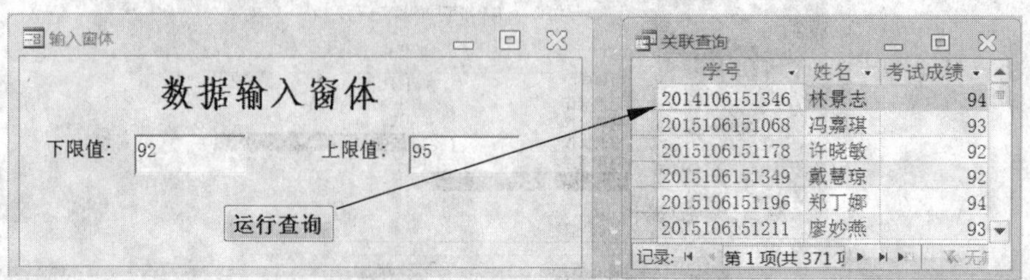

图 5-101　窗体与查询关联 9

习　题

一、填空题

1. 窗体由多个部分组成，每个部分称为一个________，大部分的窗体只有________。

2. 控件的________属性告诉系统如何检索或保存在窗体中要显示的数据。

3. 在表格式窗体、纵栏式窗体和数据表窗体中，若窗体最大化后显示记录最多的窗体是________。

4. 控件是窗体上用于显示数据、________和装饰窗体的对象。

5. 使用窗体设计器，一是可以创建窗体，二是可以________。

6. 窗体页眉位于窗体的________。

7. 在创建主/子窗体之前，要确定主窗体的数据源与子窗体的数据源之间存在着________的关系。

8. 窗体的信息主要有两类：一类是设计的提示信息，另一信息是所处理的________的记录。

9. Access 数据库中，用于输入或编辑字段数据的交互控件是________。

10. 如果用多个表作为窗体的数据来源，就要先利用多个表创建一个________。

二、单选题

1. 窗体是 Access 数据库中的一种对象，以下（　　）不是窗体具备的功能。
   A. 输入数据　　B. 编辑数据
   C. 输出数据　　D. 显示和查询表中的数据

2. 窗体的多种视图中，用于创建窗体或修改窗体的窗口是窗体的（　　）。
   A. “设计”视图　B. “窗体”视图　C. “数据表”视图　D. “透视表”视图

3. 可以作为窗体记录源的是（　　）。
   A. 表　　B. 查询
   C. Select 语句　　D. 表、查询或 Select 语句

4. 在窗体的“窗体”视图中，可以进行（　　）。
   A. 创建或修改窗体　　B. 显示、添加或修改表中的数据
   C. 创建报表　　D. 以上都可以

5. 窗口事件是指操作窗口时所引发的事件，下列不属于窗口事件的是（　　）。
   A. “加载”　B. “打开”　C. “关闭”　D. “确定”

6. 用来显示说明文本的控件的按钮名称是（　　）。
   A. 复选框　B. 文本框　C. 标签　D. 控件向导

7. Access 的窗体由多个部分组成，每个部分称为一个（　　）。
   A. 控件　B. 子窗体　C. 节　D. 页

8. 能够将一些内容罗列出来供用户选择的控件是（　　）。
   A. 组合框控件　B. 复选框控件　C. 文本框控件　D. 选项卡控件

9. 不是窗体格式属性的选项是（　　）。
   A. 标题　B. 可见性　C. 默认视图　D. 滚动条

10. 用表达式作为数据源的控件类型是（　　）。

A. 结合型　　B. 非结合型　　C. 计算型　　D. 以上都是

11. 在 Access 中已建立“雇员”表，其中有可以存放照片的字段。在使用向导为该表创建窗体时，“照片”字段所使用的默认控件是（　　）。

A. 图像框　　B. 绑定对象框　　C. 非绑定对象框　　D. 列表框

12. 用来显示与窗体关联的表或查询中字段值的控件类型是（　　）。

A. 绑定型　　B. 计算型　　C. 关联型　　D. 未绑定型

13. 在窗体设计视图中，必须包含的部分是（　　）。

A. 主体　　B. 窗体页眉和页脚　　C. 页面页眉和页脚　　D. 以上 3 项都要包括

14. 下面不是窗体的“数据”属性的是（　　）。

A. 允许添加　　B. 排序依据　　C. 记录源　　D. 自动居中

15. 不是窗体控件的是（　　）。

A. 表　　B. 标签　　C. 文本框　　D. 组合框

三、简答题

1. 什么是控件？有哪些种类的控件？

2. 简述窗体控件组中的 3 种控件类型及其特点？

四、实验题

打开“学生管理系统.accdb”，完成以下题目：

1. 用“窗体向导”创建一个窗体，在向导中选择“学生”表中的学号、姓名、性别字段，“社会关系表”中的“联系电话”字段，“班级”中的“班级编号”“班级名称”字段。数据查看方式：通过班级，带子窗体。布局使用“数据表”，最后保存窗体名称为“班级情况”，子窗体为“学生情况”。

2. 修改上题创建的窗体，使之成为如图 5-102 所示的效果。

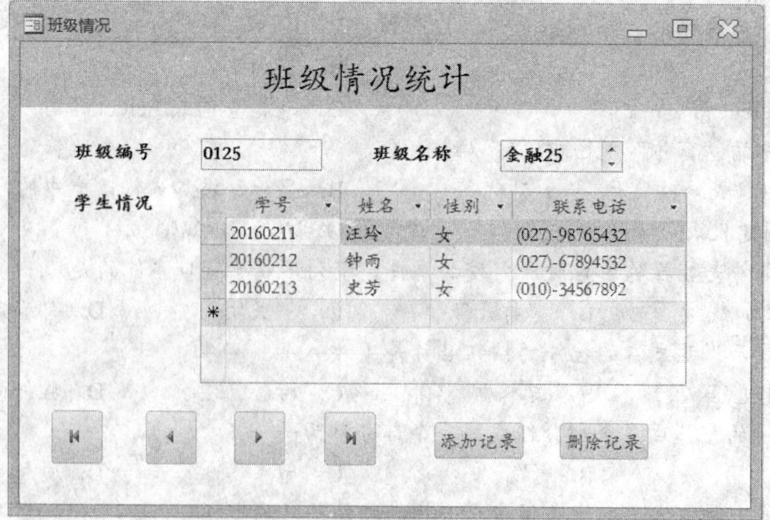

图 5-102　修改后的窗体

（1）将窗体的主题设置为波形。

（2）适当调整字段控件及其布局、对齐方式、文字格式等。

（3）给窗体添加 6 个按钮，功能分别指向首记录、前一记录、后一记录、尾记录和添加、删除记录。

（4）将主窗体中记录选择器、分隔线设置为否，滚动条设置为两者均无，取消主窗体和子窗体的导航按钮。

3. 在如图 5-103 的窗体的“选择学号窗体”的组合框中选择输入学号后单击“确定”按钮，会打开如图 5-104 所示的窗体，并显示相关学生的信息。

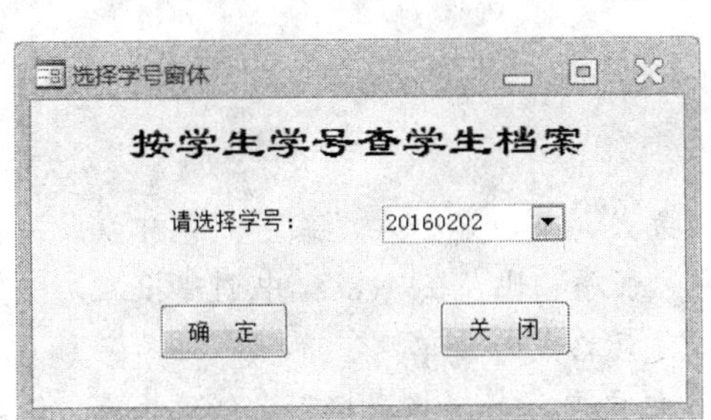

图 5-103　选择学号窗体

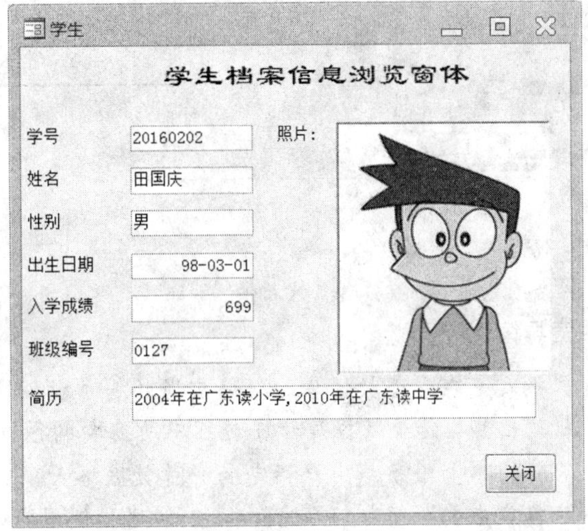

图 5-104　学生档案信息浏览窗体

思考：如果将“请选择学号”组合框换成“请选择姓名”组合框，该如何制作并显示出某个姓名的学生数据窗口。

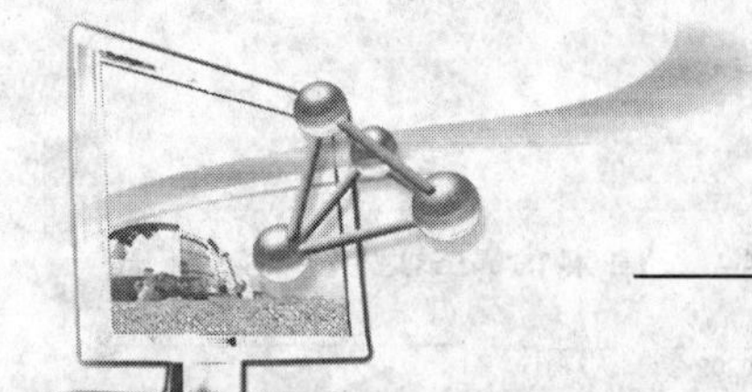

第 6 章 报表设计

本章导读

报表是在管理数据库时普遍应用的一种数据输出方式，可以显示在屏幕上，也可以通过打印机输出。与传统数据库开发过程中所需要的很复杂的程序相比，在 Access 中创建报表是一件很轻松的事。报表是用户指定的一种数据格式，可以是表格或者清单。

本章主要介绍如何在 Access 中创建和使用报表，主要内容包括报表概述、创建报表、修改报表以及打印报表等。

通过对本章内容的学习，应该能够做到：

了解：报表的基本概念。

理解：报表的类型、组成、视图等基本知识。

应用：创建、修改及打印报表。

6.1 认识报表

报表可以对数据库中的数据进行计算、分组、汇总和打印。如果希望对表、查询或窗体中的数据进行计算、分组和汇总，并按照指定的格式打印出来，可以借助报表对象来完成。

6.1.1 报表的视图

报表是一种 Access 数据库对象，它根据指定规则打印经过格式化和组织化的信息数据。在 Access 中，报表的存储和查询类似，只存储报表的设计结构而不存储数据，以节省存储空间。在对报表进行修改时，修改的也只是报表的设计结构，不会影响到数据源，当数据源的数据发生变化时，报表的数据也会随之变化。

报表与窗体有许多共同之处：它们的数据来源都是基础表、查询或 SQL 语句；创建窗体时所用的控件基本上都可以在报表中使用。

报表与窗体的区别在于：在窗体中可以输入数据，在报表中不能输入数据。窗体的主要用途是更加直观地显示数据，报表的主要用途是按照指定的格式来打印输出数据。

报表有 4 种视图：打印预览、设计视图、报表视图和布局视图。

1．打印预览

报表的打印预览视图用于浏览报表中的数据及报表打印效果。在打印预览视图中所看到的屏幕界面模拟了报表在纸张上的打印效果，即所见即所得。在打印预览视图中会显示报表的所有页面，如图 6-1 所示。

在数据库窗口的报表栏目下，双击某个报表对象，可以直接进入该报表的打印预览视图。当报表由多个页面组成时，可以使用窗口左下方的浏览按钮在不同的页面之间切换。

教师基本情况报表

职称	教师编号	姓名	性别	政治面貌	学历	系别	联系电话
副教授							
	04018	欧阳兵	男	群众	硕士	计算机系	020-86781304
	05019	翟海涛	男	群众	硕士	经济系	020-86754497
	08012	吴先进	男	中共党员	硕士	市场系	020-86769376
	02016	陈琳霖	女	群众	硕士	管理系	020-86731187
	08010	毕文钊	男	群众	博士	市场系	020-86741898
	10047	乔嘉敏	女	群众	硕士	外语系	020-86710344
	05021	于玮	男	群众	本科	经济系	020-86741705
	10049	徐思宁	男	群众	本科	外语系	020-86736285
	05005	张达鑫	男	群众	本科	经济系	020-86749572
	05017	付显威	男	中共党员	本科	经济系	020-86728297
	03009	刘心语	女	中共党员	本科	会计系	020-86746625
	02004	姜军才	男	群众	硕士	管理系	020-86789984

2017年1月20日　　共 18 页，第 1 页

图 6-1　教师基本情况报表的打印预览视图

2．设计视图

设计视图用于创建新的报表或者更改已有报表的结构。报表的设计视图与窗体的设计视图在外观与特征上具有很多相似之处。与窗体一样，“报表设计工具/设计”选项卡“工具”组|“属性表”按钮对于创建报表控件对象非常有帮助。在报表上也同样可以创建绑定控件或未绑定控件。另外，报表上控件对象的格式调整和布局美化也和窗体上的操作相类似。在数据库窗口选中报表并右击，在弹出的快捷菜单中单击“设计视图”按钮。教师基本情况报表的设计视图如图 6-2 所示。

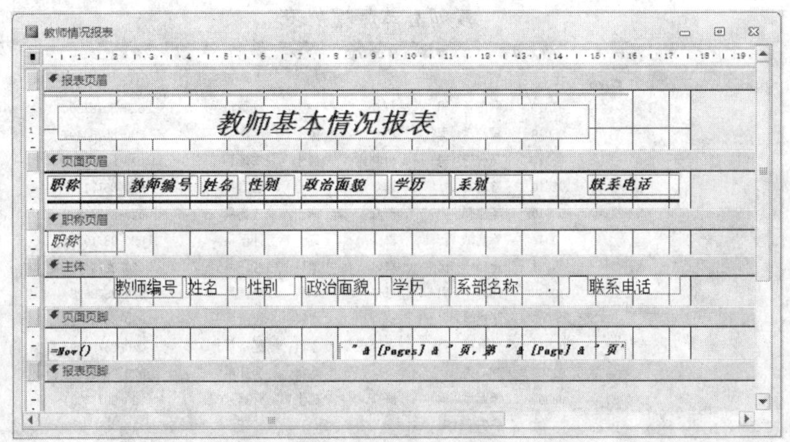

图 6-2　教师基本情况报表的设计视图

3. 报表视图

报表视图主要用于查看报表的打印效果。报表视图与打印预览视图的外观基本相同，只是在报表视图中显示报表的主要数据而不显示全部数据，如图 6-3 所示。进入报表视图的方法是：首先进入报表的设计视图，然后单击“报表设计工具/设计”选项卡|“视图”组|“视图”下拉按钮，单击下拉列表中的“报表视图”按钮，从报表的设计视图切换到报表视图。

图 6-3　教师基本情况报表的报表视图

4. 布局视图

布局视图主要用于布局报表。布局视图与报表视图的外观基本相同，只是布局视图中会显示布局线，如图 6-4 所示。进入布局视图的方法是：首先进入报表的设计视图，然后单击“报表设计工具/设计”选项卡|“视图”组|“视图”下拉按钮，单击下拉列表中的“布局视图”按钮，从报表的设计视图切换到布局视图。

图 6-4　教师基本情况报表的布局视图

6.1.2　报表的构成

报表一般由报表页眉、页面页眉、主体、页面页脚和报表页脚 5 个部分组成。报表的每个组成部分被称为报表的节。如果在报表中进行了分组，还可以在报表的结构中增加“组页眉”和“组页脚”两个节，用于显示组的汇总信息。进入报表的设计视图，可以清晰地看到报表的节（见图 6-2）。

① 报表页眉：用于在报表的开头放置信息，如标题文字、打印日期或报表说明等。如果打印报表，报表页眉的内容只会出现在报表的第一页。

② 页面页眉：用于在报表的上方放置信息，出现在每一页的上方。

③ 主体：用于存放报表的主要数据内容，可以在报表的主体节中放置控件，用以显示数据。

④ 页面页脚：用于在报表页面的下方放置信息，出现在每一页的下方。主要用于显示页码和日期时间等信息。

⑤ 报表页脚：用于在报表的最后显示提示信息，如报表总结、总计数或打印日期等。报表页脚中的内容只会在报表最后一页出现。

6.1.3　报表的种类

按照功能的不同，可将报表分为纵栏式报表、表格式报表、图表报表和标签报表。

1．纵栏式报表

纵栏式报表也称窗体报表，一般是在一页中主体节区域内以垂直的方式显示一条或者多条记录，记录数据的字段标题信息与字段记录数据一起被显示在每页的主体节区内。纵栏式报表显示数据的方式类似于纵栏式窗体，但是报表只是用于查看或打印数据，不能用来输入或更改数据。纵栏式报表的外观如图 6-5 所示。

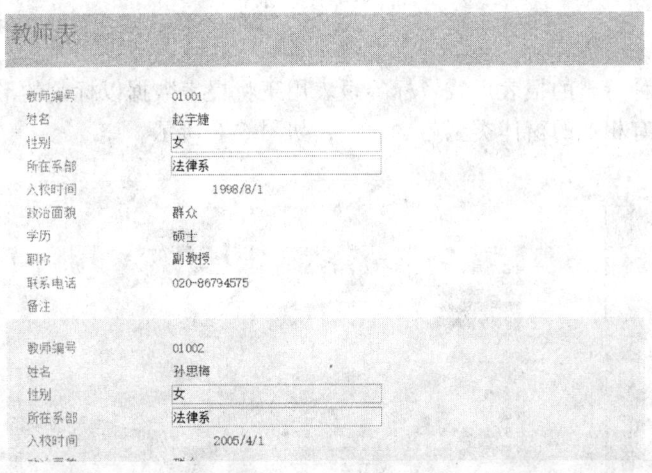

图 6-5　纵栏式报表

2．表格式报表

表格式报表是以整齐的行、列形式显示记录数据，在每一行上显示一条记录，在每一列上显示一个字段数据，其记录数据的字段标题安排在页面页眉节区显示。表格式报表中可以设置分组字段，显示分组统计数据。图 6-6 所示的是一个表格式报表的报表视图。

教师表

教师编号	姓名	性别	所在系部	入校时间	政治面貌	学历	职称	联系电话	备注
01001	赵宇婕	女	法律系	1998/8/1	群众	硕士	副教	020-86794	
01002	孙思梅	女	法律系	2005/4/1	群众	硕士	讲师	020-86764	
01003	张小玉	女	法律系	2004/1/6	群众	硕士	讲师	020-86748	
01004	郝莹	女	法律系	2004/8/1	群众	硕士	助教	020-86732	
01005	金大涛	男	法律系	2004/8/17	群众	本科	讲师	020-86761	
01006	干军进	男	法律系	2004/2/1	群众	硕士	教授	020-86717	
01007	唐娟梅	女	法律系	2005/8/31	群众	本科	讲师	020-86796	
01008	丁丽丽	女	法律系	2002/5/31	群众	硕士	讲师	020-86768	
01009	刘建设	男	法律系	2004/8/1	群众	本科	讲师	020-86757	
01010	杨勇	男	法律系	1996/9/2	群众	本科	讲师	020-86708	
01011	娄巧巧	女	法律系	2001/3/12	群众	本科	讲师	020-86738	
01012	熊大华	男	法律系	2001/8/1	群众	本科	副教	020-86721	
01013	杨媚	女	法律系	2005/8/1	群众	本科	讲师	020-86792	
01014	刘开屏	女	法律系	2002/9/1	群众	本科	助教	020-86781	

图 6-6　表格式报表

3. 图表报表

图表报表是将数据表中的数据以较直观的图形方式显示出来。图表报表在创建和显示样式上与图表窗体基本相同，如图 6-7 所示。

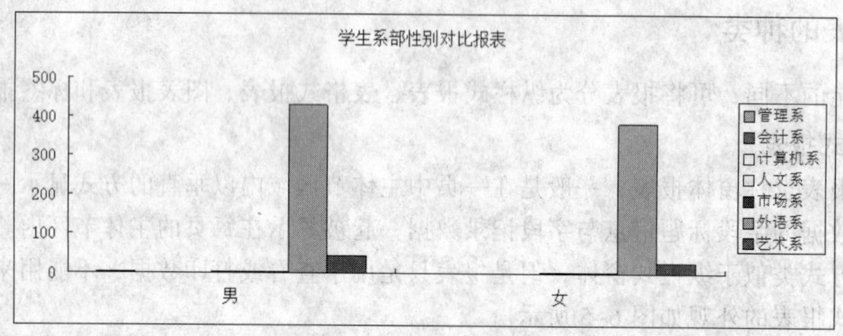

图 6-7　图表报表

4. 标签报表

标签报表是一种特殊的报表形式。标签报表用于将报表数据以标签的形式输出。标签报表是报表特有的，没有相似的窗体类型与之对应，如图 6-8 所示。

图 6-8　标签报表

报表的主要功能是输出到打印机，同时也可以输出到显示器。另外，还具有计算和统计功能。

1. 输出到打印机

虽然报表和查询都可以输出到打印机，但是报表同其他方式相比有以下优点：

① 格式灵活多样，容易阅读和理解。

② 可以使用剪贴画、图片或扫描对象。

③ 可以增加页眉和页脚。

④ 具有图表和图形功能。

2. 输出到显示器

报表可以在屏幕上显示，实现数据的查询。由于报表的格式丰富，查阅起来更加清楚。准备打印的报表也可以先通过屏幕进行预览，然后再输出到打印机。

3. 计算和统计功能

在报表中可以根据需要对数据按字段分组，并对数据进行统计计算，如计算总和、平均值等。

6.2 创 建 报 表

在 Access 中，报表的创建方法有五种：单击“创建”选项卡|“报表”组|“报表设计”按钮，再单击“报表设计工具/设计”选项卡|“控件”组|“子窗体/子报表”按钮，创建当前查询或表中的数据的基本报表，可在该基本报表中添加功能，如分组或合计；单击“创建”选项卡|“报表”组|“报表设计”按钮，在设计视图中新建一个空报表，在设计视图中，可以对报表进行高级设计更改，例如添加自定义控件类型以及编写代码；单击“创建”选项卡|“报表”组|“空报表”按钮，可以在其中插入字段和控件，并可设计该报表；单击“创建”选项卡|“报表”组|“报表向导”按钮，跟着向导能创建简单的自定义报表；单击“创建”选项卡|“报表”组|“标签”按钮，跟着标签向导能创建标准标签或自定义标签。

既可以使用向导来快速创建报表，又可以在设计视图中手工创建报表。在实际应用中，可以首先使用向导来快速创建一个基本报表，然后在设计视图中修改或者美化报表，使报表的功能更完善，外观更美观。

6.2.1 报表向导

使用报表向导功能是创建报表的一种最快捷方法。

例如，创建以“课程表”为数据源的表格式自动报表，用于输出“课程表”中的所有字段和记录。具体操作步骤如下：

① 打开数据库，单击“创建”选项卡|“报表”组|“报表向导”按钮。

② 选中“课程表”。

③ 选中所有字段，单击“下一步”按钮，如图 6-9 所示。

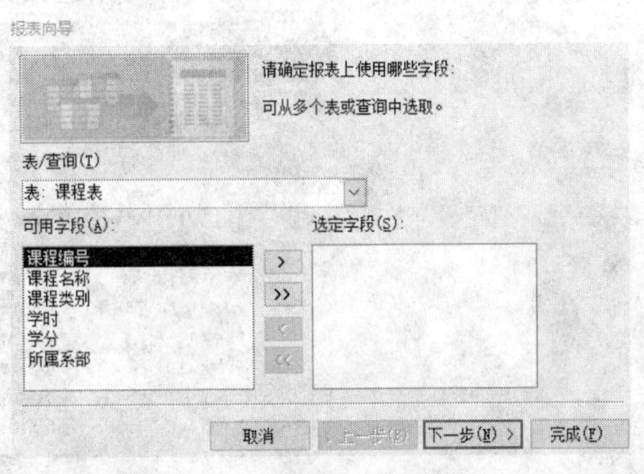

图 6-9　“报表向导”对话框 1

④ 如果不添加分组级别，则单击“下一步”按钮，选择字段作为记录排序依据，如图 6-10 所示。如果选择分组，可以在左侧的字段栏中选一字段，单击中间列的右移按钮移到右侧大框中，该字段会成为报表的分组项。同样，在右侧框中选中此分组字段，单击中间列的左移按钮可以将分组取消，中间列的向上和向下按钮用来调分级字段的优先级，即字段分组的先后次序。单击“分组选项”按钮，进行设置，如图 6-11 所示。

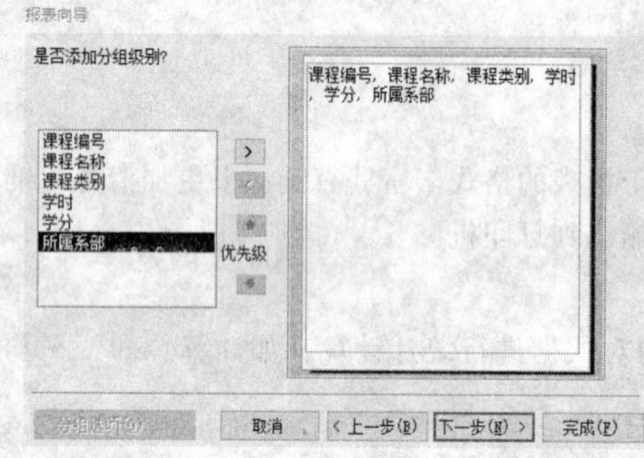

图 6-10 “报表向导”对话框 2

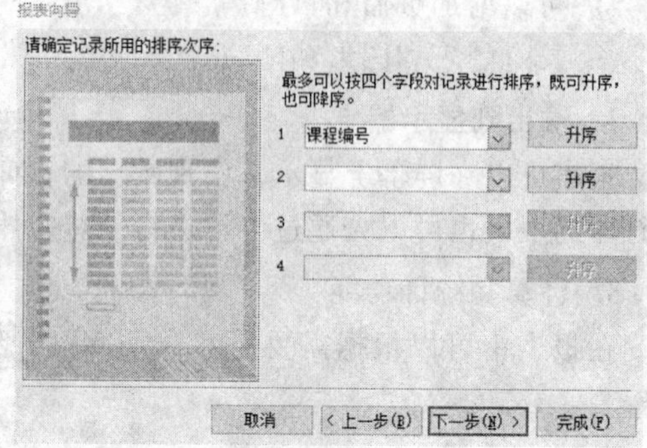

图 6-11 “报表向导”对话框 3

⑤ 单击“下一步”按钮，选择报表的布局和方向，如图 6-12 所示。

⑥ 单击“下一步”按钮，输入报表标题，如图 6-13 所示。

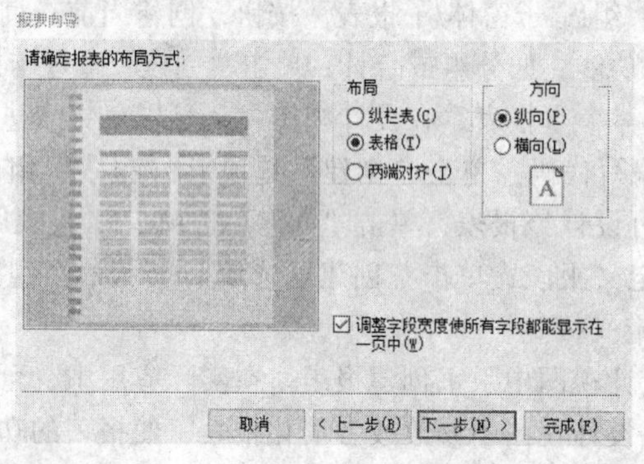

图 6-12 “报表向导”对话框 4

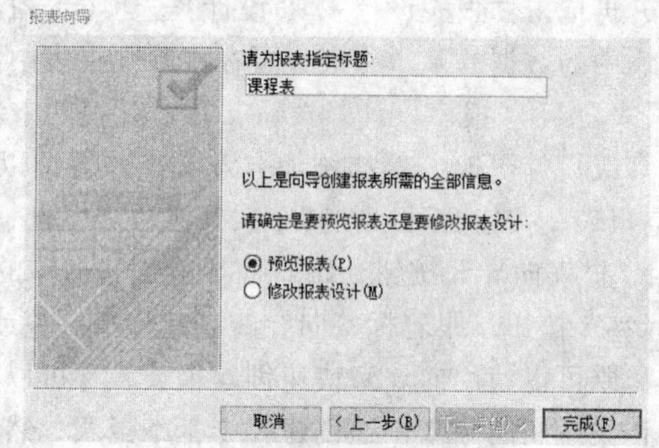

图 6-13 “报表向导”对话框 5

⑦ 单击“完成”按钮，系统将自动创建一个以“课程表”为数据源的表格式报表，如图 6-14 所示。也可以选择“修改报表设计”单选按钮进入设计视图对报表进行修改。

课程表

课程编号	课程名称	课程类别	学时	学分	所属系部
01101	美国司法制度简介(双语)	专业选修课	54	3	01
01102	合同法	专业必修课	72	4	01
01103	金融法	专业必修课	54	3	01
01104	经济法（经济法律事务）	专业必修课	54	3	01
01105	经济法学	专业必修课	72	4	01
01106	劳动法	专业选修课	54	3	01
01107	行政法与行政诉讼法学	专业选修课	72	4	01
01108	刑法学 I	专业必修课	54	3	01
01109	刑法学（经济法律事务）	专业必修课	54	3	01
01110	公务秘书学（法律文秘）	专业选修课	36	2	01
01111	刑法学	专业必修课	90	5	01
01112	经济法概论	专业选修课	72	4	01

图 6-14 报表向导创建的基本报表

6.2.2　图表报表

在报表中使用图表，可以更直观地表示数据及数据之间的对比关系。

例如，创建图 6-7 所示的图表报表，以“学生表”为数据源，使用柱形图的外观显示各系部男女学生人数的对比情况。具体的操作步骤如下：

① 打开数据库，单击“创建”选项卡|“报表”组|“报表设计”按钮，再单击“报表设计工具/设计”选项卡|“控件”组|“子窗体/子报表”按钮，屏幕显示图 6-15 所示的新建空报表设计视图。单击“报表设计工具/设计”选项卡|“控件”组|“图表”按钮，如图 6-16 所示，在“主体”设计窗口中按住鼠标左键拖出一个选区，然后释放鼠标，启动第一个“图表向导”对话框，并确定数据源为“学生表”，如图 6-17 所示。

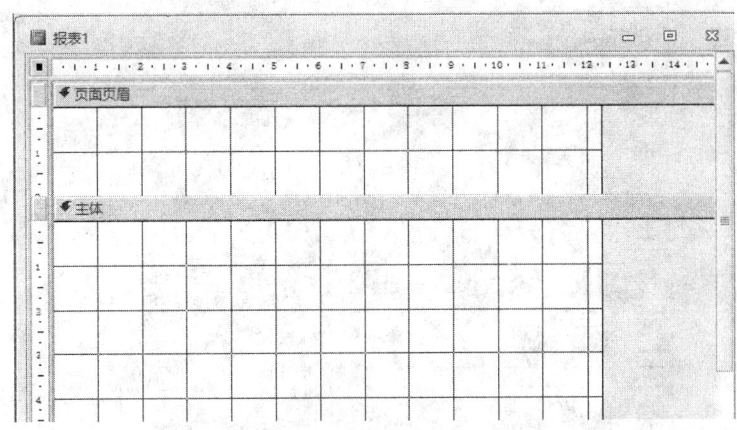

图 6-15　新建空报表设计视图

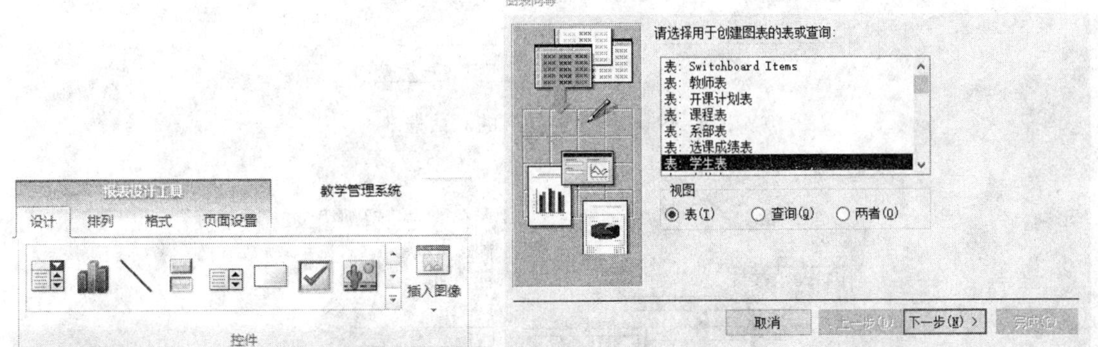

图 6-16　单击“图表”按钮

图 6-17　“图表向导”对话框 1

② 单击“下一步”按钮，弹出“图表向导”的第二个对话框，在该对话框中确定图表的数据来源字段，本例中涉及的字段是“性别”“所在系部”“学号”，其中“学号”字段用于计数汇总以便统计人数，如图 6-18 所示。

③ 单击“下一步”按钮，弹出“图表向导”的第三个对话框，在该对话框中确定图表的类型，本例选择“柱形图”，如图 6-19 所示。

④ 单击“下一步”按钮，弹出“图表向导”的第四个对话框，在该对话框中确定图表报表的布局方式，如图 6-20 所示。在柱形图中可以有 3 个要素：轴、系列、数据。“轴”是指

存放在 x 轴的分组字段，“系列”是纵向的分组字段，“数据”是汇总计算字段。分别将“性别”“所在系部”“学号”3 个字段拖放到轴、系列、数据区域。如果汇总计算字段是数值类型的，可以双击对话框的“数据”区域以改变汇总计算的方式。本例的计算字段是“学号”，由于“学号”字段是文本类型的，所以只能对它执行“计数”运算，表示的含义是统计人数。

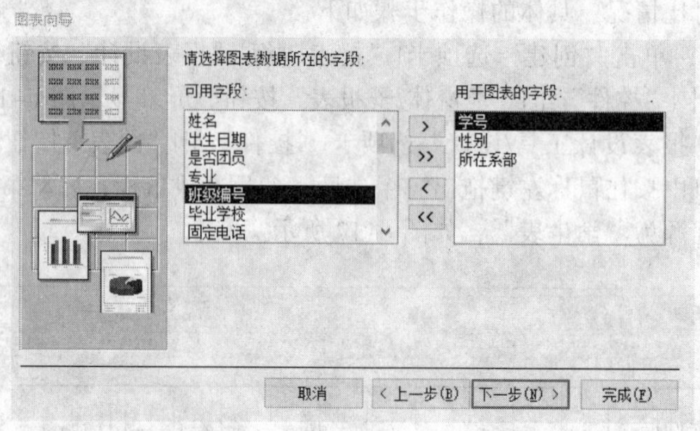

图 6-18 “图表向导”对话框 2

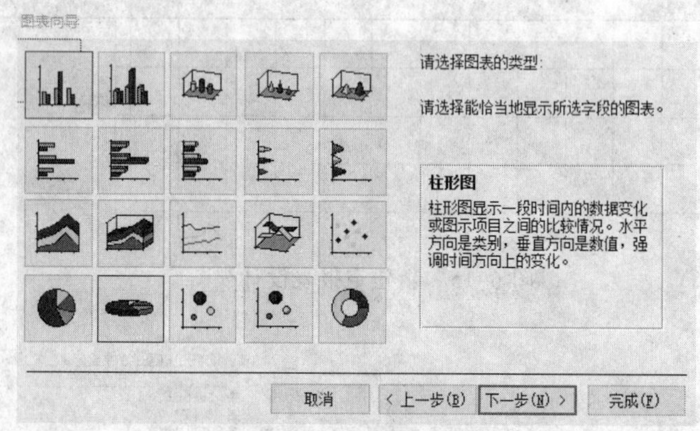

图 6-19 “图表向导”的对话框 3

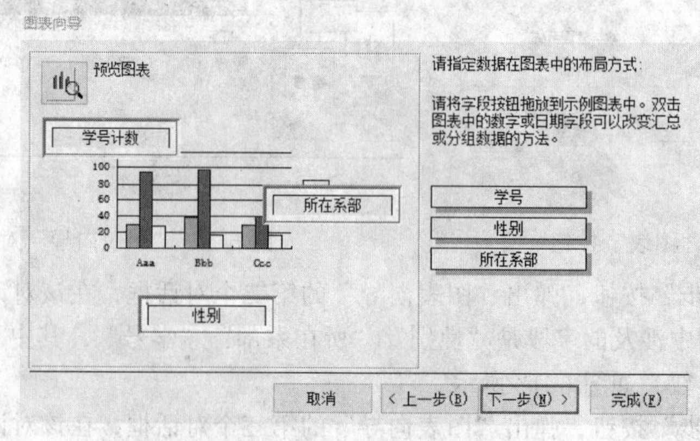

图 6-20 “图表向导”对话框 4

⑤ 单击“下一步”按钮，弹出“图表向导”的第五个对话框，在该对话框中确定报表的标题，该标题同时作为图表报表对象的名称，如图 6-21 所示。

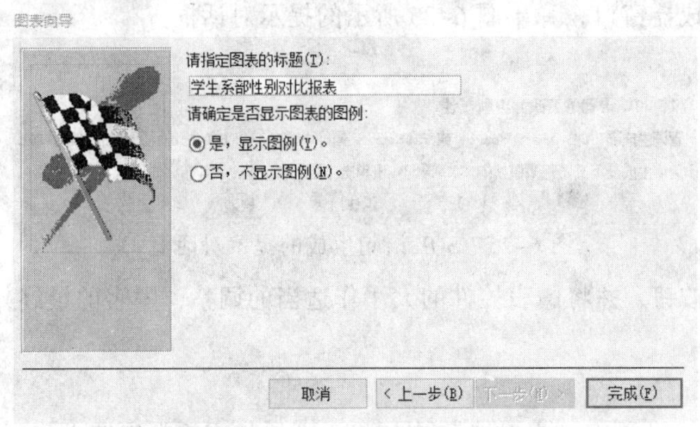

图 6-21 “图表向导”对话框 5

⑥ 单击“完成”按钮，进入图表报表的打印预览视图，如图 6-22 所示。

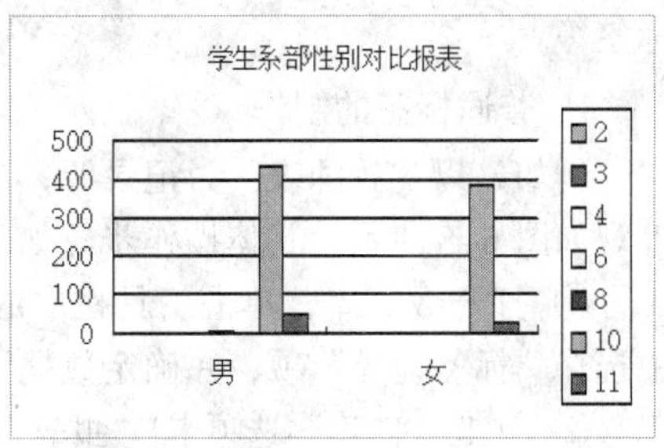

图 6-22　使用向导完成的图表报表

⑦ 在完成的图表报表中，由于图表的系列字段“所在系部”在报表的数据源中采用了“查阅向导”数据类型，所以系列图例显示为“系部编号”值。可以利用报表的设计视图将图表中的图例改为“系部名称”值。回到报表的设计视图，选中图表对象“Graph0”（图表对象的名称由系统自动生成），单击“属性”按钮，弹出图表控件的“属性表”窗格，如图 6-23 所示。

⑧ 单击“数据”选项卡|“行来源”属性后的“生成器”按钮[…]，打开查询生成器窗口，可以看到图表控件的数据源是一个交叉表查询。在同时弹出的“显示表”对话框中添加“系部表”。将“列标题”字段由“学生表”的“所在系部”字段改为“系部表”的“系部名称”字段，如图 6-24 所示。

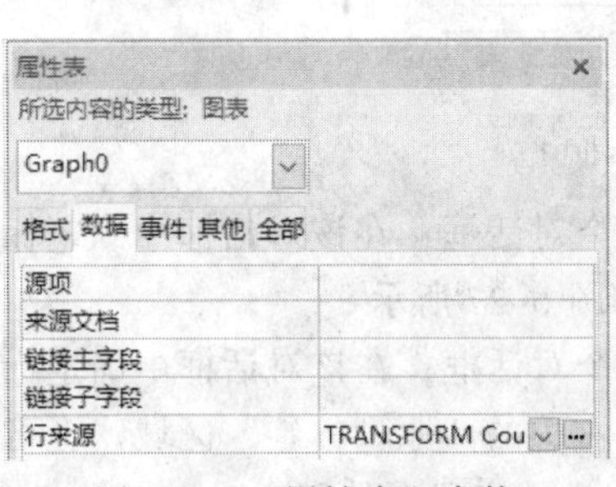

图 6-23 “属性表”窗格

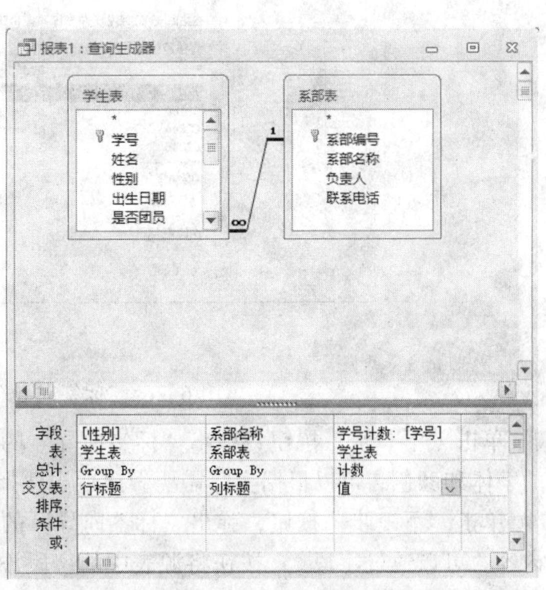

图 6-24　查询生成器窗口

⑨ 关闭查询生成器窗口，弹出图 6-25 所示的提示对话框。

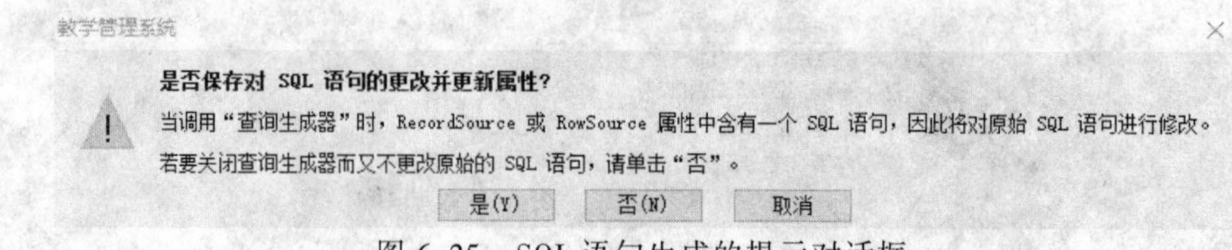

图 6-25　SQL 语句生成的提示对话框

⑩ 单击“是”按钮，并将图表控件的大小作适当的调整，图表的最终外观如图 6-7 所示。

6.2.3　标签向导

标签也称标签式报表，是一种特殊类型的报表。标签可将数据源中每一条记录转化为报表中的一个标签。在实际应用中，经常要用到标签，如信封标签、工资标签、商品标签以及客户标签等。

1．普通标签的制作

例如，以“教师表”为记录源，制作一个标签报表，给每一位教师制作一张基本信息卡，外观如图 6-8 所示。具体操作步骤如下：

① 打开数据库，单击工具栏中的“新建”按钮，弹出“新建报表”对话框，在该对话框中选择“标签向导”项，并确定数据源为“教师表”。

② 单击“创建”选项卡|“报表”组|“标签”按钮，弹出“标签向导”的第一个对话框，在该对话框中确定标签尺寸及标签类型等信息。有一些不同的型号标准的标签尺寸，在这里可以根据实际需要适当选择，如图 6-26 所示。如果要创建自定义标签，可以单击“自定义”按钮，并在“新建标签尺寸”对话框中指定标签的名称、尺寸和横标签号。其中横标签号是指纸张的同一行打印的标签个数。

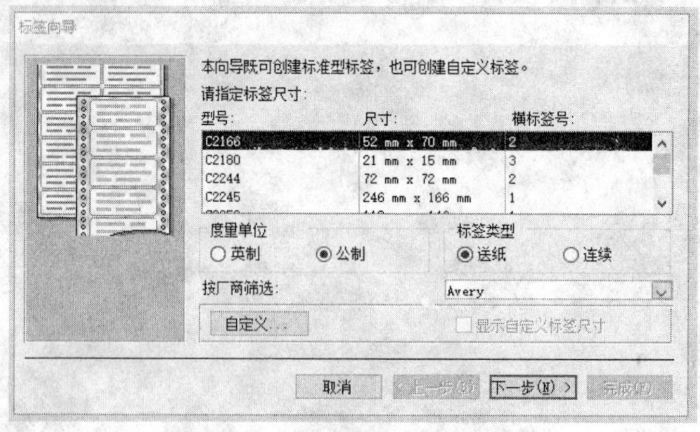

图 6-26　“标签向导”对话框 1

③ 单击“下一步”按钮，弹出“标签向导”的第二个对话框，在该对话框中确定标签上文本的字体和颜色，可以根据实际需要做出适当选择，如图 6-27 所示。

④ 单击“下一步”按钮，弹出“标签向导”的第三个对话框，在该对话框中确定标签的显示内容。可以通过字段 > 按钮将源表中的字段添加到右边的“原型标签”区域，也可直接输入字符作为标签的提示文字。提示文字是固定的，而加入的字段会使用一对大括号“{}”界

定，加入的字段在报表预览视图中会根据不同的记录而变化。在“原型标签”区域中，可利用“Delete”键或“←”键删除错误的内容，可使用“Enter”键换行，如图 6-28 所示。

图 6-27　“标签向导”对话框 2

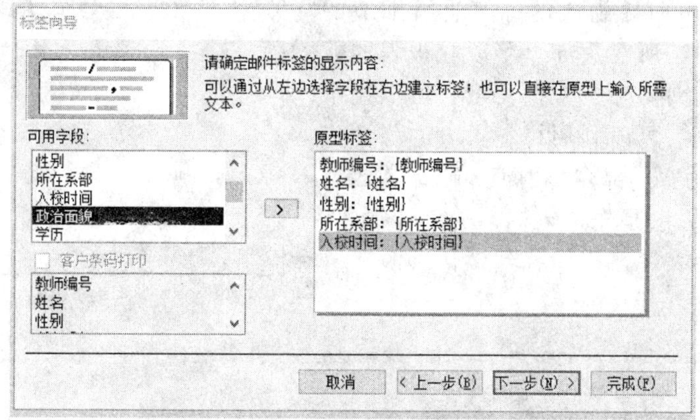

图 6-28　“标签向导”对话框 3

⑤ 单击“下一步”按钮，弹出“标签向导”的第四个对话框，在该对话框中确定标签的排序依据，既可以只按一个字段排序，也可以按多个字段排序，如图 6-29 所示。

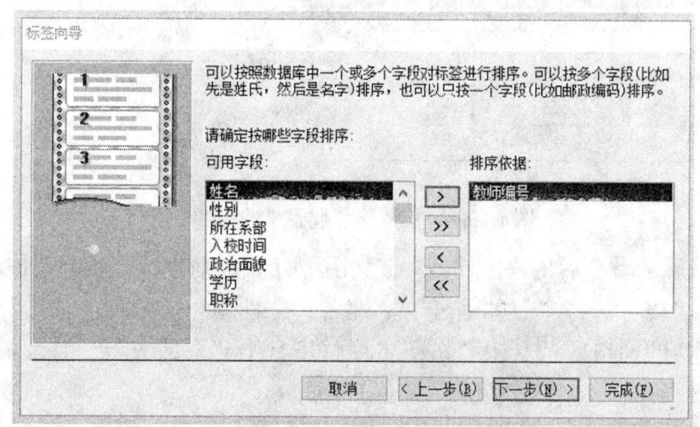

图 6-29　“标签向导”对话框 4

⑥ 单击“下一步”按钮，弹出“标签向导”的第五个对话框，在该对话框中确定标签报表的名称，如图 6-30 所示。

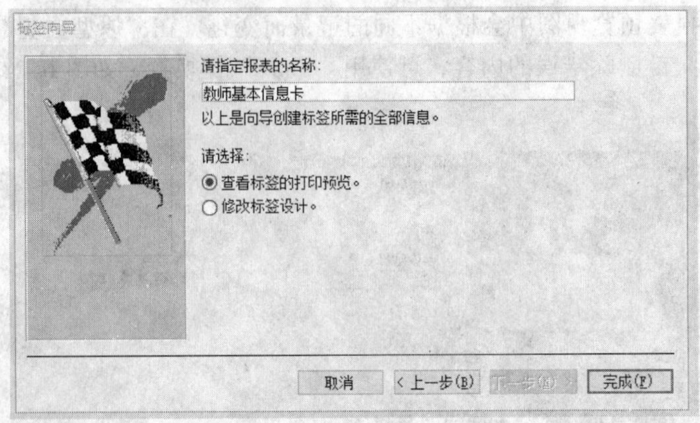

图 6-30 “标签向导”对话框 5

⑦ 单击“完成”按钮，进入标签报表的打印预览视图，如图 6-31 所示。

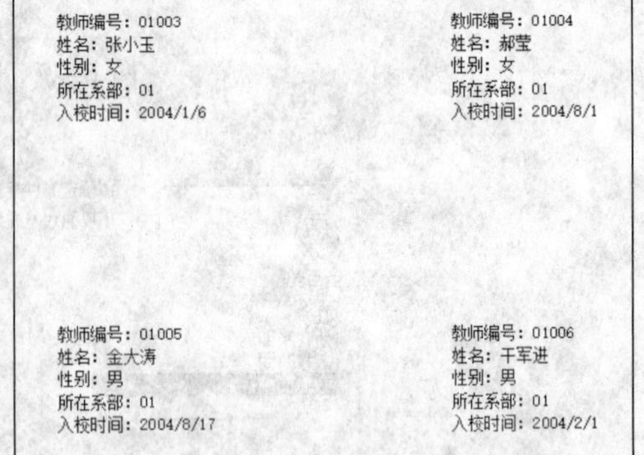

图 6-31 标签向导生成的标签

⑧ 下面对使用向导生成的标签进行细节的调整。由于标签中“所在系部”字段在报表的数据源中采用了“查阅向导”数据类型，所以显示为“系部编号”值。可以利用标签报表的属性将“所在系部”值改为“系部名称”值，使标签数据的显示更为直观。方法是先进入标签的设计视图，在标签报表“属性表”窗格中找到“记录源”，如图 6-32 所示。

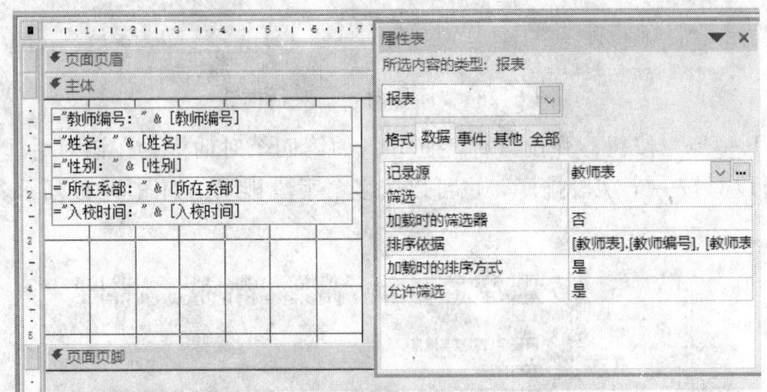

图 6-32 报表的“属性表”窗格

⑨ 单击“记录源”属性后的“生成器”按钮…，打开查询生成器窗口，同时弹出“显示表”对话框，添加“系部表”。将“教师编号”“姓名”“性别”“系部名称”和“入校时间”字段加入到查询生成器的网格区，其中“系部名称”来自于“系部表”，其余的字段来自于“教师表”，如图 6-33 所示。

⑩ 关闭查询生成器窗口，弹出“提示”对话框，单击“是”按钮，返回报表的设计视图。将标签主体节中的“[所在系部]”更改为“[系部名称]”，如图 6-34 所示。

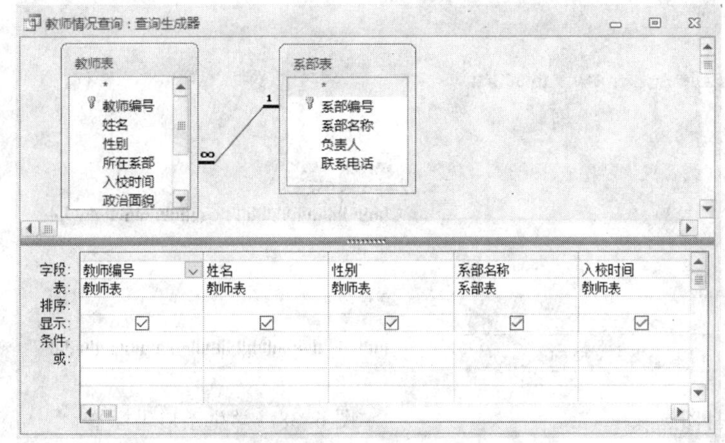

图 6-33　标签的查询生成器窗口

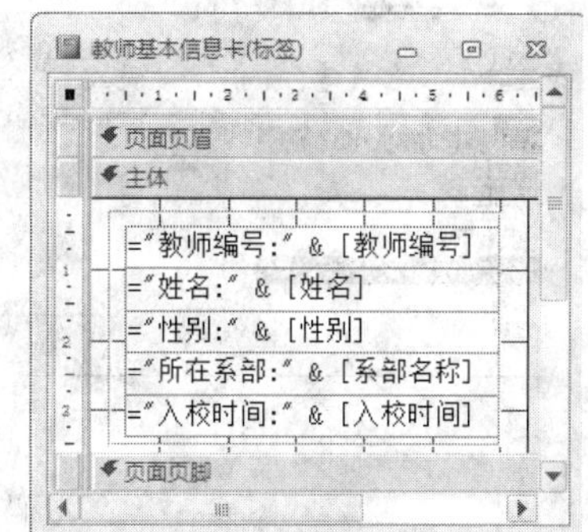

图 6-34　标签中字段的调整

⑪ 通过控件工具箱加入一个“矩形框”对象，包围所有现有的控件对象，并将“矩形框”对象的“背景样式”改为“透明”。将标签中其他控件的大小做适当的调整，单击“报表设计工具/页面设置”选项卡|“页面布局”组|“页面设置”按钮，弹出“页面设置”对话框，其中“打印选项”选项卡和“页”选项卡的设置如图 6-35 和图 6-36 所示，这样可以尽量紧凑地布局标签。切换到标签的预览视图，最终外观如图 6-8 所示。

图 6-35　页面设置的边距设置

图 6-36　页面设置的页设置

2. 条形码标签制作

对于数据源中的某些文本类型字段，如果它的字段大小等于或超过 7，并且其值全部由数字字符构成，例如学生表中的“学号”字段，则可将该字段的值以条形码的形式打印在标签上，通过条形码扫描器就可方便地读取该字段的值，从而提高工作效率，降低错误的可能性。具体方法与前面普通标签的制作相似，关键步骤如下：

① 以“学生表”为数据源启动标签向导，在“标签向导”的第一个对话框中选择一个较大的标签类型，以便能够显示条形码，这里选择“C2353”标签类型。

② 在“标签向导”的第三个对话框中，勾选“客户条码打印”复选框，再选中其下的“学号”字段，如图 6-37 所示。

③ 其余步骤类似于普通标签的创建，完成后对标签主体节的高度、条形码和其他控件的大小、位置进行适当调整。最终的学生条形码标签如图 6-38 所示。

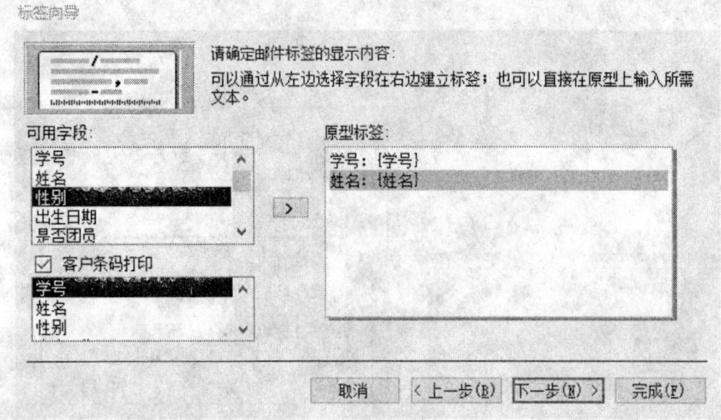

图 6-37 条形码打印选项

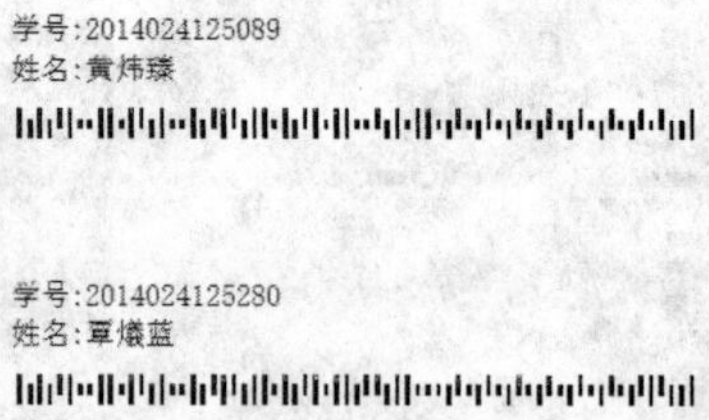

学号:2014024125089
姓名:黄炜臻

学号:2014024125280
姓名:覃爔蓝

图 6-38 学生条形码标签

6.2.4 在设计视图中创建报表

在设计视图中可以手工创建报表。手工创建报表的过程与在设计视图中创建窗体的过程基本相同。

在设计视图中创建报表的主要工作有：创建空白报表并选择数据源；添加页眉和页脚；在报表上添加控件用来显示数据和提示文本；在报表中对记录进行排序或分组；为报表的控件设置格式、调整位置和大小、调整对齐方式等；预览报表。

例如，手工创建一个以“专业表”为数据源的表格式报表，具体步骤如下：

① 打开数据库，单击“创建”选项卡|“报表”组|“报表设计”按钮，进入新报表的设计视图。单击“报表设计工具/设计”选项卡|“工具”组|“添加现有字段”按钮，选择“专业表”，如图 6-39 所示。在创建报表时系统默认只有 3 个节，分别是“页面页眉”“主体”和“页面页脚”。

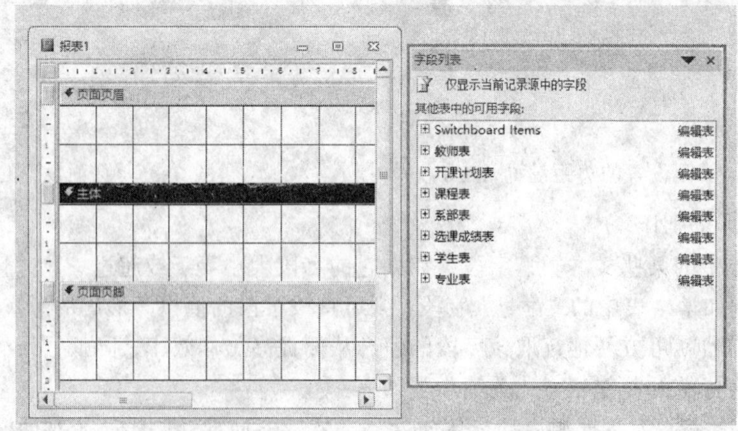

图 6-39 新报表的设计视图

② 将“页面页眉”“主体”和“页面页脚”3 个小节的高度进行适当的调整，特别是主体节的高度不要过大，否则每条记录在显示时占据的空间高度过高，会使报表看起来不紧凑。调整的方法是将鼠标指针移动到节的下边界，鼠标形状变为 ‡ 时拖放边界即可。

③ 点开“专业表”前的加号，拖放“专业编号”字段到主体节中，系统自动产生一个“专

业编号”文本框和一个“专业编号”附加标签。右击“专业编号”附加标签，在弹出的快捷菜单中单击“剪切”命令；然后右击“页面页眉”节的空白处，在弹出的快捷菜单中单击“粘贴”命令，将附加标签移动到“页面页眉”节。按同样的步骤按“专业名称”“所属系部”字段加入到报表中。对各个控件的大小与位置进行调整，使它们的布局合理，如图 6-40 所示。

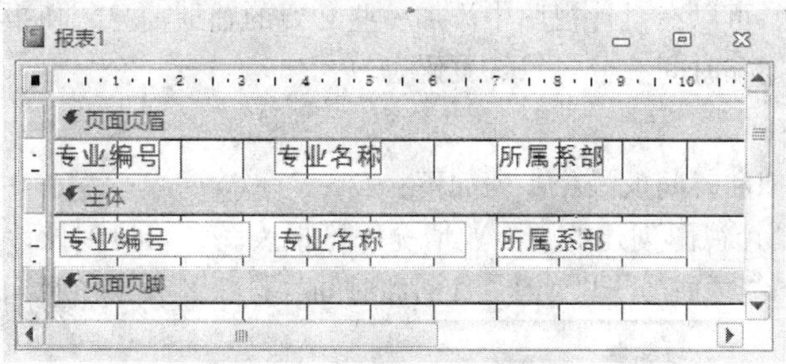

图 6-40　在报表的设计视图中添加数据

④ 在编辑区右击，在弹出的快捷菜单中单击“报表页眉/页脚”命令，添加“报表页眉”节和“报表页脚”节，在“报表页眉”节中添加一个标签，将标签内容改为“专业情况报表”，并修改其格式。在标签下方加入一条水平线，如图 6-41 所示。

⑤ 保存报表，名称为“专业情况一览报表”，切换到报表的预览视图，外观如图 6-42 所示。

图 6-41　报表标题的添加

专业情况报表

专业编号	专业名称	所属系部
0101	法律事务(经济法律事务)	01
0102	法学	01
0103	法律事务	01
0104	法律文秘	01
0201	管理科学	02
0202	资产评估与管理	02
0203	酒店管理	02
0204	汽车营销管理	02

图 6-42　设计视图下创建的报表

虽然可以在设计视图中创建报表，但是创建的过程比较烦琐。实际应用中往往利用报表向导先建立一个基本报表，然后在设计视图中对已有的报表加以修改，使之符合用户的需求。

6.3　修 改 报 表

对于已经创建的报表，可以在设计视图中进行修改，主要工作包括设置报表的格式，添加背景图片、时间和日期以及页码、设置报表属性等。

6.3.1　设置报表的格式

打开“报表设计工具/格式”选项卡，进入格式设置面板，在“所选内容”组的“控件”列表中选择报表中的各项控件，也可以单击“全选”按钮直接选中报表的全部控件，然后在“字体”组中设置字体、字号、颜色以及对齐方式；在“数字”组中设置数字的格式；在“背景”组中设置背景图片、样式等；在“控件格式”组中设置控件格式，从而完成对报表中各项格式的设置。

报表创建完成后，可以在设计视图中添加一些必要的辅助信息，使报表的信息更加完整。主要工作包括添加日期和时间、分页符、页码等。

1. 添加日期和时间

在报表中添加日期和时间的操作步骤如下：

① 打开前面用设计视图创建的“专业情况一览报表”，切换到设计视图，单击“报表设计工具/设计”选项卡|“页眉/页脚”组|“日期和时间”按钮，弹出“日期和时间”对话框，如图 6-43 所示。

② 在“日期和时间”对话框中，勾选“包含日期”复选框，并选择所需的日期格式。如果希望包含时间信息，则应勾选“包含时间”复选框，并选择一种时间格式。单击“确定”按钮，系统将在报表上添加一个文本框，并将其“控件来源”属性设置为计算日期和时间的表达式。若报表中包含报表页眉，则日期和时间将添加到页眉所在的节，如图 6-44 所示，否则日期和时间添加到主体节中。

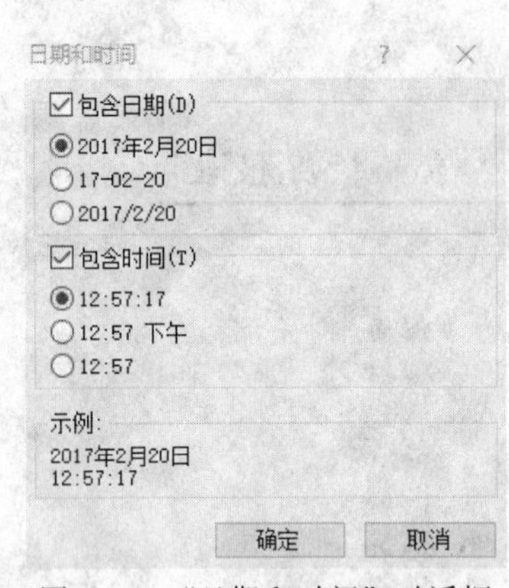

图 6-43 “日期和时间”对话框

图 6-44 在报表中插入日期和时间

在报表中添加日期和时间的另外一种方法是手工添加。先在报表上添加一个文本框，通过设置其“控件源”属性为日期或时间的计算表达式（如“=Date()”或“=Time()”等）来显示日期和时间。该控件的位置可以安排在报表的任何节中。

2. 添加页码

在报表中，可以通过下列步骤在报表中添加页码：

① 切换到“专业情况一览报表”的设计视图，然后单击“报表设计工具/设计”选项卡|“页眉/页脚”组|“页码”按钮，弹出“页码”对话框，如图 6-45 所示。

② 在“页码”对话框中确定页码的格式、位置、对齐方式以及是否在报表的首页显示页码。根据实际需要设置完成后，单击“确定”按钮即可完成页码的插入。此时，Access 在报表的“页面页脚”节中添加一个文本框，并将其“控件来源”属性设置为表示页码的字符串表达式“="第 " & [Page] & " 页"”，如图 4-46 所示，其作用是在报表的页面页脚中显示当

前页面是第几页。

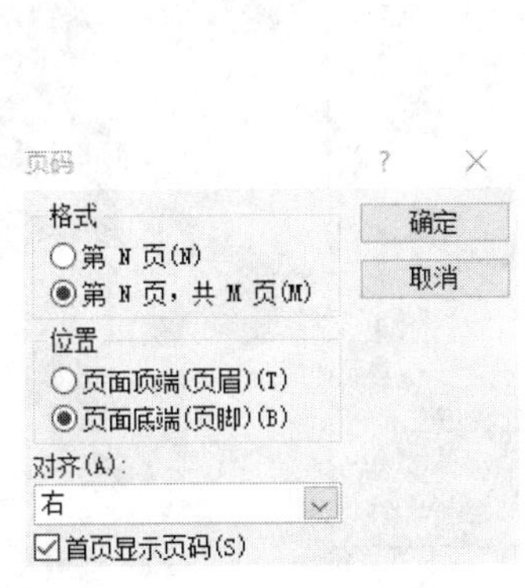

图 6-45　“页码”对话框

图 6-46　在报表中插入页码

3．添加线条和矩形框

在报表设计中，经常需要添加线条或矩形框以修饰报表的版面，从而达到一个更好的显示效果。在报表上添加线条的步骤如下：

① 在设计视图中打开报表，单击“报表设计工具”|“设计”|“控件”|“控件”|“直线”按钮。

② 选择报表中需要绘制线条的位置然后单击，产生一根线条。可以通过拖放鼠标来移动线条，也可以通过拖放线条的控制块来改变线条的长度和角度。如果需要细微调整线条的长度或角度，可单击线条，然后同时按住口“Shift”键和方向键中的任意一个。如果需要细微调整线条的位置，则可以同时按住“Ctrl”键和方向键中的任意一个。

③ 选中线条控件对象后，单击“报表设计工具/设计”选项卡|“工具”组|“属性表”按钮，进入线条的“属性表”窗格，可以修改线条的颜色、线条样式等属性。

在报表上添加矩形框的步骤与添加线条的步骤类似，不再赘述。

6.3.2　报表的属性

报表属性与窗体属性的作用、含义及操作基本相同。这里以添加报表背景图片为例讲解报表属性的基本操作方法。

为了美化报表的外观，可以在报表中添加背景图片，这种图片将应用于全页。在报表中添加背景图片的步骤如下：

① 在设计视图中打开报表。

② 双击报表选择器，单击“报表设计工具/设计”选项卡|“工具”组|“属性表”按钮，弹出报表的“属性表”窗格，如图 6-47 所示。注意：报表选定器位于水平标尺的左侧。

③ 单击“图片”属性后的“生成器”按钮…，弹出“插入图片”对话框，在该对话框中确定图片文件的路径和文件名，选定图片文件后单击“确定”按钮，返回报表的“属性表”窗格。

④ 在报表的“图片类型”属性中，指定报表中图片的加入方式。若选择“嵌入”，则图片将存储在数据库文件中。若选择“链接”，则图片并不存储在数据库文件中，报表中只是存

放一个图片文件的快捷方式。

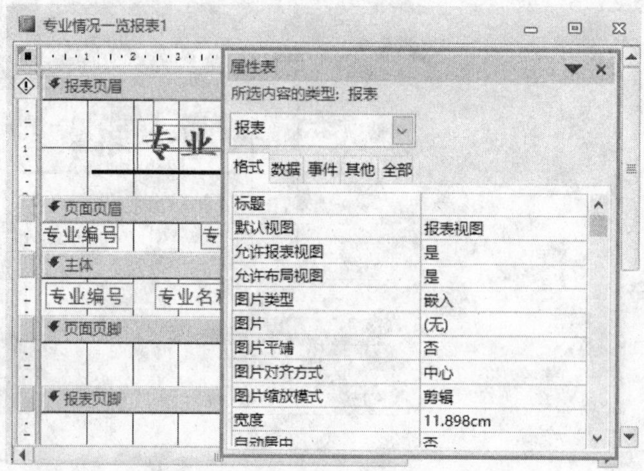

图 6-47 报表的背景图片设计及修改

⑤ 在报表的“图片缩放模式”属性中，指定报表中的图片大小的调整方式。若选择“剪裁”，则图片以实际大小显示，当图片比报表大时，将按照报表的大小对图片进行剪裁。若选择“拉伸”，则将图片沿水平方向和垂直方向延伸以填满整个报表背景，不保留图片原有的长宽比例。若选择“缩放”，则保持其原有的长宽比例的情况下，将图片放大到最大尺寸。

⑥ 在报表的“图片对齐方式”属性中，指定背景图片在报表中的显示位置，可选择“左上”“右上”“中心”“左下”“右下”等。

⑦ 在报表的“图片平铺”属性中，指定背景图片是否在整个报表页面中平铺，若选择“是”，则图片平铺；若选择“否”，则图片不平铺。将“图片缩放模式”属性设置为“剪裁”时，选择图片平铺效果比较理想。

⑧ 在报表的“图片出现的页”属性中，指定图片在报表的哪些页上显示。选项有“所有页”“第一页”和“无”3 种。

⑨ 完成上述工作后，关闭报表的属性窗口，切换到报表的预览视图，发现报表的背景已改为选定的图片。

6.4 报表的高级操作

在默认情况下，报表中的记录是按照物理顺序排列的，即按照输入的先后排列。但是，在实际应用中，往往需要按照指定的顺序来排列报表中的记录，例如按照成绩从高到低排列记录等，这就是排序。另外，打印输出报表时经常需要把具有相同特征的记录排列在一起，例如将同一个班级的学生记录排列在一起，这就是分组。此外，在设计报表时，除在版面上布置绑定控件直接显示字段数据外，还经常要进行表达式的运算并将结果显示出来，例如，在报表的设计中添加页码、显示打印报表的时间、输出分组统计数据和报表统计数据等，均可通过创建绑定数据源为计算表达式的控件来实现。

6.4.1　记录的排序与分组

在使用“报表向导”创建报表时，有一个操作步骤可以设置报表中记录的排序选项，最多可以按照 4 个字段对报表中的记录进行排序。“报表向导”的排序功能有两方面限制：一方面是排序依据不能超过 4 个；另一方面排序依据只能是字段，而不能是表达式。实际上，在一个报表中，最多可以按照 10 个字段或表达式对记录进行排序。

例如，对“课程表”中的数据记录先按“课程类别”字段升序排列，“课程类别”字段值相同的记录再按“学时”字段降序排列。具体操作步骤如下：

① 在设计视图中打开“课程表”，单击“报表设计工具”|“设计”|“分组和汇总”|“合组和排序”按钮，屏幕下方显示“分组、排序和汇总”窗口，如图 6-48 所示。

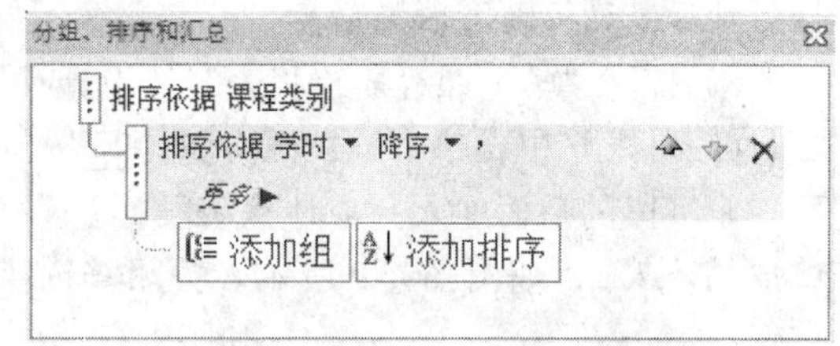

图 6-48　“分组、排序和汇总”窗口

② 先后指定第一个排序依据“课程类别”与第二排序依据“学时”。单击“添加排序”按钮，可以依次添加要排序的字段，可以选择顺序和排序优先级，操作时注意细节，比如两个排序依据的上下关系不能错乱，否则排序的结果会大相径庭。在报表中设置多个排序依据时，第一行的字段或表达式具有最高排序优先级，第二行则具有次高的排序优先级，依此类推。

③ 关闭“分组、排序和汇总”窗口，单击“报表设计工具/设计”选项卡|“视图”组|“打印预览”按钮，切换到报表的打印预览视图，对报表中的数据进行预览，如图 6-49 所示。

课程表

课程编号	课程名称	课程类别	学时	学分	所属系部
10117	中文秘书写作	公共必修课	90	5	10
04108	计算机基础III	公共必修课	72	4	04
04110	计算机基础I	公共必修课	72	4	04
04119	计算机基础II	公共必修课	72	4	04
06101	毛泽东思想概论、邓小平理论和“	公共必修课	72	4	06
06107	经济数学	公共必修课	72	4	06
06104	邓小平理论和“三个代表”重要思	公共必修课	36	2	06
06119	高等数学I	公共必修课	36	2	06
06102	法律基础	公共必修课	18	1	06
06112	大学生就业指导	公共必修课	18	1	06
06114	思想道德修养	公共必修课	18	1	06
09101	体育I	公共必修课	18	1	09
09102	体育IV	公共必修课	18	1	09
11114	外国服装设计史	公共必修课	18	1	11

图 6-49　报表排序的结果

在报表排序时，还可以依据表达式值的大小来排列记录。例如，可在“学生报表”中设置一个表达式“year(date())-year([出生日期])”作为排序依据，报表记录可按学生年龄的大小升序或降序排列。

分组是指将具有相同特征的相关记录组成一个集合，在显示或打印时将它们集中在一起，并且可以对同组的记录执行汇总运算。通过分组可增强报表的可读性，从而提高信息利用率。

对报表设置分组字段后，不同组记录既可显示或打印在同一个页面中，也可显示或打印在不同的页面中。在一个报表中，最多可按 10 个字段或表达式进行分组。

对报表设置分组字段后，报表的结构中将增加“组页眉”和“组页脚”节，用于存放同组的汇总信息和组的提示信息。

报表分组可以在向导的提示下完成，如 6.2.1 节所述，也可通过手工完成。例如，假设已有一个“学生课程成绩报表”，如图 6-50 所示（已按“课程名称”排序）。现要求计算每个同学的总评成绩（总评成绩=平时成绩 × 30%+考试成绩 × 70%），总评成绩要求保留一位小数，并对所有的记录执行分组，将同一门课程的学生成绩记录作为一个组，计算每个组的平均“总评成绩”，具体操作步骤如下：

① 打开“学生课程成绩报表”的设计视图，双击“报表选定器”按钮▪，在打开的报表“属性表”窗格中，单击记录源右侧的…按钮，如图 6-51 所示，打开查询生成器窗口，在最后一个字段的后面加入一个计算字段，字段名称为总评成绩，表达式为“=[平时成绩]*.3+[考试成绩]*.7”，如图 6-52 所示。关闭查询生成器窗口，在弹出的提示对话框中单击“是”按钮。

学生课程成绩报表

课程名称	学号	姓名	学时	学分	平时成绩	考试成绩
3DSMAX	2014116184011	王嘉荣	54	3	81	74
3DSMAX	2015116184002	孟然	54	3	56	51
3DSMAX	2015116184003	黎燕怡	54	3	99	77
3DSMAX	2015116184005	黄展	54	3	75	68
3DSMAX	2015116184006	冼璐琪	54	3	79	61
3DSMAX	2015116184009	梁旭锋	54	3	51	82
3DSMAX	2015116184010	陈孝伦	54	3	76	95
3DSMAX	2015116184012	李伟奇	54	3	63	55
3DSMAX	2014116184004	欧绮琪	54	3	55	77
3DSMAX	2014116184008	刘晓敏	54	3	88	74

图 6-50　学生成绩报表

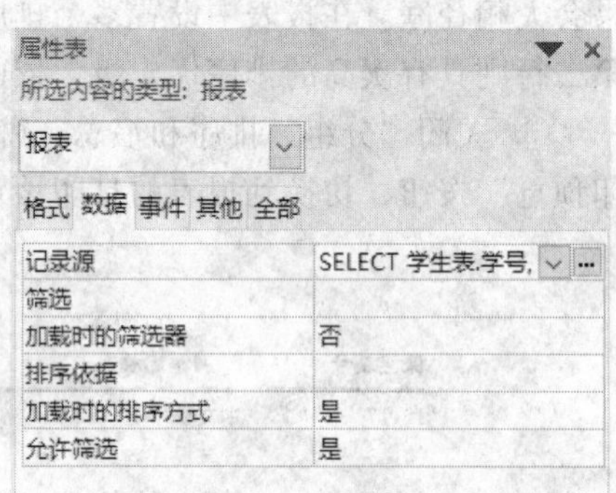

图 6-51　设置报表记录源属性

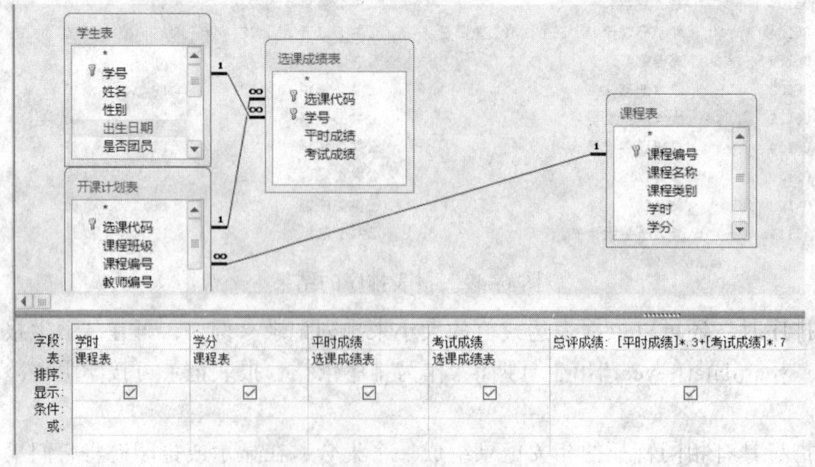

图 6-52　查询生成器窗口

② 将记录列表中的“总评成绩”拖动到主体节的最右侧，将文本框的附加标签删除，双击文本框，在弹出的文本框“属性表”窗格中设置“格式”属性设置为“标准”，“小数位数”属性为 1，如图 6-53 所示。在报表设计视图中再在报表页眉的最右侧添加一个标签，文字为“总评成绩”。

③ 单击“报表设计工具/设计”|“分组和汇总”|“分组和排序”按钮。在组属性区域中，选择“有页眉节”，以显示组页眉节；同时选择“有页脚节”，以显示组页脚节；选择不将组放在同一页上，其他属性保持不变，如图 6-54 所示。

属性表

所选内容的类型：文本框(T)

总评成绩

格式　数据　事件　其他　全部

名称	总评成绩
控件来源	总评成绩
格式	标准
小数位数	1
可见	是
文本格式	纯文本
数据表标题	
宽度	2.6cm
高度	0.501cm

图 6-53　文本框“属性表”窗格

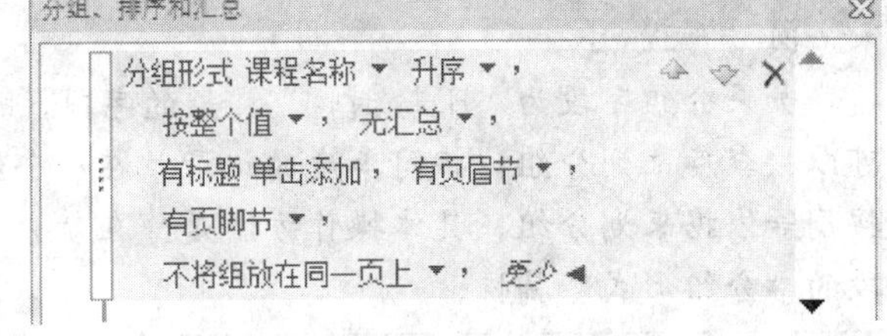

图 6-54　设置报表分组属性

④ 在“课程名称页脚”节中，添加一个计算文本框用于统计平均总评成绩，双击文本框，在弹出的“属性表”窗格中，将“控件来源”属性设置为“=Avg([总评成绩])”，同时设置其数字格式保留小数一位。将其附加标签中的文本内容指定为“平均总评成绩”，如图 6-55 所示。再在“课程名称页脚”节的文本框下面插入一条直线，设置文本框和直线均为蓝色。单击工具栏上的“保存”按钮，以保存报表。切换到报表的打印预览视图，可预览报表中的数据，如图 6-56 所示。

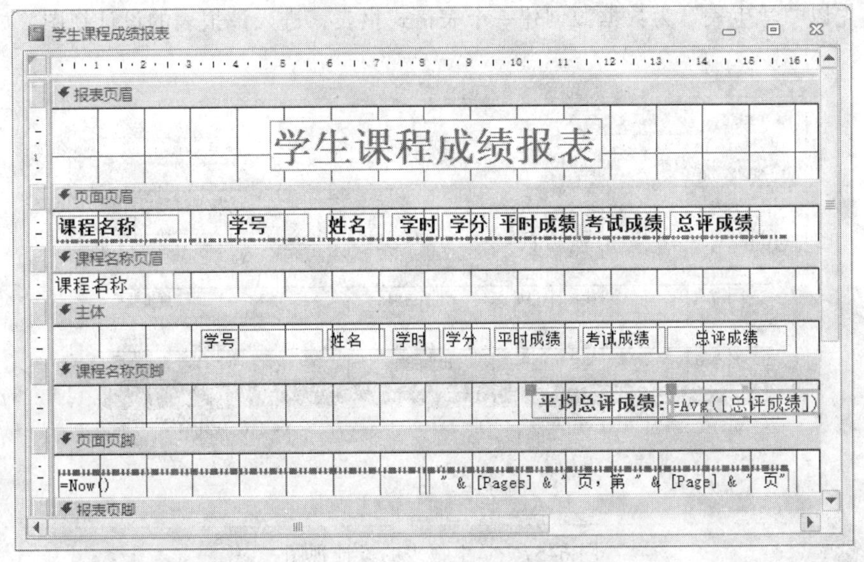

图 6-55　添加了总评成绩的报表设计视图

学生课程成绩报表

课程名称	学号	姓名	学时	学分	平时成绩	考试成绩	总评成绩
3DSMAX							
	2014116184011	王嘉荣	54	3	81	74	76.1
	2015116184002	孟然	54	3	56	51	52.5
	2015116184003	黎燕怡	54	3	99	77	83.6
	2015116184005	黄展	54	3	75	68	70.1
	2015116184006	冼璐琪	54	3	79	61	66.4
	2015116184009	梁旭锋	54	3	51	82	72.7
	2015116184010	陈孝伦	54	3	76	95	89.3
	2015116184012	李伟奇	54	3	63	55	57.4
	2014116184004	欧绮琪	54	3	55	77	70.4
	2014116184008	刘晓敏	54	3	88	74	78.2
					平均总评成绩:		71.7

图 6-56　学生课程成绩报表的打印预览视图

温馨提示

如果分组字段为“日期/时间”类型的字段，则可以按不同的分组形式组织数据。例如，可以按季度来划分组，将同季度的记录放在一个组里面。除此以外，还可以按年、按月、按周等依据来划分组。具体操作方法是：在“分组、排序和汇总”窗口中直接设置分组字段的“分组形式”属性。

6.4.2　在报表中添加计算控件

所谓计算控件，就是在窗体或报表上用来显示表达式结果的控件。每当表达式的值发生改变时，会重新计算结果并输出显示。文本框是最常用的计算控件。计算控件可以添加在报表的主体、组页脚、页面页脚、报表页脚等位置，分别针对不同的记录数据执行计算。

例如，在以“学生表”为数据源的表格式报表中，根据“出生日期”字段值，使用计算文本框来计算学生年龄。具体步骤如下：

① 首先以“学生表”为数据源创建一个表格式报表，进入该报表的设计视图，如图 6-57 所示。

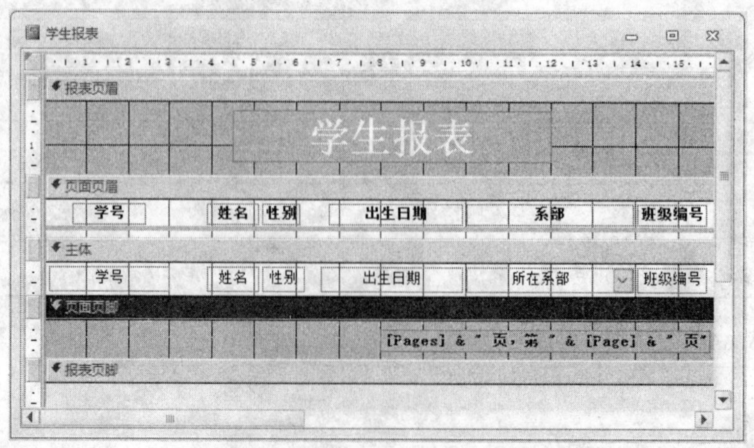

图 6-57　学生报表的设计视图

② 在页面页眉节的最右侧加入一个标签，将其标题更改为“年龄”。在主体节的最右侧加入一个文本框，删除该文本框的附加标签，并将文本的内容改为计算年龄的表达式“=Year(Date())-Year([出生日期])”。在报表页眉的右侧增加一个日期计算控件，内容是“=Date()”，用于显示当前系统日期，如图 6-58 所示。

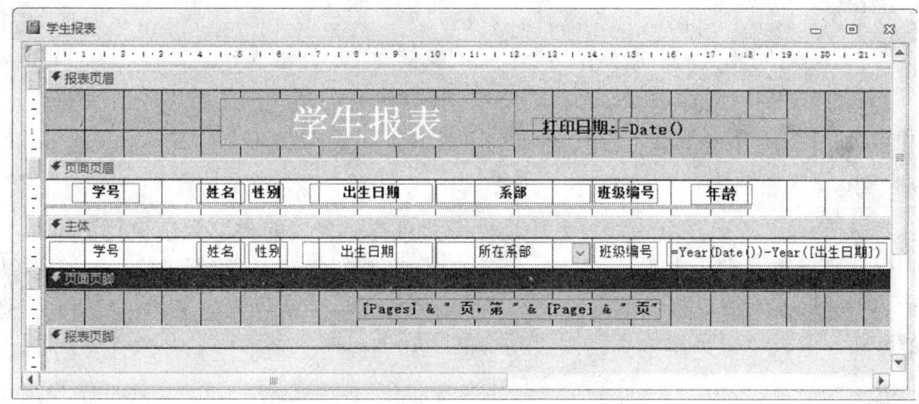

图 6-58　学生报表中的计算控件

③ 对报表中控件大小及位置作适当的调整，使所有控件内容都能完整显示。切换到报表的打印预览视图，可观察到计算控件的结果，如图 6-59 所示。

学生报表　　打印日期: 2017年2月20日

学号	姓名	性别	出生日期	系部	班级编号	年龄
2014020121018	卢伟锋	男	1996年9月2日	管理系	020121	21
2014024125089	黄炜臻	男	1996年12月26日	管理系	024125	21
2014024125280	覃嬿蓝	女	1994年1月20日	管理系	024125	23
2014034131081	冯伟勤	男	1996年9月29日	会计系	034131	21
2014044173084	林安安	女	1994年12月3日	计算机系	044173	23
2014100151016	陈振安	男	1996年11月11日	外语系	100151	21
2014104151006	陈羲	男	1994年2月18日	外语系	104151	23
2014104151009	徐晓晶	男	1996年7月19日	外语系	104151	21
2014104151029	李海明	男	1996年8月24日	外语系	104151	21
2014104151052	陈少川	男	1996年6月17日	外语系	104151	21

图 6-59　报表的计算控件结果

在创建计算控件时，如果控件是文本框，可以直接在文本框中输入表达式，在表达式前面要放上一个等号“=”，如上例中的计算表达式“=Year(Date())-Year([出生日期])”及“=Date()”都是以“=”开头。对于其他类型的计算控件，则应在控件对象的“控件来源”属性框中输入或生成计算表达式。

6.4.3　报表记录统计汇总

报表统计计算主要是指对报表的某个节中的记录进行汇总运算。统计汇总的类型与查询中的汇总类型一致，主要包括求和（Sum）、求平均（Avg）、计数（Count）、求最小值（Min）、求最大值（Max）等。

可以将计算控件添加到报表的主体节、组页眉/页脚节、报表页眉/页脚节中，根据计算控件所在的节位置不同，汇总计算的记录范围也不一样。

1．计算控件添加到主体节

在主体节中添加计算控件时，该计算控件对每一个记录的若干字段值求总和值或平均值，并将结果显示在主体节中。

在主体节添加计算控件时，控件的计算表达式中不能含有 Sum、Avg 等汇总函数，但可以包含字段名、日期时间函数等，例如图 6-58 所示的例子中，计算表达式"=Year(Date())-Year([出生日期])"中含有日期时间函数 Year()和 Date()，还含有字段名"出生日期"，计算表达式的字段名要用方括号界定起来。

2．计算控件添加到组页眉/页脚节

在组页眉/页脚中添加计算控件后，计算控件会对每一个组的全部记录执行汇总运算，比较常用的汇总方式有求总和、求平均值、计数等。例如，在 6.4.2 节的例子中，在"课程名称页脚"节加入了计算文本框控件，文本框的计算表达式为"=Avg([总评成绩])"，如图 6-55 所示。该例子实现的功能是：对每门课程的所有学生的"总评成绩"求平均，并将计算结果显示在分组字段的组页脚中。

3．计算控件添加到报表页眉/页脚

在报表页眉/页脚中添加计算控件后，计算控件会对整个报表的所有记录执行汇总运算。例如，在报表页脚区域添加一个计算文本框，文本框的计算表达式为"=Count([学号])"，并将文本框的附加标签的标题改为"总人数："，则报表切换到预览视图时，定位到报表的最后一页，将显示报表中总的学生人数，即报表的数据记录的条数。

温馨提示

同一个计算控件处在报表不同的节位置得到的结果不同，产生这一现象的原因是计算控件汇总的范围不同。

6.4.4 中文网格形式报表的设计

数据库应用中报表是关键的数据输出形式。Access 提供的报表向导，只针对国外的报表形式，就是线条较少的报表。而中文报表，传统形式是线条较多的网格形式，所以，不能简单地通过向导来完成。下面介绍中文网格形式的学生成绩报表的制作，具体操作步骤如下：

① 创建一个为学生成绩报表提供数据源的查询，查询名为"中文格式报表数据源"。该查询的设计视图如图 6-60 所示。

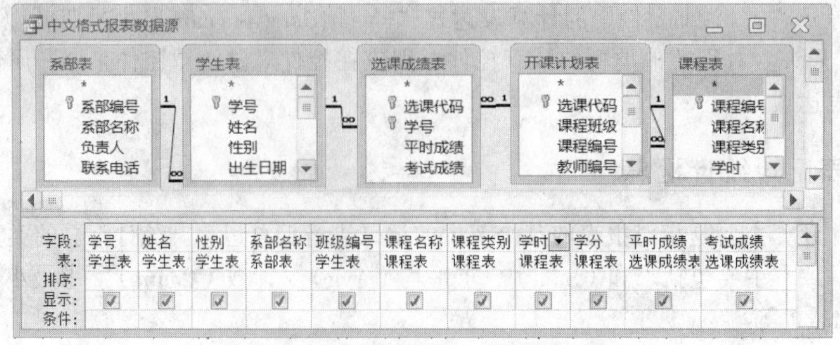

图 6-60 中文格式报表数据源的设计视图

② 创建名为“学生成绩表-中文表格式”的空白报表，设置该报表记录源为“中文格式报表数据源”查询。

③ 单击“报表设计工具/设计”选项卡|“分组和汇总”选项组|“分组和排序”按钮，添加姓名为分组字段，排序方式为升序，有页眉节和页脚节，如图 6-61 所示。

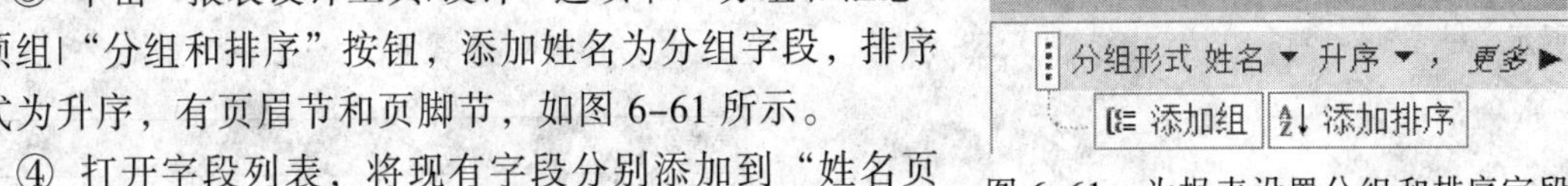

图 6-61　为报表设置分组和排序字段

④ 打开字段列表，将现有字段分别添加到“姓名页眉”节和“主体”节，其中“姓名页眉”节的课程名称、课程类别、学时、学分、平时成绩、考试成绩均为标签，而“主体”节的控件为文本框。将每一节的控件都排列对齐好，并给控件加上边框。在报表视图中查看效果，如需调整，再返回设计视图中调整细节部分，如图 6-62 所示。

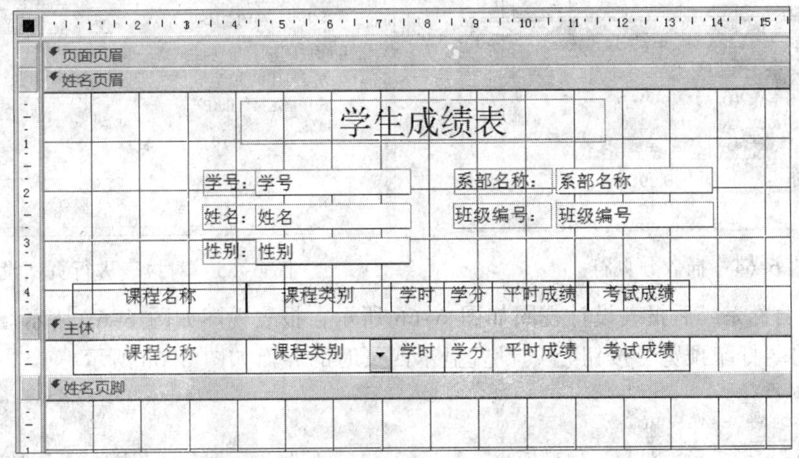

图 6-62　添加基本字段的报表设计视图

⑤ 在主体节添加“总评成绩”计算字段，其中总评成绩标签放置在姓名页眉节考试成绩的右侧，总评成绩文本框放置在主体节考试成绩文本框的右侧，文本框中输入“=[平时成绩]*.3+[考试成绩]*.7”。在姓名页脚节中添加汇总字段，对学分进行求和。为新添加的控件设置边框并进行对齐，如图 6-63 所示。

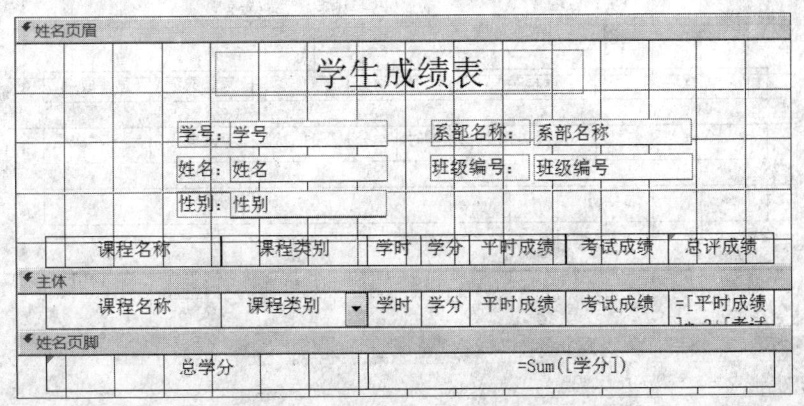

图 6-63　添加汇总字段的报表设计视图

⑥ 在“报表设计工具/设计”选项卡|“控件”选项组中，单击“插入分页符”按钮，然后将鼠标指针移至“姓名页脚”节的“总学分”标签下方并单击，插入分页符，这样每个学生

的成绩表将单独一页进行打印，如图 6-64 所示。

⑦ 单击“报表设计工具/页面设置”选项卡|“页面布局”选项组|“页面设置”按钮，弹出“页面设置”对话框，在“页”选项卡中设置方向为“横向”，纸张大小为 A5，如图 6-65 所示。

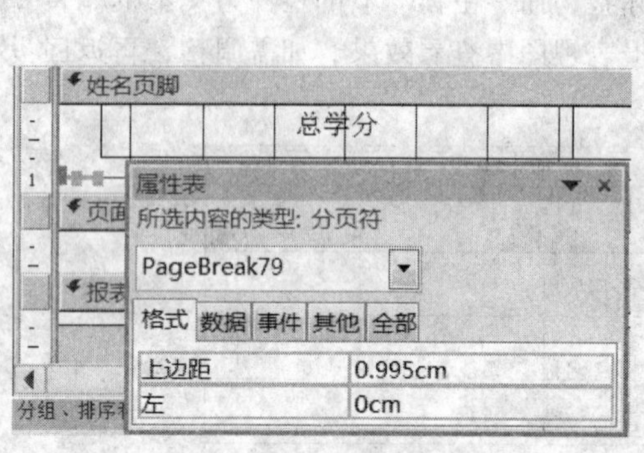

图 6-64　插入分页符

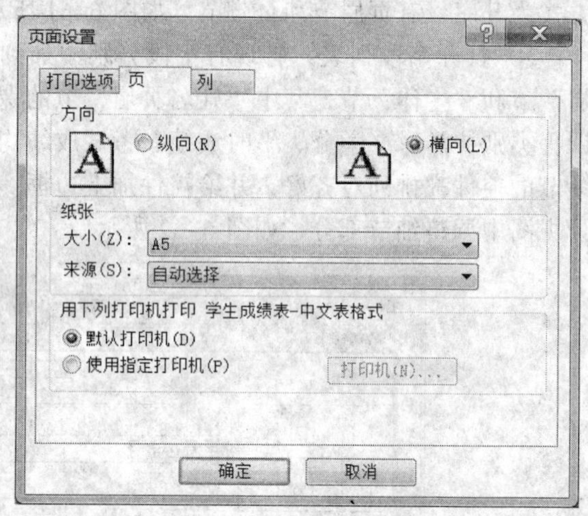

图 6-65　对报表进行页面设置

⑧ 全部设置完成后报表设计视图如图 6-66 所示，报表视图如图 6-67 所示。单击快速访问工具栏中的“打印预览”按钮，设置显示四页时的界面如图 6-68 所示。

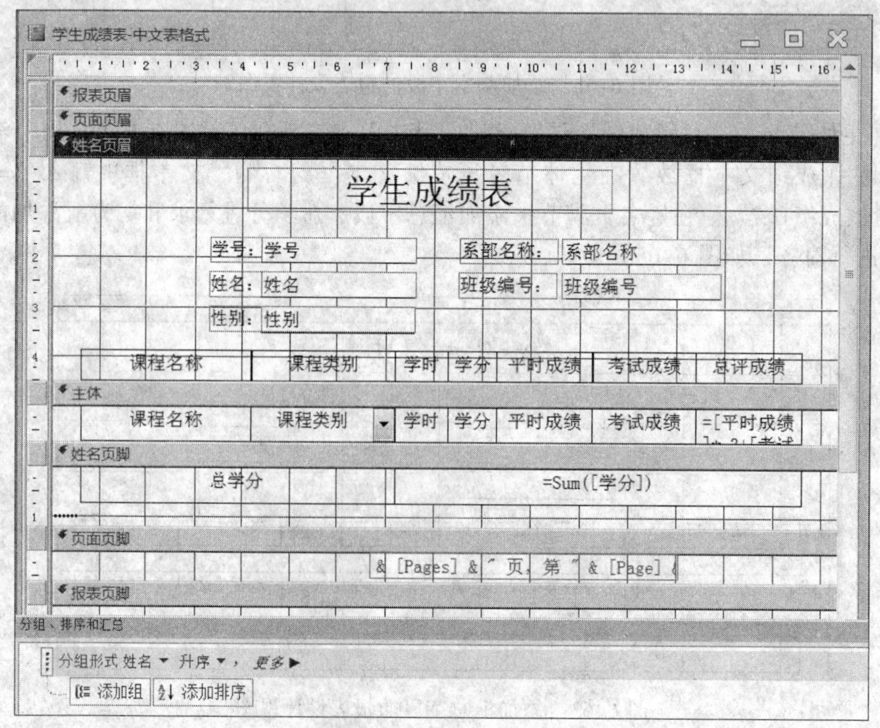

图 6-66　完成后的报表设计视图

学生成绩表

学号：2015105151067　　系部名称：外语系

姓名：白慧媚　　班级编号：105151

性别：女

课程名称	课程类别	学时	学分	平时成绩	考试成绩	总评成绩
基础英语IV	专业必修课	108	6	60	65	63.5
英语阅读IV	专业选修课	36	2	80	80	80
英语写作II	专业必修课	36	2	66	95	86.3
英语听力IV	专业选修课	54	3	60	95	84.5
英语口语-IV	专业选修课	72	4	98	51	65.1
总学分		17				

图 6-67　完成后的报表视图

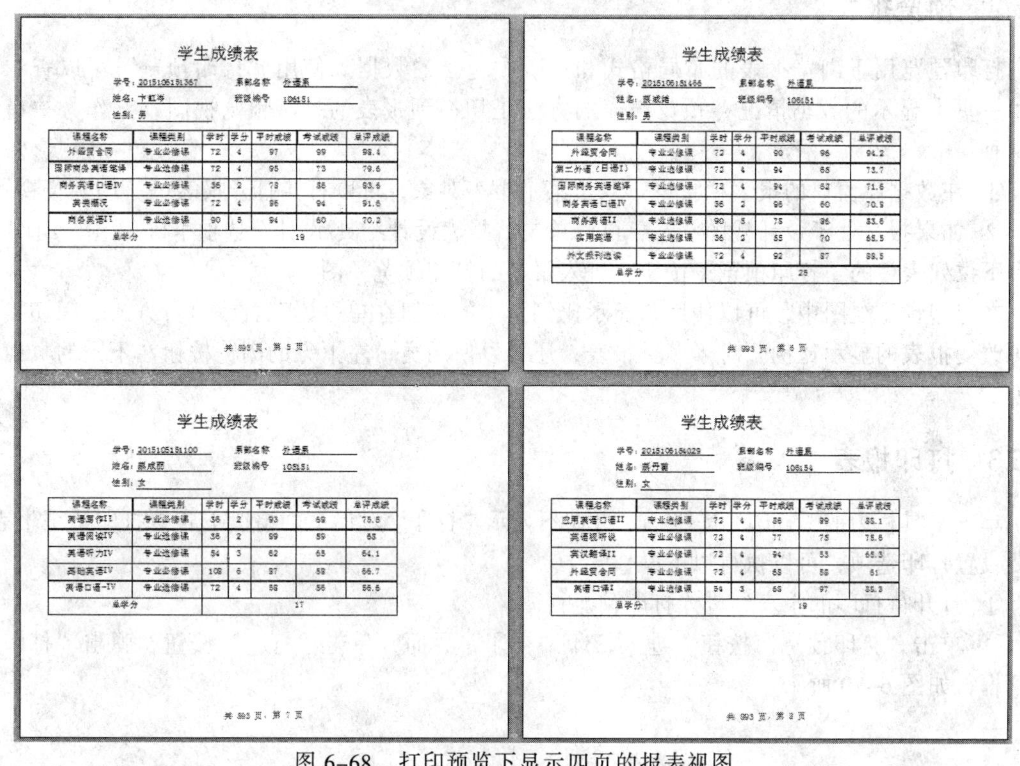

图 6-68　打印预览下显示四页的报表视图

6.5　打 印 报 表

打印报表是创建和设计报表的主要目的。在正式打印前，需要对各种页面参数进行设置，并且在屏幕上预览报表的打印效果。当报表布局格式合乎要求时，就可以对报表进行打印输出。

6.5.1　页面设置

页面设置是指设置打印时所使用的打印机型号、纸张大小、页边距、打印对象在页面上的排列方式以及纸张方向等选项。页面设置的操作步骤如下：

① 打开报表，单击“报表设计工具/页面设置”选项卡|“页面布局”组|“页面设置”按钮，弹出“页面设置”对话框，如图 6-69 所示。

② 选择“边距”选项卡，然后指定上、下、左、右页边距。

③ 选择“页”选项卡，然后设置打印方向、纸张大小、纸张来源所用的打印机。

④ 选择“列”选项卡，设置报表的列数、大小和列的布局。可在此将报表设置为多列报表。

⑤ 单击“确定”按钮，完成页面设置。

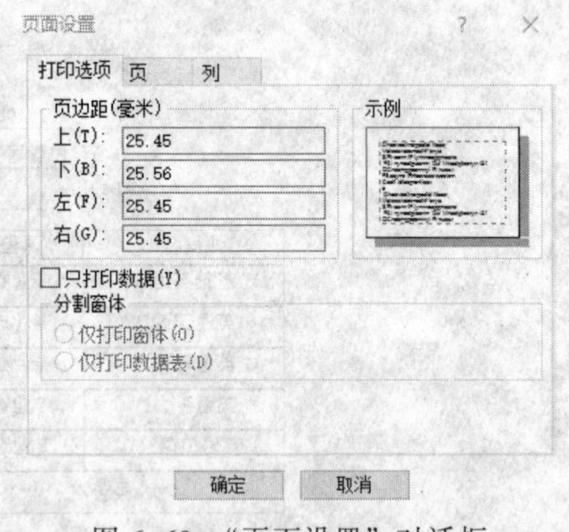

图 6-69 “页面设置”对话框

6.5.2 预览报表

打印预览用于浏览报表的布局格式和报表中包含的数据。使用“打印预览”可以查看报表每一页上显示的数据情况，预览报表的方法是切换到报表的打印预览视图，操作方法有以下两种：

① 在数据库窗口的报表栏目下，双击某个报表对象，可以直接打开报表的打印预览视图。

② 如果报表处于设计视图状态，可以单击“报表设计工具/设计”选项卡|“视图”组|“视图”下拉列表中的“打印预览”按钮，进入报表的打印预览视图。

在打印预览视图中，可以使用“显示比例”中的按钮在单页、双页或多页方式之间切换，也可改变报表的显示比例。对于多页报表，还可以使用窗口左下方的浏览按钮在不同的页面间切换。

6.5.3 打印报表

单击工具栏中的“打印”按钮，可在不显示“打印”对话框的情况下直接打印整个报表。若要设置打印选项，可以执行以下操作：

① 打开待打印的报表，进入打印预览视图。

② 单击“打印预览”按钮，进入打印“打印”界面，单击“打印”按钮，弹出“打印”对话框，如图 6-70 所示。

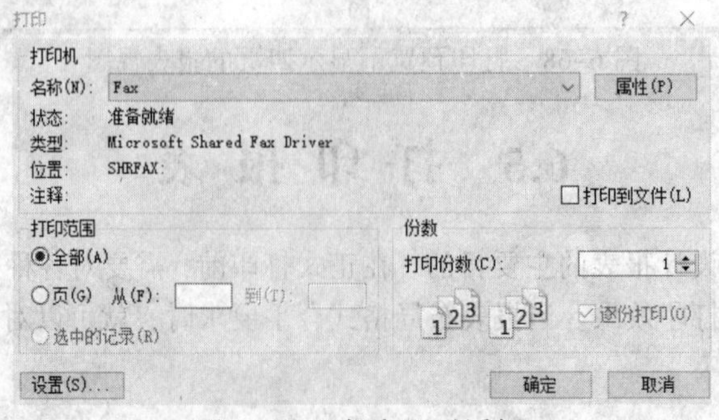

图 6-70 “打印”对话框

③ 从“名称”组合框中选择要使用的打印机，必要时可以选择网络打印机以实现网络打印。

④ 若要设置打印机选项，可单击“属性”按钮，在弹出的对话框中进行设置，可用选项

取决于打印机的特性。

⑤ 在“打印范围”区域中，选择打印全部内容或者指定打印页的范围。

⑥ 在“份数”文本框中，指定要打印的份数。

⑦ 若当前计算机没有连接到可用的打印机，可以勾选“打印到文档”复选框，将文档打印到文件，该文件复制到未安装 Access 软件的计算机上也可以正常打印输出。

⑧ 单击“确定”按钮，将报表内容打印输出到纸张上。

习　题

一、填空题

1. 在创建报表的过程中，可以控制数据输出的内容、输出对象的显示或打印格式，还可以在报表制作过程中，进行数据的________。

2. 每份报表有________报表页眉。

3. 报表标题一般放在________中。

4. 计算控件的控件来源属性一般设置为________开头的计算表达式。

5. 报表主要用于对数据库中的数据进行________、计算、汇总和打印输出。

二、单选题

1. 报表的数据来源不能为（　　）。

A. 查询　　B. 表　　C. SQL 语句　　D. 窗体

2. 报表显示数据的主要区域是（　　）。

A. 报表页眉　　B. 页面页眉　　C. 主体　　D. 报表页脚

3. 如果设置报表上某个文本框的控件来源属性为“=5*4+3”，则打开报表视图时，该文本框显示的信息是（　　）。

A. 23　　B. 5*4+3　　C. 未绑定　　D. 出错

4. 报表输出不可缺少的内容是（　　）。

A. 主体内容　　B. 页面页眉内容　　C. 页面页脚内容　　D. 报表页眉

5. 要设置在报表每一页的顶部都输出的信息，需要设置（　　）。

A. 报表页眉　　B. 报表页脚　　C. 页面页眉　　D. 页面页脚

6. 用于实现报表的分组统计数据的操作区间的是（　　）。

A. 报表的主体区域　　B. 页面页眉或页面页脚区域

C. 报表页眉或报表页脚区域　　D. 组页眉或组页脚区域

7. 下面关于报表对数据的处理中叙述正确的是（　　）。

A. 报表只能输入数据　　B. 报表只能输出数据

C. 报表可以输入和输出数据　　D. 报表不能输入和输出数据

8. 用于实现报表的分组统计数据的操作区间的是（　　）。

A. 报表的主体区域　　B. 页面页眉或页面页脚区域

C. 报表页眉或报表页脚区域　　D. 组页眉或组页脚区域

9. 为了在报表的每一页底部显示页码号，应该设置（　　）。

A. 报表页眉　　B. 页面页眉　　C. 页面页脚　　D. 报表页脚

10. 报表的功能是（　　）。

A. 数据输出　　B. 数据输入　　C. 数据修改　　D. 数据比较

三、简答题

1. 报表由哪几部分组成？每部分的作用是什么？
2. 报表和窗体的区别是什么？

四、实验题

打开“教学管理系统.accdb”，以“学生”和“专业”表为数据源，创建如图 6-71 所示的报表。需要设置的内容如下：每个专业下面要计算该专业人数以及专业人数占总人数的百分比，在报表页脚位置还要计算总人数。报表名称为“各专业学生情况表”。

各专业学生情况表

专业名称		学号	姓名	性别	
成教					
		2015067151001	陈敏仪	女	
		2015067151002	胡晓明	男	
		2015067151003	李敏	女	
		2015067151004	关广强	男	
		2015067151005	张熊飞	男	
		2015067151006	欧伟健	男	
该专业总人数=6	人数占总人数的百分比为				0.67%
电子商务					
		2014044173084	林安安	女	
		2015046730002	陈伟鹏	男	
该专业总人数=2	人数占总人数的百分比为				0.22%

图 6-71　学生人数统计报表

第 7 章 宏和系统集成

本章导读

宏对象是 Access 数据库对象中的一个基本对象。系统集成就是将众多的数据库对象集中在一起，按照一定的逻辑顺序形成最终的数据库应用系统，并隐藏 Access 数据库窗口，提高数据库使用的直观性、便捷性、安全性。

通过对本章内容的学习，应该能够做到：

了解：宏的基本概念。

理解：宏组和条件宏。

应用：宏对象的使用、系统集成方法。

7.1 认 识 宏

宏是 Access 中用于执行特定任务的操作或者操作集合。利用宏可以自动完成大量的重复性操作，使管理和维护 Access 数据库更加方便。本节主要介绍宏的概念、宏的设计及宏的运行等。

7.1.1 宏的概念

宏是一种特殊的数据库对象，在该对象中保存着一些能够按次序自动执行的操作命令。宏里面的操作命令可以实现特定的功能，如打开某个窗体或打印某个报表。

宏提供了一种简化的编程手段，对于一些较简单的程序控制任务，可以使用宏对象来实现，而不必使用 VBA 代码。创建宏时，不需要记住各种语法，只需要选择操作，设置必要的参数，即可完成宏的创建工作。所有宏都可以转换成 VBA 代码。

例如，创建一个宏，功能是先打开某个窗体，然后打开某个报表，最后显示“程序结束”的提示信息。创建的具体步骤如下：

① 单击“创建”选项卡|“宏与代码”组|“宏”按钮，屏幕显示新宏的设计视图，如图 7-1 所示。在“操作”列利用下拉按钮选择“OpenForm”操作，然后设置其参数。“OpenForm”操作的必选参数是“窗体名称”，利用“窗体名称”右侧的下拉按钮选择需要打开的窗体。

② 创建第二个宏的操作，操作命令为“OpenReport”，它的必选参数是“报表名称”，如果

当前计算机没有连接打印机，还应将“视图”参数设置为“打印预览”，避免出现打印错误提示，如图 7-2 所示。

图 7-1　新宏的设计视图

图 7-2　创建宏操作

③ 创建第三个宏的操作，操作命令为“MsgBox”，它的必选参数是消息框的提示字符，输入“程序结束”字符。

④ 保存该宏。单击工具栏中的“运行”按钮 ，可以执行该宏。运行的结果是先打开窗体，然后打开报表，最后显示一个“程序结束”的消息提示窗口。

7.1.2 宏组

宏组是多个在功能上有关联的宏的集合。构建宏组的目的是将宏进行分类，方便用户对宏的管理。

创建宏组时，需要在宏的设计视图中的“操作目录”窗格中，把程序流程中的“Submacro”拖到“添加新操作”组合框中，如图 7-3 所示。然后可以重新对子宏命名为“打开报表”，在添加新操作组合框中，选中“OpenReport”，设置报表名称为“学生报表”，如图 7-4 所示。

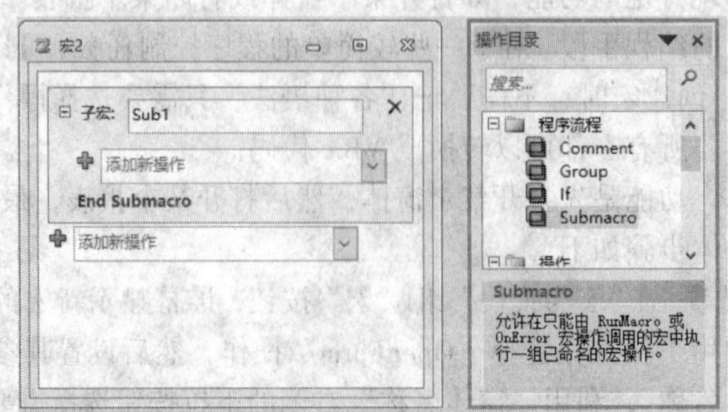

图 7-3　宏组的创建 1

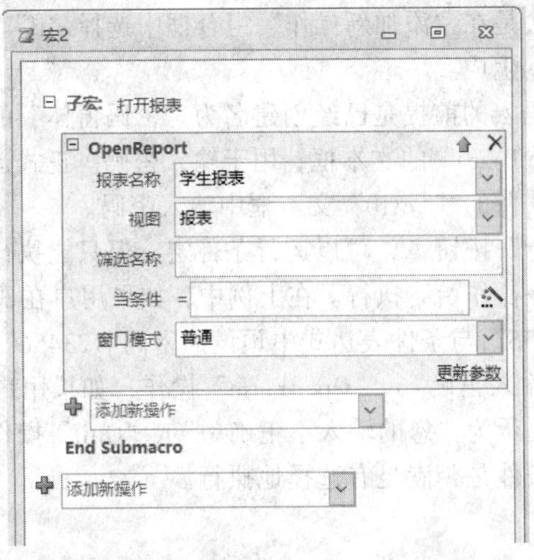

图 7-4　宏组的创建 2

按照上面的方法，可以接着设置子宏“打开窗体”，最终结果如图 7-5 所示。单击工具栏中的“运行”按钮，可以运行宏组。

7.1.3　带条件的宏

如果希望根据条件来决定宏中的操作是否执行，则应该创建带条件的宏。例如，可以创建图 7-6 所示的条件宏，其作用是验证用户密码。

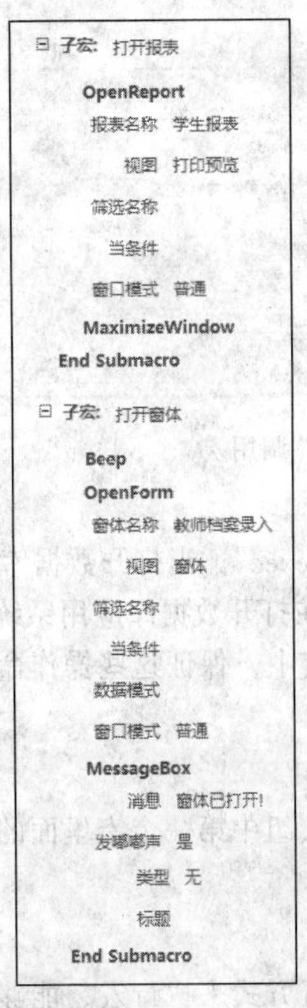

图 7-5　完整的宏组

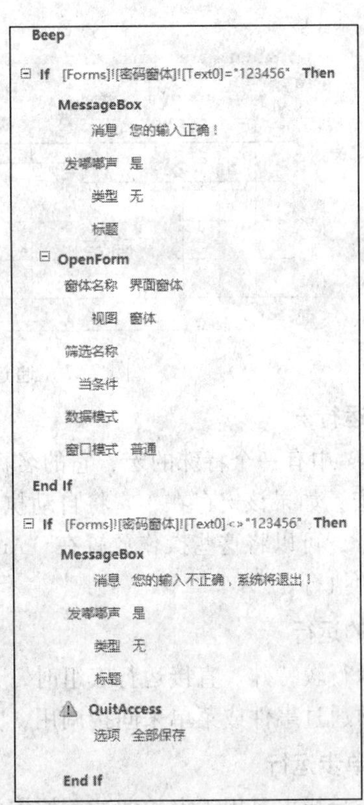

图 7-6　条件宏的创建

调出“条件”列的方法是在“添加新操作”组合框中选择“if”。条件的输入既可以手工输入，也可以使用“生成器”生成。

运行图 7-6 所示的密码宏的前提是已经创建名为“密码窗体”的窗体对象，并且在“密码窗体”上已建立一个名为“Text0”的文本框，用于输入密码。正式运行密码宏之前，先要打开“密码窗体”，在“密码窗体”的“Text0”文本框中输入密码。

单击工具栏中的“运行”按钮，可以运行条件宏，但只能执行条件值为真的操作。如果宏操作的条件值为空，则该操作始终执行。在上例中，如果用户在“密码窗体”的“Text0”文本框中输入的密码是“123456”,与条件表达式中预设的密码“123456”一致,则系统会执行“Beep”“MsgBox”(提示为“您的输入正确”)、“OpenForm”操作；如果用户输入的密码不正确，则会执行“Beep”“MsgBox”(提示为“您的输入不正确…”)、“Quit”操作。可见“Beep”操作始终执行，而其他操作会根据条件是否满足有选择地执行。

7.1.4 宏的运行

1. 通过对象的事件调用宏

在窗体、报表和控件对象的属性中，有事件属性类，可以将宏对象联结到对象的某个事件上。当该事件被触发时，就会执行相关的宏对象。例如，通过修改命令按钮的“单击”事件属性调用某个宏对象，过程如图 7-7 所示。

如果需要通过命令按钮调用宏，除了可以修改命令按钮的事件属性外，还可以直接使用命令按钮的生成向导，在“命令按钮向导”对话框中选择“杂项”类的“运行宏”操作即可，具体步骤略。

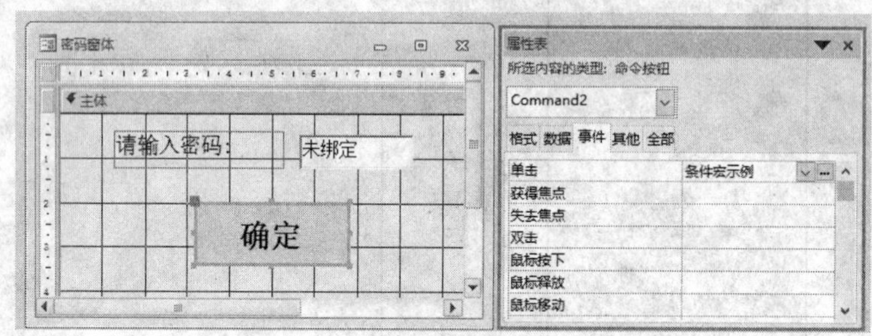

图 7-7　通过对象的事件调用宏

2. 自动运行宏

在 Access 中有一个特殊的宏，它的名称为“Autoexec”。当打开数据库时，Access 会查找“Autoexec”宏，如果该宏存在，它将自动执行。如果在打开数据库应用系统时，需要预先执行某些操作命令，可以将这些操作放置在“Autoexec”宏中，保证这些操作命令能够随着数据库的启动而自动执行。

3. 宏组的运行

宏组的运行较特殊。直接运行宏组时，只能执行宏组中第一个宏里面的操作。宏组中其余宏的执行必须通过事件或菜单来间接调用，方法同上。

4. 宏的单步运行

宏的单步运行主要用于宏的调试。按宏的单步运行方式来执行宏，能够观察宏的流程和每个操作的结果，从而发现有问题的操作，帮助宏的设计者排除错误。单步运行宏的步骤如下：

① 进入宏对象的设计视图。

② 单击“宏工具”|“设计”|“工具”|“单步”按钮，使其处于按下状态。

③ 单击工具栏中的“运行”按钮，弹出“单步执行宏”对话框，如图 7-8 所示，在该对话框中显示将要执行的宏操作的基本情况，包括宏名、条件是否满足、操作名称、操作的参数值。

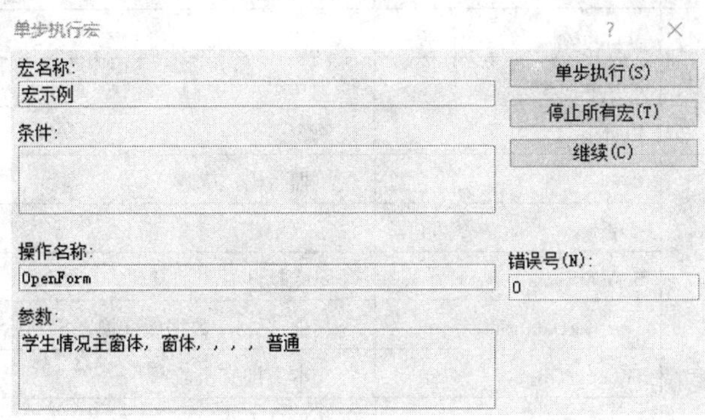

图 7-8　“单步执行宏”对话框

④ 单击“单步执行”按钮，执行当前操作，然后显示下一个操作的“单步执行宏”对话框。

⑤ 单击“停止”按钮，停止宏的执行并关闭“单步执行宏”对话框。

⑥ 单击“继续”按钮，执行当前操作，并关闭“单步执行宏”对话框，不再“单步执行”宏里面的操作，而是自动执行剩余的全部操作。

7.1.5　常用宏操作介绍

Access 中提供了 50 多个可选的宏操作命令，其中常用的宏操作命令及其功能说明如表 7-1 所示。

表 7-1　常用的宏操作其及功能说明

类　别	宏操作的名称	功 能 说 明
打开或关闭对象	OpenForm	打开窗体
	OpenQuery	打开查询
	OpenReport	打开报表
	OpenTable	打开表
	Close	关闭数据库对象
运行和流程控制	Quit	退出 Access 系统
	AddMenu	创建菜单或快捷菜单
	RunSQL	运行 SQL 查询语句
	RunApp	执行外部应用程序
	RunCode	运行 VBA 代码
	RunMacro	运行其他的宏
设置值	SetValue	设置某些控件对象的值

续表

类 别	宏操作的名称	功 能 说 明
数据的定位及刷新	Requery	刷新控件数据
	FindRecord	查找记录
	FindNext	查找下一记录，与 FindRecord 配合使用
	GotoRecord	将当前记录转移到指定位置
显示控制	Maximize	最大化窗口
	Minimize	最小化窗口
	Restore	还原窗口
通知及警告	Beep	使机器发出“嘟嘟”的叫声
	MsgBox	显示提示信息
	SetWarnings	关闭或打开系统消息
数据交换	TransferDatabase	与其他 Access 数据库互换数据
	TransferText	与文本文件交换数据
	OutPutTo	把数据导出为 xls、txt、html、asp 等格式文件

7.2 系统集成概述

7.2.1 系统集成的意义

根据应用系统分析与设计要求，在数据库中会创建大量的表、查询、窗体、报表对象。这些对象虽然能够直接运行，但是它们都是零散的。用户需要在数据库窗口中直接打开单个对象，系统应用的逻辑性不强。对于内容较多的数据库，终端用户使用起来非常不方便。另外，终端用户直接接触这些原始对象，很有可能因为误操作而导致数据的丢失或破坏，所以数据的安全性不高。系统集成有效地解决了上述问题。

系统集成就是将众多的数据库对象集中在一起，按照一定的逻辑顺序形成最终的数据库应用系统，并隐藏 Access 数据库窗口，提高数据库使用的直观性、便捷性、安全性。

在系统集成中除了可使用 4 种基本数据对象外，还可以使用宏与模块等数据库对象。利用宏与模块代码可以控制应用系统的运行逻辑，保证系统集成的最佳效果。

7.2.2 系统集成的依据

任何一个管理信息系统都必须进行系统分析与设计，了解目标系统要做什么、怎么做。系统分析与设计需要详细到每一个可实施的功能模块。模块结构图就是在系统分析与设计过程中确定的拟建系统的功能组成，它是对应用问题的逻辑概括。教学管理系统的模块结构图如图 7-9 所示，它是系统实施的指南，也是系统集成的依据。

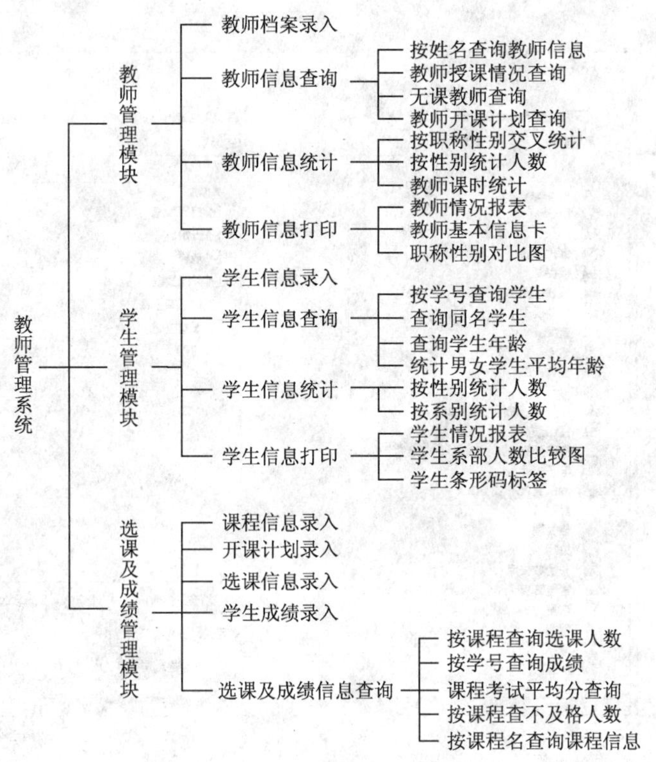

图 7-9　教学管理系统的模块结构图

7.2.3　切换面板集成法

切换面板是一种应用界面，用于将数据库对象的使用集中成为一个整体。切换面板本身是一个窗体，一般作为数据库应用系统的启动界面。在数据库启动时可以直接打开切换面板，方便用户使用。切换面板由系统根据用户的需要创建，已创建完成的切换面板可以根据需要进行修改。Access 2010 不再鼓励使用切换面板，但它还是提供了“切换面板管理器”工具，以用来兼顾老用户修改以前版本创建的数据库的切换面板，但是这个工具默认状态下不出现在功能区，需要用户手动添加到功能区中。

添加切换面板工具的操作步骤如下：

① 单击“文件”选项卡，在打开的文件窗口中，在左侧窗格单击“选项”按钮。

② 在弹出的“Access 选项”对话框中，在左侧窗格中选择“自定义功能区”选项，如图 7-10 所示。

③ 在右边窗格中，单击“新建选项卡”按钮，在“主选项卡”列表中添加“新建选项卡”，如图 7-11 所示。

④ 单击“重命名”按钮，在弹出的重命名对话框中，将新建选项卡的名称修改为“切换面板”。

⑤ 选择“新建组”，单击“重命名”按钮。

⑥ 在弹出的“重命名”对话框中，将新建组名称修改为“工具”，选择一个合适的图标，单击“确定”按钮，如图 7-12 所示。

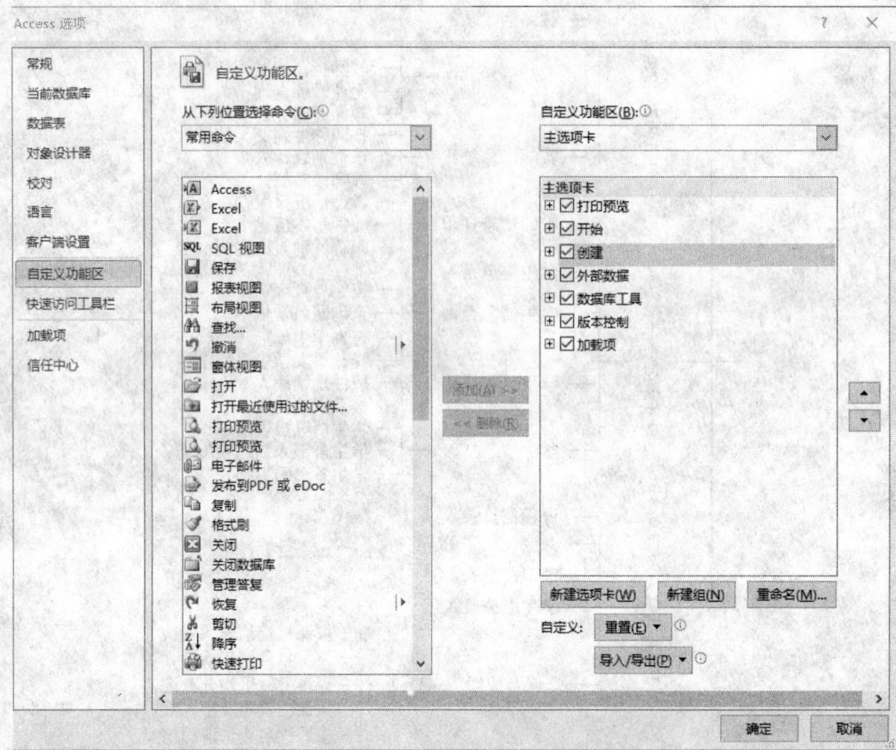

图 7-10　自定义功能区

图 7-11　新建选项卡和组

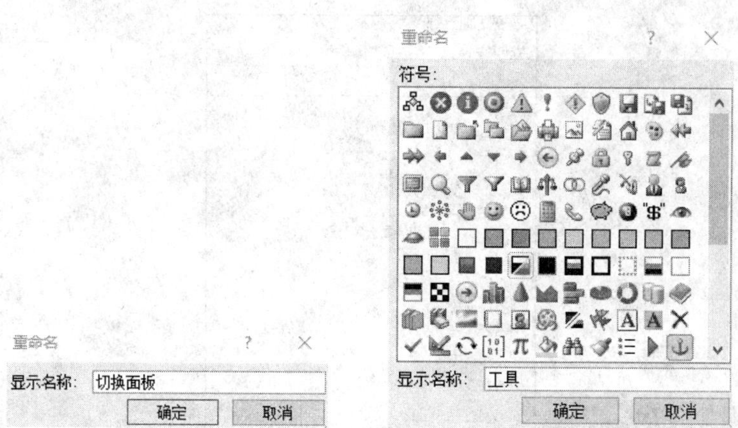

图 7-12 “重命名”对话框

⑦ 单击“从下列位置选择命令”下拉按钮，选择“所有命令”；在列表框中，选择“切换面板管理器”，如图 7-13 所示。然后单击“添加”按钮。切换面板管理器命令即被添加“到切换面板”选项卡的“工具”组中。

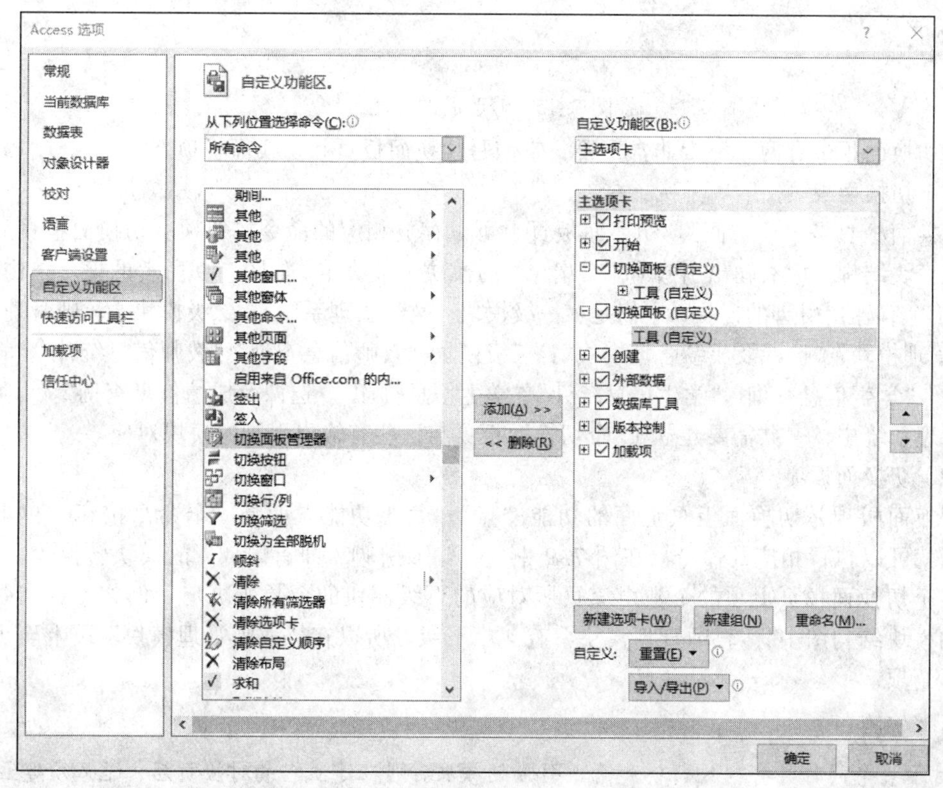

图 7-13 添加控制面板管理器

⑧ 单击“确定”按钮，关闭“Access 选项”对话框，可以在功能区看到“切换面板”选项卡，选中该选项卡，在“工具”组中可看到“切换面板管理器”按钮，如图 7-14 所示。修改后的功能区如图 7-15 所示。

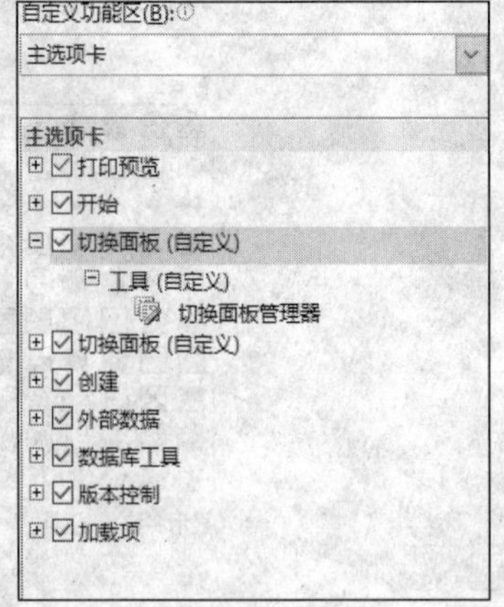

图 7–14　添加“切换面板管理器”到工具中

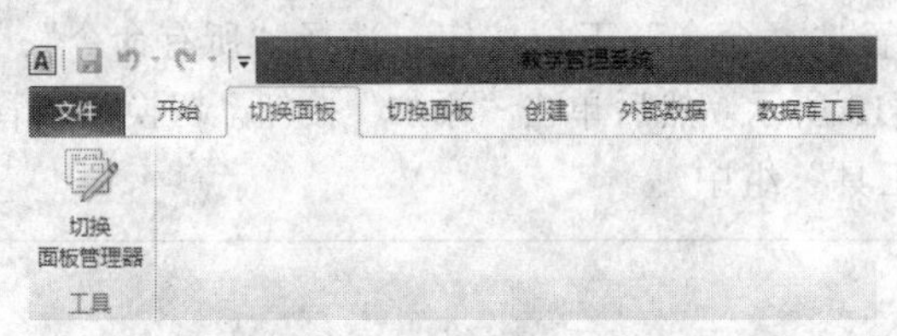

图 7–15　修改后的功能区

在切换面板中有两个要素非常重要，它们是切换面板页和切换面板项。

（1）切换面板页

切换面板页是一个“面”。切换面板页上可以存放相应的命令按钮项。切换面板页的个数由系统模块结构图中有输出引脚（即有扇出）的模块个数决定。如图 7–9 所示的模块结构图中，共有 11 个有输出引脚的模块，它们是：一级模块“教学管理系统”；二级模块“教师管理模块”“学生管理模块”“选课及成绩管理模块”；三级模块“教师信息查询”“教师信息统计”“教师信息打印”“学生信息查询”“学生信息统计”“学生信息打印”“选课及成绩信息查询”。可见，在教学管理系统中，一共需要建立 11 个切换面板页与这些有输出引脚的模块对应。

（2）切换面板项

切换面板项是切换面板页上面的功能“点”。每个功能点就是一个命令按钮，单击这些“点”，就可以执行相应的命令。在图 7–9 中，有输入引脚（即有扇入）的模块转换为一个项。因此某个切换面板页上项的个数由该页所对应的下级模块的个数所决定。例如，在如图 7–9 所示的模块结构图中，“教师管理模块”有 4 个下级，所以在“教师管理模块”页上至少应该建立 4 个项。

温馨提示

对于某个同时具有输入引脚和输出引脚的模块，则在建立它的对应页后，还必须建立它的对应项，只是对应项没有放置在对应页上，而是放置在上级页上。例如，“教师信息查询”模块既有输入引脚，又有输出引脚，所以应该建立“教师信息查询”页和“教师信息查询”项，只是“教师信息查询”项放置在它的上级“教师管理模块”页上，而不是放置在该模块对应的“教师信息查询”页上。

7.2.4　切换面板集成法的步骤

切换面板集成分两步进行：

第一步，先建立全部切换面板页；第二步，创建各个切换面板页上的项。

1. 创建切换面板页

切换面板的创建与普通窗体的创建有较大的不同，在 Access 中，有专门的工具帮助用户完成切换面板的创建与修改，这个工具就是“切换面板管理器”。利用“切换面板管理器”创建切换面板页的步骤如下：

① 打开数据库，单击“数据库工具”选项卡|“切换面板”组|“切换面板管理器”按钮，如果该数据库是第一次使用切换面板管理器工具，则会弹出一个提示对话框，如图 7-16 所示。

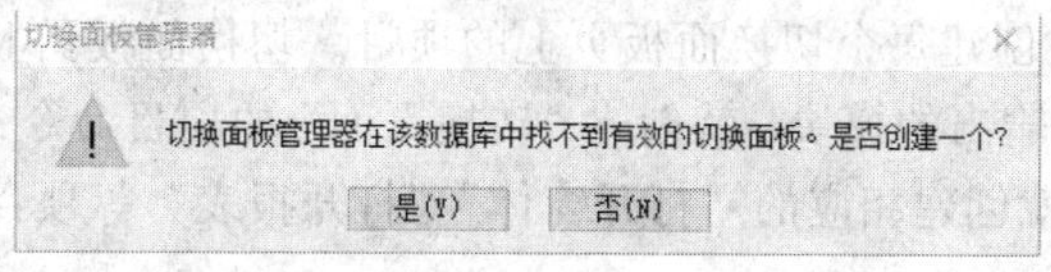

图 7-16　提示对话框

② 单击“是”按钮，进入“切换面板管理器”对话框。如图 7-17 所示，在该对话框中自动产生一个“主切换面板 (默认)”页，带有“默认”字样的页是主页。创建切换面板后，在窗体上会自动产生一个名为“切换面板”的窗体，同时在表对象中生成一张名为“Switchboard Items”的表，以保存切换面板中全部的“页”和“项”信息。完成切换面板的创建工作后，如果打开自动创建的“切换面板”窗体，将会优先显示主页的内容。

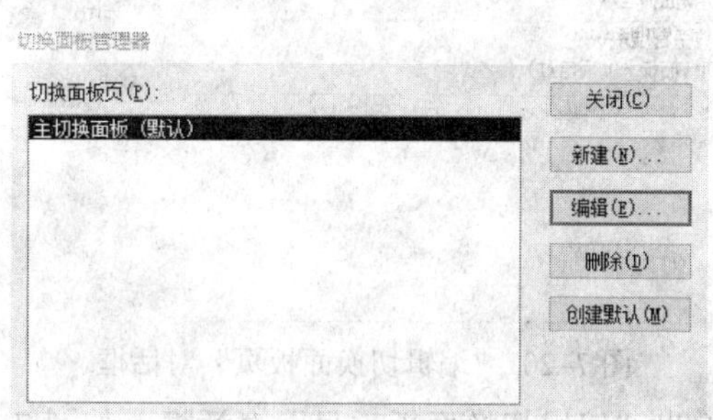

图 7-17　“切换面板管理器”对话框

③ 单击“新建”按钮，弹出“新建”对话框，如图 7-18 所示。输入新页的名称，单击“确定”按钮返回“切换面板管理器”对话框。

图 7-18　“新建”对话框

④ 在图 7-17 中不断使用“新建”按钮将模块结构图中 11 个有输出的模块创建为切换面板页。“教学管理系统”模块的级别最高，对应的页可作为“主页”。选中“教学管理系统”页后，单击“创建默认”按钮将它设为默认的主页。最后删除原有“主切换面板”页，得到的结果如图 7-19 所示。

图 7-19 页创建完成的结果

2. 创建切换面板项目

按照模块结构图依次创建每个切换面板页上的项目。切换面板页上的项目由它所对应的模块的下级决定。若下级有输出的模块，就创建“转换页面”的项目命令；若下级是功能模块（只有输入无输出的模块），就创建相应的“打开窗体”“打开报表”等项目命令。

（1）创建主页上的项

“教学管理系统”主页下接 3 个有输出的模块，即“教师管理模块”“学生管理模块”“选课及成绩管理模块”，应该创建 3 个“转换页面”的项，分别转至 3 个下级切换面板页。方法是：在图 7-19 中选中“教学管理系统（默认）”，然后单击“编辑”按钮，进入“编辑切换面板页”对话框，如图 7-20 所示。

图 7-20 “编辑切换面板页”对话框

单击“新建”按钮，弹出“编辑切换面板项目”对话框，如图 7-21 所示。

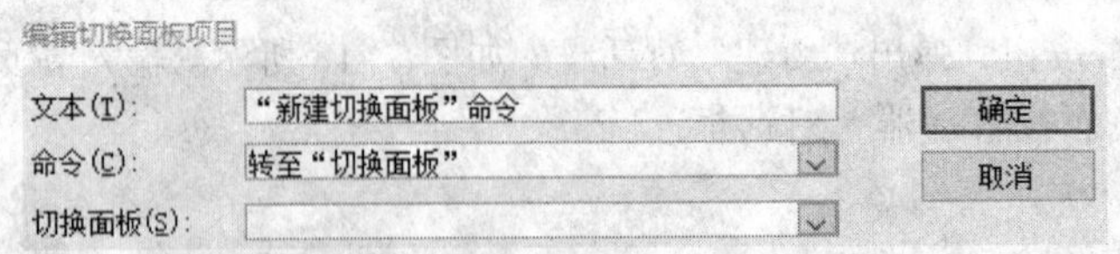

图 7-21 “编辑切换面板项目”对话框

在“编辑切换面板项目”对话框中，利用“命令”下拉按钮选择适当的项目命令。项目命令的种类有如下 8 种：

① 转至“切换面板”：用于转换到其他页面。

② 在“添加”模式下打开窗体：用于打开窗体，被打开的窗体只显示新记录，不显示原有数据记录。

③ 在“编辑”模式下打开窗体：用于打开窗体，被打开的窗体显示原有数据记录，可以对原有数据进行修改。

④ 打开报表：用于打开报表，进入报表的打印预览视图。

⑤ 设计应用程序：用于启动“切换面板管理器”，修改已有切换面板。

⑥ 退出应用程序：用于关闭数据库，退出 Access 系统。

⑦ 运行宏：用于执行宏对象，完成某些操作任务。

⑧ 运行代码：用于执行 VBA 代码，调用某些函数过程。

创建切换面板项的关键在于根据模块实现的手段选择恰当的项目命令类型。

在这里先创建“教学管理系统”页上的第一个项，应该选择“转至‘切换面板’”命令项目，然后在“切换面板”下拉列表选中第一个下级页面“教师管理模块”。最后在“文本”输入框中为新建的项目设置标题，如图 7-22 所示。单击“确定”按钮，完成该项目的创建。

采用类似的方法，创建“教学管理系统”页上的另外两个项：“学生管理模块”和“选课及成绩管理模块”。

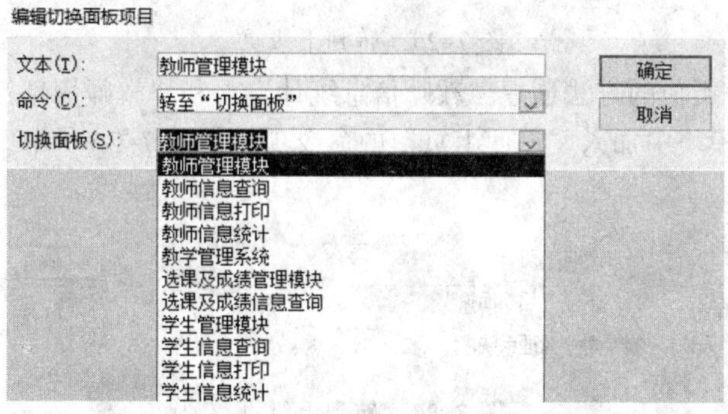

图 7-22　新建“转至‘切换面板’”项

一般在主页上还会创建一个“退出系统”项，用于从切换面板直接退出数据库和 Access 系统。“退出系统”项使用“退出应用程序”命令来创建。

主页上的项创建完成后，结果如图 7-23 所示。

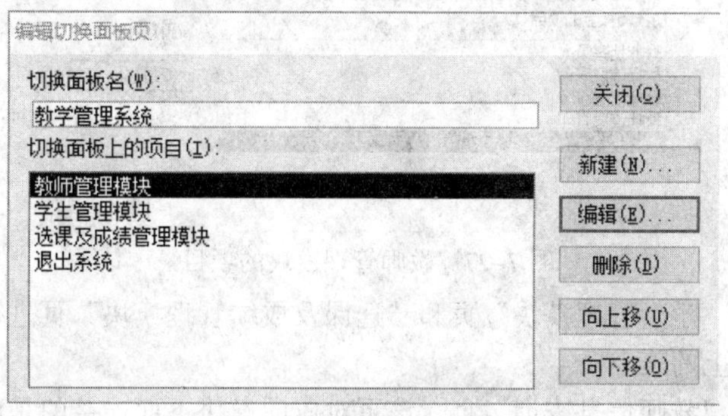

图 7-23　主页上的项创建完成结果

（2）创建二级页上的项

关闭“教学管理系统”切换面板页，返回图 7-19 所示的页对话框，对教师管理模块、学生管理模块、选课及成绩管理模块分别进行编辑。以教师管理模块为例，在切换面板页上选中“教师管理模块”并进行编辑，该模块下连接 1 个功能模块，3 个有输出的模块。“教师档案录入”是功能模块，应该使用“打开窗体”命令类型，如图 7-24 所示。

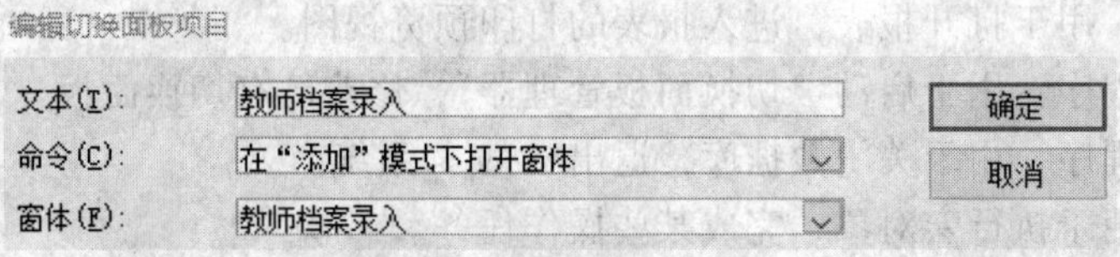

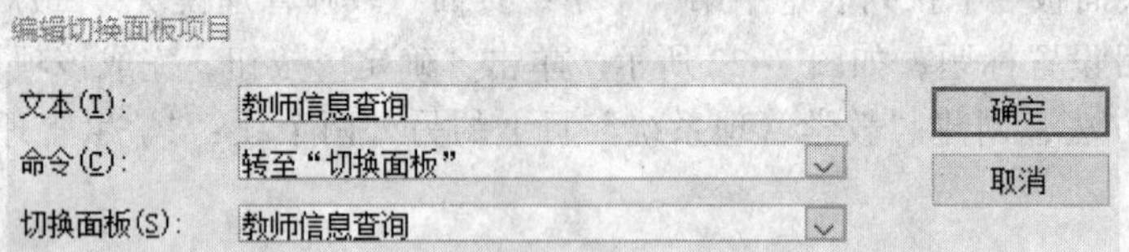

图 7-24　功能模块项的建立

接着新建“教师信息查询”项，由于“教师信息查询”是有输出的模块，因此执行“转至‘切换面板’”命令，项目的提示文本与切换面板页同名，如图 7-25 所示。

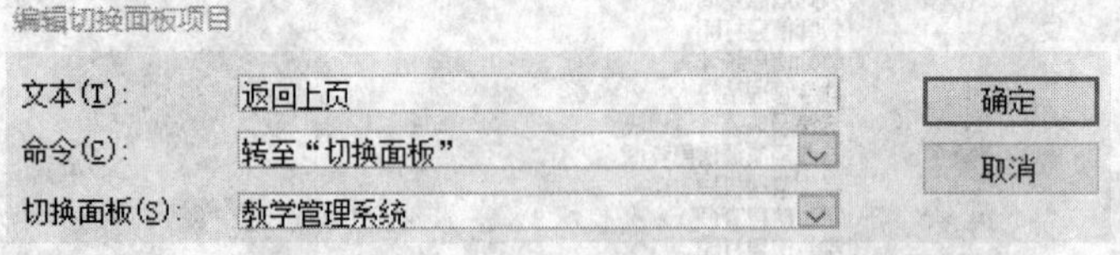

图 7-25　转到下级页

接着按与图 7-25 类似的方法创建“教师信息统计”项和“教师信息打印”项。

最后在教师管理模块中加入“返回上页”的命令项，如图 7-26 所示。

图 7-26　转到上级页

完成“教师管理模块”页的编辑后，该页共添加了 5 个项目，如图 7-27 所示。单击“关闭”按钮返回图 7-19。

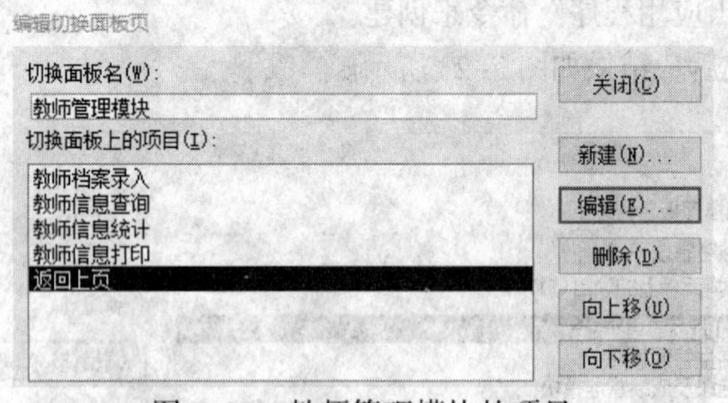

图 7-27　教师管理模块的项目

按同样的方法对“学生管理模块”页和“选课及成绩管理模块”页进行编辑。

（3）创建三级页上的项

第一个三级页是“教师信息查询”页，该页对应的模块下面连接的是由查询对象实现的功能模块，由于切换面板的项目命令中没有直接执行查询的命令，只能通过“运行宏”或者“运行代码”来间接调用查询对象。这里采用“运行宏”的方法。

关闭切换面板管理器，打开宏对象，设计教师信息查询宏，如图 7-28 所示。使用 OpenQuery 宏操作打开已经设计好的查询名称。宏操作的参数“查询名称”一定要从已经设计的查询中选择，而“宏名”一般与查询对象的名称保持一致。关闭宏并保存为上级模块的名称“教师信息查询”。

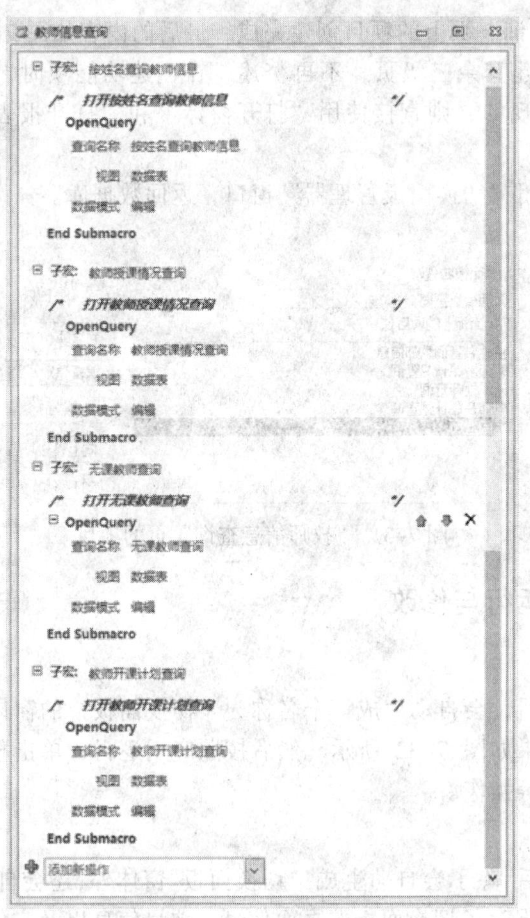

图 7-28　教师信息查询宏

重新打开切换面板管理器，进入“教师信息查询”页的编辑对话框，新建项目，如图 7-29 所示。“命令”选择为“运行宏”，打开的宏对象选择为“教师信息查询.按姓名查询教师信息”；“文本”标题设置为相应模块的名称。

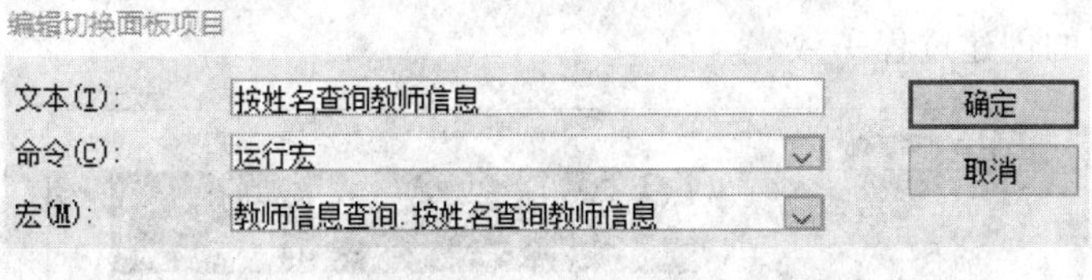

编辑切换面板项目

文本(T): 按姓名查询教师信息　　确定
命令(C): 运行宏　　取消
宏(M): 教师信息查询.按姓名查询教师信息

图 7-29　创建打开查询对象的项目命令

按同样的方法“新建”其余几个查询项目。最后添加一个“返回上页”项目，使当前页面切换到“教师信息查询”页的上级页“教师管理模块”上，如图 7-30 所示。

编辑切换面板项目

文本(T): 返回上页　　确定
命令(C): 转至“切换面板”　　取消
切换面板(S): 教学管理系统

图 7-30　创建三级页的返回项

至此，“教师信息查询”页上的项目创建完成，最后的内容如图 7-31 所示。

按照类似的方法创建其余三级页，不再赘述。在创建功能项时，如果对应的功能模块是使用窗体或报表对象实现的，则直接使用“打开窗体”和“打开报表”项目命令，不必建立过渡宏。

完成上述工作后关闭“切换面板管理器”窗口，返回数据库。

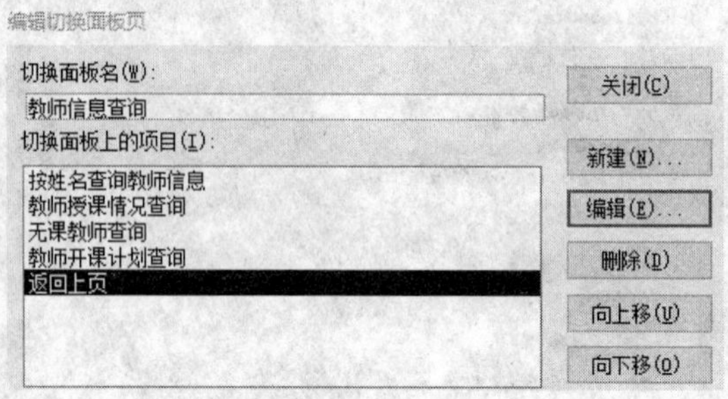

图 7-31 “教师信息查询”页的项目

7.2.5 切换面板的运行与修改

1. 切换面板的运行

切换面板创建完成后，会自动生成一个名称为“切换面板”的窗体。双击该窗体，即可启动切换面板的主页，效果如图 7-32 所示。然后按照应用逻辑，单击相应的项目命令按钮，执行页面跳转或模块调用等操作。

2. 切换面板的修改

切换面板创建完成后，除了会自动生成“切换面板”窗体外，还会自动产生名为“Switchboard Items”的表对象。该表保存了切换面板的页面信息、项目信息以及它们的从属关系，它是“切换面板”窗体的数据源。一般不要修改“Switchboard Items”表的内容或结构，否则很容易导致切换面板无法正常打开。

如果需要修改切换面板的内容，可以单击“数据库工具”选项卡|“切换面板”组|“切换面板管理器”按钮重新启动“切换面板管理器”对话框，在该对话框中完成“页”与“项”修改，其方法与切换面板的创建过程一致。

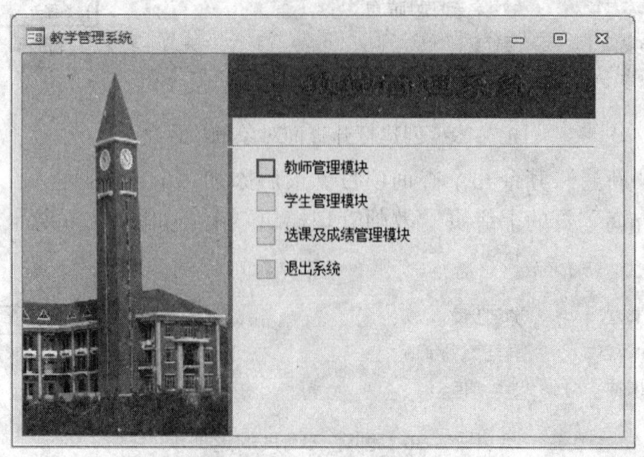

图 7-32 切换面板的运行

如果需要修改“切换面板”窗体的外观，可以进入其设计视图，在窗体上加入图片或线条等控件对象以美化切换面板，也可以修改已有控件的格式外观。具体操作方法与普通窗体的修改一致。注意不要删除切换面板上的命令按钮。修改后的“切换面板”窗体的设计视图如图 7-33 所示。

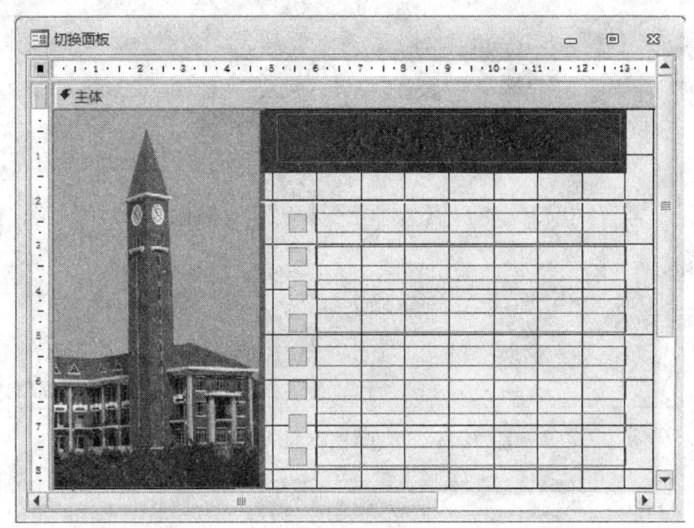

图 7-33　切换面板外观修改

7.2.6　切换面板窗体的恢复

在数据库使用过程中，如果不小心删除或者意外丢失了名为“切换面板”的窗体，这时已经集成好的系统将无法运行。如前所述，切换面板的所有页和项信息均存放在名为“Switchboard Items”的表中，“切换面板”窗体与“Switchboard Items”表是相互联系的，“Switchboard Items”表是“切换面板”窗体的数据源，丢失了窗体，只要数据源还在，就可以较容易地恢复“切换面板”窗体，而不需要重新创建切换面板页面和项目。具体步骤如下：

① 进入数据库窗口的表对象栏目，将原有“Switchboard Items”表重命名为“Switchboard Items Bak”。

② 单击“数据库工具”选项卡|“切换面板”组|“切换面板管理器”按钮，重新启动“切换面板管理器”对话框，在弹出提示信息时，单击“是”按钮，进入切换面板的页对话框，此时不需要创建任何页面或项目，直接关闭“切换面板管理器”对话框。

③ 在数据库窗口的表对象栏目下新增了“Switchboard Items”表，删除该表。

④ 将第一步备份的“Switchboard Items Bak”表重命名为“Switchboard Items”。

⑤ 在数据库窗口的窗体对象栏目下，将会新增“切换面板”窗体，该窗体中已恢复所有原来创建的页面和项目信息。切换面板的格式外观无法恢复，需要在它的设计视图中重新设置。

7.2.7　自定义窗体集成

自定义窗体集成是一种很灵活的集成方法，该方法通过选项卡窗体和命令按钮实现模块结构图中模块的串联。

自定义窗体集成的步骤如下：

1．建立底层的准备窗体

例如“教师管理模块”有 4 个下级。这 4 个下级模块可以通过图 7-34 ~ 图 7-37 所示的“教师档案录入”窗体、“教师信息查询”窗体、“教师信息统计”窗体、“教师信息打印”窗体加以实现。其中的命令按钮的作用是打开相应的窗体，具体操作方法不再赘述。

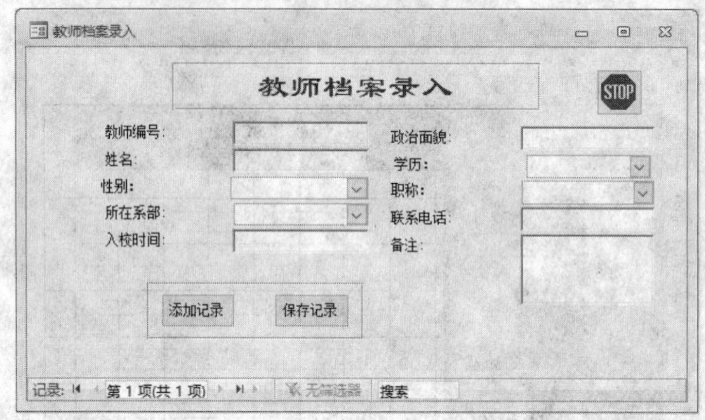

图 7-34 “教师档案录入”窗体

图 7-35 “教师信息查询”窗体

图 7-36 “教师信息统计”窗体

图 7–37　教师信息打印窗体

类似地，建立“学生管理模块”和“选课及成绩管理模块”的准备窗体。

2. 建立主窗体

新建一个教学管理系统“主窗体”，在该窗体上添加一个选项卡控件对象，将选项卡的页数增加为 3 页，分别安排“教师管理模块”“学生管理模块”“选课及成绩管理模块” 3 个模块的内容。接下来，在“教师管理模块”选项卡页面中放入 4 个命令按钮，分别打开第一步创建的 4 个窗体，再加上图片以美化页面，效果如图 7–38 所示。

图 7–38　自定义窗体集成的主窗体

类似地，建立“学生管理模块”和“选课及成绩管理模块”对应的选项卡页上的内容。

7.2.8　启动设置

为了防止错误操作导致数据库和对象损坏，在数据库创建完成后，通常开发者都是把数据库窗口、系统内置的菜单栏和工具栏隐藏起来，自动启动“教学管理系统”。设置步骤如下：

① 打开“教学管理系统”数据库，单击“文件”选项卡|“选项”按钮，在弹出的“Access 选项”对话框中，在左侧窗格中选择“当前数据库”，在打开的用于当前数据库的选项窗格中，在“应用程序标题”中输入“教学管理系统”，在“显示窗体”选择“界面窗体”，在“显示导航窗格”取消勾选“允许默认快捷菜单”和“允许全部菜单”复选框，其他设置采用默认值，然后单击“确定”按钮，如图 7–39 所示。

图 7-39　启动设置

② 设置完成后，需要重新启动数据库，在重新启动后，系统自动打开“教学管理系统”，如图 7-40 所示。

图 7-40　系统自动打开窗体

习　　题

一、填空题

1. 宏是由一个或多个________组成的集合，其中每个________都实现特定的功能。
2. 使用________可确定在某些情况下运行宏时，是否执行某个操作。
3. 有多个操作构成的宏，执行时是按照________执行的。
4. 宏中条件项是逻辑表达式，返回值只有两个：________和________。
5. 宏是 Access 的一个对象，其主要功能是________。

二、单选题

1. 有关宏的基本概念，以下叙述错误的是（　　）。
A. 宏是由一个或多个操作组成的集合
B. 宏可以是包含操作序列的一个宏
C. 可以为宏定义各种类型的操作
D. 由多个操作构成的宏，可以没有次序地自动执行一连串的操作

2. 在某个宏要先打开一个窗体而后再关闭该窗体的两个宏命令是（　　）。
A. OpenForm、close　　B. OpenForm、quit
C. OpenQuery、close　　D. OpenQuery、quit

3. 要限制宏命令的操作范围，可以在创建宏时定义（　　）。
A. 宏操作对象　　B. 宏条件表达式　　C. 窗体或报表控件属性　　D. 宏操作目标

4. 使用宏组的目的是（　　）。
A. 设计出功能复杂的宏　　B. 设计出包含大量操作的宏
C. 减少程序内存消耗　　D. 对多个宏进行组织和管理

5. 用于打开报表的宏命令是（　　）
A.openform　　B.openreport　　C.opensql　　D.openquery

第 8 章 模块和 VBA 编程

本章导读

模块是指将 Visual Basic for Application（VBA）程序设计语言的声明、语句和过程作为一个命名单位来保存的集合。

通过对本章内容的学习，应该能够做到：

了解：模块的概念，VBA 编程基础。

理解：对象、事件、方法、属性。

应用：模块。

8.1 认 识 模 块

模块是指将 Visual Basic for Application（VBA）程序设计语言的声明、语句和过程作为一个命名单位来保存的集合。模块中的每一个过程都是一个函数过程或子程序。通过将模块与窗体报表等 Access 对象相联系，可以建立完整的数据库应用程序。原则上说，使用 Access 用户不需要编程就可以创建功能强大的数据库应用程序，但是通过在 Access 中编写 VBA 代码程序，用户可以编写出复杂的、运行效率更高的数据库应用程序。创建宏和模块的主要目的是进一步扩展数据库的功能，增加数据库管理的自动化程度，提高数据库管理的效率。模块比宏有着更强的编程能力，所有的宏都可以转化为模块来实现，但并不是所有的模块都能用宏来实现。

1．模块

模块是使用 VBA（Visual Basic for Application）语言编写的函数过程和子过程的集合。模块分为类模块和标准模块两种。

（1）类模块

类模块是具有共同特征的对象的抽象，可以根据类模块产生新的对象，即可以根据类模块生成类的实例。

窗体模块和报表模块都是类模块，它们各自与某一窗体或报表相关联。进入窗体或报表的模块代码设计界面的方法是：在窗体或报表的设计视图下，单击工具栏中的“代码”按钮，可进入窗体或报表的模块设计界面。

（2）标准模块

标准模块一般用于存放供其他 Access 数据库对象使用的公共变量和公共过程。标准模块中的公共变量、公共过程具有全局特征，其作用范围是整个数据库。用户可以从数据库的其他位置直接调用标准模块的公共变量和公共过程，而不需要像类模块那样先建立类模块的对象实例。

2. 对象

对象是现实世界中事物的抽象表示，是由描述事物特征的有关数据和对这些数据进行的相关操作共同组成的。在面向对象的程序设计中，对象是基本元素。在 VBA 中进行程序设计时，界面上的所有元素都可以被视为对象。对象有属性、方法和事件 3 个要素，这 3 个要素同时依附在对象上，用户通过对象的属性、方法和事件来与对象交互。

（1）属性

对象的属性用于描述对象的特征状态。例如，要描述一个窗体的外观特征，可以用窗体的大小、样式、背景颜色、背景图案等属性及其“属性值”来描述。对象的属性可以通过对象的“属性”对话框设置，也可以在执行程序时通过命令代码修改。

（2）方法

对象的方法是对象可以执行的动作。例如，文本框对象具有一个 move 方法，其作用是将文本框移动到指定的坐标点。

（3）事件

对象的事件是指对象可以“识别”的动作，如窗体被鼠标单击、窗体打开、文本框内容发生改变等。事件与方法的主要区别在于：事件只是对象可“识别”的动作，对象对该动作的“应激反应”由编写的代码所决定。为事件编写的代码不同，实现的功能也不同；而方法的功能是固定的，无法在后期的使用过程中修改它，用户最多只能改变方法的运行参数。

3. 过程

过程是模块的基本组成单元，由 VBA 语言代码编写而成。下面简单介绍 Sub 过程和 Function 过程。

（1）Sub 过程

Sub 过程又称子过程，执行一系列的操作命令，无返回值。一般格式如下：

```
Sub 过程名
  [过程代码]
End Sub
```

可以直接在 VBA 代码中使用过程名调用子过程，也可以使用关键字 Call 来调用某个子过程。

在 Access 中，最常用的 Sub 过程是窗体模块和报表模块的事件过程。这些事件过程用于响应窗体和报表以及它们上面的控件对象所发生的事件。当对象的某个事件发生时，相应的事件过程代码将会被执行。例如，用鼠标单击窗体上的命令按钮对象时，要求关闭窗体。其事件过程代码可以写为（假设命令按钮的名称为“Command0”）：

```
Private Sub Command0_Click()
  DoCmd.Close
End Sub
```

温馨提示

上述代码中的“DoCmd”是指 Access 中的一个特殊的重要对象，它的主要功能是通过调用一些常用的 Access 操作，这些操作均以方法的形式而存在。“DoCmd”对象的常用方法有 Close、OpenForm、OpenReport、OpenQuery、Quit 等。

（2）Function 过程

Function 过程又称函数过程，执行一系列操作，并返回一个值。一般格式如下：

```
Function 过程名
  [过程代码]
End Function
```

函数过程不能使用 Call 来调用，需要直接通过函数过程名，并在函数过程名后加上括号加以辨别。

8.2 VBA 编程

8.2.1 VBA 编程基础

1. 数据类型

VBA 支持多种数据类型，表 8-1 所示列出了 VBA 程序中基本的数据类型以及它们的存储空间大小和取值范围。

表 8-1 VBA 的数据类型

数据类型	存储空间（字节）	取值范围
Byte（字节型）	1	0 ~ 255
Boolean（布尔型）	1	True 或 False
Integer（整型）	2	-32768 ~ 32767
Long（长整型）	4	-2147483648 ~ 2147483647
Single（单精度型）	4	负数：-3.402823E38 ~ -1.401298E-45 正数：1.401298E-45 ~ 3.402823E38
Double（双精度型）	8	负数： -1.79769313486232E308 ~ -4.94065645841247E-324 正数： 4.94065645841247E-324 ~ 1.79769313486232E308
Currency（货币型）	8	-922337203685477.5808 ~ 922337203685477.5807
Date（日期型）	8	100 年 1 月 1 日 ~ 9999 年 12 月 31 日
String（字符串）	不定	0 ~ 65535
Variant（变体类型）	不定	不定

2. 变量

（1）变量的含义及声明

变量是指程序运行时值会发生变化的数据。每一个变量都有变量名，在其作用域内可唯一识别。变量名中可以包含字母，不能包含除了下画线外的其他标点符号。

变量的使用一般要遵循“先定义后使用”的原则。定义变量最常用的方法是使用“Dim 变量名 As 数据类型”结构，例如：

```
Dim s As Integer
```

上述语句定义了一个整型的变量，该变量的名称为 s。

（2）变量的作用域

在 VBA 编程中，变量定义的位置和方式不同，它存在的时间和起作用的范围也就有所不同。

只有在变量的作用域内，变量才是“可见”的，即在变量的作用域内才可以使用变量。在某些状况下，变量是“不可见”的，即超越了它的作用域，此时，如果使用该变量就会导致错误。下面列出 VBA 中变量的 3 个层次：

① 局部范围。在模块过程的内部定义的变量称为局部变量。局部变量在只该过程中可见。

② 模块范围。在模块的所有过程之外的起始位置使用“Dim”关键字定义的变量称为模块变量。模块变量在模块所包含的所有子过程和函数过程中可见。

例如，在类模块或者标准模块的变量定义区域，用“Dim x As Integer”语句可以定义一个模块范围的整型变量 x。

③ 全局范围。在标准模块的所有过程之外的起始位置使用“Public”关键字定义的变量称为全局变量。全局变量在所有类模块和标准模块的所有子过程和函数过程中可见。

例如，在标准模块的变量定义区域，用“Public y As Integer” 语句可以定义一个全局范围的整型变量 y。

（3）变量的生命周期

变量还有一个特性称为生命周期。变量的生命周期是指从变量定义到变量从内存销毁的时间间隔。在过程中使用“Dim 变量名 As 数据类型”结构定义的变量称为“动态变量”，其生命周期比较短暂。当过程执行完成后，动态变量即被销毁。

如果在过程中使用“Static 变量名 As 数据类型”结构来定义变量，这种变量称为静态变量，它在内存的持续时间是整个模块执行的时间，而不是过程的执行时间。例如，可以建立如下事件过程：

```
Private Sub Command0_Click()
    Static a As Integer
    a=a+1
    MsgBox a
End Sub
```

其中的变量 a 是一个静态变量，如果反复单击该事件过程关联的命令按钮，会发现 a 的值是递增的。如果将其中的关键字“Static”改为“Dim”，则变量 a 不再是静态变量，而是动态变量，它的生命周期较短，上述事件过程执行完成时，它会被释放。下次再次调用事件过程时，它会重新申请内存空间，并且将初值置为 0，所以此时程序运行的结果不再递增，而是显示为固定的值。

（4）数组变量

在 VBA 中，把具有相同名字但是下标值不同的一组变量称为数组变量，简称数组。数组是连续可索引的具有相同数据类型的元素所组成的集合，数组中的每一元素都可以用唯一的下标来识别。下标用来指明某个数组元素在数组中的位置，可以将下标放在数组变量名后的圆括号中，如 a(5)表示数组 a 中下标为 5 的元素。

数组也应该遵循“先定义，后使用”的原则。定义数组要求说明数据元素的类型、数组大小、数组的作用范围。数组的定义方式和变量的定义是一样的，可以使用 Dim、Static、Private 或 Public 等关键字来定义数组。例如，以下语句分别定义了一个名为 a 的一维数据组和一个名为 b 的二维数组：

```
Dim a(5) As Integer
Dim b(3,4) As Single
```

默认状态下，数组下标是从 0 开始的，如果在模块的最前面使用了“Option Base 1”语句，则数组下标从 1 开始。

3. 常用语句

VBA 的语句是指能够完成某项操作的一条命令，它由关键字、运算符、变量、常数和表达式等构成。

（1）语句书写规定

① 通常将一个语句写在一行。当语句较长时，可以在语句的最后使用续行符“_”（即下画线）将一条语句成多行。

② 可以使用冒号“:”将几个语句合并在一行中。

③ 当输入一行语句并按“Enter”键后，如果该行代码以红色文本显示，则表明该行语句存在错误，应当予以更正。

（2）注释语句

① 一个好的程序一般都有充分的注释语句，以方便程序的理解。注释对程序的维护有很大帮助。

② 注释语句以绿色文本显示，在程序运行过程中注释语句是不会被编译和执行的，它仅仅作为理解程序的提示文字。

③ 注释语句以一个单引号“'”或“Rem”关键字开头。

④ 注释语句如果需要加在已有语句的末尾，则只能使用单引号引导，而不能使用“Rem”关键字引导。

（3）赋值语句

赋值语句可以给变量指定一个值，这个值可以是常量，也可以是变量，还可以是一个表达式。赋值语句通常包含一个等号“=”，其使用格式为：

```
[Let] 变量名=值
```

上述“Let”关键字为可选项，例如：

```
Dim x As Integer
x=100
```

以上两个语句分别定义了一个整型变量 x，并赋值为 100。

（4）选择语句

选择语句根据条件表达式的值来选择性地执行 VBA 的语句行。主要有以下两种结构：

① If…Then…End If 语句。该语句的语法格式如下：

```
If 条件 Then
   语句块 1
 [Else
   语句块 2]
  End If
```

当“条件”满足时，执行“语句块 1”；当“条件”不满足时，执行“语句块 2”。如果没有“Else”语句块，则条件不成立时，程序流程直接转移到“End If”行的后面。

如果需要判断的是多重条件，可以使用上述结构的嵌套形式，格式如下：

```
If 条件 1 Then
   语句块 1
```

```
Else
  If 条件 2 Then
     语句块 2
  Else
     语句块 3
     [If…Then…End If]
    End If
End If
```

当“条件 1”满足时，执行“语句块 1”，否则判断“条件 2”；当“条件 2”满足时，执行“语句块 2”，否则执行“语句块 3”……

温馨提示

只有当上一个条件不满足时，才有可能去判断下一个条件是否满足。

② Select Case… End Select 语句。当条件的选项较多时，如果使用多重嵌套的 If…Then…End If 结构会使程序变得较复杂，程序的可读性不强。VBA 提供的 Select Case… End Select 语句可以较好地实现多条件判断。该语句的语法格式如下：

```
Select Case 变量表达式
    Case 值 1
          语句块 1
    Case 值 2
          语句块 2
    ……
    Case 值 n
          语句块 n
    Case Else
语句块 n+1
End Select
```

计算“变量表达式”的值，自上向下逐一判断该值与 Case 后的哪个值匹配，如果匹配成功，则执行相应的语句块。如果所有的值均不匹配，则执行“语句块 n+1”。

(5) 循环语句

循环语句可以重复执行一行或多行程序代码。VBA 支持以下循环语句结构：

① For … Next 语句。For … Next 语句可以指定次数来重复执行一组语句，语法规则如下：

```
For 循环变量=初值 To 终值 [Step 步长]
    语句块
Next[循环变量]
```

步长可以是正数或负数，如果省略步长，则系统默认步长为 1。

步长的值决定循环的执行情况，当步长为正数时，如果循环变量的值大于终值，则循环会结束；当步长为负数时，如果循环变量的值小于终值，则循环会结束。如果循环变量的值始终不能满足上述结束条件，则该循环是一个死循环。

② Do … While … Loop 语句。Do … While … Loop 语句的格式如下：

```
Do While 条件
   语句块
   [If 退出条件 Then Exit Do ]
Loop
```

当“条件”满足时，重复执行语句块，直到“条件”不满足。如果加入了“If 退出条件 Then Exit Do”语句，则当“退出条件”满足时，提前结束循环语句。

上述 Do ... While ... Loop 语句的格式还可以写为：

```
Do
   语句块
Loop While 条件
```

可见“条件”表达式移到“Loop”关键字之后，循环的方式变为“先执行语句，后判断条件”。同样地，当“条件”不满足时，结束循环的执行。

与 Do ... While ... Loop 语句相对应的是 Do ... Until ... Loop 语句。该结构在条件不满足时重复执行语句，直到条件满足时结束循环。其结构形式如下：

```
Do Until 条件
   语句块
   [If 退出条件 Then Exit Do ]
Loop
```

同样地，上述结构的条件子句“Until 条件”也可以放在关键字“Loop”后面，这样就可以先执行语句，后判断条件。

③ While ... Wend 语句。While ... Wend 语句的格式为：

```
While 条件
   语句块
Wend
```

当条件满足时，执行语句块；当条件不满足时，退出循环。While ... Wend 语句主要是为了与 Qbasic 等早期语言相兼容而提供的。在 VBA 中一般使用 Do ... While ... Loop 语句而不使用 While ... Wend 语句。

4. VBA 中的特殊函数

在访问和处理数据库中的数据时，有几个特殊函数非常有用，下面加以介绍。

① IIf()函数。IIf()函数语法格式如下：

```
IIf(条件,值 1,值 2)
```

IIf()函数是一个特殊的选择判断函数，它根据条件是否满足决定函数的返回值。当条件满足时，函数的值为“值 1”；当条件不满足时，函数的值为“值 2”。

例如，下列赋值语句的功能是求 x 和 y 中较大的值。

```
Max=IIf(x>y,x,y)
```

② Switch()函数。Switch()函数语法格式如下：

```
Switch(条件 1,值 1[,条件 2,值 2 … [,条件 n,值 n]])
```

Switch()函数的参数列表由若干个“条件”和“值”对构成。条件将从左向右逐一进行判断。如果“条件 1”满足，则函数的返回值为“值 1”；如果“条件 1”不满足，则进一步判断“条件 2”是否满足，“条件 2”满足则函数的返回值为“值 2”……依此类推。例如，下面的语句可以根据变量 x 的值来为变量 y 赋值。当 x 为正数时，y 的值赋为 1；当 x 为 0 时，y 的值赋为 0；当 x 为负数时，y 的值赋为-1。

```
y=Switch(x>0,1,x=0,0,x<0,-1)
```

③ Choose()函数。Choose()函数语法格式如下：

```
Choose(索引表达式,选项 1[,选项 2,... [,选项 n]])
```

Choose()函数将根据“索引表达式”的值，决定函数的返回值。如果“索引表达式”的值等于 1，那么函数的返回值为“选项 1”；如果“索引表达式”的值等于 2，那么函数的返回值为“选项 2”……依此类推。例如，下面语句的作用是根据 x 的数值确定 y 的星期简写字符。

```
y=Choose(x,"Mon","Tue","Wed","Thu","Fri","Sat","Sun")
```

④ Nz()函数。Nz()函数的语法格式如下：

```
Nz(变量[,指定的值])
```

Nz()函数可以将空值（Null）转换为零、零长度字符串或其他指定的值，以避免该值在表达式中传播。Nz()函数对于可能包含 Null 值的表达式来说，非常有用。例如，当 x 为 Null 时，表达式 2 + x 将返回一个 Null 值。然而，2 + Nz(x) 将返回 2。

省略“指定的值”参数时，如果变量是数值类型，则函数的返回值为 0；如果变量是字符类型，则函数的返回值是零长度字符串。

也可以指定函数的返回值，例如，下面语句的作用是当 x 是空值时，将字符串“x 是空值”赋值给 y；如果 x 不是空值，则将 x 的值直接赋值给 y。

```
y=Nz(x,"x 是空值")
```

⑤ 域聚合函数。域聚合函数用于直接对表中满足条件的字段值进行计算，最终求出一个统计值。域聚合函数的一个重要特征是可以计算来自外部表（不是当前窗体或报表的数据源）的字段数据。

域聚合函数的语法格式如下：

```
函数名(字段名,表名[,条件表达式])
```

a. DCount()函数。

例如，求教师表中女教师的人数，可以使用如下表达式：

```
DCount("教师编号","教师表","性别='女'")
```

b. DAvg()函数。

例如，求选课成绩表的平均考试成绩，可以使用如下表达式：

```
DAvg("考试成绩","选课成绩表")
```

在该表达式中省略了“条件”，则系统会对全部字段值进行运算。

c. Dlookup()函数。

Dlookup()函数用于在指定字段中检索需要的值。

例如，假设在窗体上已建有两个文本框“tNum”与“tName”，其中“tNum”用于输入“教师编号”，“tName”用于显示教师“姓名”。可以添加“tNum”文本框的更新后事件过程如下：

```
Private Sub tNum_AfterUpdate()
  Me!tName=DLookup("姓名","教师表","教师编号='" & Me!tNum & "'")
End Sub
```

在文本框“tNum”中输入某个教师编号，确认后在文本框“tNum”直接显示该教师的姓名。

d. 其他域聚合函数。常用的其他域聚合函数还有 DSum、DMin、DMax 等，具体的应用较简单，不再赘述。

8.2.2 VBA 的数据库编程

通过 VBA 代码可以更加快速、有效地处理数据库中的数据，从而开发出更具实用价值的 Access 数据库应用程序。

在 VBA 代码中，常常借助 ActiveX 数据对象（ADO）来访问数据库中的数据。

1. ADO 概述

ActiveX 数据对象（ADO）是基于组件的数据库编程接口，它是一个和编程语言无关的 COM 组件，可以对来自多种数据提供者的数据进行读取和写入操作。

在 Access 数据库的模块设计中，如果需要使用 ADO 组件对象，应该增加对 ADO 库的引用，方法是：在窗体或报表的设计工具选项卡中，单击“设计”选项卡|“工具”组|“代码”按钮，进入模块代码的设计界面，并单击“工具”|“引用”命令，弹出如图 8-1 所示的“引用”对话框，从“可使用的引用”列表框中选中“Microsoft ActiveX Data Objects 2.1 Library”，单击“确定”按钮，即可在当前模块中使用 ADO 对象库中的各种对象。

2. ADO 模型结构

ADO 的模型结构如图 8-2 所示，它提供 5 类对象供系统开发用户使用。使用时，只需在程序中创建对象变量，并通过调用对象变量的方法和设置对象变量的属性来实现对数据库的各种访问。

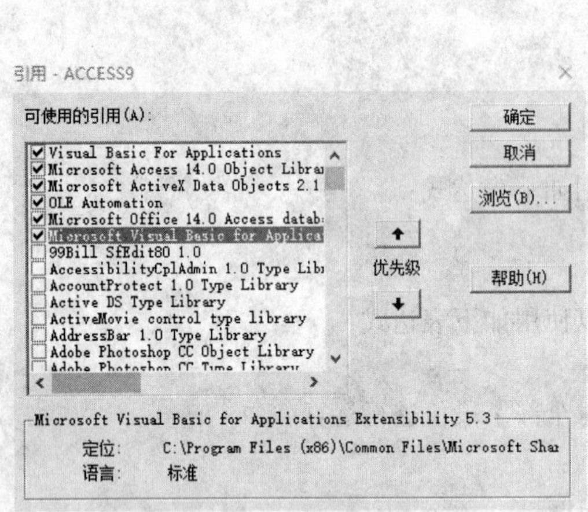

图 8-1 “引用”对话框

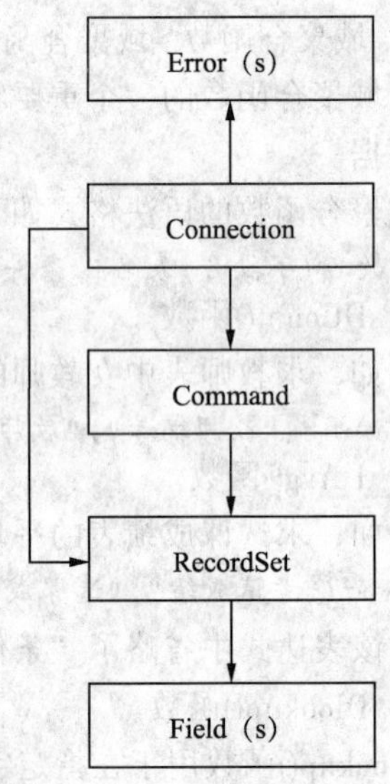

图 8-2 ADO 的模型结构

下面对 ADO 的对象分别进行说明：

Connection 对象：用于指定数据提供者，建立到数据源的连接。例如，可以使用连接对象打开一个 Access 数据库文件。

Command 对象：表示一个命令。例如，可以使用命令对象执行一个 SQL 语句。

RecordSet 对象：表示数据操作返回的一个记录集。例如，可以使用记录集对象打开一张表。

Field 对象：表示记录集中的字段数据。

Error 对象：表示程序出错时的扩展信息。

3. ADO 访问数据库的方式

通过 ADO 编程实现数据库访问时，首先要创建对象变量，然后通过对象方法和属性进行操作。下面给出通过 ADO 访问数据库的两种基本方式：

（1）在 Connection 对象上直接打开 RecordSet 对象

常用这种方式直接读取某个表的数据。例如，通过 ADO 对象读取系部表中系部名称数据。VBA 的代码如下：

```
Private Sub Command1_Click()
Dim cn As New ADODB.Connection            '创建连接对象
Dim rs As New ADODB.Recordset             '创建记录集对象
Set cn=CurrentProject.Connection          '将连接设置为当前数据库
rs.Open "系部表",cn                       '将记录集设置为“系部表”
'利用循环结构遍历记录集中的“系部名称”字段的值
Do While Not rs.EOF
  s=s & rs.Fields("系部名称") & " "
  rs.MoveNext
Loop
MsgBox "学校有以下系部: " & s
'关闭 ADO 对象
rs.Close
cn.Close
'释放 ADO 对象占据的内存空间
Set rs=Nothing
Set cn=Nothing
End Sub
```

（2）通过 Command 对象打开 RecordSet 对象

常用这种方式来执行 SQL 查询。例如，通过 ADO 对象来查询专业表中本科专业名称。VBA 的代码如下：

```
Private Sub Command2_Click()
Dim cm As New ADODB.Command               '创建命令对象
Dim rs As New ADODB.Recordset             '创建记录集对象
'设置命令对象的 3 个基本参数
cm.ActiveConnection=CurrentProject.Connection '设置命令对象的连接为当前数据库
cm.CommandType=adCmdText     '将命令对象的类型属性设置为文本命令，用于执行 SQL 语句
cm.CommandText="Select 专业名称 From 专业表 Where 专业性质='本科'"     '设置命令对象的 SQL 语句内容
Set rs=cm.Execute     '执行命令对象，结果返回记录集 rs 中

'利用循环结构遍历记录集中的“专业名称”字段
Do While Not rs.EOF
  s=s & rs.Fields("专业名称") & " "
  rs.MoveNext
Loop
MsgBox "本科专业有: " & s
'关闭 ADO 对象并释放 ADO 对象占据的内存空间
rs.Close
Set rs=Nothing
End Sub
```

8.2.3 VBA 程序的调试

VBA 的集成环境提供了完整的程序调试工具和方法。熟练掌握好这些调试工具和调试方法，可以快速、准确地找到 VBA 代码的问题所在。

1. 调试工具栏

在模块代码的设计界面，单击“视图”|“工具栏”|“调试”命令，就会打开“调试”工具栏，如图 8-3 所示。

图 8-3 “调试”工具栏

调试工具栏一般与断点配合使用。断点是在过程的某个特定语句上设置的一个中断执行的位置。设置断点的方法之一是将光标定位至过程中的某行，然后单击“调试”工具栏中的“断点”按钮。断点设置成功后，该行将显示为酱红色。断点取消的方法是再次单击“调试”工具栏中的“断点”按钮。当程序的执行流程到达断点行时，程序将暂停执行，等待用户的干预。如果用户单击“调试”工具栏中的“继续”按钮，程序将继续运行至下一个断点位置或程序完成。如果用户单击“调试”工具栏中的“停止”按钮，则中止程序的执行，返回代码的编辑状态。

当程序运行出现错误或者用户在程序运行过程中单击“调试”工具栏中的“中断”按钮时，程序将暂停执行，在程序中断位置将会显示为黄色。

当程序暂停后，如果用户单击“调试”工具栏中的“逐语句”按钮，则程序会向下执行一条语句，然后重新暂停下来，等待用户干预。这种执行方法会进入过程内部。

当程序暂停后，如果用户单击“调试”工具栏中的“逐过程”按钮，则程序会向下执行一个过程，然后重新暂停下来。这种执行方法不会进入过程内部。

“跳出”用于使程序流程从某个过程内部提前跳出，返回该过程后面的语句。

2. 本地窗口

当程序暂停后，单击“调试”工具栏中的“本地窗口”按钮，可以打开本地窗口。本地窗口用于自动显示当前过程中的变量声明及变量的值，如图 8-4 所示。

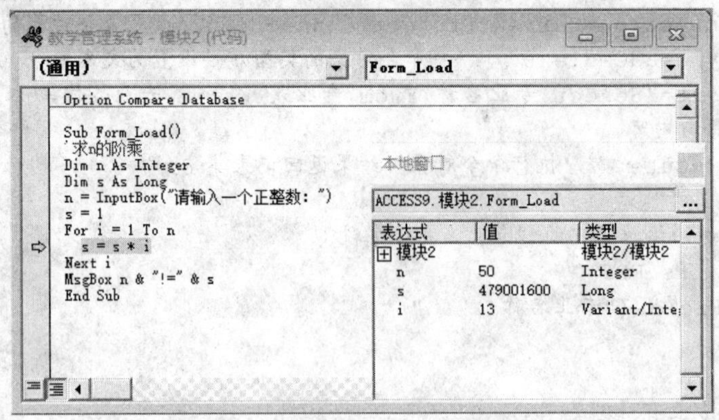

图 8-4 本地窗口

3. 立即窗口

当程序暂停后，单击“调试”工具栏中的“立即窗口”按钮，可以打开立即窗口。立即窗口用于手工输入某些调试语句，可在立即窗口中实时查看其运行结果。例如，在立即窗口中手工输入“print i”，然后按“Enter”键，即可查看某个时刻变量 i 的值，如图 8-5 所示。

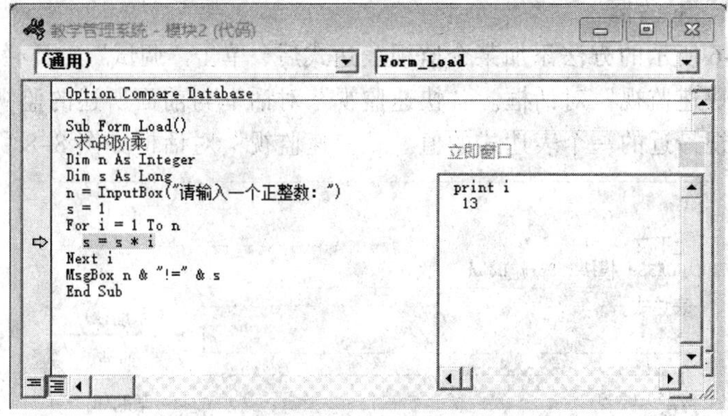

图 8-5　立即窗口

4．监视窗口

单击“调试”工具栏中的“监视窗口”按钮，可以打开监视窗口。监视窗口用于自动监视表达式的值。例如，在监视窗口中观察表达式“s * i”的值的变化情况。可以在程序暂停时，单击“调试”|“添加监视”命令，弹出“添加监视”对话框，在对话框中加入需要监视的表达式，如图 8-6 所示。单击“确定”按钮，完成添加监视工作，此时监视窗口如图 8-7 所示。在监视窗口中可以右击某个监视，在弹出的快捷菜单中单击“删除监视”命令来删除某个已有的监视。

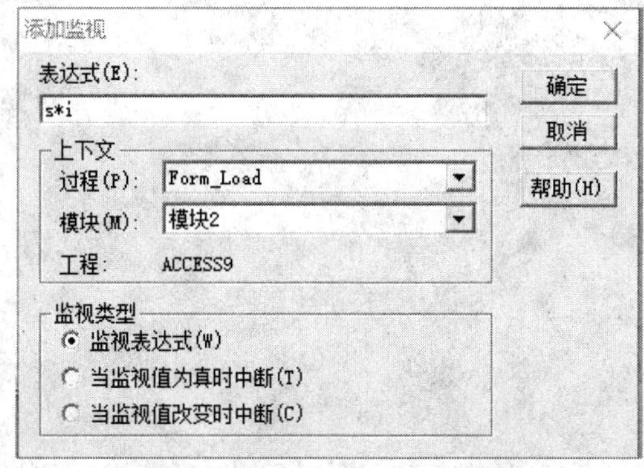

图 8-6　“添加监视”对话框

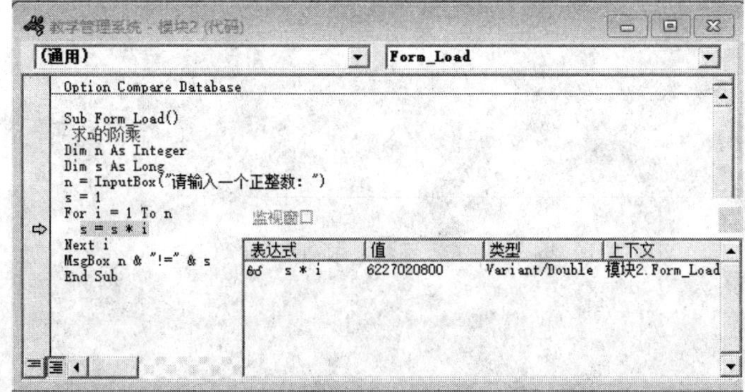

图 8-7　监视窗口

通过在监视窗口添加监视表达式的方法，可以动态地了解程序运行过程中一些变量或表达式的值的变化情况，从而帮助程序的设计者判断代码是否正确。

5. “快速监视”对话框

在已采用图 8-6 所示的方法添加某个监视表达式后，单击“调试”工具栏中的“快速监视”按钮，可以打开“快速监视”对话框。“快速监视”对话框与前面所述的监视窗口的作用基本类似，只是它只监视最近的一个表达式的值。“快速监视”对话框如图 8-8 所示。

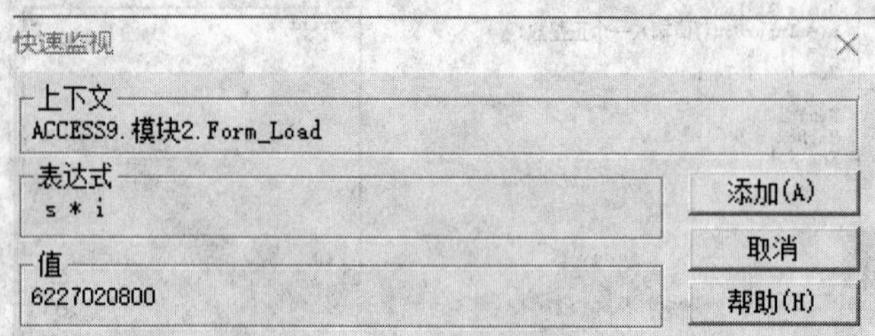

图 8-8　快速监视窗口

第 9 章 数据库的管理与安全

本章导读

数据库安全是一个很重要的问题，保障用户数据的安全比建立用户数据更重要。利用系统提供的数据库工具，可以有效地管理与维护已有数据库。

通过对本章内容的学习，应该能够做到：

了解：数据库的加密与解密。

理解：数据库管理与维护。

应用：数据库的压缩与备份的方法。

9.1 数据库实用工具

在 Access 系统中，有一些非常实用的数据库工具，可以帮助数据库管理员完成应用系统的维护工作。

9.1.1 压缩和修复数据库

随着数据库使用次数的不断增加，以及创建、修改、删除各种对象的操作，会使数据库的存储空间中存在大量的碎片，使得数据库占据较大的存储空间，同时数据库的响应时间变长。Access 系统提供了压缩和修复数据库工具，可以对数据库文件进行重新整理和优化，清除磁盘中的碎片，修复遭到破坏的数据库，从而提高数据库的使用效率，保证数据库中的数据的正确性。

1. 压缩和修复处于关闭状态的数据库文件

当数据库文件处于关闭状态时，可以通过如下操作步骤进行压缩和修复数据库：

① 启动 Access，单击“数据库工具”选项卡|“工具”组|“压缩和修复数据库”按钮，弹出“压缩数据库来源”对话框，选择被压缩的数据库文件，如图 9-1 所示。

② 单击“压缩”按钮，弹出“将数据库压缩为”对话框，输入压缩后的数据库名称，如图 9-2 所示。

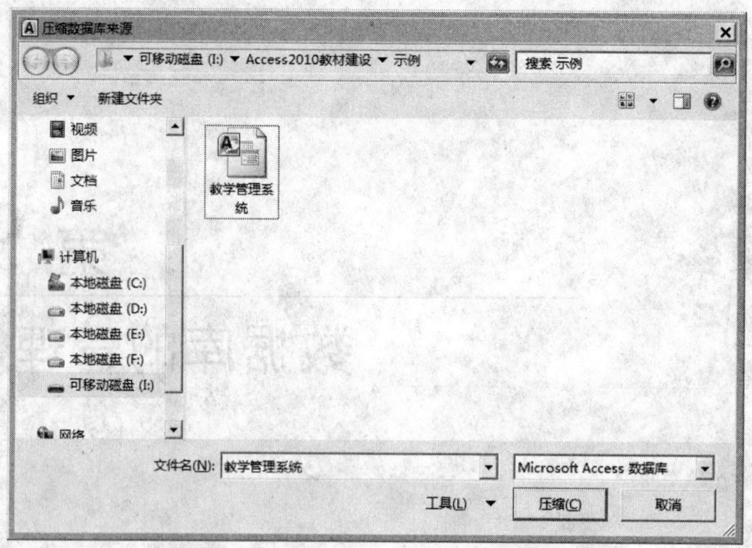

图 9-1 “压缩数据库来源”对话框

③ 单击“保存”按钮，压缩完成。这种压缩和修复数据库的方法会产生一个新的数据库文件，当数据库使用一段时间后执行压缩操作，会发现压缩后的数据库文件较压缩前小了很多。

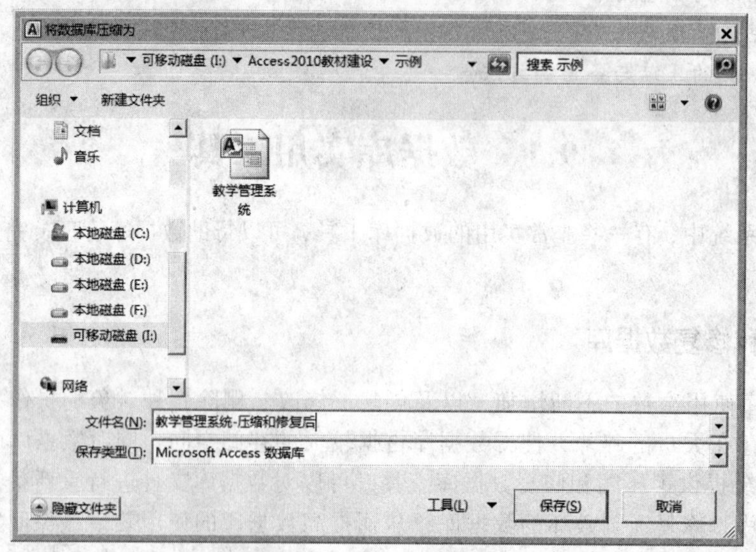

图 9-2 “将数据库压缩为”对话框

2. 压缩和修复处于打开状态的数据库文件

当数据库文件处于打开状态时，可采用两种方法对数据库文件进行压缩和修复：一是直接选择“数据库工具”选项卡|“工具”组|“压缩和修复数据库”按钮；二是单击“文件”选项|“信息”按钮，在打开的界面中单击“压缩和修复数据库”按钮，如图 9-3 所示，系统都将对打开的数据库文件进行压缩和修复操作，此过程不会弹出对话框。压缩和修复数据库是在原文件的基础上进行的，并没有产生新的数据库文件。

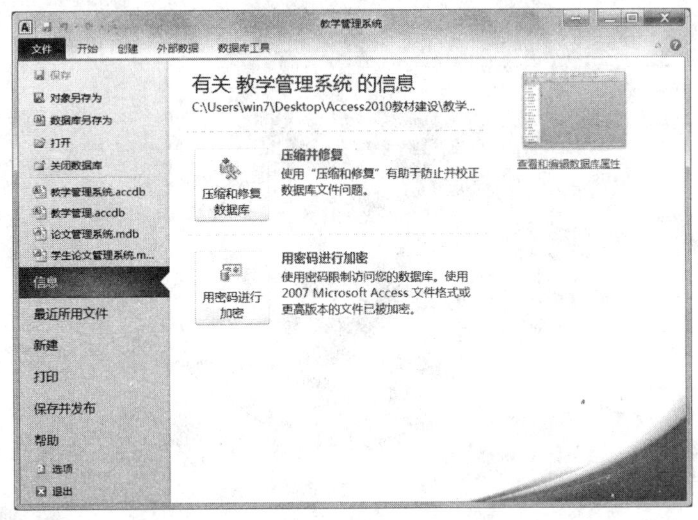

图 9-3 “信息”界面

温馨提示

对压缩和修复数据库功能的说明：

① 在进行压缩和修复数据库文件前，必须保证磁盘有足够的存储空间存放数据库压缩和修复产生的文件，如果磁盘空间不够，将导致压缩和修复失败。

② 如果压缩和修复后的数据库文件与源文件同名且路径相同，压缩和修复后的文件将替换原文件。

9.1.2　备份数据库

在数据库的使用过程中有时会发生一些非法操作，对于大型的共享数据库更是如此。因此，经常备份数据库是防止发生数据意外损失的最好保障。

使用 Access 自带的备份功能，可以对数据库文件进行常规备份操作。具体操作步骤如下：

① 打开需要备份的数据库文件。

② 单击“文件”选项卡|“保存并发布”按钮，在打开的界面中单击“数据库另存为”按钮，在窗口右侧的“高级”区域选择“备份数据库”选项，如图 9-4 所示。

③ 单击“另存为”按钮，在弹出的“另存为”对话框中，系统自动给文件添加了系统日期，用户也可以重新为备份文件命名，单击“保存”按钮，完成备份操作，如图 9-5 所示。

9.1.3　生成 ACCDE 文件

ACCDE 文件是一种经过编译的特殊格式的数据库。在这种格式下，大多数对象只能被执行而不能被修改，也不能进行对象的导入和导出。通过使用 ACCDE 文件，可以防止别人修改数据库中的窗体、报表和模块的设计，避免用户对 VBA 代码进行编辑、剪切、粘贴、复制、导出及删除等操作。数据库应用系统调试运行无误后，可将它保存为 ACCDE 文件格式，从一定程度上保护软件设计的知识产权。ACCDE 文件的扩展名为“.ACCDE”。

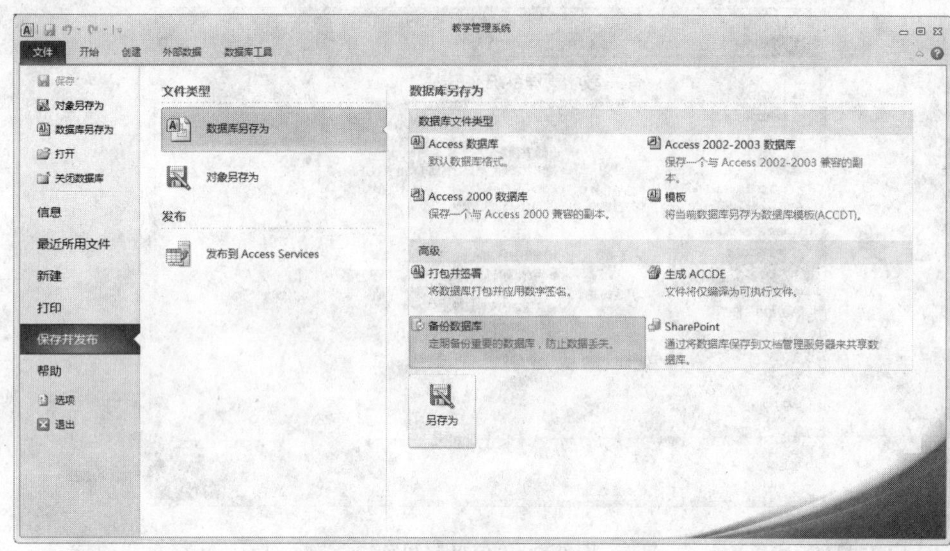

图 9-4 “保存并发布”界面

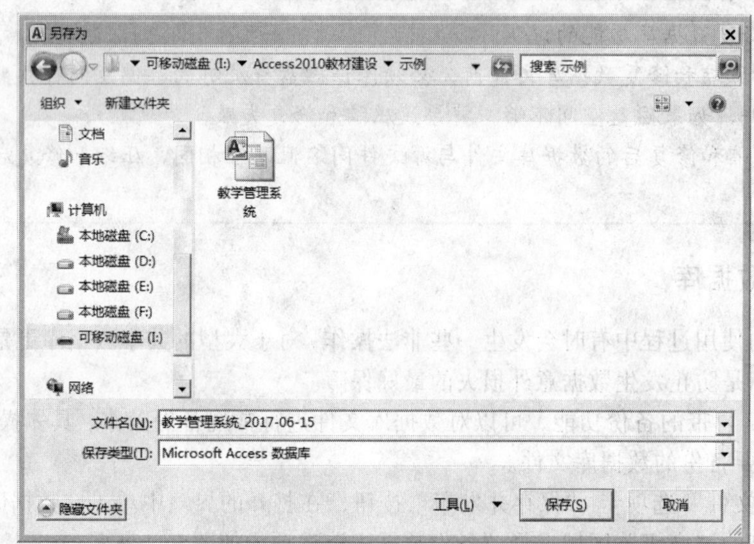

图 9-5 “另存为”对话框

生成 ACCDE 文件的具体操作步骤如下：

① 打开需要生成 ACCDE 文件的数据库文件。

② 单击“文件”选项卡|“保存并发布”按钮，在打开的界面中单击“数据库另存为”按钮，在窗口右侧的“高级”区域中，选择“生成 ACCDE”选项，再单击其下方的“另存为”按钮。

③ 在弹出的“另存为”对话框中，为 ACCDE 文件命名，单击“保存”按钮，完成生成 ACCDE 文件操作，如图 9-6 所示。

打开 ACCDE 文件格式的数据库，将不能对窗体、报表等对象进行设计和修改，也无法进入它们的 VBA 代码视图，如图 9-7 所示。

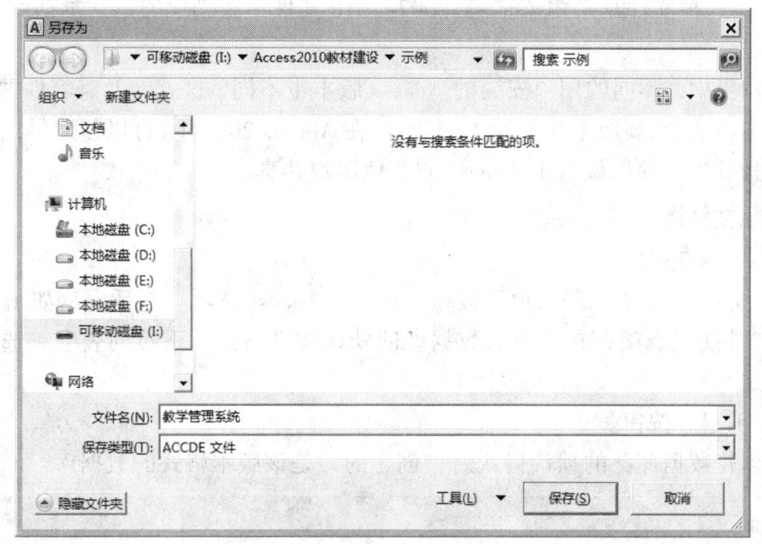

图 9-6　另存为 ACCDE 文件的对话框

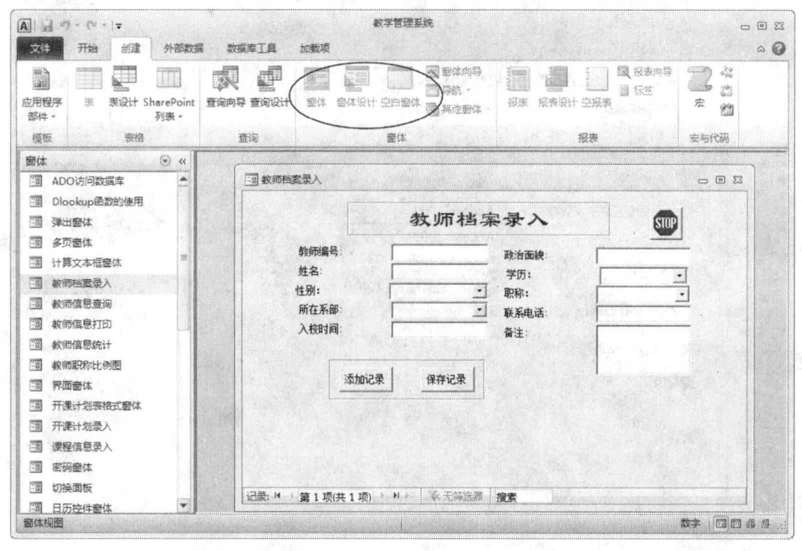

图 9-7　ACCDE 格式的数据库效果

9.1.4　数据库格式的转换

Access 系统有多种版本，可以根据需要将数据库文件从它的当前版本转换为其他版本。一般情况下是从低版本向高版本转换。如果从高版本向低版本转换，可能导致数据库中的某些对象的功能丢失。

1. Access 数据库默认的文件格式

在创建新的空白数据库时，Access 会要求为数据库文件命名。默认情况下，文件的扩展名为“.ACCDB”，这种文件是采用 Access 2007-2010 文件格式创建的，在早期版本的 Access 中无法打开。

在实际应用当中，不同的用户安装的 Access 版本也不同，这就涉及兼容性的问题，一般是新版本对旧版本的兼容，高版本向低版本的兼容。在 Access 2010 中，可以创建早期版本的 Access 格式文件，并且可以与使用该版本 Access 的其他用户共享。

2. 更改默认文件格式

① 启动 Access 2010。

② 单击“文件”选项卡|“选项”按钮，弹出“Access 选项”对话框，如图 9-8 所示。

③ 选择“常规”选项，在“空白数据库的默认文件格式”下拉列表中，选择要作为默认设置的文件格式。

④ 单击“确定”按钮。

设置完“创建数据库”的默认格式后，创建的即是该版本格式的数据库。

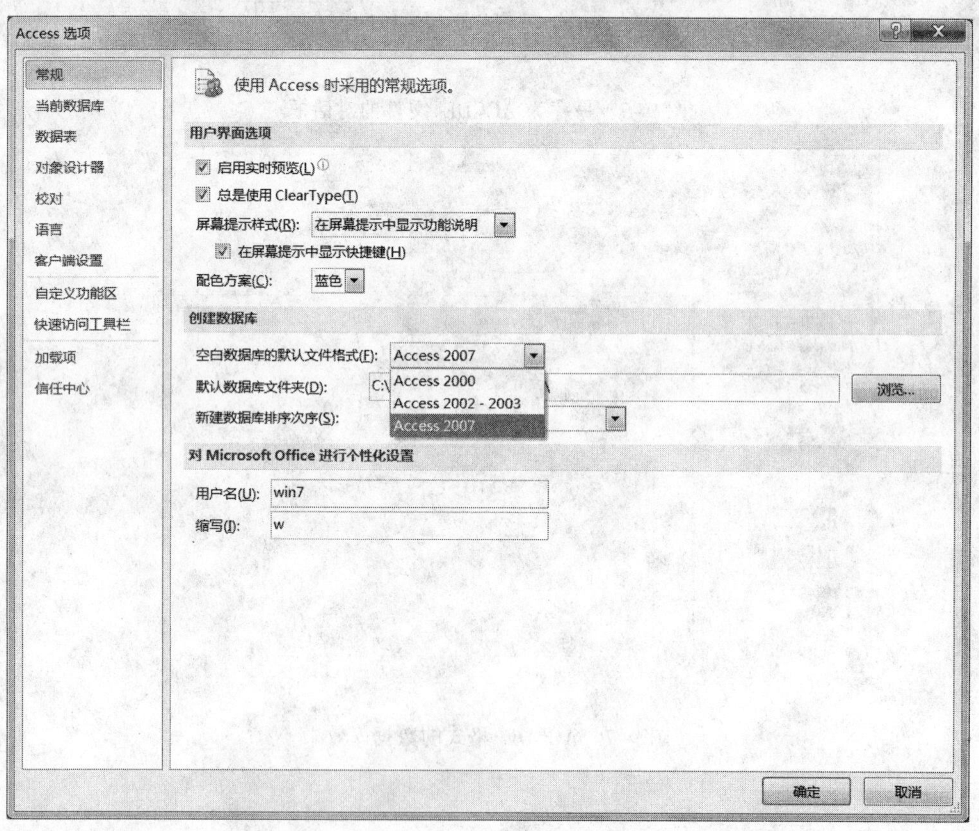

图 9-8 “Access 选项”对话框

3. 转换数据库的格式

可以将现有的.accdb 数据库转换为其他格式（如早期的数据库 2000-2003 版本的.mdb 格式，或者是模板.accdt 格式），具体的操作步骤如下：

① 单击“文件”选项卡|“保存并发布”按钮，在打开的界面中单击“数据库另存为”按钮。

② 在窗口右侧的“数据库文件类型”区域中选择要保存的格式即可，如图 9-9 所示。

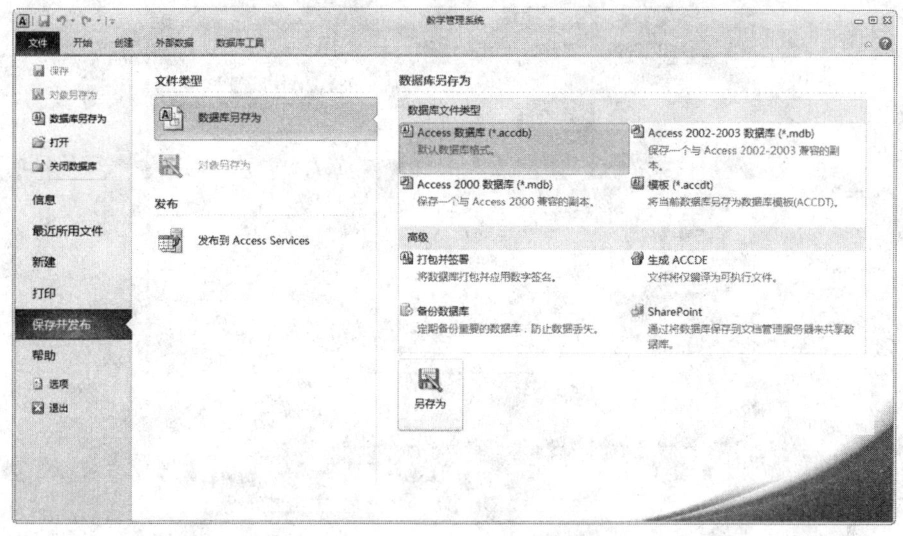

图 9-9　数据库格式的转换

9.2　数据库的安全管理

除了通过压缩和备份减少数据库的损失外，更重要的是确保数据库的安全，防止非法操作。Access 数据库的安全机制比较完善，可以对数据库进行加密和解密设置。

9.2.1　加密数据库

Access 2010 中的加密工具合并了旧版本中的编码工具和数据库密码工具，并加以改进。使用数据库密码来加密数据库时，所有其他工具都无法读取数据，并强制用户必须输入密码才能使用数据库。在 Access 2010 中应用的加密所使用的算法比早期版本的 Access 使用的算法更强。

设置密码后，每次打开数据库时都将显示要求输入密码的对话框。只有输入正确密码的用户才可以打开数据库。加密数据库的具体操作步骤如下：

① 启动 Access 2010 应用程序。

② 单击“文件”选项卡|“打开”按钮，弹出“打开”对话框，在对话框中选择要设置密码的数据库文件。然后单击对话框右下角“打开”下拉按钮，在打开的下拉列表中选择“以独占方式打开”，用独占方式打开选定的数据库，如图 9-10 所示。

③ 单击“文件”选项卡|“信息”按钮，在打开的界面中，单击“用密码进行加密”按钮，如图 9-11 所示。

④ 在弹出的“设置数据库密码”对话框中进行数据库密码的设置，单击“确定”按钮。如图 9-12 所示。

设置好数据库密码后，关闭该数据库文件，然后重新打开它，将会要求输入密码，密码正确才能打开数据库。密码不正确，将会弹出“密码无效”的提示对话框。

温馨提示

为了设置数据库密码，要求必须以独占方式打开数据库。一个数据库同一时刻只能被一个用户打开，其他用户只能等待此用户放弃后，才能打开和使用它，则称为数据库独占。

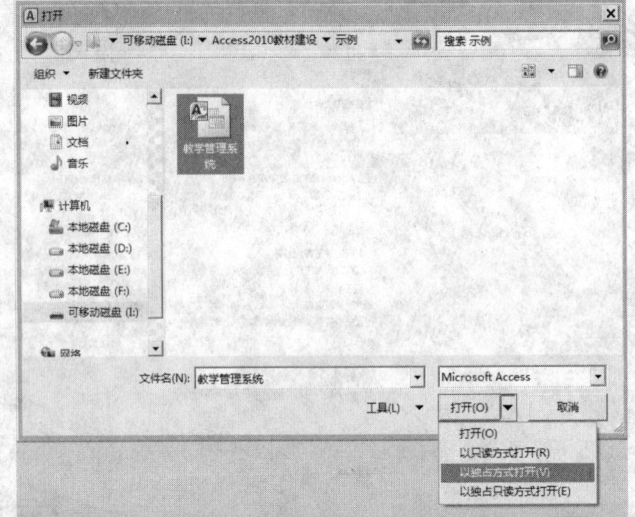

图 9-10　以独占方式打开数据库

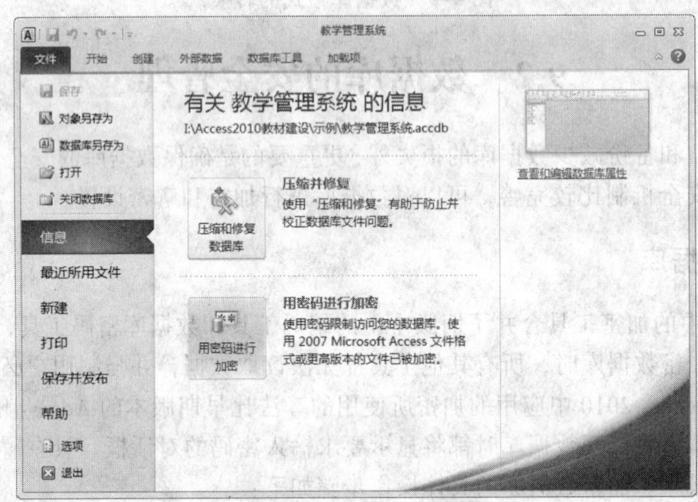

图 9-11　单击"用密码进行加密"按钮

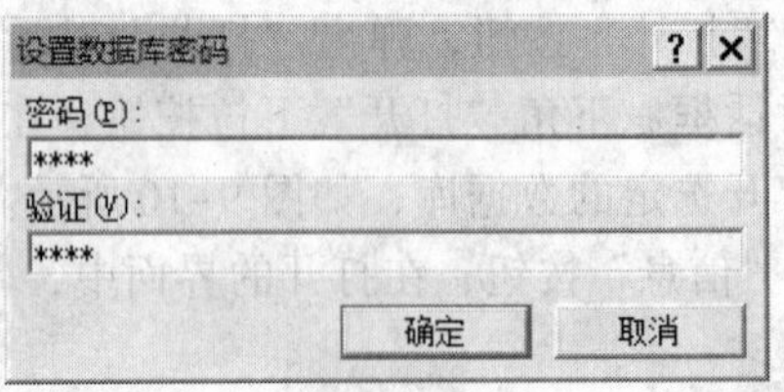

图 9-12　"设置数据库密码"对话框

9.2.2　解密数据库

只有设置了加密密码的数据库，才能执行撤销密码操作。

如果需要撤销数据库的密码，必须以独占方式打开数据库；然后单击"文件"选项卡|"信息"按钮，在打开的界面中单击"解密数据库"按钮，在弹出的"撤销数据库密码"对话框中输入原密码，单击"确定"按钮后即可删除数据库的密码。

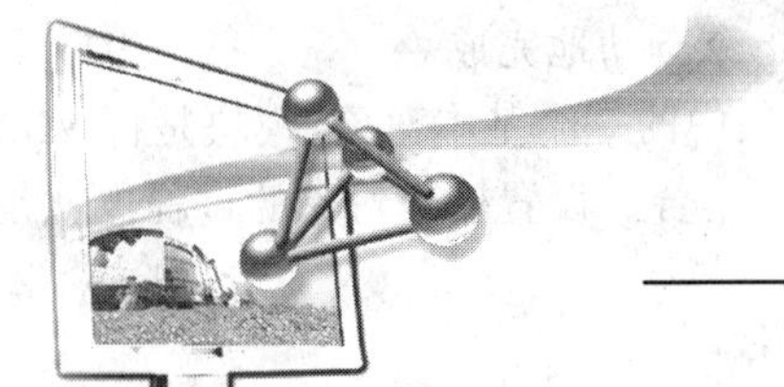

附 录

各章习题参考答案

第 1 章

一、填空题

1. Excel，Word，文本文件
2. 数据源
3. 基础
4. 程序
5. 打印机

二、单选题

1. D　2. A　3. A　4. D　5. A　6. C　7. A　8. D　9. D
10. C

三、简答题

答：Access 中有 6 种对象。

表对象：表是数据库中用来存储数据的对象，是整个数据库系统的基础。Access 允许一个数据库中包含多个表，用户可以在不同的表中存储不同类型的数据。通过在表之间建立关系，可以将不同表中的数据联系起来，以供用户使用。

查询对象：查询对象用来操作数据库中的记录对象，利用它可以按照一定的条件或准则从一个或多个表中筛选出需要操作的字段，并可以将它们集中起来，形成所谓的动态数据集。用户可以浏览、查询、打印，甚至修改这个动态数据集中的数据。

窗体对象：窗体是 Access 数据库对象中最具灵活性的一个对象，其数据源可以是表或查询。在窗体中可以显示数据表中的数据，可以将数据库中的表链接到窗体中，利用窗体作为输入记录的界面。通过在窗体中插入按钮，可以控制数据库程序的执行过程，可以说窗体是数据库与用户进行交互操作的最好界面。

报表对象：利用报表对象可以将数据库中需要的数据提取出来进行分析、整理和计算，并将数据以格式化的方式发送到打印机。用户可以在一个表或查询的基础上来创建一个报表，也可以在多个表或查询的基础上来创建报表。利用报表不仅可以创建计算字段，而且还可以对记录进行分组以便计算出各组数据的汇总等。在报表中，可以控制显示的字段、每个对象的大小和显示方式，还可以按照所需的方式来显示相应的内容。

宏对象：Access 的宏对象是 Access 数据库对象中的一个基本对象。宏的意思是指一个或多个操作的集合，其中每个操作实现特定的功能，例如打开某个窗体或打印某个报表。宏可以使某些普通的、需要多个指令连续执行的任务能够通过一条指令自动地完成。

模块对象：Access 的 VBA 模块对象是 Access 数据库对象中的一个基本对象，模块是将 VBA 的声明和过程作为一个单元进行保存的集合，也就是程序的集合。设置模块对象的过程也就是使用 VBA 编写程序的过程。

第 2 章

一、填空题

1. 数据描述语言，数据操纵语言，管理和控制程序
2. 记录，载体
3. 数据定义，数据操纵，数据库的运行管理
4. 外模式，模式，内模式
5. 层次模型，网状模型，关系模型，面向对象模型
6. 实体表
7. 选择
8. 数据操纵语言
9. 关系
10. 面向对象方法
11. 实体-联系模型（E-R 模型）
12. 外键

二、单选题

1. B　2. A　3. A　4. B　5. B　6. B　7. D　8. A　9. C
10. B

三、实验题

1. （1）关系模式 R 中存在的函数依赖关系为{SNO→SN，CNO→CN，TN→TA，CNO→TN，(SNO,CNO)→G}。

（2）R 的主键为（SNO，CNO）。

（3）R 属于第 2 范式，因为存在部分函数依赖关系，如(SNO,CNO)→SN。

（4）分解结果如下：R1={SNO，CNO，G}，R2={SNO，SN}，R3={CNO，CN，TN}，R4={TN，TA}。

2. （1）E-R 图如图 A-1 所示。

（2）根据 E-R 图向关系模型转换的原则，将 5 个实体转换为如下关系模式，其中主码用下画线表示：

教师（<u>教师编号</u>，姓名，性别，出生日期，毕业院校，学历，职称）

课程（<u>课程代码</u>，名称，类别，学时数）

班级（<u>班级号</u>，班级名称，专业，辅导员，入学时间）

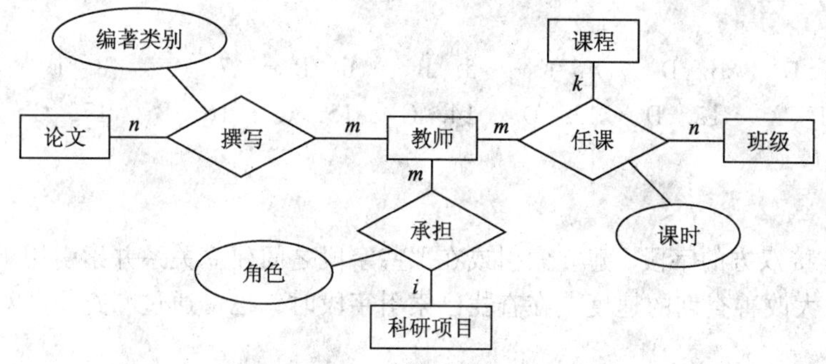

图 A-1 教师任务管理的 E-R 图

论文（论文编号，论文名称，期刊名称）

科研项目（项目编号，项目名称，承办单位，资金来源）

将相关的联系转换为如下关系模式：

任课（教师编号，课程代码，班级号，课时）

承担（教师编号，项目编号，角色）

撰写（教师编号，论文编号，编著类别）

3. 设有一个 TS 数据库，包括 S、P、J、TS 四个关系模式：

（1）求供应工程 J1 零件的供应商号码 SNO：

$\pi_{SNO}(\sigma_{SNO='J1'}(TS))$

（2）求供应工程 J1 零件 P1 的供应商号码 SNO：

$\pi_{SNO}(\sigma_{SNO='J1' \wedge PNO='P1'}(TS))$

（3）求供应工程 J1 零件为红色的供应商号码 SNO：

$\pi_{SNO}(\sigma_{PNO='P1'}(\sigma_{COLOR='红'}(P) \bowtie TS))$

（4）求没有使用天津供应商生产的红色零件的工程号 JNO：

$\pi_{JNO}(TS) - \pi_{JNO}(\sigma_{CITY='天津' \wedge COLOR='红'}(S \bowtie TS \bowtie P)$

（5）求至少用了供应商 S1 所供应的全部零件的工程号 JNO：

π_{JNO}，$PNO(TS) \div \pi_{PNO}(\sigma_{SNO='S1'}(TS))$

第 3 章

一、填空题

1. 基础，其他对象
2. 数据
3. 记录有序排列
4. 字段值的约束条件
5. 主索引
6. 货币符“$”
7. 排列顺序
8. 1 GB
9. 索引字段
10. 字段

二、单选题

1. D　2. D　3. D　4. C　5. B　6. B　7. A　8. D　9. C
10. A　11. A　12. D　13. D　14. C　15. C　16. B　17. C　18. B
19. B　20. C

三、简答题

1. 答：为连接双方的字段，建立索引或在那些字段之间建立关系并索引用于设定查询准则的字段，可以大大改善查询的速度。在查找已索引字段时，也可通过“查找”对话框来快捷查找记录。

2. 答：定义表之间的关系操作步骤如下：

（1）关闭所有打开的表，不能在已打开的表之间创建或修改关系。

（2）单击“数据库工具”选项卡|“关系”组|“关系”按钮。

（3）如果数据库没有定义任何关系，将会自动弹出“显示表”对话框。如果需要添加一个关系表，而“显示表”对话框却没有显示，可单击“关系工具/设计”选项卡|“关系”组|“显示表”按钮。如果需要创建的关系表已经显示，请直接跳到步骤 5。

（4）选中要创建关系的表，也可以按住“Ctrl”键并单击每一个表，同时选中多个创建关系的表，单击“添加”按钮，然后关闭“显示表”对话框。

（5）从某个表中将所要的相关字段拖动到其他表中的相关字段。在大多数的情况下，表中的主键字段（字段名前有钥匙图标）被拖动到其他表中的外部键字段上。主键和外键被称为相关字段，相关字段不需要有相同的名称，但它们必须有相同的数据类型（有两种例外的情况），及包含相同种类的内容。此外，当相关字段都是“数字”字段时，它们必须有相同的“字段大小”属性设置。相关字段的数据类型的两种例外情况是：可以将“自动编号”字段与“字段大小”属性设置为“同步复制 ID”数据类型的“数字”字段匹配。

（6）单击“创建”按钮创建关系。

（7）如需对已经创建好的关系进行修改，则先单击关系连线（连线变粗即为选中），再单击“关系工具/设计”选项卡|“工具”组|“编辑关系”按钮，弹出“编辑关系”对话框，检查显示在两个列中的字段名称以确保正确性。如果需要，可以设计关系选项。单击“联接类型”按钮，弹出“联接属性”对话框进行更改。

（8）单击“关系工具/设计”选项卡|“关系”组|“关闭”按钮，Access 将询问是否要保存布局配置。不论是否保存此配置，所创建的关系都已保存在此数据库中。

（9）对每一对要创建关系的表，请重复步骤（3）~（6）。

四、实验题

操作步骤：

1. 创建空数据库“学生信息管理.accdb”：打开 Access 窗口，然后单击“文件”选项卡|“新建”按钮，在窗口中部选中“空数据库”，在右侧文件名的文本框中输入“学生信息管理”，单击其右侧的按钮，确定保存数据库文件的位置，单击“创建”按钮，如图 A-2 所示。

2. 单击“外部数据”选项卡|“导入并链接”组|“Excel”按钮，在“获取外部数据-Excel 电子表格”对话框中选择要导入文件的位置及文件，单击“确定”按钮，弹出“导入数据表向导”对话框，按每一步提示进行选择，特别注意“第一行包含列标题”“导入到新表”及“不要主键”的设置。使用该方法导入“学生”表和“学生成绩”表。

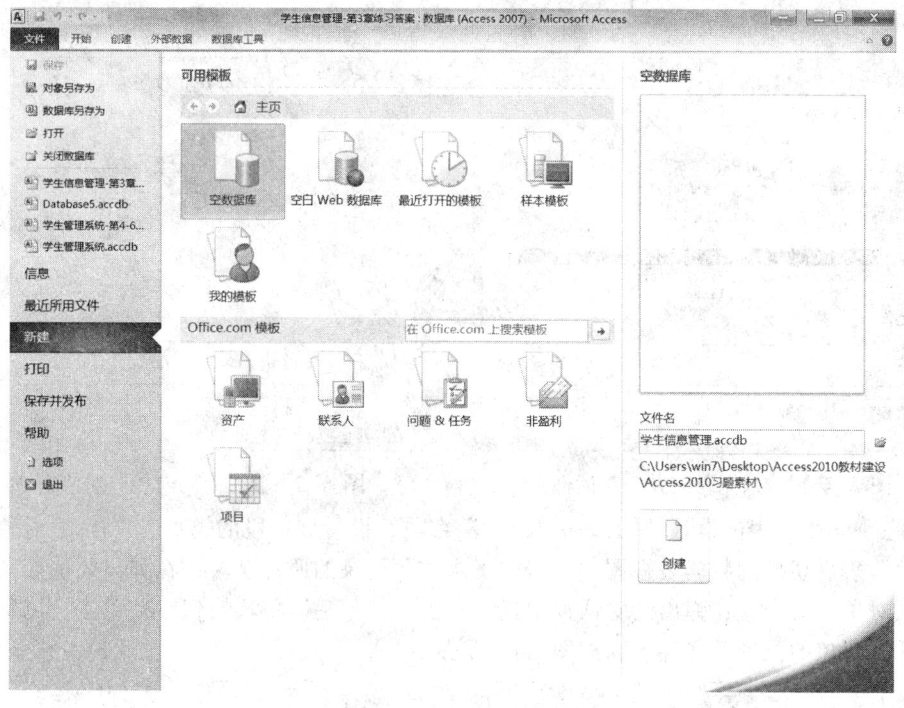

图 A-2　创建空白数据库

3. 切换到“学生成绩”表的设计视图，依次设置“学号”字段的数据类型为“文本”，字段大小为 16，索引属性设置为“有（有重复）”；设置“开课序号”字段的数据类型为“文本”，字段大小为 4，索引属性设置为“无”；设置“成绩”字段的数据类型为“数字”，字段大小需要在下拉列表中选择“长整型”，有效性规则需要输入“>=0 And <=100”，有效性文本需要输入“请输入 0-100 之间的整数”，索引属性设置为“无”；

当切换到“学生成绩”数据表视图后，在最后一条记录的成绩单元格输入 110，当鼠标指针离开当前记录时，则会弹出如图 A-3 所示的信息框，这说明有效性规则和有效性文本起了作用，然后将刚才新输入的记录删掉。

图 A-3　违背有效性规则的警告信息框

4. 切换到“学生”表的设计视图，按题目要求进行相应字段的设置：

① 为“出生日期”字段设置输入掩码属性。单击“出生日期”字段属性中“输入掩码”右侧的⋯符号，弹出“输入掩码向导”对话框，选择“长日期（中文）”，如图 A-4 所示；单击“下一步”按钮，接着选择占位符为“*”，并单击“尝试”右侧的文本框，可以看到输入掩码的效果，如图 A-5 所示，单击“下一步”按钮后再单击“完成”按钮，完成输入掩码的创建。

② 在“学生”表的设计视图添加“政治面貌”，设置该字段的类型为“查阅向导”，在弹出的“查阅向导”对话框中选择“自行键入所需的值”，单击“下一步”按钮后，在如图 A-6 所示的“查阅向导”对话框中输入党员、团员、群众，单击“完成”按钮，完成查阅向导的

设置。

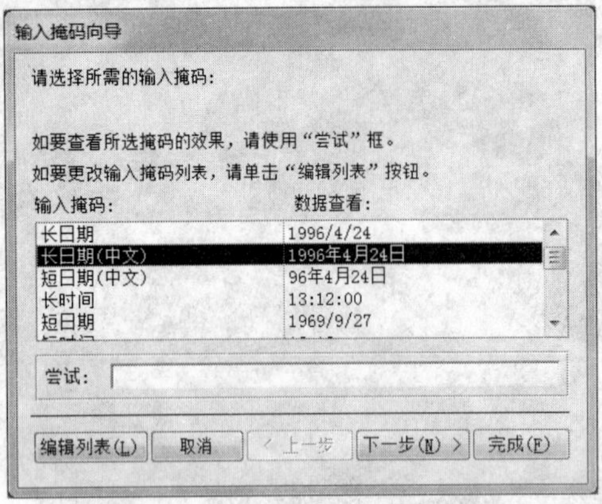

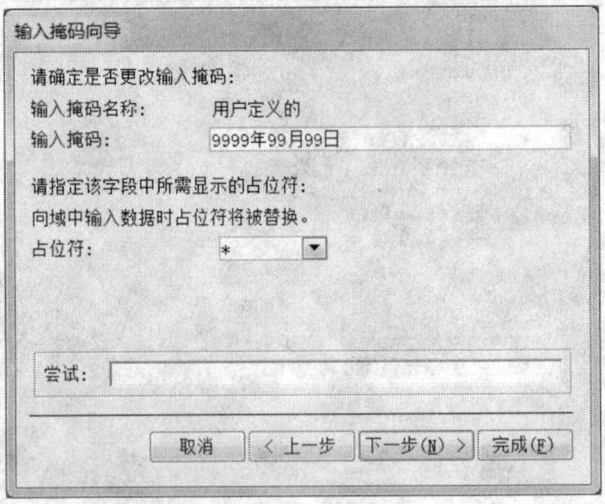

图 A-4 “输入掩码向导”对话框 1　　　　图 A-5 “输入掩码向导”对话框 2

③ 在“学生”表的设计视图添加“照片”字段，设置该字段的类型为“OLE 对象”，保存“学生”表后切换到数据表视图，右击“王永中”记录的照片字段，在弹出的快捷菜单中单击“插入对象”命令，在弹出的对话框中选择“由文件创建”单选按钮，并单击“浏览”按钮选择要插入对象的位置及文件名，如图 A-7 所示。

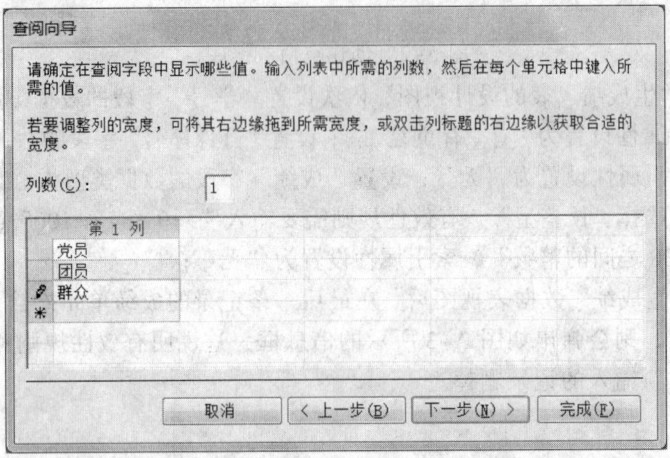

图 A-6 “查阅向导”对话框

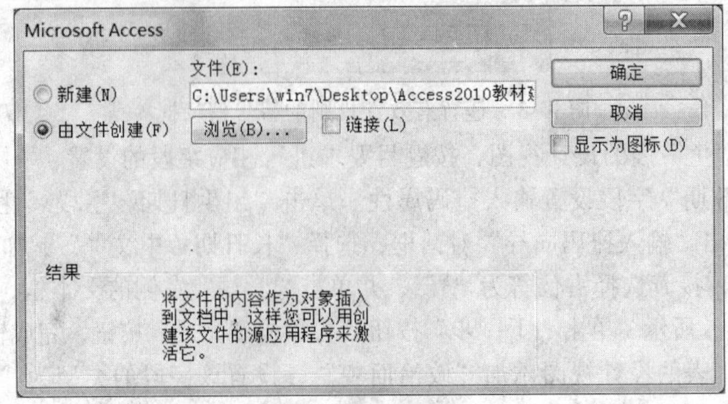

图 A-7 选择要插入的对象

5. 打开“学生”表的数据表视图，单击“开始”选项卡|“排序和筛选”组|“高级”下拉列表中的“高级筛选/排序”按钮，在弹出的“学生筛选 1”的筛选设计窗口中进行设计，然后单击“切换筛选”按钮，此时为应用筛选状态，查看筛选的结果。再次单击“高级”下拉列表中的“高级筛选/排序”按钮，切换回筛选的设计窗口，右击窗格上部分的空白处，在弹出的快捷菜单中单击“另存为查询”命令，如图 A-8 所示，设置查询的名称为“97 年学生排序筛选”。

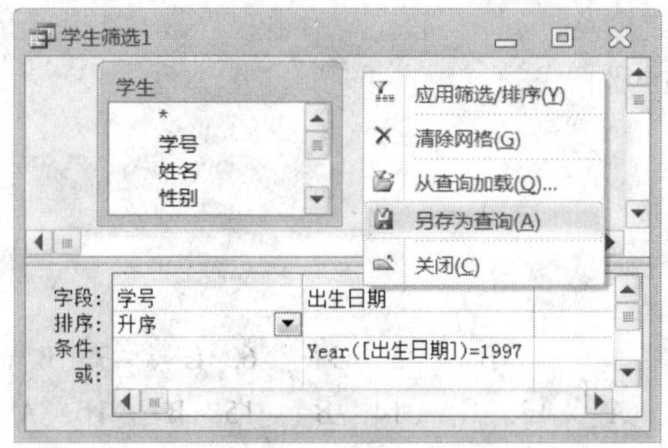

图 A-8　“高级筛选”设计视图

6. 本小题依次由定义表结构、保存表结构、输入表记录三步实现。

① 定义表结构。单击“创建”选项卡|“表格”组|“表设计”按钮，打开标题为“表 1”的表设计视图。在上面窗格的第 1 行的“字段名称”列输入“学号”，“数据类型”保持默认值“文本”，并将“字段属性”窗格中的“字段大小”文本框的值改为 16。再用类似方法定义其他 3 个字段。

② 保存表结构。单击快速工具栏中的“保存”按钮，弹出“另存为”对话框。在“表名称”框中输入“社会关系”，单击“确定”按钮即显示主键消息框。单击“否”按钮关闭消息框，此时左侧“导航”窗格的“表”对象组中显示出“社会关系”表。

③ 输入表记录。单击“开始”选项卡|“视图”组|“数据表视图”命令，将会显示空白的数据表。然后按照题目所示“社会关系”表的记录，在数据表中输入 3 条记录。

7. 设置“学生”表的“学号”字段为主键，设置“社会关系”表的“学号”字段为主键，单击“数据库工具”选项卡|“关系”组|“关系”按钮，在弹出的“显示表”对话框中将“学生”“社会关系”和“学生成绩”添加到关系窗口，将“学生”表的“学号”拖动到“社会关系”表的“学号”字段，在弹出的“编辑关系”窗口中选中“实施参照完整性”，单击“创建”按钮。再将“学生”表的“学号”拖动到“学生成绩”表的“学号”字段，在弹出的“编辑关系”窗口中选中“实施参照完整性”，单击“创建”按钮。保存关系布局。这样三张表之间的关系即建立完成。

第 4 章

一、填空题

1. 检索
2. 数据源
3. 计算
4. 数据来源，动态
5. 获得不同

6. 相同的字段属性
7. 获得最新数据
8. “选择查询”基础上
9. 满足查询条件的记录
10. 升序排列和降序排列
11. 输入掩码
12. Order By　Group By
13. 列标题
14. 删除
15. 格式属性

二、单选题

1. A　2. D　3. A　4. B　5. C　6. C　7. B　8. C　9. C
10. B　11. B　12. A　13. C　14. B　15. B　16. A　17. B　18. C
19. B　20. C

三、简答题

1. 答：将多个表或查询添加到查询中时，必须确定它们的字段列表使用连接线互相联接在一起，这样 Access 才知道如何连接彼此之间的信息。如果查询中的表不是直接或间接地联接在一起，Access 将无法知道记录和记录间的关系，因而会显示两表之间记录的全部组合。如果事先已经在“关系”窗口中建立了表之间的关系，在查询中添加相关表时 Access 将自动在“设计”视图中显示联接线。如果实施了完整性，Access 还将在联接上显示“1”和“无穷大”符号以指示一对多关系中的“一”方和“多”方。即使没有创建关系，如果添加到查询的两个表都具有相同数据类型或兼容数据类型的字段，并且这两个连接字段中有一个是主键，Access 将自动为其建立联接，在这不显示“一”和“多”方符号，因为没有实施参照完整性。有时添加到查询中的表不包含任何可联接的字段，这时必须添加一个或多个其他的表或查询，以作为将使用的数据表间的桥梁。

2. 答：Access 中可以用子查询完成一些任务，例如通过子查询测试某些结果的存在性，查找主查询中等于、大于或小于子查询返回值的值，在子查询中创建子查询等。用子查询来定义字段或定义字段的准则操作步骤如下：

① 新建一个查询。

② 在查询“设计”视图中，将所需的字段添加到设计网格，包含要使用的子查询字段

③ 如果用子查询来定义字段的准则，请在设置准则的“准则”单元格中输入一个 SELECT 语句，并将 SELECT 语句放入括号中。

3. 答：在查询中可执行许多类型的计算。在字段中显示计算的结果，但结果实际上并不存储在基准窗体中，Access 在每次执行查询时都将重新进行计算，以使计算结果永远都以数据库中最新的数据为准。如果要在字段中显示计算结果，可以使用 Access 所提供的预定义计算或自定义的计算。可以用“简单查询向导”来进行某些类型的总计计算，或者用查询设计网格中的“总计”行来进行全部类型的总计计算，其中需要为进行计算的字段选定合计函数。在查询设计网格中，也可以指定准则来限定进行总计计算的组、计算中包含的记录或执行计算后显示的结果。自定义计算可以用一个或多个字段的数据，进行数值、日期和文本计算。对于自定义计算，

必须直接在设计网格中创建新的计算字段。

四、实验题

操作提示：

1. 单击“创建”选项卡|“查询”组|“查询设计”按钮，打开查询设计视图，选择“学生”表做数据源，将“学号”“姓名”“性别”“党员否”和“班级编号”字段添加到设计视图的字段栏，并在“党员”字段下的条件栏中设置 True，在“性别”字段下的条件栏中设置“男”，保存查询并运行，结果如图 A-9 所示。

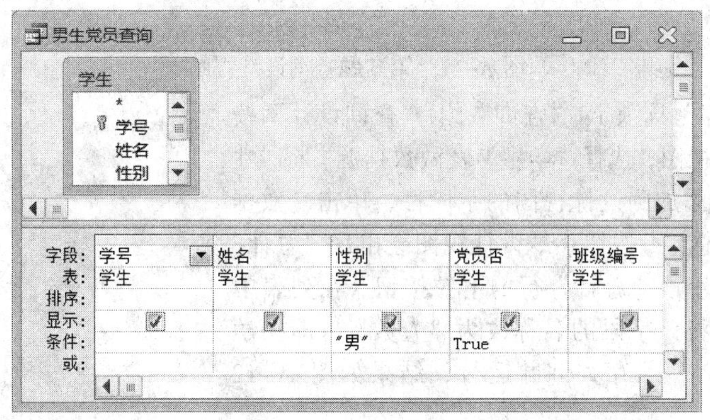

图 A-9　第 1 题查询设计视图

2. 单击“创建”选项卡|“查询”组|“查询设计”按钮，打开查询设计视图，选择“学生”表做数据源，将“学号”“姓名”“年龄”（创建的一个新字段，输入的格式为“年龄:Year(Date())-Year([出生日期])”）、“班级编号”字段添加到设计视图的字段栏，并在“年龄”字段下的条件栏中设置“>=20”，保存查询并运行，结果如图 A-10 所示。

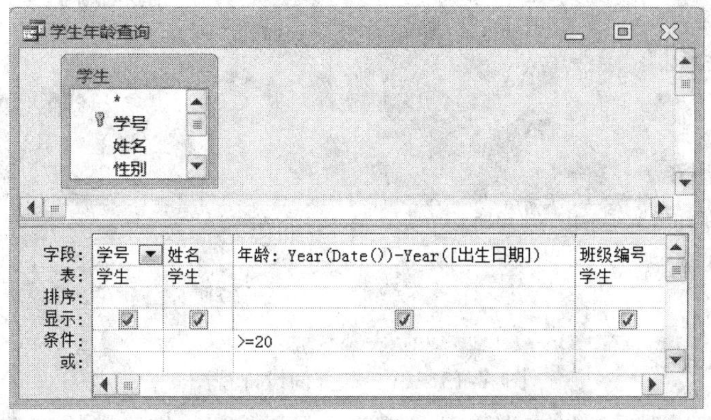

图 A-10　第 2 题查询设计视图

3. 单击“创建”选项卡|“查询”组|“查询设计”按钮，打开查询设计视图，选择“学生”表和“社会关系”表做数据源，将“学号”“姓名”“家长姓名”“联系电话”和“家庭地址”字段添加到设计视图的字段栏，并在“家庭地址”字段下的条件栏中设置"北京" Or "广州"，同时取消勾选该字段显示栏的复选框，保存查询并运行，结果如图 A-11 所示。

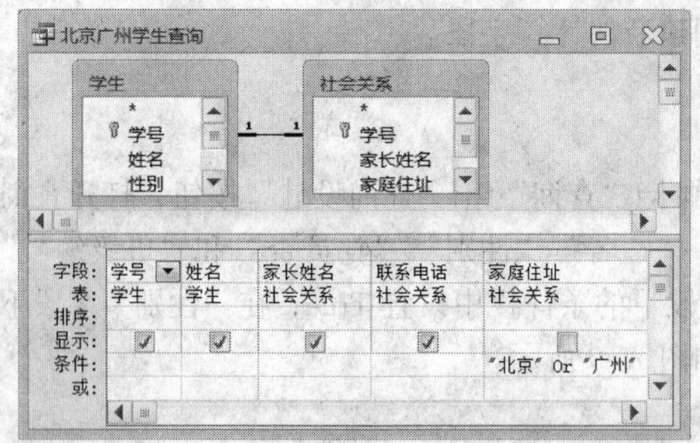

图 A-11　第 3 题查询设计视图

4. 单击“创建”选项卡|“查询”组|“查询设计”按钮，打开查询设计视图，选择“学生”表做数据源，将“性别”“学号”字段添加到设计视图的字段栏，单击“数据库”工具栏中的“总计”按钮 Σ，设计视图会出现“总计”行，单击“学号”字段“总计”行的下拉按钮，在列表中选择“计数”，并将该字段的名称改为“人数”，即在学号前加上“人数:”，保存查询并运行，结果如图 A-12 所示。

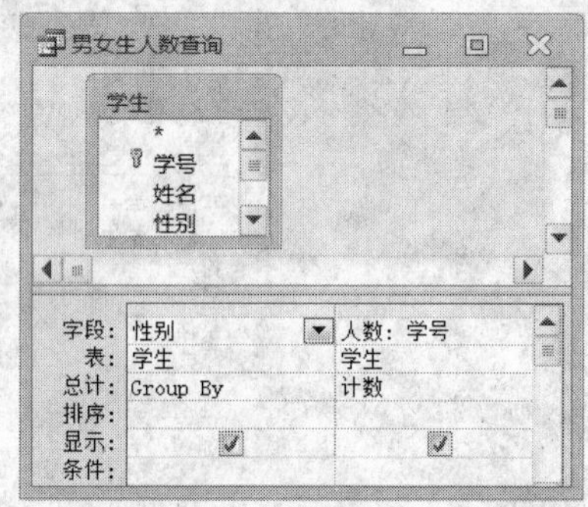

图 A-12　第 4 题查询设计视图

5. 单击“创建”选项卡|“查询”组|“查询设计”按钮，打开查询设计视图，选择“学生”表做数据源，将除了“简历”和“照片”的其他字段添加到设计视图的字段栏中，在“班级编号”字段的条件栏设置参数，具体为“[请输入班级编号] Or [请输入班级编号] Is Null”，保存查询并运行，结果如图 A-13 所示。

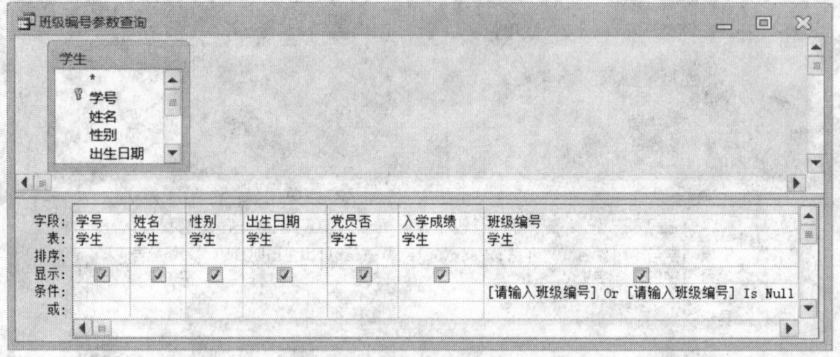

图 A-13　第 5 题查询设计视图

6. 单击“创建”选项卡|“查询”组|“查询向导”按钮，在弹出的“新建查询”对话框中选择“交叉表查询向导”，具体操作如图 A-14 ~ 图 A-19 所示。向导完成后，可以看到入学成绩的平均值需要设置小数点后一位的格式。切换到查询的设计视图，右击设计视图中的值，在弹出的快捷菜单中单击“属性”命令，在弹出的字段“属性表”窗格中，设置格式为“标准”，小数位数为“1”，如图 A-20 所示。同时还需要设置总计行的标题为平均成绩，方法是将总计字段的“入学成绩之平均值”改为“平均成绩”，如图 A-21 所示。

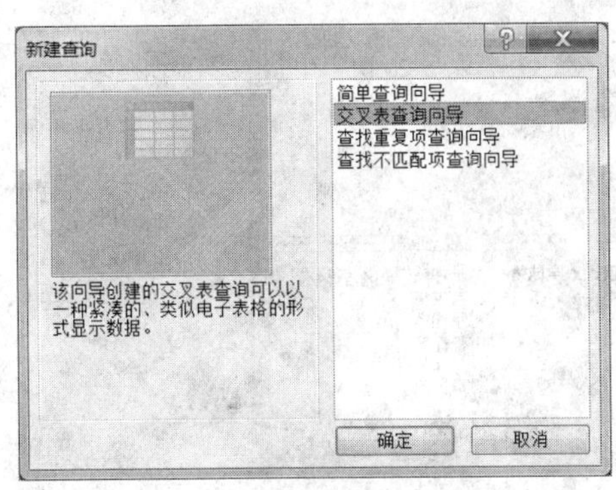

图 A-14 “新建查询”对话框

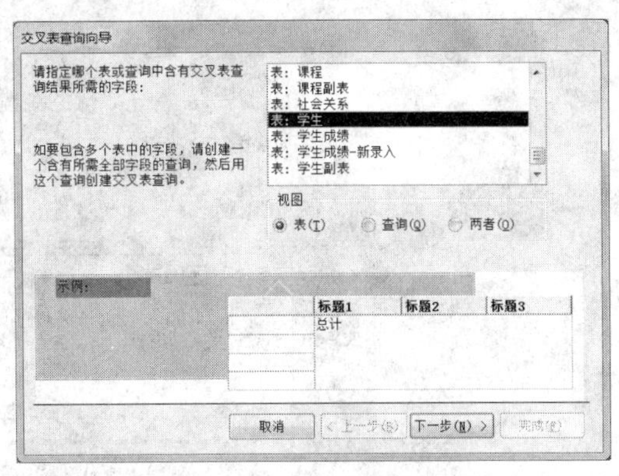

图 A-15 “交叉表查询向导”对话框 1

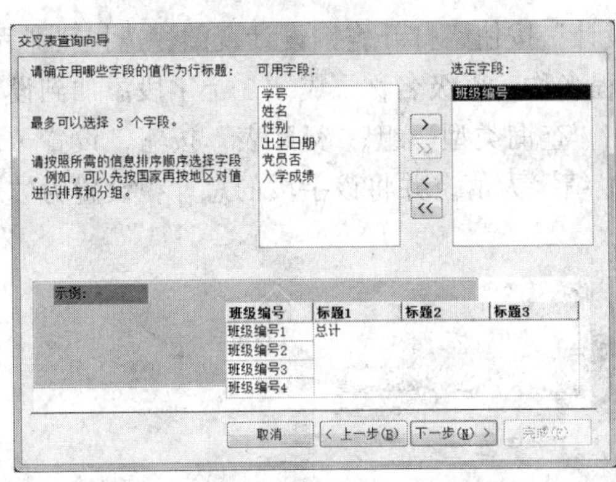

图 A-16 “交叉表查询向导”对话框 2

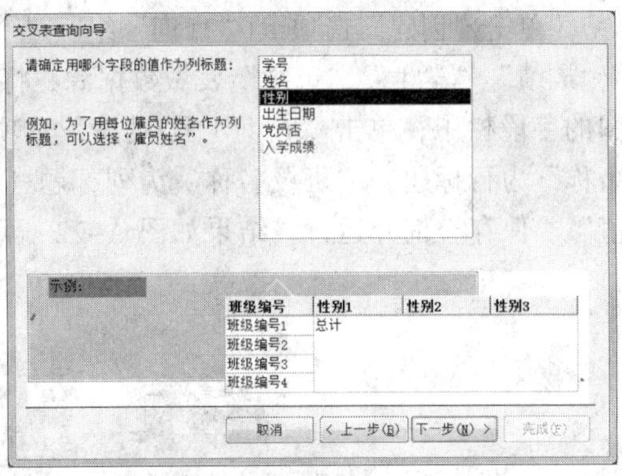

图 A-17 “交叉表查询向导”对话框 3

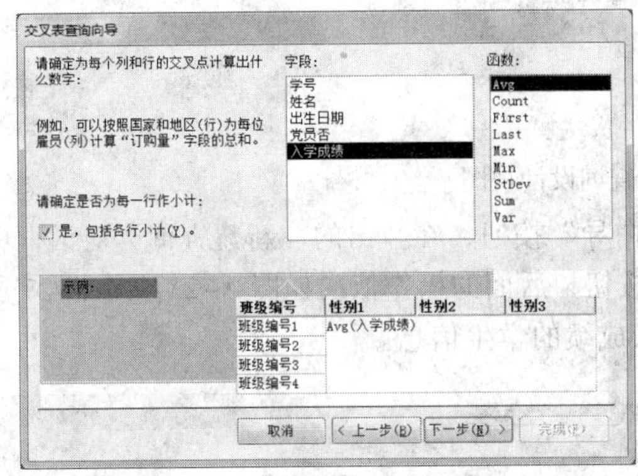

图 A-18 “交叉表查询向导”对话框 4

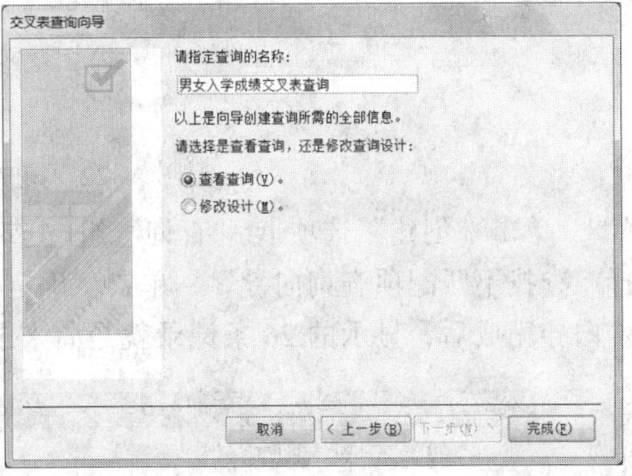

图 A-19 “交叉表查询向导”对话框 5

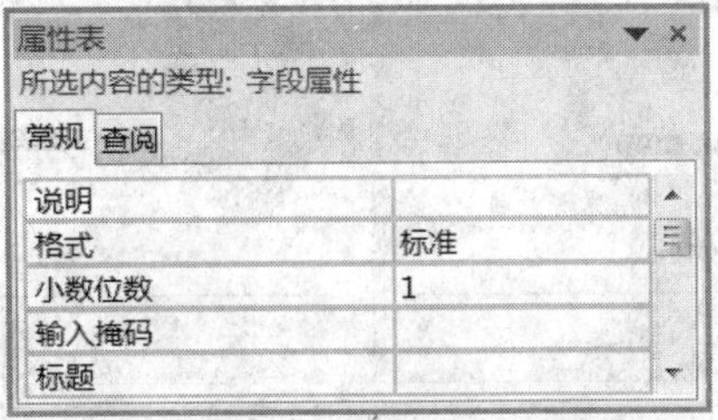

图 A-20 “字段属性”对话框

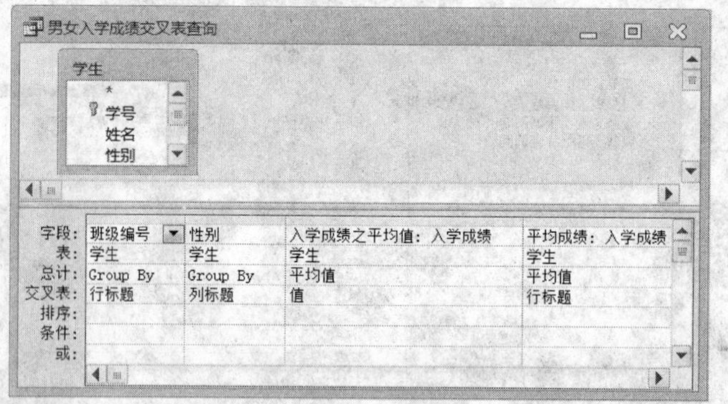

图 A-21　第 6 题查询设计视图

7. 单击“创建”选项卡|“查询”组|“查询设计”按钮，打开查询设计视图，选择“课程”“学生成绩”“学生”“班级”表做数据源，将课程名称、班级名称、成绩 3 个字段添加到设计视图的字段栏中；单击“查询工具/设计”选项卡|“查询类型”组|“交叉表”按钮，设置“课程名称”为行标题，“班级名称”为列标题，“成绩”为值，并将该字段的总计栏设置为“最大值”。保存查询并运行，结果如图 A-22 所示。

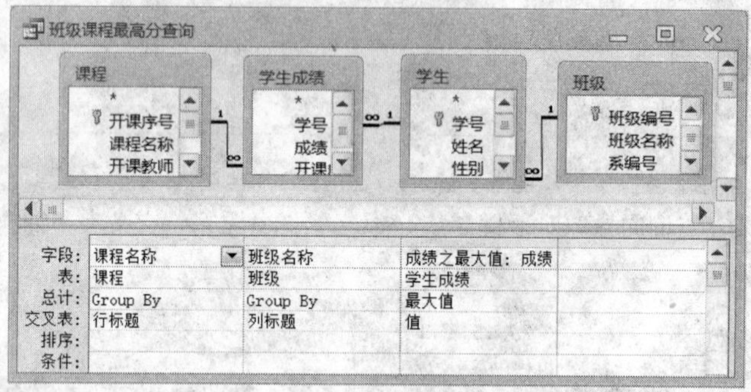

图 A-22　第 7 题查询设计视图

8. 单击“创建”选项卡|“查询”组|“查询向导”按钮，在弹出的“新建查询”对话框中选择“查找不匹配项查询向导”，单击“确定”按钮，后面的操作依次如图 A-23～图 A-27 所示。向导完成后，显示的 26 条记录就是尚未录入成绩的学生信息。

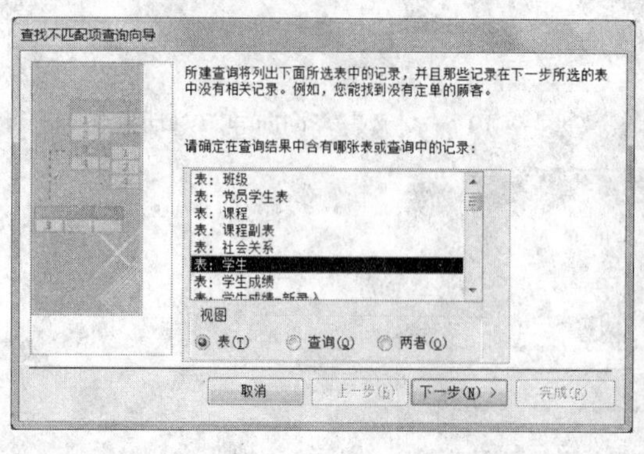

图 A-23　“查找不匹配项查询向导”对话框 1

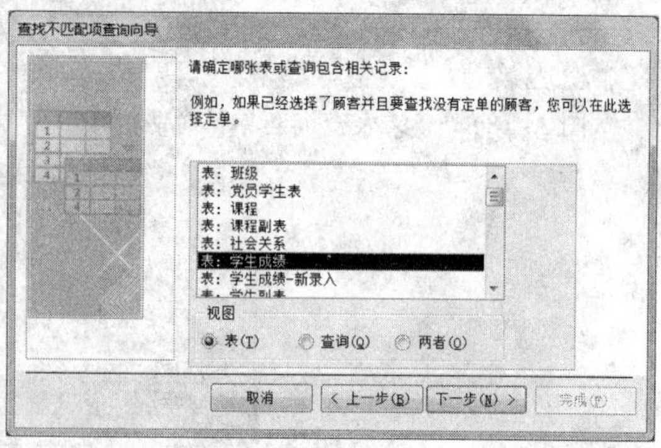

图 A-24　“查找不匹配项查询向导”对话框 2

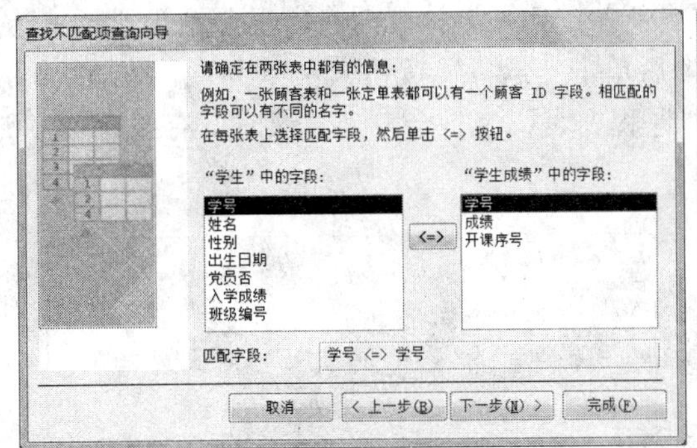

图 A-25 “查找不匹配项查询向导”对话框 3

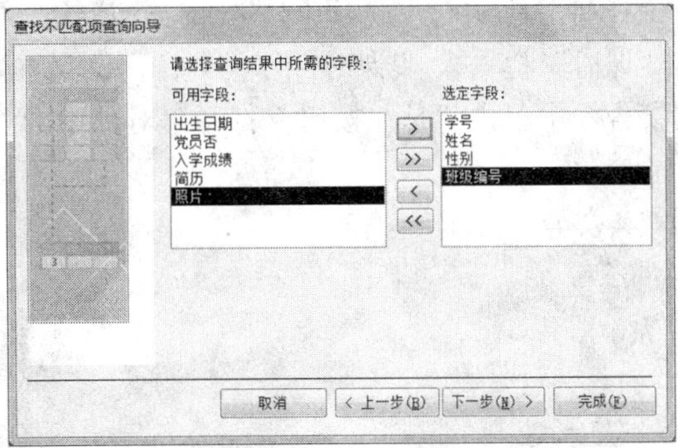

图 A-26 “查找不匹配项查询向导”对话框 4

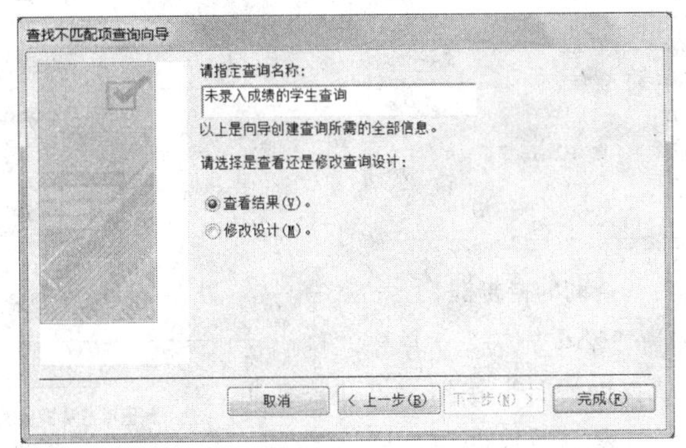

图 A-27 “查找不匹配项查询向导”对话框 5

9. 单击“创建”选项卡|“查询”组|“查询设计”按钮，打开查询设计视图，选择“学生”表做数据源，将“学号”“姓名”“性别”“出生日期”“党员否”“班级编号”字段添加到设计视图的字段栏中，在党员否字段的条件栏中输入“true”。单击“查询工具/设计”选项卡|“查询类型”组|“生成表”按钮，在弹出的“生成表”对话框中输入新表的名称，如图 A-28 所示。保存查询后单击“查询工具/设计”选项卡|“结果”组|“运行”按钮，在弹出的图 A-29 所示的警告框中单击“是”按钮。在表对象窗口会出现一个新表“党员学生表”，打开该表，有 13 条记录。

图 A-28 “生成表”对话框

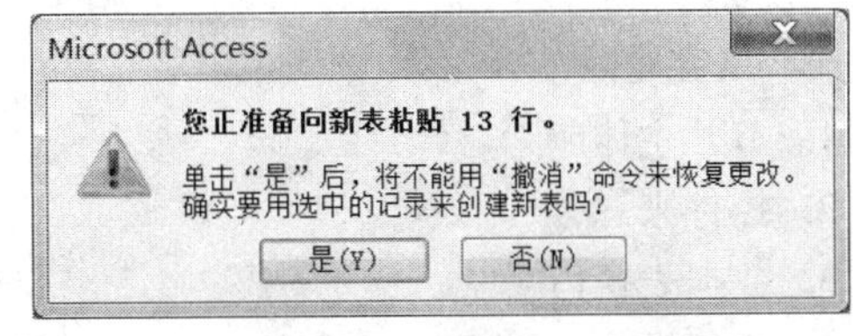

图 A-29 运行生成表查询的警告框

10. 单击“创建”选项卡|“查询”组|“查询设计”按钮，打开查询设计视图，选择“学生成绩-新录入”表做数据源，将全部字段添加到设计视图的字段栏中。单击“查询工具/设计”选项卡|“查询类型”组|“追加”按钮，在弹出的“追加”对话框中追加到的表名称如图 A-30 所示。保存查询后单击“运行”按钮，在弹出的图 A-31 所示的警告框中单击“是”按钮。打开表对象中的“学生成绩”表，会发现有 4 条记录追加到后面。

11. 复制“课程”表为“课程副表”，单击“创建”选项卡|“查询”组|“查询设计”按钮，打开查询设计视图，选择“课程副表”做数据源，将课时字段添加到设计视图的字段栏中。单

击“查询工具/设计”选项卡|“查询类型”组|“更新”按钮，设计视图将出现“更新到”一栏，在“课时”栏输入“[课时]-[学分]*2”，保存查询后单击“运行”按钮，在弹出的图 A-32 所示的警告框中单击“是”按钮。打开表对象中的“课程副表”表，会发现“课时”有图 A-33 所示的变化。

图 A-30 “追加”对话框

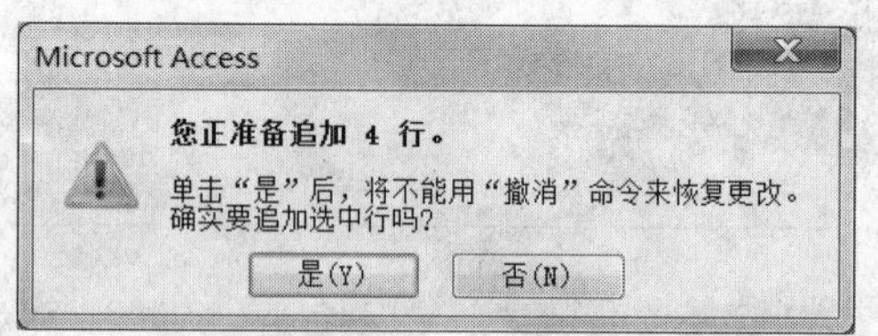

图 A-31 运行追加查询的警告框

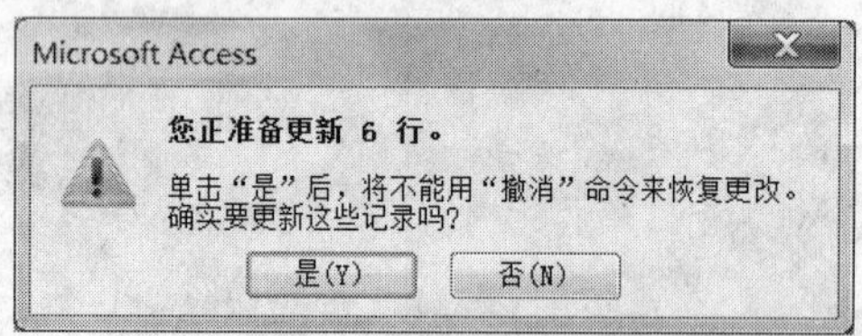

图 A-32 运行更新查询的警告框

课时	课时
72	64
72	64
72	64
54	48
36	32
54	48

图 A-33 “课时”更新前后对比

12. 复制“学生”表为“学生副表”，单击“创建”选项卡|“查询”组|“查询设计”按钮，打开查询设计视图，选择“学生副表”做数据源，将学号字段添加到设计视图的字段栏中，单击“查询工具/设计”选项卡|“查询类型”组|“删除”按钮，在设计视图中的“学号”条件栏输入“Like "201603*"”，保存查询后单击“运行”按钮，在弹出的图 A-34 所示的警告框中单击“是”按钮。打开表对象中的“学生副表”，会发现表中已经没有学号以 201603 开头的记录。

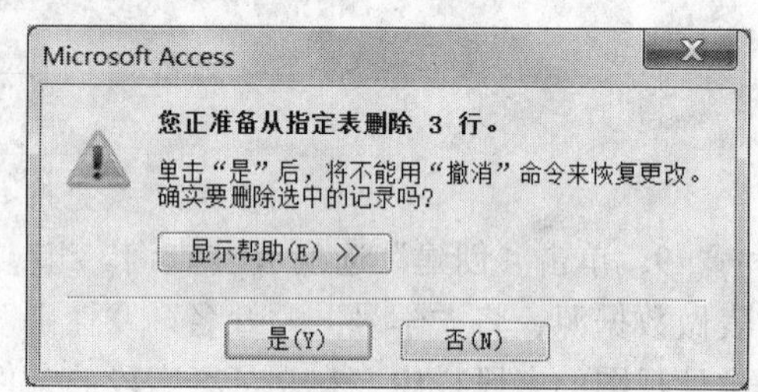

图 A-34 运行删除查询的警告框

第 5 章

一、填空题

1. 节，主体节
2. 控件来源
3. 数据表窗体
4. 执行操作
5. 修改窗体
6. 窗体顶部位置
7. 一对多
8. 表或查询
9. 文本框控件
10. 查询

二、单选题

1. C　2. A　3. D　4. B　5. D　6. C　7. C　8. A　9. B

10. C　11. B　12. A　13. A　14. D　15. A

三、简答题

1. 答：控件是窗体或报表用于显示数据、执行操作或作为装饰的对象。

在 Access 中提供以下几种控件：文本框、标签、选项组、选项按钮、复选框、列表框、命令按钮、选项卡控件、图像控件、线条、矩形、ActiveX 自定义、数据透视表列表、电子表格、图表、切换按钮、组合框、绑定对象框、未绑定对象框、分页符、子窗体或子报表、超链接、滚动文字等。

2. 答：（1）绑定型控件：是一种与数据源中的基表或查询中的字段相关联的控件。绑定性控件可从基表或查询中的字段获得内容，用来显示、输入或修改记录的当前字段值，并且字段值随着当前记录的改变而动态地发生变化。

（2）未绑定型控件：与数据源没有关系，只能用来显示静态的文字、线条或图像等。

（3）计算型控件：是一种以表达式作为数据源的控件，构成表达式的数据项通常是窗体中的表或查询中的字段或包含字段的表达式。

四、实验题

1. 单击“创建”选项卡|“窗体”组|“窗体向导”按钮，弹出“窗体向导”对话框，按题目要求在窗体向导中选择“学生”表中的“学号”“姓名”“性别”字段，“社会关系表”中的“联系电话”字段，“班级”中的“班级编号”“班级名称”字段。数据查看方式：通过班级，带子窗体。布局使用“数据表”，最后保存窗体名称为“班级情况”，子窗体为“学生情况”。最终生成图 A-35 所示的窗体。

2. 将上题创建的窗体切换到窗体设计视图：

（1）将窗体的主题设置为波形。单击“窗体设计工具/设计”选项卡|“主题”组|“主题”按钮，在下拉列表的“内置”中选择“波形”（第 2 行第 1 列），如图 A-36 所示。

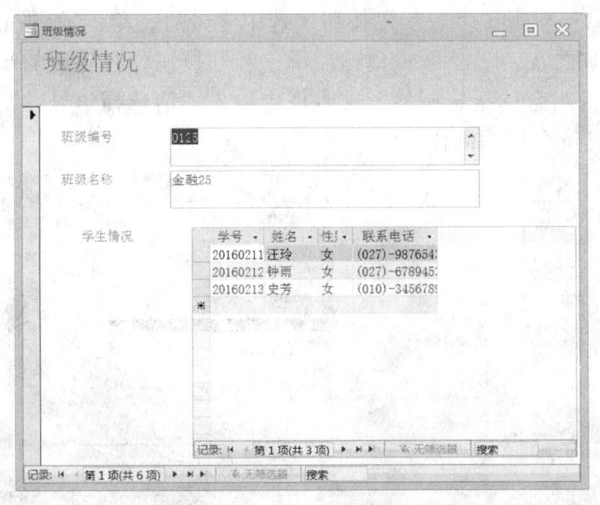

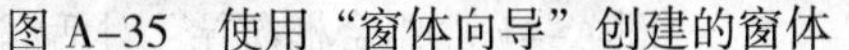

图 A-35　使用“窗体向导”创建的窗体　　图 A-36　设置窗体主题为波形

（2）适当调整字段控件及其布局、对齐方式、文字格式等。操作时会用到“窗体设计工具/排列”选项卡|“调整大小和排序”组|“大小/空格”下拉列表或“对齐”下拉列表中的。

（3）单击“窗体设计工具/设计”选项卡|“控件”组|“命令按钮”按钮，在区域中拖出适当大小的按钮，在弹出的“命令按钮向导”对话框中选择类型为“记录导航”，操作为“转至第一项记录”，如图 A-37 所示；单击“下一步”按钮，选择图片中的“移至第一项”，如图 A-38 所示，单击“下一步”按钮后再单击“完成”按钮，第一个命令按钮便制作完成，依次类推，完成后面 5 个命令按钮，注意类别和操作的选择。

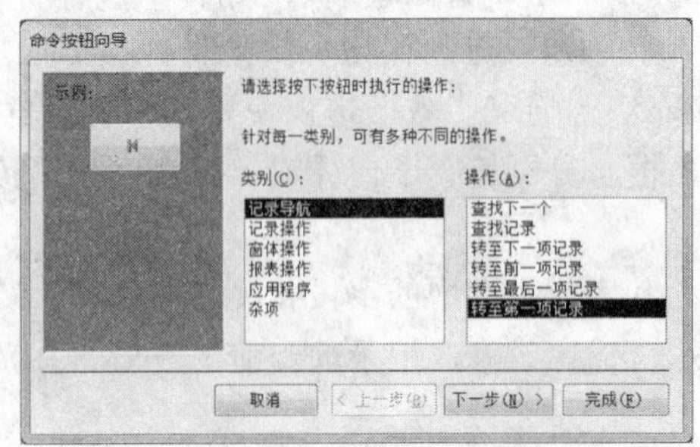

图 A-37 “命令按钮向导”对话框 1

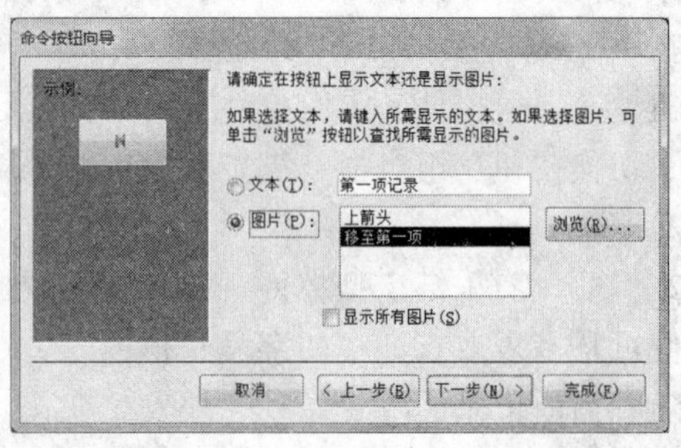

图 A-38 “命令按钮向导”对话框 2

（4）双击窗体设计视图上方的水平标尺和左侧的垂直标尺的交叉点的黑色的矩形块，在弹出的“属性表”窗格中设置“记录选择器”“分隔线”和“导航按钮”均为“否”，“滚动条”为“两者均无”，如图 A-39 所示。利用同样的方法设置子窗体的属性。

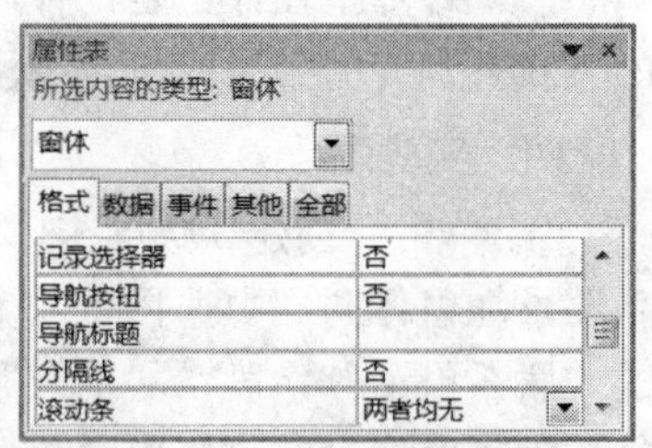

图 A-39 “属性表”窗格

3. 先创建“档案信息显示窗体”，可以利用设计视图创建，也可以使用窗体向导创建。然后打开窗体设计视图，保存该窗体为“选择学号窗体”，设置窗体主体的填充色为黄色，在窗体上添加内容为“按学生学号查学生档案”的标签。单击“窗体设计工具/设计”选项卡|“控件”组|“组合框”按钮，在窗体绘制适当大小的组合框，在弹出的“组合框向导”对话框中选择“使用组合框获取其他表或查询中的值”单击按钮，如图 A-40 所示；单击“下一步”按钮，选择“学生”表，如图 A-41 所示；单击“下一步”按钮，选中学号后，单击 > 按钮，将“学号”添加到右侧的选定字段中，如图 A-42 所示；单击“下一步”按钮，在随后的步骤中两次单击“下一步”按钮后，在“请为组合框指定标签”文本框中输入“请选择学号：”，如图 A-43 所示，单击“完成”按钮完成组合框的制作。

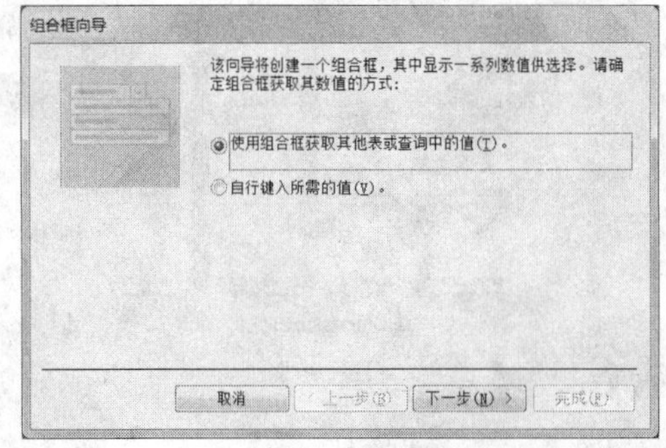

图 A-40 “组合框向导”对话框 1

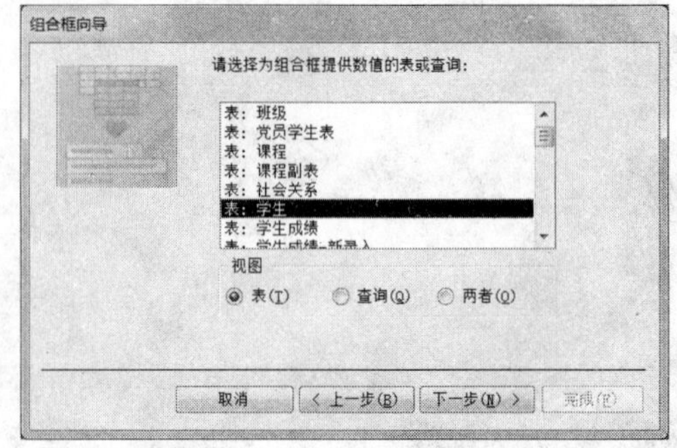

图 A-41 “组合框向导”对话框 2

接下来制作“确定”按钮和“关闭”按钮。单击控件组中的“命令按钮”控件，在窗体中拖出适当大小的按钮，在弹出的“命令按钮向导”对话框中选择类型为“窗体操作”，操作为

“打开窗体”，如图 A-44 所示；单击“下一步”按钮，在“请确定命令按钮打开的窗体”这一步中选择要打开的窗体为“档案信息显示窗体”，如图 A-45 所示；单击“下一步”按钮，选择“打开窗体并查找要显示的特定数据”单选按钮，如图 A-46 所示；单击“下一步”按钮，在左侧的“选择学号窗体”中选择“combo6”，在右侧的“档案信息显示窗体”中选择“学号”，单击中间的 <-> 按钮，如图 A-47 所示；单击“下一步”按钮，设置按钮为文本，文本内容为“确定”，如图 A-48 所示；单击“下一步”按钮后再单击“完成”按钮，“确定”按钮便制作完成。再制作“关闭”按钮。

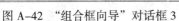

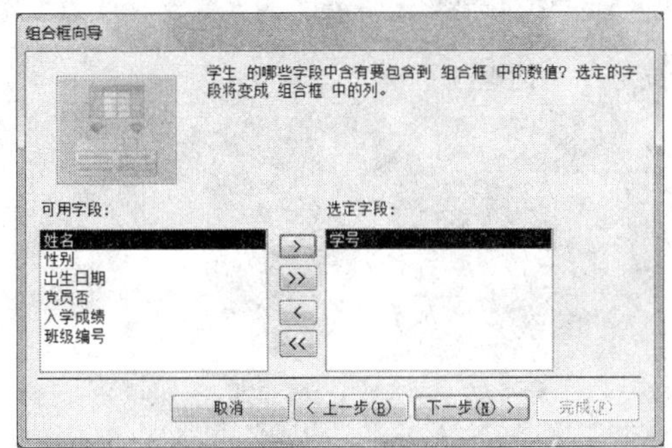

图 A-42　“组合框向导”对话框 3

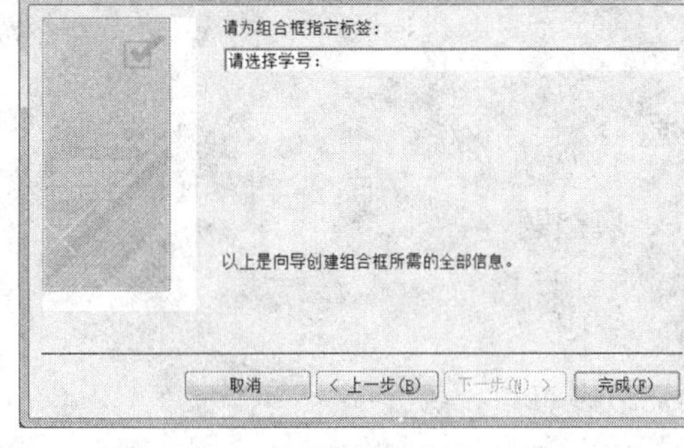

图 A-43　“组合框向导”对话框 4

如果将“请选择学号”的组合框换成“请选择姓名”的组合框，则制作组合框的方法同上题，只是做好组合框后要在窗体设计视图中双击组合框，打开组合框的“属性表”窗格，将“绑定列”由 1 改为 2。

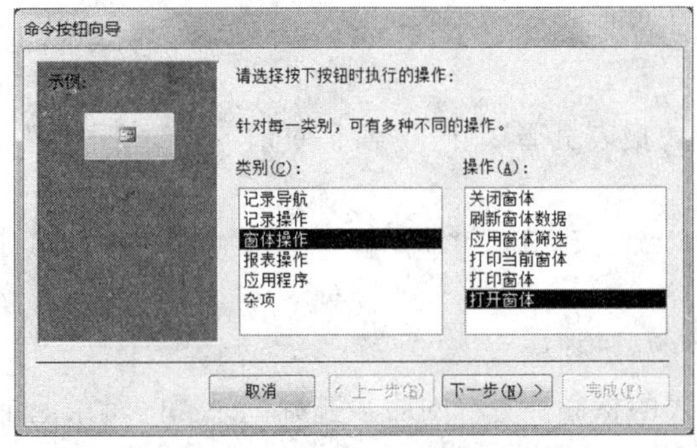

图 A-44　“命令按钮向导”对话框 1

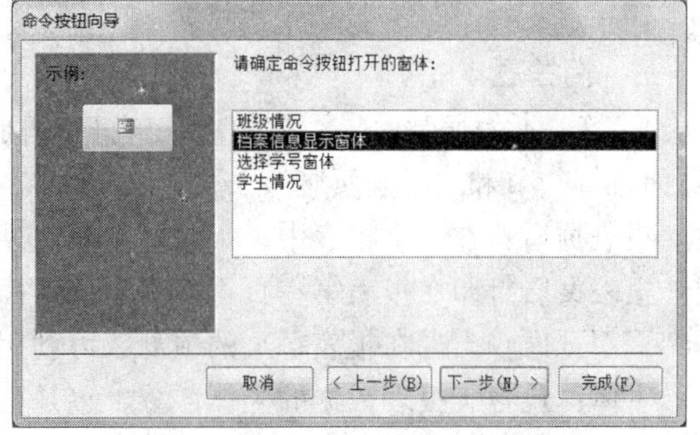

图 A-45　“命令按钮向导”对话框 2

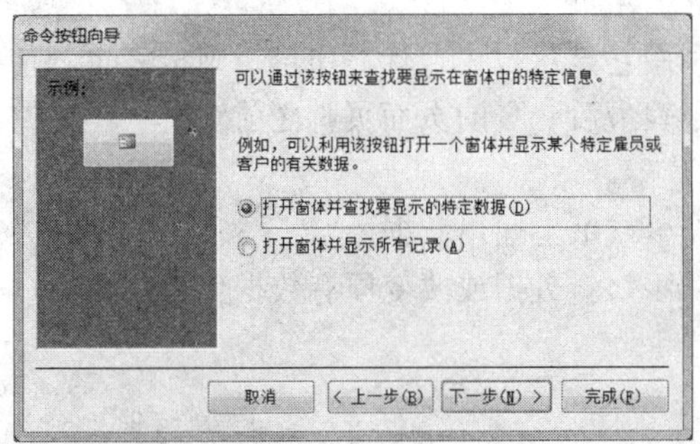

图 A-46　“命令按钮向导”对话框 3

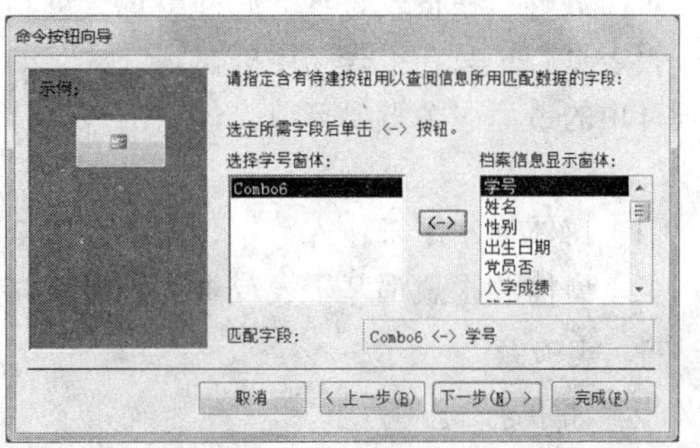

图 A-47　“命令按钮向导”对话框 4

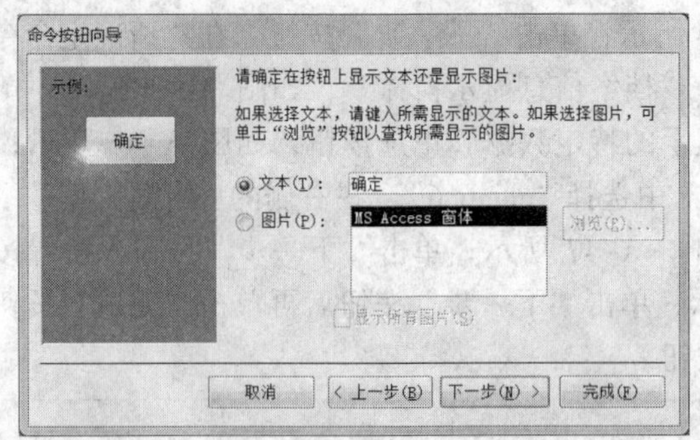

图 A-48 “命令按钮向导”对话框 5

第 6 章

一、填空题

1. 统计计算
2. 一个
3. 报表页眉
4. 等号“=”
5. 分组

二、单选题

1. D 2. C 3. A 4. A 5. C 6. D 7. B 8. D 9. C
10. A

三、简答题

1. 答：报表通常由 5 个节构成。它们分别是“报表页眉”节、“页面页眉”节、“主体”、“页面页脚”节和“报表页脚”节。

报表页眉：在一个报表中，报表页眉只出现一次。利用它可显示徽标、报表标题或打印日期。报表页眉打印在报表第一页页面页眉的前面。

页面页眉：出现在报表每页的顶部，可利用它显示列标题。

主体：包含了报表数据的主体部分，也是报表的核心部分。对报表基础记录源的每条记录而言，该节重复出现。

页面页脚：在报表每页的底部出现，可利用它显示页号等项目。

报表页脚：只在报表结尾处出现一次。如果利用它显示报表合计等项目，则报表页脚是报表设计中的最后一个重要环节，但它出现在打印报表最后一页的页面页脚之前。

2. 答：

（1）窗体通常用来输入数据，而报表用来在屏幕或纸上输出数据。

（2）窗体和报表都基于表或查询，但窗体可以添加新数据或改变原有数据。

四、实验题

步骤如下：

（1）建立查询。单击“创建”选项卡|“查询”组|“查询设计”按钮，将“专业表”和“学生表”拖入设计视图，以“学生表”中的“专业”字段和“专业表”中的“专业编号”字段建立关联，选取“专业名称”“学号”“姓名”“性别”4 个字段建立查询。

（2）单击“创建”选项卡|“报表”组|“报表向导”按钮，弹出“报表向导”对话框，按题目要求在报表向导中选择“各专业学生情况”查询中的所有字段。按专业名称分组，布局使用“递阶”，报表样式为“正式”，最后保存报表名称为“各专业学生情况表”，如图 A-49 所示。

各专业学生情况表

专业名称	学号	姓名	性别
成教			
	2015067151001	陈敏仪	女
	2015067151002	胡晓明	男
	2015067151003	李敏	女
	2015067151004	关广强	男
	2015067151005	张熊飞	男
	2015067151006	欧伟健	男
电子商务			
	2014044173084	林安安	女
	2015046730002	陈伟鹏	男
服装艺术设计			
	2014116182003	张婉琳	女
	2014116182004	吴夏挺	男
	2015116182001	李东海	男
	2015116182002	李烨霖	男
	2015116182005	吴晓霞	女
	2015116182006	卢丽娟	女

图 A-49　使用报表向导创建的报表

（3）切换到报表设计视图，单击“报表设计工具”|“设计”|“分组和排序”，在底部修改“专业名称”的汇总方式，如图 A-50 所示。

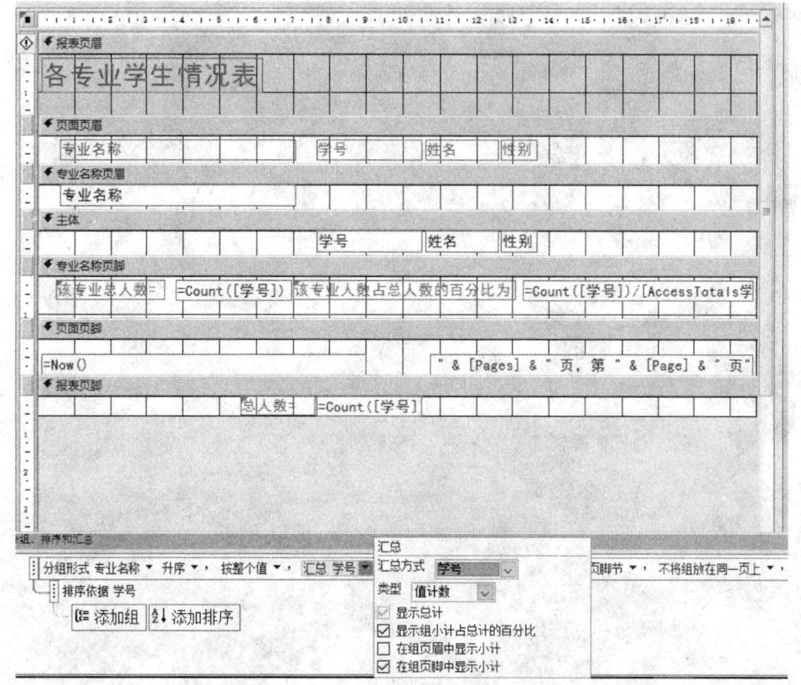

图 A-50　“排序与分组”对话框

各专业学生情况表

专业名称		学号	姓名	性别	
成教					
		2015067151001	陈敏仪	女	
		2015067151002	胡晓明	男	
		2015067151003	李敏	女	
		2015067151004	关广强	男	
		2015067151005	张熊飞	男	
		2015067151006	欧伟健	男	
该专业总人数=6	人数占总人数的百分比为				0.67%
电子商务					
		2014044173084	林安安	女	
		2015046730002	陈伟鹏	男	
该专业总人数=2	人数占总人数的百分比为				0.22%

图 A-51 学生人数统计报表

第 7 章

一、填空题

1. 操作，操作
2. 条件宏
3. 宏命令的排列顺序
4. 真，假
5. 使操作自动进行

二、单选题

1. D　　2. A　　3. B　　4. D　　5. B